"十二五"江苏省高等学校重点教材

全国普通高校电子信息与电气学科基础规划教材

模拟电路及其应用

(第3版)

储开斌 武花干 徐权 何宝祥 编著

清华大学出版社
北京

内容简介

本书结合应用型人才培养目标和教学特点，在选材上强化基础，精选内容，能够有效激发学生的学习兴趣。本书新版修订过程中，吸收了作者近年的教学实践和广大读者的建议，在内容上做了一定调整。

全书共10章，以电子元器件及其应用为主线，简单介绍元器件的结构和工作原理，着重介绍元器件的参数及意义、元器件的选型方法，详细介绍了各类元器件组成电路的应用领域、电路的分析方法、实际应用电路举例；本书还从应用角度出发，介绍了部分常用电子电路的设计方法。

修订后的本书更符合当前工程型院校电子技术课程教学的需要，可作为普通高校电类专业和部分非电类专业的教科书，也可作为工程技术人员的参考书。

图书在版编目(CIP)数据

模拟电路及其应用/储开斌等编著. —3版. —北京：清华大学出版社，2017（2024.8重印）
（全国普通高校电子信息与电气学科基础规划教材）
ISBN 978-7-302-48166-9

Ⅰ. ①模… Ⅱ. ①储… Ⅲ. ①模拟电路—高等学校—教材 Ⅳ. ①TN710

中国版本图书馆CIP数据核字(2017)第205756号

责任编辑：梁 颖
封面设计：傅瑞学
责任校对：白 蕾
责任印制：杨 艳

出版发行：清华大学出版社
网　　址：https://www.tup.com.cn，https://www.wqxuetang.com
地　　址：北京清华大学学研大厦A座　　**邮　　编**：100084
社 总 机：010-83470000　　**邮　　购**：010-62786544
投稿与读者服务：010-62776969，c-service@tup.tsinghua.edu.cn
质量反馈：010-62772015，zhiliang@tup.tsinghua.edu.cn
课件下载：https://www.tup.com.cn，010-83470236
印 装 者：三河市龙大印装有限公司
经　　销：全国新华书店
开　　本：185mm×260mm　　**印　　张**：20.5　　**字　　数**：479千字
版　　次：2008年9月第1版　2017年6月第3版　　**印　　次**：2024年8月第6次印刷
定　　价：58.00元

产品编号：076816-02

第3版前言

本书自2008年出版以来，被许多院校采用为教材，得到了广大读者的关心及支持，2015年被评为“十二五”江苏省高等学校重点教材（编号：2015-1-092）。为了更好地发挥本教材在电子信息类专业人才培养中的积极作用，结合近年来的教学实践及读者反馈的一些宝贵意见，在第2版修订的基础上，对每一章的习题进行了重新编写，并对第2版中的错漏之处进行了修改。经修订后的教材，不仅适用于工程型本科院校电子信息类专业“模拟电子技术”课程，同时也适合作为高职类院校及电子工程师学习用书。

全书共分为10章。第1章介绍模拟信号及数字信号的特点，模拟电子系统的组成、作用、分析及设计原则，并举例说明了模拟电子技术所研究的问题在电子系统中的应用实例；第2章介绍模拟电路中的常用元器件的原理、特性、参数，增添了近年来在电子系统中常用的新型电子元件，并介绍了常用元件的测量、识别方法及选用原则；第3章介绍由分立元件组成的基本模拟电路的分析方法及技术指标，添加了分立元件电路的应用实例，增加了分立元件组成的放大器的设计实例；第4章介绍模拟电路中的反馈；第5章介绍集成运算放大器的应用，由于有源滤波器在电子技术中应用极为广泛，所以本版增强了有源滤波器的原理及应用，并举例说明设计方法；第6章介绍信号的产生与变换等电路的工作原理及参数计算；第7章介绍稳压电源的组成、工作原理及参数分析，增设了线性稳压电源的设计及应用；第8章介绍一些典型应用的模拟电路；第9章介绍常用模拟电路的设计方法，使读者在学完模拟电子技术后，可以设计常用的模拟电子电路模块；第10章介绍 Multisim 11 在模拟电子技术中的应用。

本书由储开斌、武花干、徐权、何宝祥编著。其中储开斌编写了第1～3章和第8～9章，何宝祥编写了第4～7章，徐权编写了第10章，武花干老师对每章习题和全书的图表等内容进行了修订。在本书编写过程中，始终得到了朱正伟和刘训非等老师的大力帮助，在此谨向他们致谢。本书在编写中还引用了许多专家、学者在著作和论文中的研究成果，在此特向他们表示衷心的感谢。清华大学出版社的领导和老师们也为本书的出版付出了艰辛的劳动，在些一并表示深深的敬意和感谢。

由于编者水平有限，加之时间仓促，书中错误和不妥之处在所难免，殷切希望使用本书的读者继续给予批评指正。

编　者

2017年6月于江苏常州

第2版前言

模拟电子技术是一门工程实践性非常强的课程。本书自2008年出版以来，被许多院校采用为教材，得到了广大读者的关心，并反馈了一些宝贵的意见。因此，在初版基础上，根据教学实践、电子技术的发展及应用、广大读者的意见及建议进行修订。在章节内容上作了一定的调整，并增加了特色章节——“常用模拟电路的设计”，使本书更加符合当前应用型本科院校电子技术课程教学的需要。同时本书也适合作为高职类院校模拟电子技术课程的教学及电子工程师学习用书。

全书共分为10章。第1章介绍模拟信号及数字信号的特点，模拟电子系统的组成、作用、分析及设计原则，并举例说明了模拟电子技术所研究的问题在电子系统中的应用实例；第2章介绍模拟电路中的常用元器件的原理、特性、参数，增添了近年来在电子系统中常用的新型电子元件，并介绍了常用元件的测量、识别方法及选用原则；第3章介绍由分立元件组成的基本模拟电路的分析方法及技术指标，添加了分立元件电路的应用实例，增加了分立元件组成的放大器的设计实例；第4章介绍模拟电路中的反馈；第5章介绍集成运算放大器的应用，由于有源滤波器在电子技术中应用极为广泛，所以本版增强了有源滤波器的原理及应用，并举例说明设计方法；第6章介绍信号的产生与变换等电路的工作原理及参数计算；第7章介绍稳压电源的组成、工作原理及参数分析，增设了线性稳压电源的设计及应用；第8章介绍一些典型应用的模拟电路；第9章介绍常用模拟电路的设计方法，读者在学完模拟电子技术后，可以设计常用的模拟电子电路模块；第10章介绍Multisim 11在模拟电子技术中的应用，升级了软件版本。

在本版修订时，对每一章后的习题做了增删，并增加了电子课件供读者使用。

本书由储开斌、何宝祥、徐权编著，其中储开斌编写了第1～3章和第8～9章，何宝祥老师编写了第4～7章，徐权编写了第10章。另外蔡小颀及章春艳两位老师为本书的图表绘制付出了辛勤的劳动；在本书编写过程中，始终得到了朱正伟和刘训非等老师的大力帮助，在此谨向他们致谢。本书在编写中还引用了许多专家、学者在著作和论文中的研究成果，在此特向他们表示衷心的感谢。清华大学出版社的编辑也为本书的出版付出了艰辛的劳动，在此一并表示深深的敬意和感谢。

由于编者水平有限，加之时间仓促，书中错误和不妥之处在所难免，殷切希望使用本书的读者继续给予批评指正。

编　者

2012年12月于江苏常州

第1版前言

电子技术的飞速发展引导了人类社会进步的潮流，同时对人们的知识结构提出了更新、更高的要求。教材中太多注重于传统意义上的基础知识介绍，必然会使学生在技术应用能力的培养方面受到挤压，这在一定程度上背离了社会大发展对人们综合能力，尤其是开拓创新能力需求的总体目标。因此，适当地、合乎时宜地提高起点，注重应用技术的介绍便成了本书的基本着眼点。

全书共分 9 章。第 1 章介绍模拟信号的特点、模拟电子系统的组成及各种模拟电路在系统中的作用；第 2 章介绍模拟电路中一些常用元器件的特性参数和使用方法；第 3 章介绍由分立元件组成的基本模拟电路的分析方法和技术指标；第 4 章介绍模拟电路中的反馈；第 5 章介绍集成运算放大器的应用；第 6 章介绍信号产生与变换等电路；第 7 章介绍由电子器件组成的直流稳压电源；第 8 章介绍一些典型实用的模拟电路；第 9 章介绍 Multisim 7 在模拟电子电路中的应用。

本书在每一章的最后都配备了一定数量的习题，并努力做到题型多样、难度有层次。

本书引用了许多专家、学者在著作和论文中的研究成果，在这里特向他们表示衷心感谢。清华大学出版社的许多领导和老师也为本书的出版付出了艰辛的劳动，在此一并表示深深的敬意和感谢。

本书由何宝祥、朱正伟、刘训非、储开斌编著，其中何宝祥同志编写了第 1～3 章和第 8 章，朱正伟同志编写了第 4～7 章，刘训非同志编写了第 9 章。另外，储开斌同志编写了部分章节的习题和第 8 章的部分内容，蔡小颀同志为本书的图表绘制付出了辛勤的劳动。全书由何宝祥同志策划和定稿。

由于我们水平有限，加之时间仓促，书中错误和不妥之处在所难免，殷切希望使用本教材的师生和其他读者给予批评指正。

编　者

2008 年 6 月于常州

目录

第1章 绪 论

引言 20世纪70年代以来，电子技术迅猛发展。在它的推动下，各行各业包括人们的生活都发生了令人瞩目的变化。目前，世界已进入信息时代，作为其发展基础之一的电子技术必将以飞快的速度前进。本章将从信号和电子系统的基本概念入手，初步建立电子系统的组成原理、分析方法和设计原则。

1.1 信号

信号是用来表征信息的物理量，也可以说是信息的载体。例如，声音信号可以传达语言，图像信号可以传达形态，温度信号可以传达热度等。可见，信息需要借助于某些物理量来表示和传递。

然而，一般的非电量信号的直接传递存在着很大的局限性，要实现控制更是难上加难，通常可将这些非电量信号转换为电信号进行间接传递和控制。

所谓电信号，是指随时间 t 而变化的电压 u 或电流 i，因此在数学描述上可将它表示为时间的函数，即 $u=f(t)$ 或 $i=f(t)$，也可以用波形图加以形象描述。

本书中涉及的信号均是电信号，以后简称为信号。

信号的形式是多种多样的，可以从不同角度进行分类。例如，根据信号是否具有随机性分为确定信号和随机信号，根据信号是否具有周期性分为周期信号和非周期信号，根据信号对时间的取值分为连续时间信号和离散时间信号等。在电子电路中，则将信号分为模拟信号和数字信号。

模拟信号在时间和数值上均具有连续性，即对应于任意值 t 均有确定的函数值 u 或 i，并且 u 或 i 的幅值是连续取值的。例如，正弦信号就是一种典型的模拟信号。

与模拟信号不同，数字信号在时间和数值上均具有离散性，u 或 i 的变化在时间上不连续，总是发生在离散的瞬间，且它们的数值是一个最小量值的整倍数，并以此倍数作为数字信号的数值。

当然，我们的世界是一个时空自然连续的世界，几乎所有由物理量转换来的信号都是模拟信号。用来处理模拟信号的电子电路被称为模拟电路。

1.2 电子系统

1.2.1 电子系统的组成原理

电子系统是指利用电子技术方法实现信号处理的系统。就模拟电子系统而言，系统首先要采集信号，这些信号通常来源于测试各种物理量的传感器、接收器，或者来源于用于测试的信号发生器。对于实际系统，传感器和接收器所提供的信号往往很小，噪声很大,且易受干扰,有时甚至分不清什么是有用信号,什么是干扰和噪声,因此在加工信号之前需将其进行预处理。预处理时,要根据实际情况利用隔离、滤波、阻抗匹配、补偿等技术手段,将有用信号分离出来并放大。当信号足够大时,再进行信号的运算、转换、比较和保存等不同的加工。最后,一般还要经过功率放大以驱动执行机构,或者经过模拟信号到数字信号的转换,变为计算机可以处理的信号。

按功能划分,模拟电子系统主要由以下几种模拟电路组合而成:

(1) 放大电路:用于信号的电压、电流和功率放大。

(2) 滤波电路:用于信号的提取和变换。

(3) 运算电路:用于信号的加、减、乘、除、微分、积分、对数和指数等运算。

(4) 转换电路:用于电压信号与电流信号之间的转换、直流信号与交流信号之间的转换、电压信号与频率信号之间的转换等。

(5) 信号发生电路:用于产生正弦、矩形、三角形等波形。

(6) 直流电源:将市电(220V/50Hz)转换成不同输出电压和电流的直流电,以作为各种电子电路本身的供电电源。

1.2.2 电子系统应用举例

随着科学技术的迅猛发展,电子系统已经渗透到社会的各个领域,如工业生产的自动化控制,电量及非电量的精密测量,语音、图像、雷达信息处理,通信系统,计算机系统及家用电器等。而近年来,由教育部主导、大学生参与的各类电子、自动化类竞赛,其每个项目都自成一个小的电子系统。下面以大学生参与的智能小车竞赛项目为例,介绍模拟电子技术在电子系统中的应用。

全国大学生智能汽车竞赛是由飞思卡尔半导体公司资助举办的大学生课外科技竞赛。它模拟无人自动驾驶汽车,比赛要求在规定的模型汽车平台上,使用微控制器或者数字处理控制器作为核心控制模块,通过增加道路传感器、电机驱动电路以及编写相应软件,制作一个能够自主识别道路的模型汽车,并按照规定路线行进,以完成时间最短者为优胜。

其专业知识涉及自动化控制、模式识别、传感测试技术、电子、电气、计算机、机械与汽车等多个专业学科,对学生的知识融合和实践动手能力的培养,对高等学校自动化控制和汽车电子学科学术水平的提高,具有良好的推动作用。

智能小车电子控制系统如图1.1所示。

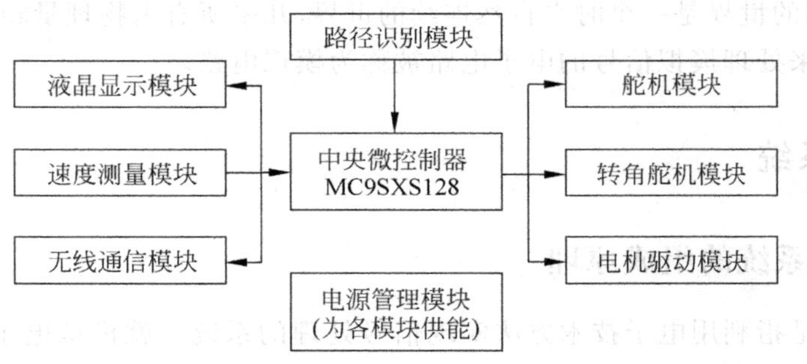

图1.1 控制系统框图

1. 路径识别模块

作为智能车系统的"眼睛",其重要性不言而喻。智能车相对于道路的偏移量、方向以及道路的曲率等信息,是实现智能车沿赛道运动的数据基础。获得更多、更远、更精确的赛道信息,是提高智能车运行速度的关键。通常,智能车比赛时,是在白色的跑道上,设置黑色的导引线。为了检测导引线,最常用的方法之一就是光电检测技术。当一束光照射到白色物体时,光的反射最大,而当光线照射到黑色物体时,光线反射很小。利用这个原理,从而可以准确地检测到小车运行的导引线。

为了能实现该模块功能,该部分应该包括光发射器和光接收器。如采用激光二极管产生聚集性能好的光点,采用光敏二极管接收光发射器产生的激光。而激光二极管及光敏二极管及其他半导体器件就是模拟电子技术所研究的第一个内容——半导体器件。

在光电检测技术中,为了不使可见光及其他杂散光线对系统产生影响,光电发射和接收技术往往采用调制方式实现,即发射管以特定的频率发射脉冲光,而接收电路只接收特定频率信号,而将其他信号滤除。同时,光接收的信号幅度通常较小,所以还需要将该接收信号进行放大处理。该电路就采用了模拟电子技术中的调制技术、滤波技术及信号放大技术等。

2. 舵机模块

舵机模块是用来控制小车方向的电机驱动电路。为了实现精确的转向控制,舵机中应给入一PWM(脉冲宽度调制)信号,根据正脉冲宽度的不同,小车的转向角度不同。该模块即采用了电子技术的脉冲宽度调制技术。

3. 电机驱动模块

智能车整体的速度性能,取决于它的电池系统和电机驱动系统。智能车的驱动系统一般由控制器、驱动电路以及电动机三个部分组成,在运行时要求电机能提供大转矩,宽调速范围和高可靠性。该驱动技术实际为模拟电子技术中所研究的功率放大电路。

4. 电源管理模块

电源管理模块为系统其他各个模块提供所需的电源。可靠的电源设计是整个硬件电路稳定运行的基础,是整个智能车设计中的重要环节。设计中,除了需要考虑电压范围和电流容量等基本参数之外,还要在电源转换效率、降低噪声、防止干扰和电路简单等方面进行优化。设计要简单可靠,在满足电压波动范围的要求下应尽量简化电源设计。电源管理采用了模拟电子技术中的直流电源技术。

当然,该系统除应用了模拟电子技术外,还大量采用了数字电子技术及计算机技术,如速度检测技术、液晶显示技术及微控制器等。

1.2.3 电子系统的设计原则

在设计电子系统时,不但要考虑预期的性能指标和质量指标的实现方法,而且要考虑系统的可测性。一般来讲,应做到以下几点:

(1) 必须满足给定的性能指标和质量指标,如增益、输入电阻、输出电阻、通频带、失真度等。

(2) 电路要尽量简单。电路越简单,元器件以及连线和焊点越少,系统的可靠性就越好。因此,通常集成电路能实现的就不选用分立元件电路,大规模集成电路能实现的就不选用小规模集成电路。

(3) 必须考虑电磁兼容性。所谓电磁兼容性,是指电子系统在预定的环境下,既能抵御周围电磁场的干扰,又能较少地影响周围环境。电子系统常常不可避免地工作在复杂的电磁环境中,其中既有来自大自然的各种放电现象、宇宙的各种电磁变化,又有人类自己利用电和电磁场从事的各种活动。空间电磁场的变化对于电子系统均会造成不同程度的干扰,同时电子系统本身也在不同程度上成为其他电子设备的干扰源。

在电子系统中,电磁兼容性的设计首先要分析周围环境电磁干扰的物理特性,然后想办法抑制干扰源或阻断干扰源的传播。一般可采用隔离、屏蔽、接地、滤波、去耦等技术来获得较强的抗干扰能力,必要时还可选用抗干扰能力强的元器件,并对元器件进行精密调整。

(4) 系统的组装、调试,维护、保养,以及功能扩展应简单、方便。

1.2.4 电子系统的分析方法

实际的电子系统往往是较复杂的,为了从理论上更快、更好地了解实际电子系统的性能,通常采用模型等效分析方法,即首先对一些实际的电子元器件及线路进行模型化处理,并根据系统的工作状态和特征进行可能的线性化处理,略去次要成分,简化电路模型,再利用基本的定理、定律和网络分析方法进行分析。显然,模型等效分析方法必然会带来一定的误差,但大多电子元器件参数具有离散性,一味追求分析精度自然失去了实际意义。

电子系统分析的意义,除了及时了解系统的各种性能之外,还可以为电子系统的设计提供更多的理论依据,以及制定更准确的策略思想或更丰富的实现方法。由此也可以看到,完成一个电子系统,常常要经过反反复复的分析、设计和调试,甚至没有止境。因此,更为丰富的知识和经验只有在学习和实践中获取和积累。

而今,随着电子系统的计算机辅助分析和设计软件的不断开发和完善,使得电子设计自动化(Electronic Design Automation,EDA)不再是一种空想。EDA 的主要特点是硬件设计软件化,它不仅在很大程度上取代了繁琐的手工绘图、计算和调试,节约了硬件资源和研发时间,而且能够实现电子电路的高层次综合和优化。可以说,EDA 技术的形成是电子领域发展史上的一次重大变革。

习题

1.1 如何将物理量转换成电信号?举例说明将温度、压力及光照强度等物理量转换为电信号的器件及转换原理。

1.2 回答下列问题:

(1) 在设计电子系统时,应尽量做到哪几点?

(2) 在电子系统中,常用的模拟电路有哪些?它们各有何功能?

(3) 电子系统的分析和设计有哪些方法?各有什么特点?

1.3 查阅资料,画出超外差收音机电路的框图,并说明各部分作用。

第2章　模拟电路常用元器件

引言　要学习和掌握模拟电路及其应用技术，首先必须了解模拟电路的各种组成元器件。组成模拟电路的常用元器件主要有半导体二极管、半导体三极管、场效应管以及一些集成器件，本章将对它们的外部特性、参数指标以及使用方法重点予以介绍。

2.1　普通半导体二极管

2.1.1　结构类型及符号

有一种物质，其导电性能介于导体和绝缘体之间，如硅、锗、砷化镓等，当这些物质的原有特征未改变时被称为本征半导体。它们的导电能力都很弱，并与环境温度、光强有很大关系。当掺入少量其他元素后，如硼、磷等，就形成了所谓的杂质半导体，其导电能力会有很大提高。根据掺入元素的不同，杂质半导体可分P型和N型两种。P型半导体和N型半导体结合后，在它们之间会形成一块导电能力极弱的区域，俗称PN结。这个PN结有一个非常重要的性质，即单向导电性。大体来讲，当PN结正向偏置，即P型半导体接电源的正极，N型半导体接电源的负极时，PN结变薄，流过的电流较大，呈导通状态；当PN结反向偏置，即P型半导体接电源的负极，N型半导体接电源的正极时，PN结变厚，流过的电流很小，呈截止状态。

基于PN结，人们生产出了半导体二极管，以后简称二极管，其结构符号如图2.1所示。可见，二极管有两个极，即P极（又称阳极）和N极（又称阴极）。由于极间具有电容效应，为便于不同的应用，二极管有点接触型和面接触型两类。点接触型的二极管电容效应弱，工作电流小，如2AP1的最高工作频率为150MHz，最大整流电流16mA；面接触型的二极管电容效应强，工作电流大，如2CP1的最高工作频率为3kHz，最大整流电流400mA。

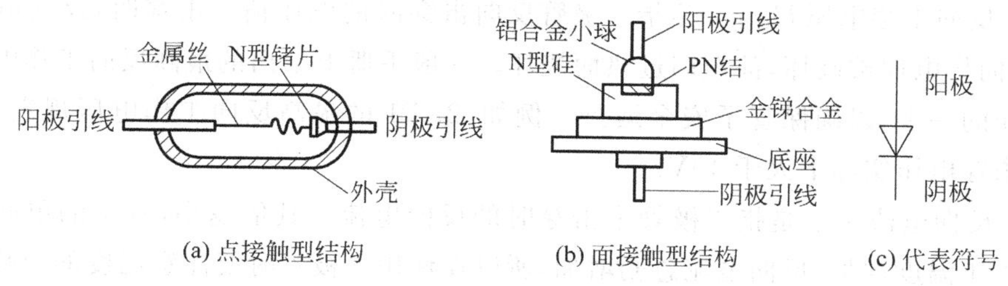

图2.1　半导体二极管的结构符号

2.1.2 伏安特性

二极管的伏安特性如图2.2所示,其物理方程为

$$i = I_S(e^{\frac{u}{U_T}} - 1) \tag{2.1}$$

其中,u和i分别为二极管的端电压和流过的电流;I_S为二极管的反向饱和电流;U_T为绝对温度T下的电压当量,常温下,即$T=300\text{K}$时,$U_T \approx 26\text{mV}$。下面分正向和反向两部分来说明。

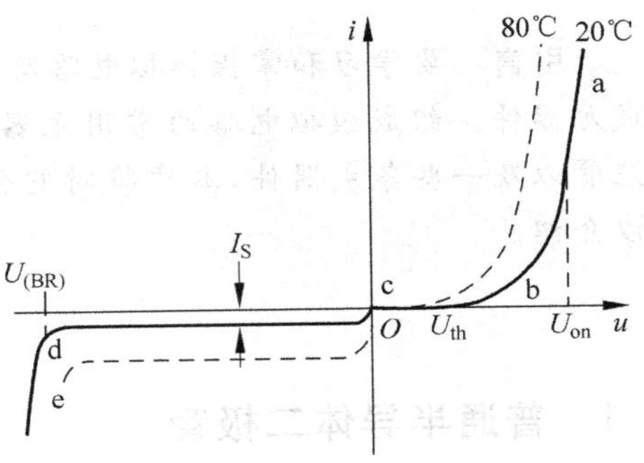

图2.2 二极管的伏安特性

1. 正向特性

二极管的正向特性对应于图2.2中的ab段和bc段。

当二极管工作在ab段时,正向电压只有零点几伏,电流相对来说却很大,且随电压的改变有较大的变化,或者说管子的正向静态和动态电阻都很小,呈正向导通状态。此时的电压称为导通电压,用U_{on}表示,硅管为0.6V左右,锗管为0.2V左右。

当二极管工作在bc段时,电流几乎为零,管子相当于一个大电阻,呈正向截止状态,好像有一个门槛。硅管的门槛电压U_{th}(又称开启电压或死区电压)约为0.5V,锗管约为0.1V。

2. 反向特性

二极管的反向特性对应于图2.2中的cd段和de段。

当二极管工作在cd段时,反向电压增加,管子很快进入饱和状态,但反向饱和电流很小,管子相当于一个大电阻,呈反向截止状态。一般硅管的反向饱和电流I_R要比锗管的小得多。温度升高时,反向饱和电流会急剧增加。

当二极管工作在de段时,反向电流急剧增加,呈反向击穿状态。

2.1.3 主要参数

(1) 最大整流电流I_F:是指二极管长期运行时,允许通过的最大正向平均电流。例如,2AP1的最大整流电流为16mA。

(2) 反向击穿电压$U_{(BR)}$:是指二极管反向击穿时的电压值。击穿时,反向电流急剧增加,单向导电性被破坏,甚至因过热而烧坏。一般手册上给出的最高反向工作电压约为击穿电压的一半,以确保管子安全运行。例如,2AP1的最高反向工作电压规定为20V,而反向击穿电压实际上大于40V。

(3) 反向电流I_R:是指二极管未击穿时的反向电流。其值越小,管子的单向导电性越好。由于温度增加,反向电流急剧增加,所以在使用二极管时要注意温度的影响。

(4) 极间电容C:是指二极管阳极与阴极之间的电容。其值越小,管子的频率特性越好。在高频运行时,必须考虑极间电容对电路的影响。

表2.1和表2.2列出了一些国产二极管的特性参数,以供参考。

表 2.1　2AP 检波二极管(点接触型锗管,常用于检波和小电流整流电路中)特性参数

型号＼参数	最大整流电流/mA	最高反向工作电压(峰值)/V	反向击穿电压(反向电流为400μA)/V	正向电流(正向电压为1V)/mA	反向电流(反向电压分别为10V、100V)/μA	最高工作频率/MHz	极间电容/pF
2AP1	16	20	≥40	≥2.5	≤250	150	≤1
2AP7	12	100	≥150	≥5.0	≤250	150	≤1

表 2.2　1N 系列整流二极管(常用于整流电路中)

型号＼参数	最大整流电流	最高反向工作电压(峰值)	最高反向工作电压下的反向电流(125℃)	最高工作频率	外形封装
	mA	V	μA	kHz	
1N4001	1000	50	5<	3	DO-41
1N4007	1000	1000	5<	3	DO-41
1N5404	3000	400	10<	3	DO-27
1N5408	3000	1000	10<	3	DO-27

2.2　特殊半导体二极管

2.2.1　稳压二极管

稳压二极管简称稳压管,是一种用硅材料和特殊工艺制造出来的面接触型二极管,其在反向击穿时,有一块工作区域的端电压几乎不变,具有稳压特性。它广泛用于稳压和限幅电路中。

1. 稳压管的伏安特性

稳压管的伏安特性及其符号如图 2.3 所示。与普通二极管相比,主要差异在于反向击穿时,特性曲线更陡(几乎平行于纵轴),且反向击穿是可逆的,即反向电流在一定的范围内,管子就不会损坏。

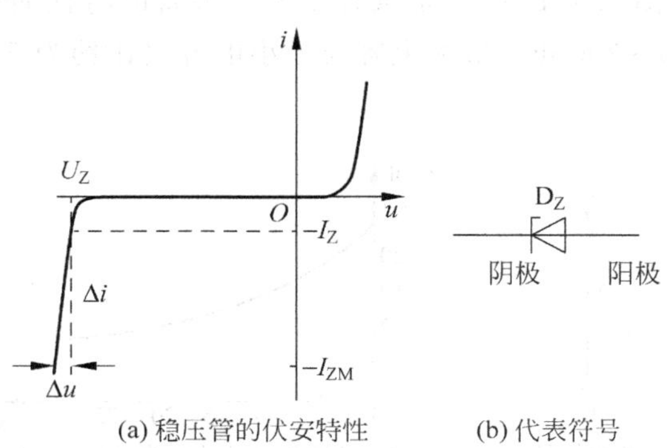

(a) 稳压管的伏安特性　　(b) 代表符号

图 2.3　稳压管的伏安特性及其符号

2．稳压管的主要参数

(1) 稳压电压 U_Z：U_Z 是在规定电流下稳压管的反向击穿电压。由于半导体器件参数的分散性，同一型号的稳压管的稳压电压存在一定差别。例如，型号为 2CW11 的稳压管的稳压电压为 3.2～4.5V。但就某一只管子而言，U_Z 应为确定值。

(2) 稳定电流 I_Z：I_Z 是稳压管工作在稳定状态时的参考电流，电流低于此值时，稳压效果变坏，甚至根本不稳压，故也常将 I_Z 记作 I_{Zmin}。只要不超过稳压管的额定功率，电流愈大，稳压效果愈好。

(3) 额定功耗 P_{ZM}：P_{ZM} 等于稳压管的稳定电压 U_Z 与最大稳定电流 I_{ZM}(或记作 I_{Zmax})的乘积。稳压管的功耗超过此值时，会因 PN 结温升过高而损坏。对于一只具体的稳压管，可以通过其 P_{ZM} 的值，求出 I_{ZM} 的值。

(4) 动态电阻 r_Z：r_Z 是稳压管工作在稳压区时，端电压变化量与其电流的变化量之比，即 $r_Z=\Delta U_Z/\Delta I$。r_Z 愈小，电流变化时 U_Z 的变化愈小，即稳压管的稳压特性愈好。对于不同型号的管子，r_Z 将不同，从几欧到几十欧；对于同一只管子，工作电流愈大，r_Z 愈小。

(5) 温度系数 α：α 表示温度每变化 1℃，稳压值的变化量，即 $\alpha=\Delta U_Z/\Delta T$。稳压电压小于 4V 的管子具有负温度系数，即温度升高时稳定电压值下降；稳压电压大于 7V 的管子具有正温度系数，即温度升高时稳定电压值上升；而对于稳压电压在 4～7V 之间的管子，温度系数非常小，近似为零。

由于稳压管的反向电流小于 I_{Zmin} 时不稳压，大于 I_{Zmax} 时会因超过额定功耗而损坏，所以在稳压管电路中必须串联一个电阻来限制电流，从而保证稳压管正常工作，称之为限流电阻。只有在限流电阻取值合适时，稳压管才能安全地工作在稳压状态。

2.2.2 变容二极管

二极管结电容的大小除了与本身的结构和工艺有关外，还与外加电压有关。结电容随反向电压的增加而减少，这种效应显著的二极管称为变容二极管。图 2.4(a)所示为变容二极管的代表符号，图 2.4(b)所示是某种变容二极管的特性曲线。不同型号的管子，其电容最大值可能是 5～300pF。最大电容与最小电容之比约为 5∶1。变容二极管在高频电路中应用较多。

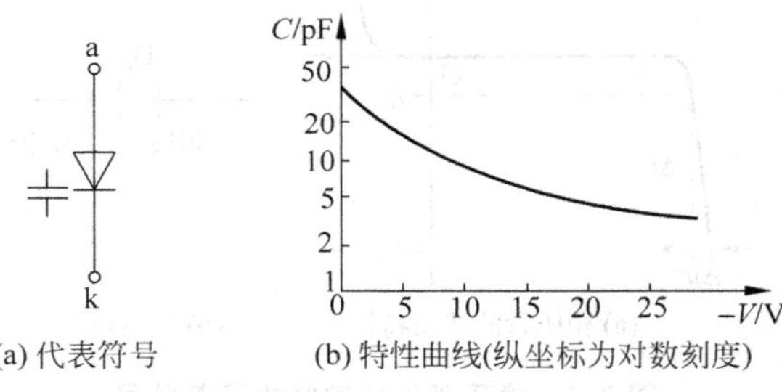

(a) 代表符号　　(b) 特性曲线(纵坐标为对数刻度)

图 2.4　变容二极管

2.2.3 光电二极管

光电二极管的结构与PN结二极管类似，但在它的PN结处，通过管壳上的一个玻璃窗口能接收外部的光照。这种器件的PN结在反向偏置状态下运行，它的反向电流随光照强度E的增加而上升。图2.5(a)所示是光电二极管的代表符号，图2.5(b)所示是它的特性曲线，其主要特点是反向电流与光照强度成正比，灵敏度的典型值为0.1μA/lx数量级。

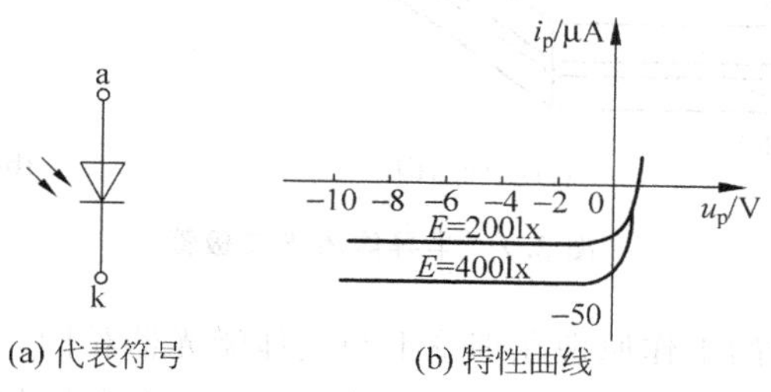

(a) 代表符号　(b) 特性曲线

图2.5 光电二极管

光电二极管可用作光的测量，是将光信号转换为电信号的常用器件。

2.2.4 发光二极管

发光二极管通常用元素周期表中Ⅲ、Ⅴ族元素的化合物，如砷化镓、磷化镓等制成。当这种管子通以电流时将发出光来，其光谱范围比较窄，波长由所使用的基本材料而定。图2.6所示为发光二极管的代表符号。几种常见发光材料的主要参数如表2.3所示。发光二极管常用来作为显示器件，除单个使用外，也常做成七段式或矩阵式器件，其工作电流一般为几毫安至十几毫安。

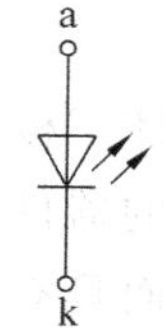

图2.6 发光二极管的代表符号

表2.3 发光二极管的主要特性

颜色	波长/nm	基本材料	正向电压/V (10mA时)	光强/mcd (10mA时，张角±45°)	光功率/μW
红外	900	砷化镓	1.3～1.5		100～500
红	655	磷砷化镓	1.6～1.8	0.4～1	1～2
鲜红	635	磷砷化镓	2.0～2.2	2～4	5～10
黄	583	磷砷化镓	2.0～2.2	1～3	3～8
绿	565	砷化镓	2.2～2.4	0.5～3	1.5～8

2.2.5 激光二极管

光电二极管通常用于接收由光缆传来的光信号，此时光缆用作光传输线，它是玻璃或塑料制成的。若传输的光限于单色的相干性的波长，则光缆更有效地用来传输。相干性的光是一种电磁辐射，其中所有的光子具有相同的频率且同相位。相干性的单色光信号可以用激光二极管(LED)来产生。如图 2.7(a)所示,激光二极管的物理结构是在发光二极管的结间安置一层具有光活性的半导体,其端面经过抛光后具有部分反射功能,因而形成一个光谐振腔。在正向偏置的情况下,LED 结发射出光来并与光谐振腔相互作用,进一步激励从结上发射出单波长的光,这种光的物理性质与材料有关。

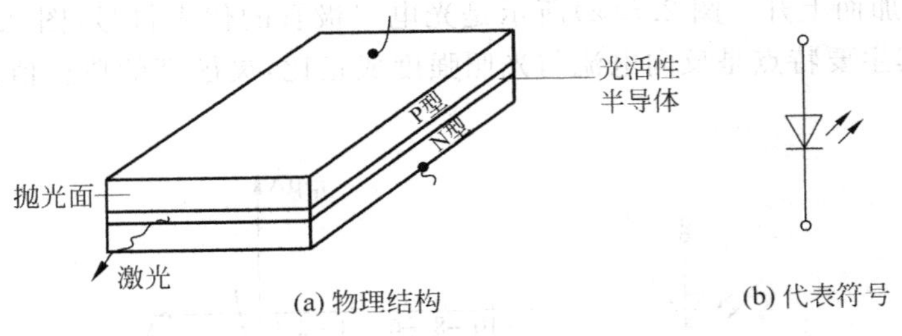

图 2.7 半导体激光二极管

半导体激光二极管的工作原理在理论上与气体激光器相同。但气体激光器所发射的是可见光,而激光二极管发射的主要是红外线,这与所用半导体材料的物理性质有关。图 2.7(b)所示是激光二极管的代表符号。激光二极管在小功率光电设备中得到广泛的应用,如计算机上的光盘驱动器以及激光打印机中的打印头等。

2.3 半导体三极管

半导体三极管(BJT),又称晶体管,俗称三极管,是通过一定的工艺,将两个 PN 结结合在一起的器件。由于 PN 结之间的相互影响,使半导体三极管表现出不同于单个 PN 结的特性而具有电流控制作用,从而使 PN 结的应用发生了质的飞跃。

2.3.1 结构类型及符号

三极管的种类很多,按频率分,有高频管、低频管;按功率分,有大功率管、中功率管、小功率管;按材料分,有硅管、锗管等。常见的半导体三极管外形如图 2.8(a)所示。从外形看,它们都有 3 个电极,分别叫做发射极 e、基极 b 和集电极 c。在发射极和基极之间形成的 PN 结叫发射结,在集电极和基极之间形成的 PN 结叫集电结。根据结构不同,三极管有 NPN 型和 PNP 型两种,符号分别如图 2.8(b)和图 2.8(c)所示。

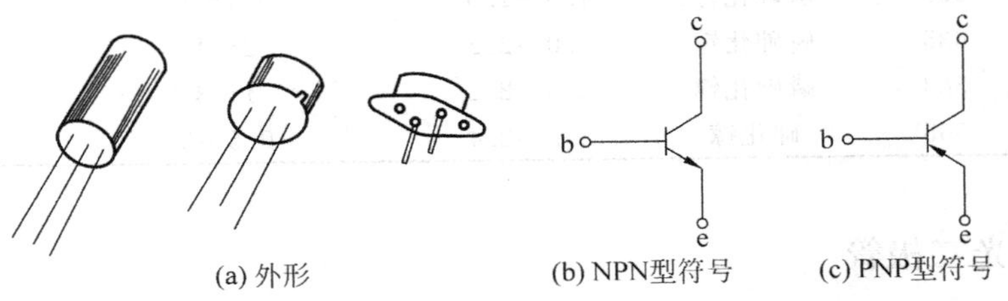

图 2.8 三极管的外形及其符号

2.3.2 特性曲线

三极管的特性曲线是指各电极电压与电流之间的关系曲线。由于三极管与二极管一样也是一个非线性元件，所以通常用它的特性曲线进行描述。但三极管有3个电极，其特性曲线就不像二极管那样简单了，工程上常用到的是它在共发射极接法电路中的输入特性和输出特性曲线。

1. 输入特性

输入特性是指当集电极与发射极之间的电压 u_{CE} 为某一常数时，输入回路中加在三极管基极与发射极之间的电压 u_{BE} 与基极电流 i_B 之间的关系曲线，用函数表示为

$$i_B = f(u_{BE})\big|_{u_{CE}=\text{常数}} \tag{2.2}$$

图2.9所示是NPN型硅三极管的输入特性。图中仅给出了 $u_{CE}=1V$、0.5V和0V的3条输入特性曲线，实际上，任意一个 u_{CE} 都有一条输入特性与之对应。当 u_{BE} 较小时，i_B 几乎为0，这段常被称为死区，所对应的电压被称为死区电压（又称门坎电压），用 U_{th} 表示，硅管的 U_{th} 约为0.5V。当 $u_{BE}>0.5V$ 以后，i_B 增加越来越快。另外，随着 u_{CE} 的增加，曲线右移，u_{CE} 愈大，右移幅度愈小。$u_{CE}>1V$ 以后，曲线基本重合。由于实际使用时，u_{CE} 总是大于1V，所以常将 $u_{CE}=1V$ 的输入特性曲线作为三极管电路的分析依据。

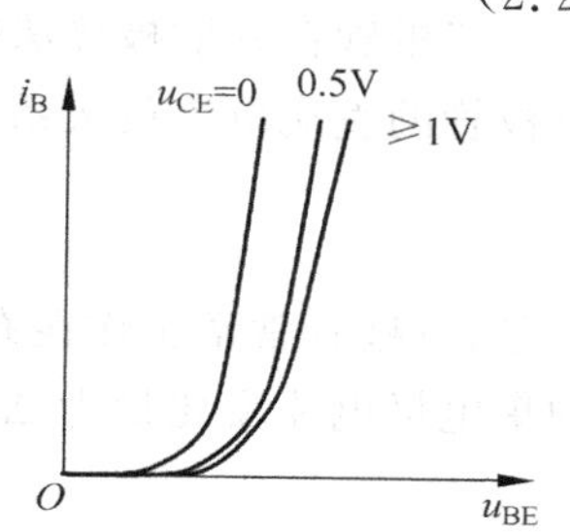

图2.9 NPN型硅三极管的输入特性

2. 输出特性

输出特性是指基极电流 i_B 为某一常数时，输出回路中三极管集电极与发射极之间的电压 u_{CE} 与集电极电流 i_C 之间的关系曲线，用函数表示为

$$i_C = f(u_{CE})\big|_{i_B=\text{常数}} \tag{2.3}$$

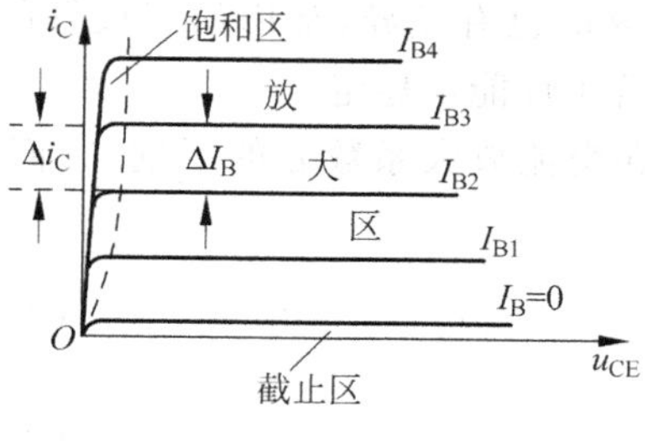

图2.10 NPN型硅三极管的输出特性

图2.10所示是NPN型硅三极管的输出特性。由图可见，各条特性曲线的形状基本上是相同的，具体体现在以下几方面：

(1) 输出特性的起始部分很陡，u_{CE} 略有增加时，i_C 增加很快。

(2) 当 u_{CE} 超过一定数值（约1V）后，特性曲线变得比较平坦。对于曲线的平坦部分，各条曲线的分布比较均匀且相互平行，并随着 u_{CE} 的增加略微向上倾斜。

在电路中有3种工作状态，分别对应于图2.10中标注的3个工作区域：

(1) 放大区：其特征是 i_C 几乎仅仅决定于 i_B，或者说 i_B 对 i_C 具有控制作用。条件是三极管的发射结正向偏置，且结电压大于开启电压 U_{th}；集电结反向偏置。

(2) 截止区：其特征是 i_B 和 i_C 几乎为零。条件是三极管的发射结反向偏置或者正向偏置，但结电压小于开启电压 U_{th}；集电结反向偏置。

(3) 饱和区：其特征是三极管的3个极间的电压均很小，i_C 不仅与 i_B 有关，还与 u_{CE} 有关。条件是三极管的发射结正向偏置，且结电压大于开启电压 U_{th}；集电结正向偏置。

三极管工作在放大状态,具有电流控制作用,利用它可以组成放大电路;工作在截止和饱和状态,具有开关作用,利用它可以组成开关电路。

对于锗三极管,其输入特性与硅管相比,死区电压较小,一般只有0.2V左右;其输出特性在初始上升部分较陡,但集电极—发射极间的反向饱和电流(又称穿透电流)I_{CEO}较大。

2.3.3 主要参数

三极管的参数是用来表征管子性能优劣和适应范围的,它是选用三极管的依据。了解这些参数的意义,对于合理使用和充分利用三极管,达到设计电路的经济性和可靠性是十分必要的。

1. 电流放大系数

三极管在共射极接法时,集电极的直流电流 I_C 与基极的直流电流 I_B 的比值,就是三极管的直流电流放大系数 $\bar{\beta}$,即

$$\bar{\beta}=\frac{I_C}{I_B} \tag{2.4}$$

但是,三极管常常工作在有信号输入的情况下,这时基极电流产生一个变化量 Δi_B,相应的集电极电流变化量为 Δi_C,则 Δi_C 与 Δi_B 之比称为三极管的交流电流放大系数 β,即

$$\beta=\frac{\Delta i_C}{\Delta i_B} \tag{2.5}$$

显然,$\bar{\beta}$ 和 β 的含义是不同的,$\bar{\beta}$ 反映静态(直流工作状态)时集电极电流与基极电流之比,β 则是反映动态(交流工作状态)时的电流放大特性。由于三极管特性曲线的非线性,所以各点的 $\bar{\beta}$ 和 β 是不同的。只有在恒流特性比较好,曲线间距均匀,并且工作于这一区域时,才可以认为 $\bar{\beta}$ 和 β 是基本不变的,此时 $\bar{\beta}$ 和 β 几乎相等,通常可以混用。

由于制造工艺的分散性,即使同型号的管子,它的 β 值也有差异,常用的三极管的 β 值在10~100。β 值太小,放大作用差;但 β 太大,易使管子性能不稳定。

对于共基极接法的三极管,也有直流放大系数 $\bar{\alpha}$ 和交流放大系数 α 的区别,它们的定义与共发射极接法时相似,即

$$\bar{\alpha}=\frac{I_C}{I_E} \tag{2.6}$$

$$\alpha=\frac{\Delta i_C}{\Delta i_E} \tag{2.7}$$

总之,三极管的电流放大系数有直流和交流两种,在通常情况下,两者接近,故可混用。在今后的应用中,只用符号 β 和 α 表示。

由基尔霍夫电流定律可得

$$\Delta i_E=\Delta i_B+\Delta i_C \tag{2.8}$$

进一步推导可得 β 和 α 的关系为

$$\alpha=\frac{\beta}{1+\beta} \tag{2.9}$$

2. 极间反向电流

(1) 集电极—基极反向饱和电流 I_{CBO}

集电极—基极反向饱和电流 I_{CBO} 表示发射极开路,c、b间加上一定反向电压时的反

向电流，如图 2.11 所示。在一定温度下，这个反向电流基本上是常数，所以称为反向饱和电流。一般情况下，I_{CBO}的值很小，小功率硅管的 I_{CBO}小于 1μA，小功率锗管的 I_{CBO}约为 10μA。因 I_{CBO}是随温度增加而增加的，因此在温度变化范围大的工作环境应选用硅管。测量 I_{CBO}的电路如图 2.11 所示。

(2) 集电极—发射极反向饱和电流 I_{CEO}

集电极—发射极反向饱和电流 I_{CEO}，又叫穿透电流，表示基极开路，c、e 间加上一定反向电压时的集电极电流。测量的电路如图 2.12 所示。

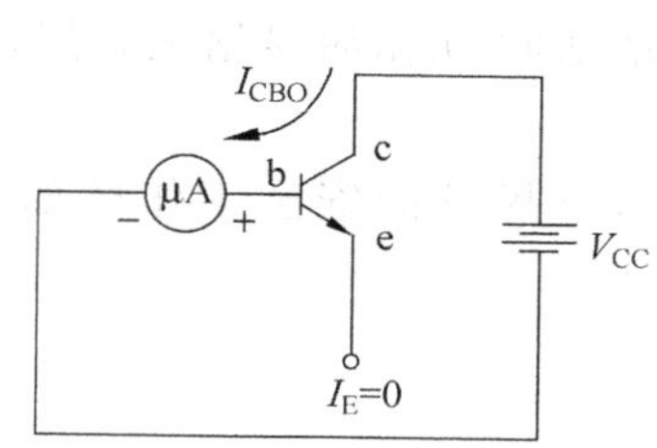

图 2.11 I_{CBO}测量电路

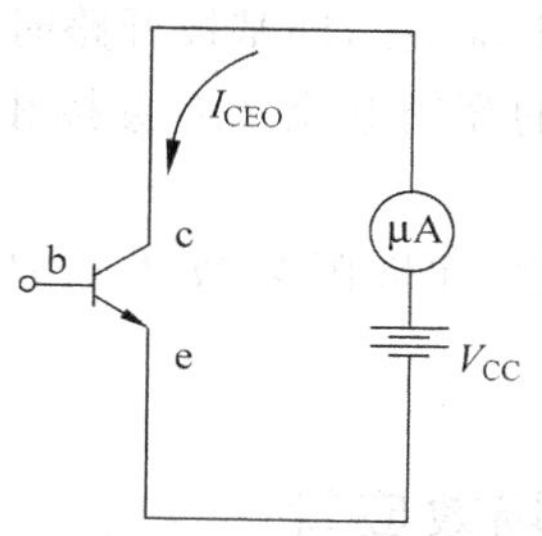

图 2.12 I_{CEO}测量电路

I_{CBO}和 I_{CEO}都是衡量三极管质量的重要参数，它们的关系为

$$I_{CEO} = (1+\beta)I_{CBO} \tag{2.10}$$

由于 I_{CEO}比 I_{CBO}大得多，测量起来比较容易，所以常常把测量 I_{CEO}作为判断管子质量的重要手段。小功率硅管的 I_{CEO}在几微安以下；小功率锗管的则大得多，为几十微安以上。还需注意，I_{CEO}和 I_{CBO}一样，也随温度的增加而增加。

3. 极限参数

(1) 集电极最大允许电流 I_{CM}

I_{CM}是指三极管的参数变化不超过允许值时，集电极允许的最大电流。当电流超过 I_{CM}时，管子性能将显著下降，甚至有可能烧坏管子。

(2) 集电极最大允许功率损耗 P_{CM}

P_{CM}表示集电结上允许损耗功率的最大值。超过此值会使管子性能变坏或烧毁。因为集电极损耗的功率

$$P_{CM} = i_C u_{CE} \tag{2.11}$$

由此式可在输出特性图上画出管子的允许功率损耗线，如图 2.13 所示。P_{CM}值与环境温度有关，温度愈高，P_{CM}值愈小。因此，三极管在使用时受到环境温度的限制。硅管的上限温度为 150℃，而锗管低得多，约 70℃。

对于大功率管，为了提高 P_{CM}，常采用加散热装置的办法，手册中给出的值是在常温下测得的；对于大功率管，则是在常温下加规定尺寸的散热片的情况下测得的。

(3) 反向击穿电压

对于三极管的两个 PN 结，如反向电压超过规定值，也会发生击穿，其击穿原理和二极管

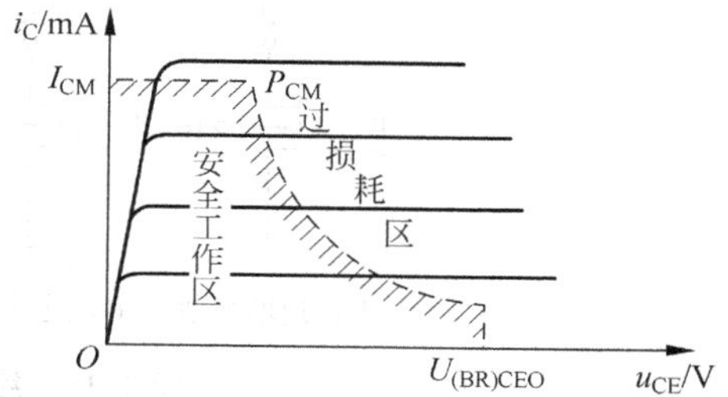

图 2.13 三极管的极限损耗线

类似,但三极管的击穿电压不仅与管子本身的特性有关,还取决于外部电路的接法。常见的击穿电压有下列几种:

① $U_{(BR)EBO}$,即集电极开路时,发射极—基极间的反向击穿电压。在放大状态时,发射结是正偏的。而在某些场合下,例如三极管工作在大信号或者开关状态时,发射结就有可能受到较大的反向电压,所以要考虑发射结击穿电压的大小。$U_{(BR)EBO}$就是发射结本身的击穿电压。

② $U_{(BR)CBO}$,即发射极开路时,集电极—基极间的反向击穿电压,其数值一般较高。

③ $U_{(BR)CEO}$,即基极开路时,集电极—发射极间的反向击穿电压。这个电压的大小与三极管的穿透电流 I_{CEO} 直接相联系。当管子的 U_{CE} 增加时,I_{CEO} 明显增大,导致集电结击穿。

总之,在极限参数 I_{CM}、P_{CM} 和 $U_{(BR)CEO}$ 的限制下,三极管的安全工作区如图 2.13 所示。

2.4 场效应管

场效应管(FET)是一种利用电场效应来控制其电流大小的半导体器件,于 20 世纪 60 年代面世。它不仅体积小、质量轻、耗电省、寿命长,而且具有输入阻抗高、噪声低、热稳定性好、抗辐射能力强和制造工艺简单等特点,在大规模和超大规模集成电路中已得到了广泛的应用。

2.4.1 结构类型及符号

场效应管有结型和绝缘栅型两种结构。与晶体管 e、b 和 c 相对应,场效应管也有 3 个电极,分别是源极 s、栅极 g 和漏极 d。

结型场效应管(JFET)按源极和漏极之间的导电沟道又分为 N 型和 P 型两种,符号如图 2.14 所示。

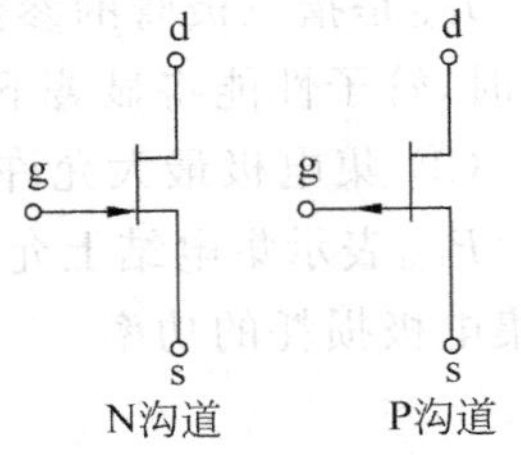

图 2.14 结型场效应管的符号

绝缘栅场效应管(IGFET)的源极、漏极与栅极之间常用 SiO_2 绝缘层隔离,栅极常用金属铝,故又称 MOS 管。与 JFET 相同,MOS 管也有 N 型和 P 型两种导电沟道,且每种导电沟道又分为增强型和耗尽型两种。因此,MOS 管有 4 种类型:N 沟道增强型、N 沟道耗尽型、P 沟道增强型和 P 沟道耗尽型,符号如图 2.15 所示,B 为衬底。

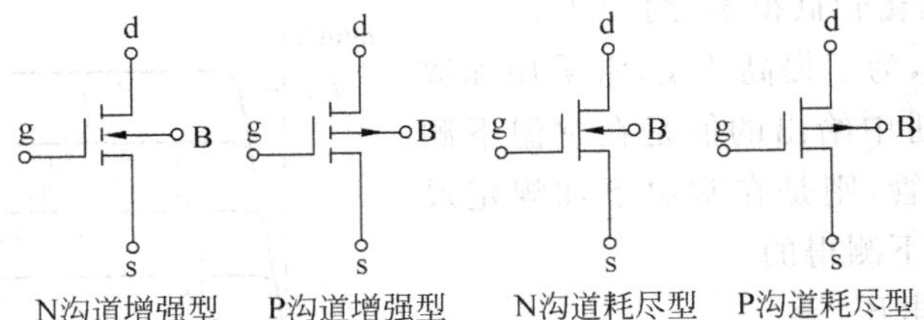

图 2.15 绝缘栅场效应管的符号

2.4.2 主要参数

1. 静态参数

(1) 开启电压 $U_{GS(th)}$：$U_{GS(th)}$ 是 u_{DS} 为常数(如 10V)时，使 i_D 大于零的最小 $|u_{GS}|$ 值。手册中给出的是在 I_D 为规定的微小电流(如 5μA)时的 u_{GS}。$U_{GS(th)}$ 是增强型 MOS 管的参数。

(2) 夹断电压 $U_{GS(off)}$：与开启电压相类似，$U_{GS(off)}$ 是 u_{DS} 为常数(如 10V)时，使 i_D 近似为零的 u_{GS} 值。手册中给出的是在 I_D 为规定的微小电流(如 5μA)时的 u_{GS}。$U_{GS(off)}$ 是 JFET 和耗尽型 MOS 管的参数。

(3) 饱和漏极电流 I_{DSS}：是在 $u_{GS}=0$ 的情况下，当 $u_{DS}>|U_{GS(off)}|$ 时的漏极电流。I_{DSS} 是 JFET 和耗尽型 MOS 管的参数。与之对应，增强型 MOS 管用 $2U_{GS(th)}$ 时的 i_D，即 I_{DO} 表示。

(4) 直流输入电阻 $R_{GS(DC)}$：$R_{GS(DC)}$ 等于栅—源电压与栅极电流之比。JFET 的 $R_{GS(DC)}$ 大于 $10^7\Omega$，而 MOS 管的 $R_{GS(DC)}$ 大于 $10^9\Omega$。手册中一般只给出栅极电流的大小。

2. 动态参数

(1) 低频跨导 g_m：g_m 是在 u_{DS} 一定的情况下，i_D 的微小变化 Δi_D 与引起这个变化的 u_{GS} 的微小变化 Δu_{GS} 的比值，即

$$g_m = \left.\frac{\Delta i_D}{\Delta u_{GS}}\right|_{U_{DS}=\text{常数}} \tag{2.12}$$

g_m 反映了 u_{GS} 对 i_D 控制作用的强弱，是用来表征 FET 放大能力的一个重要参数，其单位与导纳单位一样。其值一般在 0.1～10ms 范围内，特殊的可达 100ms，甚至更高。值得注意的是，g_m 与 FET 的工作状态密切相关，在 FET 不同的工作点上有不同的 g_m 值。

(2) 极间电容：FET 的 3 个极之间均存在极间电容。通常，栅—源电容 C_{GS} 和栅—漏电容 C_{GD} 为 1～3pF，漏—源电容 C_{DS} 为 0.1～1pF。虽然都很小，但在高频情况下对电路的影响可能很大。

3. 极限参数

(1) 最大漏极电流 I_{DM}：I_{DM} 是 FET 在正常工作时，漏极电流的上限值。

(2) 漏—源击穿电压 $U_{(BR)DS}$：增加 u_{DS}，FET 进入击穿状态(i_D 骤然增大)时的 u_{DS} 被称为漏—源击穿电压 $U_{(BR)DS}$。

(3) 栅—源击穿电压 $U_{(BR)GS}$：使得 JFET 栅极与导电沟道间的 PN 结反向击穿，以及使得 MOS 管绝缘层击穿，或者栅极与导电沟道间的 PN 结反向击穿的电压称为栅—源击穿电压 $U_{(BR)GS}$。

(4) 最大耗散功率 P_{DM}：P_{DM} 决定于 FET 允许的温升。

2.4.3 特性曲线

1. 输出特性曲线

输出特性曲线是用来描述场效应管栅—源电压 u_{GS} 一定时，漏极电流 i_D 与漏—源电压 u_{DS} 之间关系的曲线，即

$$i_D = f(u_{DS})\big|_{u_{GS}=常数} \tag{2.13}$$

如图2.16所示为N沟道JFET的输出特性曲线。对应于一个u_{GS},就有一条曲线,因此输出特性为一束曲线。通常,可将场效应管的工作划分为4个区域,以下分别介绍。

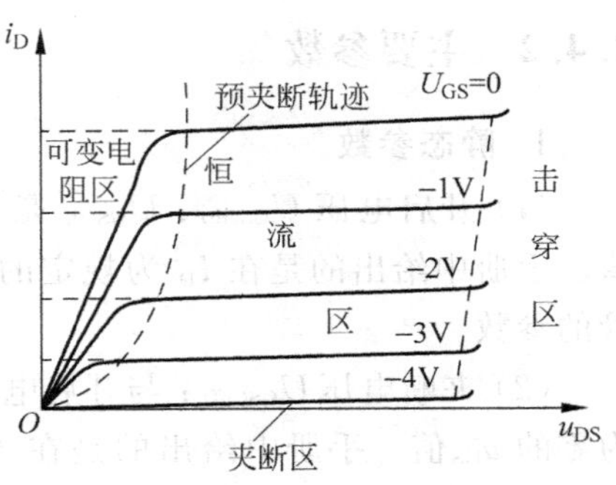

图2.16 N沟道JFET的输出特性

(1) 可变电阻区:图2.16中的虚线为临界夹断(又称预夹断)轨迹,它是各条曲线上使

$$u_{DS} = u_{GS} - U_{GS(off)} \tag{2.14}$$

的点连接而成的。预夹断轨迹的左边区域中,曲线近似为不同斜率的直线。当u_{GS}确定后,直线的斜率也被确定,斜率的倒数就是漏—源间的等效电阻。因此,在此区域中,可以通过改变u_{GS}(压控方式)来改变漏—源电阻,故称此区域为可变电阻区。

(2) 线性放大区(又称恒流区或饱和区):预夹断轨迹的右边有一块区域,i_D几乎不再随着u_{DS}的增加而增加,故称此区域为恒流区或饱和区。由于在此区域中可以通过改变u_{GS}(压控方式)来改变i_D,进一步可组成放大电路以实现电压和功率的放大,故又称此区域为线性放大区。

(3) 击穿区:u_{DS}增加到一定数值后,i_D会骤然增加,管子被击穿,因此在线性放大区的右边就是击穿区。

(4) 夹断区:当$u_{GS} < U_{GS(off)}$时,导电沟道被夹断,i_D几乎为零,即图2.16中靠近横轴的部分,称之为夹断区。

2. 转移特性曲线

转移特性曲线是用来描述场效应管的漏—源电压u_{DS}一定时,漏极电流i_D与栅—源电压u_{GS}之间关系的曲线,即

$$i_D = f(u_{GS})\big|_{u_{DS}=常数} \tag{2.15}$$

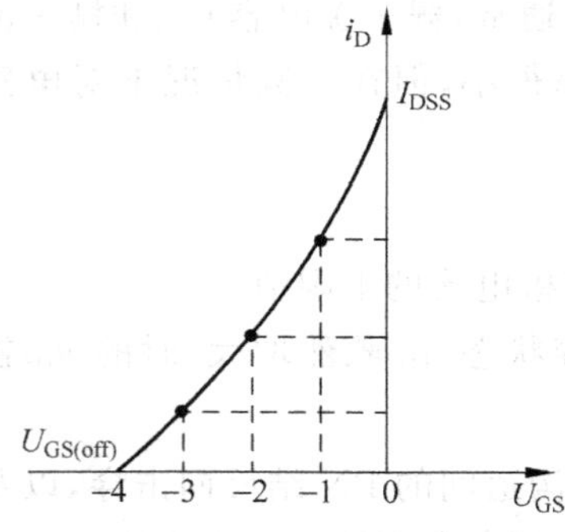

图2.17 N沟道JFET的转移特性

在输出特性曲线上作横轴的垂线,读出垂线与各条曲线交点的坐标值,建立u_{GS}-i_D坐标系,连接各点所得曲线就是转移特性曲线,如图2.17所示。

可见,转移特性曲线与输出特性曲线有严格的对应关系。当场效应管工作在可变电阻区时,转移特性曲线的差异性很大。但当FET工作在线性放大区时,由于输出特性曲线可近似为横轴的一组平行线,所以可用一条转移特性曲线代替线性放大区的所有曲线,且这条曲线可近似表示为

$$i_D = I_{DSS}\left(1 - \frac{u_{GS}}{U_{GS(off)}}\right)^2, \quad U_{GS(off)} < u_{GS} < 0 \tag{2.16}$$

需要指出的是,以上介绍的只是N沟道JFET的特性曲线,不过场效应管其他类型的特性曲线与其相似。对于增强型MOS管,只需用I_{DO}和$U_{GS(th)}$替代式中的I_{DSS}和$U_{GS(off)}$即可。为便于比较,特将其符号和特性曲线列于表2.4中。

表 2.4　各种场效应管特性的比较

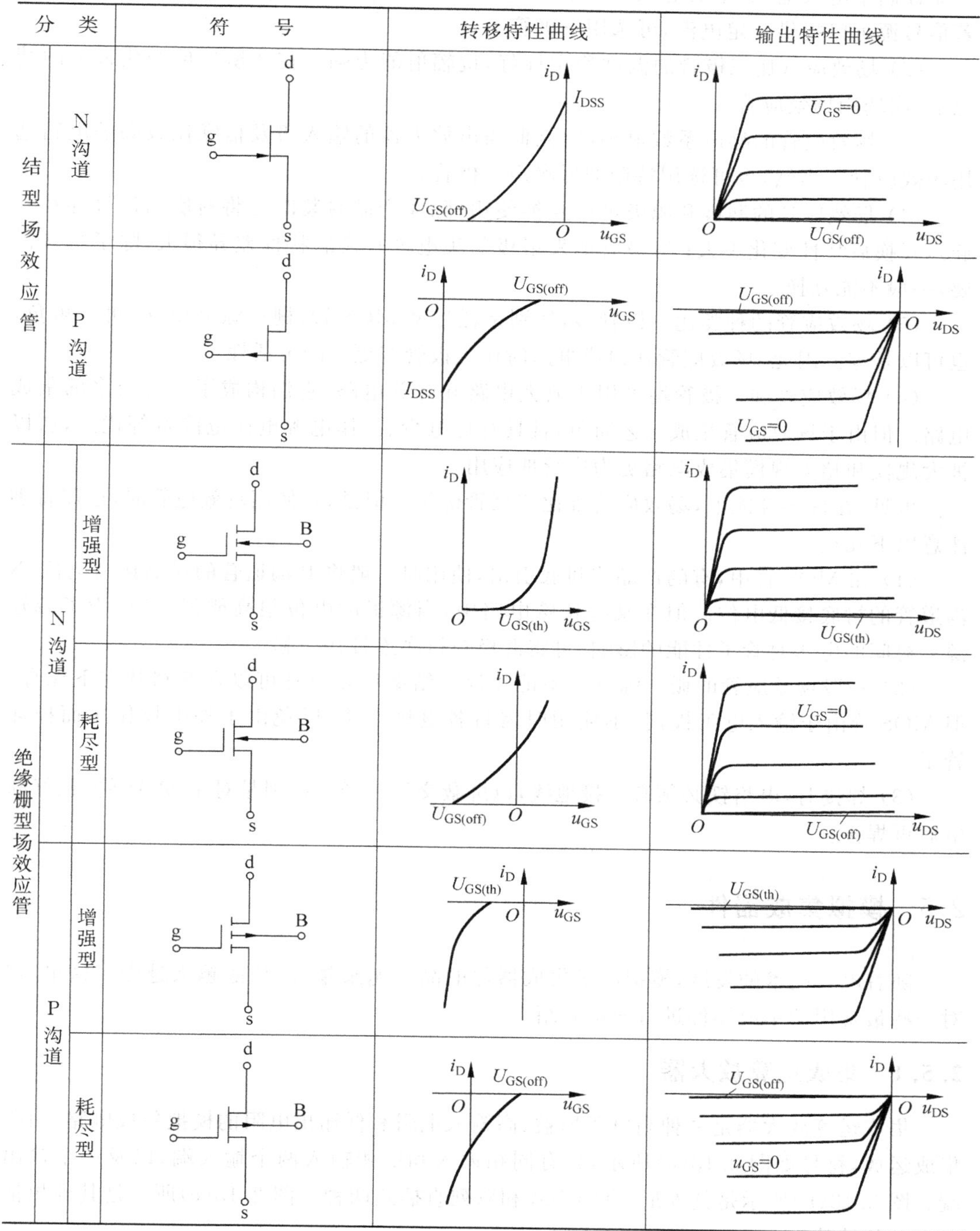

2.4.4　场效应管与三极管的比较

（1）场效应管用栅—源电压 u_{GS} 控制漏极电流 i_D，栅极电流几乎为零；三极管用基极电流控制集电极电流,基极电流不为零。因此,要求输入电阻高的电路应选用场效应管。若信号源可以提供一定电流,可选用三极管。

(2) 场效应管比三极管的温度稳定性好,抗辐射能力强。在环境条件变化很大的情况下,应选用场效应管。

(3) 场效应管的噪声系数很小,因此低噪声放大器的输入级及信噪比较高的电路选用场效应管。当然,也可选用特制的低噪声三极管。

(4) 场效应管的漏极和源极可以互换使用(除非产品封装时已将衬底与源极连在一起),互换后特性变化不大;三极管的发射极与集电极互换后特性差异很大,除了特殊需要,一般不能互换。

(5) 场效应管的种类比三极管多,特别是耗尽型 MOS 管,栅—源电压 u_{GS} 可正可负,也可以是零。因此,场效应管在组成电路时比三极管有更大的灵活性。

(6) 场效应管和三极管均可用于放大电路和开关电路,它们构成了品种繁多的集成电路。但由于场效应管集成工艺简单,且具有耗电少、工作电源电压范围宽等优点,所以被大规模和超大规模集成电路更为广泛地应用。

可见,在许多性能上,场效应管都比三极管优越。但是,在使用场效应管时,还需特别注意以下几点:

(1) 在 MOS 管中,有的产品将衬底引出,使用时一般将 P 沟道管的衬底接高电位,N 沟道管的衬底接低电位。但在某些特殊电路中,当源极的电位很高或很低时,为了减轻源—衬间的电压对管子性能的影响,可将源极与衬底连接在一起。

(2) 一般场效应管的栅—源电压不能接反。结型场效应管可以在开路状态下保存,但 MOS 管由于输入电阻极高,不使用时需将各电极短路,以免由于外电场作用而损坏管子。

(3) 焊接时,电烙铁必须有外接地线,以屏蔽交流电场。特别是对于 MOS 管,最好断电后再焊接。

2.5 模拟集成器件

随着电子技术的发展,模拟电子集成器件的品种越来越多,功能越来越强。这里,仅对一些最常用的集成器件进行简单介绍。

2.5.1 集成运算放大器

集成运算放大器是一种高电压增益、高输入电阻和低输出电阻的模拟集成电路,简称集成运放,符号如图 2.18(a)所示,它有同相输入和反相输入两个输入端,以及一个输出端。图 2.18(b)所示是其外形,有圆壳式和双列直插式两种。图 2.18(c)所示是其理想情况下的传输特性。

集成运放的类型很多,其内部的电路组成各不相同,外部特性也有很大差异。除了通用的高增益型外,还有性能更优良,并具有特殊功能的专用型,常用的有高输入阻抗型(如 LF356)、低漂移高精度型(如 AD508)、高速型(如 AD9618)、低功耗型(如 ICL7600)、高压大功率型(如 LM143)和程控型(如 LM4250)等。

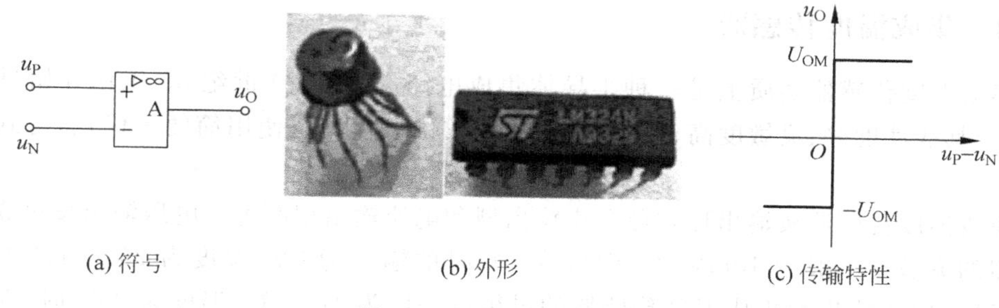

(a) 符号　(b) 外形　(c) 传输特性

图 2.18　集成运算放大器

目前，高输入阻抗型集成运放主要用于生物医学电信号的精密测量放大、有源滤波、采样保持、对数和反对数运算、A/D 和 D/A 转换等电路中；低漂移高精度型集成运放主要用于毫伏量级或更低的微弱信号的精密检测、精密模拟计算、高精度稳压电源和自动控制仪表中；高速型集成运放主要用于快速 A/D 和 D/A 转换、有源滤波、高速采样保持、锁相、精密比较和视频放大等电路中；低功耗型集成运放主要用于对能源有严格限制的遥测、遥感、生物医学和空间技术研究的设备中。

2.5.2　集成比较器

集成比较器的符号和外形与集成运算放大器相似。有的集成比较器需要双电源工作，理想情况下，当 $u_N > u_P$ 时，输出为 $-U_m$；当 $u_N < u_P$ 时，输出为 $+U_m$。有的集成比较器只需单电源工作，理想情况下，当 $u_N > u_P$ 时，输出为 0；当 $u_N < u_P$ 时，输出为 $+U_m$。

例如，LM393 就是一种常用的集成电压比较器。它既能在双电源下工作，也能在单电源下工作。其内部由两个独立的精密电压比较器组成，突出的优点是漂移小、功耗低，适合在干电池下工作。LM393 广泛应用于限幅、整形、脉宽调制、逻辑转换、脉冲发生器和多谐振荡器等电路中。

2.5.3　集成功率放大器

集成功率放大器是一种具有功率放大能力的半导体集成电路，常被作为具有特定功能的模块灵活应用于各种电路系统中。

例如 LM4820-6，它是 NS 公司专门为电池供电的便携式设备设计、生产的低电压、低静态电流、具有功率关断功能的小功率音频功率放大器。其芯片电压为 2.2～5.5V，在 5V 供电的条件下，能够提供 1W 连续功率输出；当它处于关断时，电流仅为 0.1μA。

又如 TDA8542，它是 PHILIPS 公司生产的双通道集成功率放大器。该芯片内集成了两个功率放大器，每个通道的功率放大器有独立的电源电压输入和接地端。该芯片能够在宽电压的范围内工作。当电压为 5V 时，最大输出功率为 2×1W。

再如 LM1875/1876，它是中等功率输出的功率运算放大器，LM1875 为单通道的，LM1876 为双通道的。LM1875 在电源电压为±25V 时，能向负载提供 20W 功率输出；±30V 时，能提供 30W 的输出功率。LM1876 在电源电压为±30V 时，能向负载提供 2×20W 功率输出。

2.5.4 集成温度传感器

集成温度传感器实质上是一种半导体集成电路。它从 20 世纪 80 年代开始进入市场,由于其线性度好、灵敏度高、精度适中、响应较快、体积小、使用简便等优点,得到广泛应用。

集成温度传感器按输出形式分电压输出型和电流输出型两种。电压输出型集成温度传感器的灵敏度一般为 10mV/℃,温度为 0℃时的输出为 0V,温度为 25℃时的输出为 2.9815V;电流输出型集成温度传感器的灵敏度一般为 1μA/℃,温度为 25℃时,在 1kΩ 电阻上的输出电压为 298.15mV。

表 2.5 列出了几种集成温度传感器的技术参数,可供参考。

表 2.5 几种集成温度传感器的技术参数

型号	厂名	输出形式	测温范围/℃	温度系数	封装	其他
XC616A	NEC	电压型	−45～125	10mV/℃	TO-5(4 端)	内有稳压和运放
XC616C	NEC	电压型	−25～85	10mV/℃	8 脚 DIP	内有稳压和运放
XC6500	NS	电压型	−55～85	10mV/℃	TO-5(4 端)	内有稳压和运放
XC5700	NS	电压型	−55～85	10mV/℃	TO-46(4 端)	内有稳压和运放
XC3911	NS	电压型	−25～85	10mV/℃	TO-5(4 端)	内有稳压和运放
LM134	NS	电流型	−55～125 0～70	1μA/℃	TO-46(4 端) TO-92	
AD590	AD	电流型	−55～150	1μA/℃	TO-52(4 端)	
REF-02	PMI	电压型	−55～125	2.1mV/℃	TO-5(8 端)	
AN6710		电压型	−10～80	110mV/℃		
LM35	AD	电压型	−35～150	10mV/℃	TO-46 及 TO-92	

2.6 常用元器件选型及应用

2.6.1 二极管的选型及应用

二极管的最基本特性为单向导电性,但其在使用时功能非常强大。为了能在电子系统中合理地使用二极管,不仅仅要求掌握二极管的基本特性,而且要能在电路设计中合理选择和使用二极管。

1. 整流二极管的选用

选用整流二极管时,主要应考虑其最大整流电流、最大反向工作电压、截止频率及反向恢复时间等参数。普通工频稳压电源电路中使用的整流二极管,对截止频率和反向恢复时间要求不高,只要根据电路的要求选择最大整流电流和最大反向工作电压符合要求的整流二极管,如 1N 系列、2CZ 系列、RLR 系列等。

开关稳压电源的整流电路及脉冲整流电路中使用的整流二极管,由于工作频率较高,所以应选用工作频率较高、反向恢复时间较短的整流二极管或快恢复二极管,如 RU 系列、EU 系列、V 系列、1SR 系列等。

2. 开关二极管的选用

由于半导体二极管在正向偏压下导通电阻很小，而在施加反向偏压截止时，截止电阻很大，在开关电路中利用半导体二极管的这种单向导电特性就可以对电流起接通和关断的作用，故把用于这一目的的半导体二极管称为开关二极管。开关二极管主要应用于电视机、影碟机、电脑等家用电器及电子设备中的开关电路、检波电路、高频脉冲整流电路等。中速开关电路和检波电路可以选用2AK系列普通开关二极管。高速开关电路可以选用RLS系列、1SS系列、1N系列、2CK系列的高速开关二极管。要根据应用电路的主要参数(正向电流、最高反向电压、反向恢复时间等)来选择开关二极管的具体型号。

3. 稳压二极管的选用

稳压二极管一般用在稳压电源中作为基准电压源或用在过电压保护电路中作为保护二极管。选用的稳压二极管，应满足应用电路中稳定电压、耗散功率等主要参数的要求。稳压二极管的最大稳定电流应高于应用电路的最大负载电流50%左右。

4. 特殊二极管的选用

快恢复二极管的性能特点：所谓"快恢复"，是指以极快的速度回到原来的起点。显然，"快恢复"强调的是一种时间效应，确切地说是二极管的时间效应。开关二极管，实际上跟时间效应也有联系，那就是要求开关二极管的导通与截止速度要比普通整流二极管和其他普通二极管反应快，以满足开关电路的使用要求。而现在所讨论的快恢复二极管与开关二极管并不相同，在此应深刻地理解"起点"这两个字的含义。比如说二极管在脉冲信号未到来之前是截止的，等脉冲信号通过之后，二极管经过一次导通又回到了截止状态，也就是说又回到了"起点"，或者说重新恢复到原始状态。从这一点出发，对快恢复二极管来说，从导通到截止的时间效应至关重要，故要求快恢复二极管的截止瞬变速度极快。性能优越的快恢复二极管，其截止瞬变速度通常为几十纳秒，从导通状态转变为截止所用时间之短促，要优于一般开关二极管几个量级。

快恢复二极管的主要用途：快恢复二极管主要用于高频开关电路。一般说来，在50Hz工频电路工作下的二极管，其恢复时间无须考虑，因电路本身的工作频率就很低，二极管恢复时间的长与短，均不会对电路产生不良影响；但在高速开关电路和高频开关电路或超高频脉冲电路中，为了确保开关电路动作的准确性和可靠性，对起主要开关作用的二极管必须采用快恢复二极管或超快恢复二极管。像开关电源电路、采用IGBT的高频开关升压电路等。

肖特基二极管性能特点：肖特基二极管是近几年来问世的低功耗、大电流、超高速半导体分立器件。肖特基二极管也叫肖特基势垒二极管SBD(Schottky Barrier Diode)。肖特基二极管的反向恢复时间极短，可以小到几十纳秒或更小；其导通时的正向压降比其他硅整流二极管小，仅0.4V左右；然而其整流电流却可大到几百安培甚至几千安培。这些优良特性是快恢复二极管和其他任何二极管所无法比拟的。

肖特基二极管的主要用途：由于肖特基二极管的独特原理在于贵金属与N型硅基片之间仅用一种载流子(即电子)输送电荷，没有像PN结中还有空穴参与输送电荷，这样在势垒外侧便没有过剩少数载流子的积累，因此，不存在电荷储存问题，从而使其开关特性获得显著改善,其反向恢复时间可缩短到 10ns 以内。但它的反向耐压值较低,一般不超过 100V。因此,只适宜在低压、大电流情况下工作。通常利用其导通下低压降这一特点,能提高低压、大电流整流(或续流)电路的效率。

2.6.2 三极管的选型及应用

三极管按功能、材料、频率及功率分有多种类型,所以如何合理的选择三极管是电路设计中的重要内容。

1. 放大电路三极管的选用

小功率三极管在电子电路中应用最为广泛。主要用作小信号放大、控制及振荡器。选用三极管时,首先要考虑电路中信号的工作频率。工程设计中一般要求三极管的特征频率 f_T 要大于三倍的实际工作频率。所以在电路设计中,可按照此要求来选择三极管的特征频率 f_T。其次,是三极管击穿电压 $U_{(BR)CEO}$的选择,击穿电压可根据电路中电源电压来加以确定。一般只要击穿电压大于电源电压的最大值即可。但当三极管的负载为感性负载时(如变压器、线圈及继电器等),由于感性负载两端电压可达电源电压的 2~8 倍,所以要给三极管击穿电压留有充足的裕量。当然一般感性负载都要加二极管保护装置。第三,三极管集电极最大电流 I_{CM}的选择。在电路设计中,通常要求三极管中实际流过的最大电流要小于三极管允许的最大集电极电流 I_{CM}。

在低频模拟电路中,由于信号频率不是很高,所以在大功率三极管的选用中,一般可不考虑特征频率 f_T。其他如击穿电压 $U_{(BR)CEO}$、最大电流 I_{CM}均和小功率三极管的选用一致。三极管集电极最大允许耗散功率 P_{CM}是大功率三极管重点考虑的问题。特别要注意三极管散热器的选择,即使是四五十瓦的三极管,如没有散热器也只能经受两三瓦的耗散功率。大功率三极管的极限参数选择时应用留有足够的裕量。同时大功率三极管选择时还要考虑安装条件,以决定是选用塑封结构还是金属结构。另外,大多数大功率三极管的金属外壳与三极管集电极相连,在使用时应注意绝缘。

2. 开关电路三极管的选用

三极管除了可以当做信号放大器之外,也可以作为开关之用。严格说起来,三极管与一般的机械接点式开关在动作上并不完全相同,它具有一些机械式开关所没有的特点。在选择时,除与上述放大电路三极管参数选择一致外,还必须考虑三极管的开通时间、关断时间,它是衡量开关管响应速度的一个重要参数。

2.6.3 半导体器件识别

1. 二极管的识别

二极管是由一个 PN 结构成的半导体器件,其最主要、最突出的特性就是具有单向导电性,所以对普通二极管的检测项目基本上都是围绕着此特性而进行的。例如,极性的判断,反向电阻值的检测,正、反向两端电压的检测,反向击穿电压的检测,正向电流的检测,判别二极管是否损坏等。

判别正、负电极:

一般情况下，二极管有色点的一端为正极，如 2AP1～2AP7，2AP11～2AP17 等。如果是透明玻璃壳二极管，可直接看出极性，即内部连触丝的一头是正极，连半导体片的一头是负极。塑封二极管有圆环标志的是负极，如 IN4000 系列。

无标记的二极管，则可用万用表电阻挡来判别正、负极，指针式万用表电阻挡如图 2.19 所示。根据二极管正向电阻小，反向电阻大的特点，将万用表拨到电阻挡（一般用 R×100 或 R×1k 挡。不要用 R×1 或 R×10k 挡，因为 R×1 挡使用的电流太大，容易烧坏管子，而 R×10k 挡使用的电压太高，可能击穿管子）。用表笔分别与二极管的两极相接，测出两个阻值。在所测得阻值较小的一次，与黑表笔相接的一端为二极管的正极。同理，在所测得较大阻值的一次，与黑表笔相接的一端为二极管的负极。

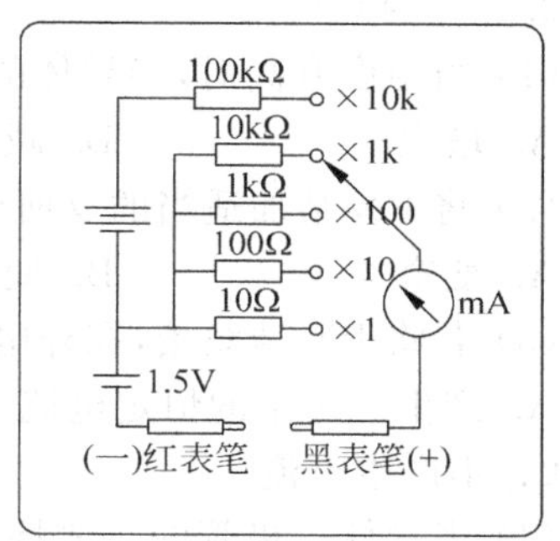

图 2.19　指针式万用表欧姆挡示意图

二极管性能好坏的判断：

若在以上检测过程中，所测得二极管正向电阻越小，反向电阻越大，即正、反向电阻值相差越悬殊，说明该二极管的单向导电特性越好；反之则性能低劣。

若在以上检测过程中，所测得二极管的正、反向电阻值均接近 0 或阻值较小，则说明该二极管内部已击穿短路或漏电损坏。若测得二极管的正、反向电阻值均为无穷大，则说明该二极管已开路损坏。

2. 三极管的识别

根据三极管的结构示意图，我们知道三极管的基极是三极管中两个 PN 结的公共极，因此，在判别三极管的基极时，只要找出两个 PN 结的公共极，即为三极管的基极。具体方法是将万用表调至电阻挡的 R×1k 挡，先用红表笔放在三极管的一只脚上，用黑表笔去碰三极管的另两只脚，如果两次全通，则红表笔所放的脚就是三极管的基极。如果一次没找到，则红表笔换到三极管的另一个脚，再测两次；如还没找到，则红表笔再换一下，再测两次。如果还没找到，则改用黑表笔放在三极管的一个脚上，用红表笔去测两次看是否全通，若一次没成功再换。这样最多测量 12 次，总可以找到基极。

三极管类型的判别：三极管只有两种类型，即 PNP 型和 NPN 型。判别时只要知道基极是 P 型材料还是 N 型材料即可。当用万用表 R×1k 挡时，黑表笔代表电源正极，如果黑表笔接基极时导通，则说明三极管的基极为 P 型材料，三极管即为 NPN 型。如果红表笔接基极导通，则说明三极管基极为 N 型材料，三极管即为 PNP 型。

目前，国内各种类型的晶体三极管有许多种，管脚的排列不尽相同，在使用中对管脚排列不确定的三极管，必须进行测量确定各管脚正确的位置，或查找晶体管使用手册，明确三极管的特性及相应的技术参数和资料。

习题

2.1 选择题

(1) 当温度升高时,半导体的导电能力将(　　)。

A. 增强　　B. 减弱　　C. 不变

(2) 将PN结加适当的反向电压,则空间电荷区将(　　)。

A. 变窄　　B. 变宽　　C. 不变

(3) 若将PN结短接,在外电路上将(　　)。

A. 产生一定量的恒定电流　　B. 产生一冲击电流

C. 不产生电流

(4) 半导体二极管的主要特点是具有(　　)。

A. 电流放大作用　　B. 单向导电性　　C. 电压放大作用

(5) 三极管的主要特点是具有(　　)。

A. 单向导电性　　B. 电流放大作用　　C. 稳压作用

(6) PNP型和NPN型三极管,其发射区和集电区均为同类型半导体(N型或P型)。所以在实际使用中发射极与集电极(　　)。

A. 可以调换使用

B. 不可以调换使用

C. PNP型可以调换使用,NPN型则不可以调换使用

(7) 工作在放大状态的三极管是(　　)。

A. 电流控制元件　　B. 电压控制元件　　C. 不可控元件

(8) 测得电路中工作在放大区的某三极管三个极的电位分别为0V、−0.7V和−4.7V,则该管为(　　)。

A. NPN型锗管　　B. PNP型锗管

C. NPN型硅管　　D. PNP型硅管

(9) 三极管处于截止状态时,集电结和发射结的偏置情况为(　　)。

A. 发射结反偏,集电结正偏　　B. 发射结、集电结均反偏

C. 发射结、集电结均正偏　　D. 发射结正偏,集电结反偏

(10) 三极管参数受温度影响较大,当温度升高时,晶体管的β,I_{CBO},U_{BE}的变化情况为(　　)。

A. β增大,I_{CBO}和U_{BE}减小　　B. β和I_{CBO}增大,U_{BE}减小

C. β和U_{BE}减小,I_{CBO}增大　　D. β,I_{CBO},U_{BE}都增大

(11) 表明三极管质量优劣的主要参数是(　　)。

A. β、I_{CBO}(I_{CEO})　　B. I_{CM}、P_{CM}　　C. $U_{(BR)CEO}$、I_{CM}

(12) 工作在饱和状态的PNP型三极管,其三个极的电位应为(　　)。

A. $V_E>V_B$,$V_C>V_B$,$V_E>V_C$　　B. $V_E>V_B$,$V_C<V_B$,$V_E>V_C$

C. $V_B>V_E$,$V_B<V_C$,$V_E>V_C$

(13) 同三极管相比,场效应管的热稳定性(　　)。

A. 差　　B. 好　　C. 与普通三极管大致相同

(14) 同三极管的输入电阻相比，场效应管的输入电阻(　　)。

A. 小得多　　　　B. 大得多　　　　C. 与三极管大致相同

(15) 在焊接场效应管时，电烙铁需要有外接地线或先断电后再快速焊接，其原因是为了防止(　　)。

A. 过热烧坏

B. 栅极感应电压过高而造成击穿

C. 漏、源极间造成短路

2.2　测得放大电路中处于放大状态的半导体三极管直流电位如图 2.20 所示。试在圆圈中画出三极管的符号，并分别说明它们是硅管还是锗管。

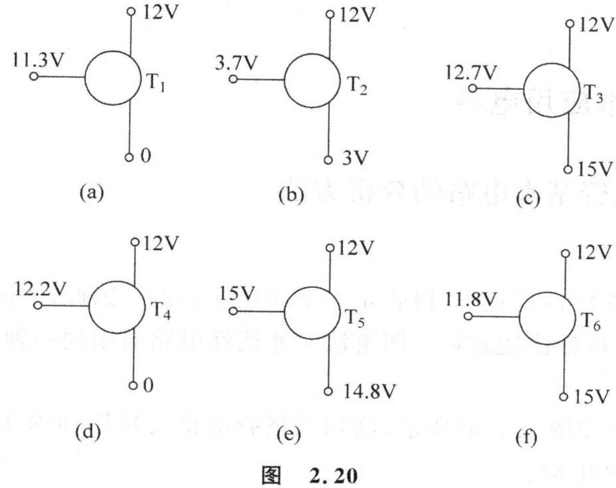

图　2.20

2.3　图 2.21 中已标出各硅晶体管电极的电位，试判断各晶体管的工作状态。

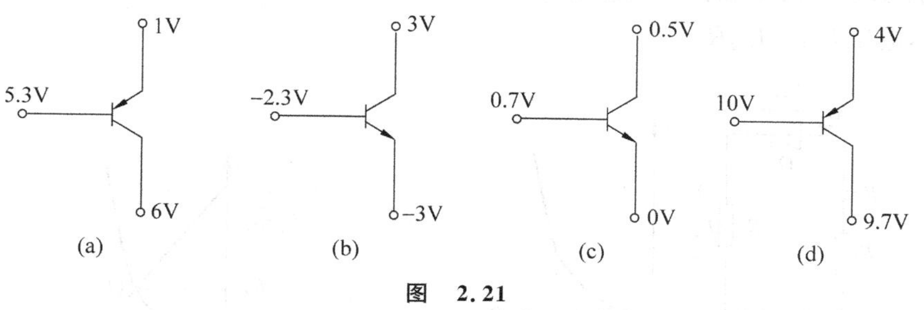

图　2.21

2.4　测得放大电路中处于放大状态的半导体三极管直流电流如图 2.22 所示。试在圆圈中画出三极管的符号，判断三极管的类型(NPN 或 PNP)，分别求出电流放大系数 β。

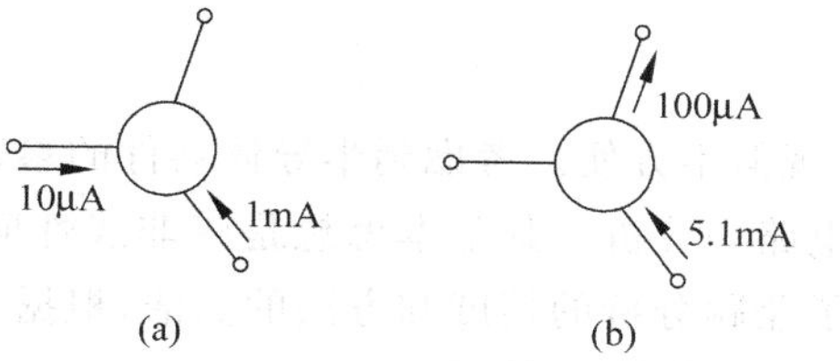

10μA　1mA　(a)

100μA　5.1mA　(b)

图　2.22

第3章 分立元件基本应用电路及其分析

引言 前面所介绍的二极管、三极管和场效应管等，因其相对独立性而被称为分立元件。它们都是电子线路的重要组成元件。本章将从实际应用的角度，介绍有关电路的组成特点、分析方法和性能指标。

3.1 二极管基本应用电路

3.1.1 普通二极管基本电路的分析方法

1. 图解法

由二极管的伏安特性可见，二极管是一个非线性器件。因此，二极管电路是一个非线性电路，对于它的分析就比较麻烦。图解法是非线性电路通用的一种分析方法，以下举例介绍。

例 3.1.1 电路如图 3.1(a)所示，已知二极管的伏安特性如图 3.1(b)所示。求二极管和负载上的电压和电流。

解 由图 3.1(a)可知 $U_D = E - I_D(R_1 + R_L)$，与二极管特性曲线相交于 Q 点，如图 3.2 所示，Q 点所对应的横坐标和纵坐标即为二极管电压 U_{DQ} 和电流 I_{DQ}。所以，负载上的电流为 I_{DQ}，电压 $U_O = I_{DQ}R_L$。

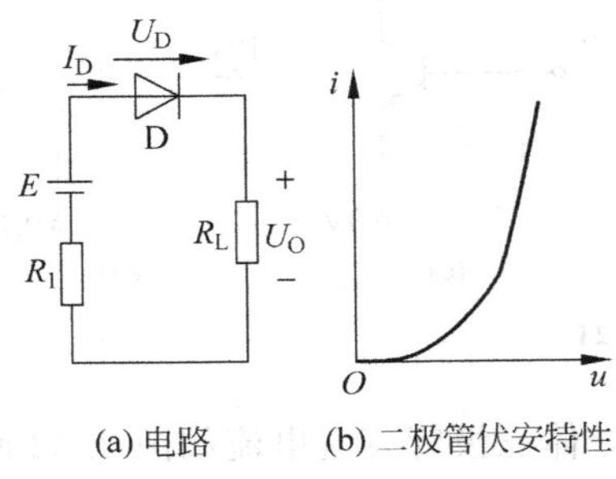

(a) 电路 (b) 二极管伏安特性

图 3.1 例 3.1.1 电路图

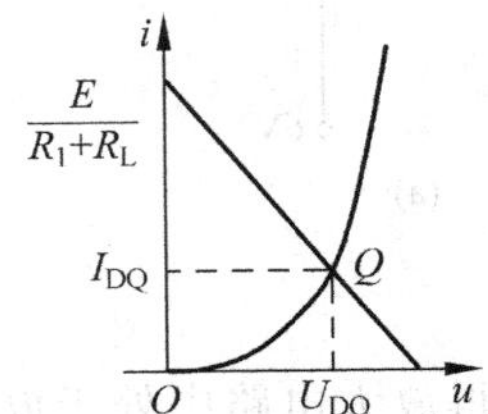

图 3.2 例 3.1.1 电路的图解法

2. 等效电路法

可以看到，图解法直观但不方便。考虑到半导体器件的参数存在着较大的离散性，通常采用一种近似的等效电路来分析。其基本思想是将非线性问题线性化处理，这当然会带来方法上的误差。为了兼顾分析的精度和方法的简洁，根据二极管的工作条件，一般可选择以下等效电路模型中的一种进行分析。

(1) 理想模型

图 3.3(a_1)中的实线表示理想二极管的伏安特性,虚线表示实际二极管的伏安特性。用实线近似代替虚线所建立的模型即理想模型,图 3.3(b_1)所示为它的代表符号。

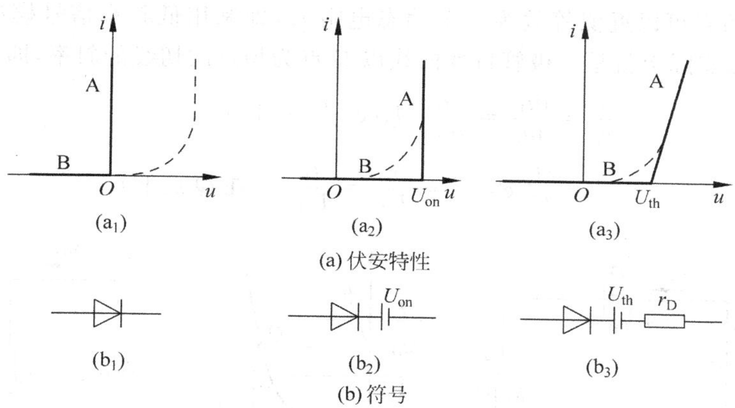

(a_1) (a_2) (a_3)

(a) 伏安特性

(b_1) (b_2) (b_3)

(b) 符号

图 3.3 二极管理想模型、恒压降模型和折线模型

用理想模型分析电路的步骤如下:

首先,判断二极管的工作状态。一般可假设二极管截止(工作于 B 段),求出二极管两端的正向电压。若小于 0,则假设成立,否则导通(工作于 A 段)。

然后,利用等效模型分析电路。即二极管截止,等效于开路;二极管导通,等效于短路。

注意,此法适宜于电源电压远比二极管正向管压降大的电路。

(2) 恒压降模型

将实际二极管的伏安特性用图 3.3(a_2)所示的实线来近似,所得到的模型即恒压降模型。图 3.3(b_2)所示为它的代表符号。

用恒压降模型分析电路的步骤如下:

首先,判断二极管的工作状态。一般可假设二极管截止(工作于 B 段),求出二极管两端的正向电压。若小于导通电压 U_{on}(典型值为 0.7V),则假设成立,否则导通(工作于 A 段)。

然后,利用等效模型分析电路。即二极管截止,等效于开路;二极管导通,等效于一个大小为 U_{on} 的恒压源。

注意,此法适宜于二极管正向导通电流较大(一般不低于 1mA)的电路。

(3) 折线模型

将实际二极管的伏安特性用图 3.3(a_3)所示的实线来近似,所得到的模型即折线模型。图 3.3(b_3)所示为它的代表符号。

用折线模型分析电路的步骤如下:

首先,判断二极管的工作状态。一般可假设二极管截止(工作于 B 段),求出二极管两端的正向电压。若小于门槛电压 U_{th}(典型值为 0.5V),则假设成立,否则导通(工作于 A 段)。

然后,利用等效模型分析电路。即二极管截止,等效于开路;二极管导通,等效于一个大小为 U_{th} 的恒压源串联一个电阻 r_D(典型值为 200Ω),r_D 的大小决定了折线 A 段的斜率。

注意,此法适宜于二极管正向导通电流较小的电路。

(4) 低频小信号模型

二极管在直流电源和低频小信号共同作用下,如图 3.4 所示,可以先考虑直流电源的作用,确定二极管的静态工作点 Q,然后考虑低频小信号的作用。前者可以按照前面介绍的方法分析,后者可以近似等效为一个动态电阻 r_d,即利用低频小信号模型分析。动态电阻 r_d 的倒数实际上就是二极管特性曲线以 Q 点为切点的切线的斜率,即

$$\frac{1}{r_{\mathrm{d}}}=\frac{\mathrm{d}i_{\mathrm{D}}}{\mathrm{d}u_{\mathrm{D}}}=\frac{\mathrm{d}}{\mathrm{d}u_{\mathrm{D}}}[I_{\mathrm{S}}(\mathrm{e}^{u_{\mathrm{D}}/U_{\mathrm{T}}}-1)]$$

$$=\frac{I_{\mathrm{S}}}{U_{\mathrm{T}}}\mathrm{e}^{u_{\mathrm{D}}/U_{\mathrm{T}}}\approx\frac{i_{\mathrm{D}}}{U_{\mathrm{T}}}=\frac{I_{\mathrm{D}}}{U_{\mathrm{T}}}\quad(\text{在 }Q\text{ 点上})$$

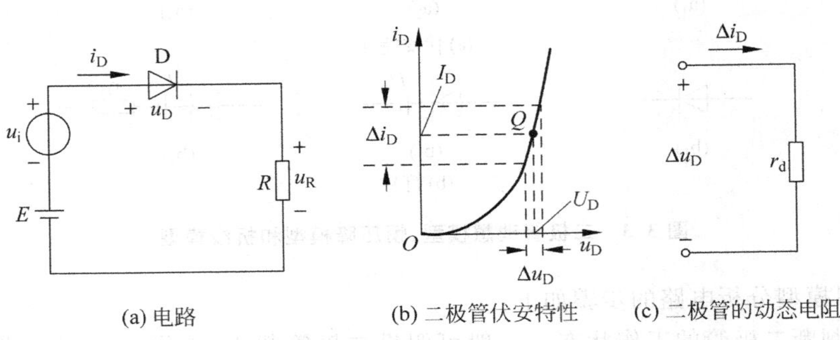

(a) 电路　(b) 二极管伏安特性　(c) 二极管的动态电阻

图 3.4　二极管在低频小信号作用下的等效电阻

由此可得

$$r_{\mathrm{d}}=\frac{U_{\mathrm{T}}}{I_{\mathrm{D}}}\quad(T=300\mathrm{K}\text{ 时},U_{\mathrm{T}}=26\mathrm{mV})\tag{3.1}$$

例 3.1.2　电路如图 3.5 所示,试分别用理想模型、恒压降模型和折线模型求输出电压 U_O。

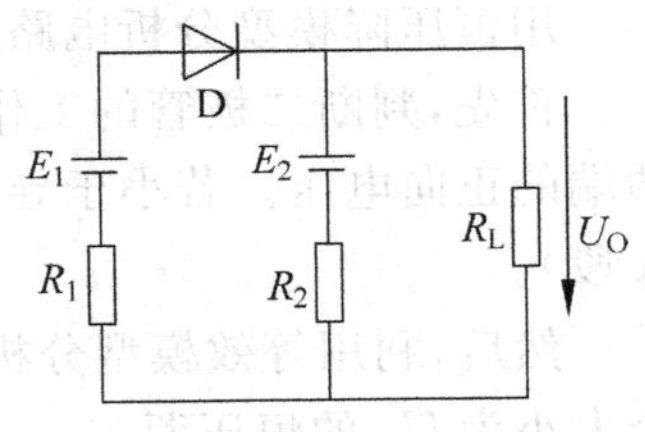

图 3.5　例 3.1.2 电路

解　(1) 理想模型

假设 D 截止,则 D 两端的电压为

$$U_{\mathrm{D}}=E_1-\frac{R_{\mathrm{L}}}{R_2+R_{\mathrm{L}}}E_2$$

当 $U_D<0$ 时,假设成立,D 等效于开路。此时,输出电压为

$$U_{\mathrm{O}}=\frac{R_{\mathrm{L}}}{R_2+R_{\mathrm{L}}}E_2$$

当 $U_D\geqslant 0$ 时,假设不成立,D 等效于短路。此时,输出电压为

$$U_{\mathrm{O}}=\frac{R_2 /\!/ R_{\mathrm{L}}}{R_1+R_2 /\!/ R_{\mathrm{L}}}E_1+\frac{R_1 /\!/ R_{\mathrm{L}}}{R_2+R_1 /\!/ R_{\mathrm{L}}}E_2$$

(2) 恒压降模型

假设 D 截止,则 D 两端的电压为

$$U_{\mathrm{D}}=E_1-\frac{R_{\mathrm{L}}}{R_2+R_{\mathrm{L}}}E_2$$

当 $U_D<U_{on}$ 时,假设成立,D 等效于开路。此时,输出电压为

$$U_{\mathrm{O}}=\frac{R_{\mathrm{L}}}{R_2+R_{\mathrm{L}}}E_2$$

当 $U_D \geq U_{on}$ 时，假设不成立，D 等效于一个大小为 U_{on} 的恒压源。此时，输出电压为

$$U_O = \frac{R_2 \mathbin{/\!/} R_L}{R_1 + R_2 \mathbin{/\!/} R_L}(E_1 - U_{on}) + \frac{R_1 \mathbin{/\!/} R_L}{R_2 + R_1 \mathbin{/\!/} R_L}E_2$$

（3）折线模型

假设 D 截止，则 D 两端的电压为

$$U_D = E_1 - \frac{R_L}{R_2 + R_L}E_2$$

当 $U_D < U_{th}$ 时，假设成立，D 等效于开路。此时，输出电压为

$$U_O = \frac{R_L}{R_2 + R_L}E_2$$

当 $U_D \geq U_{th}$ 时，假设不成立，D 等效于一个大小为 U_{th} 的恒压源串联一个电阻 r_D。此时，输出电压为

$$U_O = \frac{R_2 \mathbin{/\!/} R_L}{R_1 + r_D + R_2 \mathbin{/\!/} R_L}(E_1 - U_{th}) + \frac{(R_1 + r_D) \mathbin{/\!/} R_L}{R_2 + (R_1 + r_D) \mathbin{/\!/} R_L}E_2$$

例 3.1.3　电路如图 3.6 所示，已知二极管导通电压 $U_{on}=0.6\text{V}$，$U_T=26\text{mV}$。若 u_i 是有效值为 20mV，频率为 1kHz 的正弦信号，电容在正弦信号作用下的容抗忽略不计，则输入的交流电流有效值 I_i 为多少？

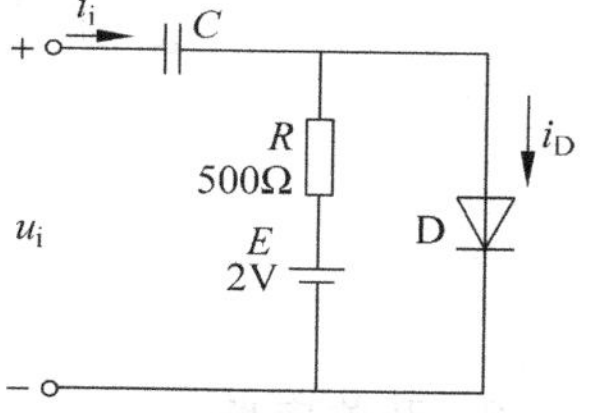

图 3.6　例 3.1.3 电路

解　（1）首先求出二极管的动态电阻。在交流信号为零时，二极管的直流电流为

$$I_D = \frac{E - U_{on}}{R} = \frac{2 - 0.6}{500}\text{A} = 0.0028\text{A} = 2.8\text{mA}$$

所以，由式(3.1)可知二极管的动态电阻为

$$r_d \approx \frac{U_T}{I_D} = \frac{26}{2.8}\Omega \approx 9.3\Omega$$

（2）输入的交流电流等于电阻和二极管电流之和，计算时应将 2V 电源看成短路，即

$$I_i = \frac{U_i}{R} + \frac{U_i}{r_d} \approx \frac{20}{500}\text{mA} + \frac{20}{9.3}\text{mA} \approx 2.2\text{mA}$$

3.1.2　普通二极管基本应用电路

1. 整流电路

将交流电压转换成直流电压，称为整流。利用二极管的单向导电性实现整流目的的电路称为整流电路。通常，在分析整流电路时采用理想模型。

图 3.7(a)所示为半波整流电路，设输入电压 $u_i = U_m \sin\omega t$。当 $u_i > 0$ 时，D 导通，$u_o = U_m \sin\omega t$；当 $u_i < 0$ 时，D 截止，$u_o = 0$。因此，输入、输出电压波形如图 3.7(b)所示，输出为脉动的直流电压。

图 3.8(a)所示为全波整流电路，输入电压为 220V/50Hz 交流电，经变压器得到两个合适的交流电压 u_2。当 $u_2 > 0$，即 A 为“+”、C 为“−”时，D_1 导通，D_2 截止，电流从 A 点经 D_1、R_L 至 B 点，u_o 等于上面的 u_2；当 $u_2 < 0$，即 A 为“−”、C 为“+”时，D_1 截止，D_2 导通，电流从 C 点经 D_2、R_L 至 B 点，u_o 等于下面的 u_2。因此，输入、输出电压波形如图 3.8(b)所示，R_L 中的电流方向不变，输出为脉动的直流电压。

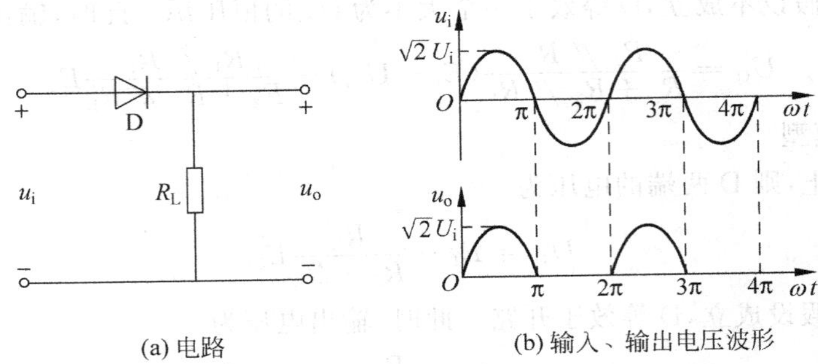

图 3.7 半波整流电路

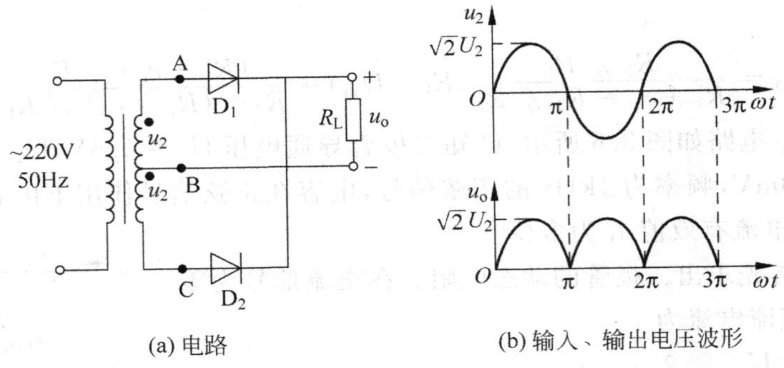

图 3.8 全波整流电路

2. 开关电路

图 3.9(a)所示为开关电路中的与门,其输出与输入的逻辑关系是:只有输入均为高电平时,输出才为高电平,其余情况下输出均为低电平。分析这类电路时,通常用恒压降模型(一般取二极管导通电压 0.7V)。

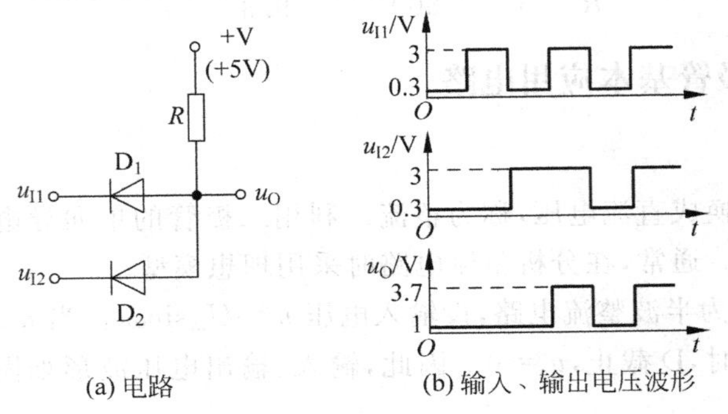

图 3.9 与门

设图 3.9(a)所示电路中的输入高电平 $U_{IH}=3V$,输入低电平 $U_{IL}=0.3V$。当输入电压波形如图 3.9(b)中的 u_{I1} 和 u_{I2} 所示时,输出电压波形如图 3.9(b)中的 u_O 所示。两个输入经组合共有 4 种情况,输出与输入的对应关系及二极管的工作状态如表 3.1 所示。

表 3.1　与门输入与输出的关系

u_{I1}/V	u_{I2}/V	u_O/V	D_1	D_2
0.3	0.3	1	导通	导通
0.3	3	1	导通	截止
3	0.3	1	截止	导通
3	3	3.7	导通	导通

在二极管应用电路中，当二极管一端的电位确定时，另一端的电位也基本确定，称之为二极管的箝位作用。

3. 低电压稳压电路

稳压电源是电子电路中常见的电源，通常由稳压电路实现。稳压电路的作用就是使得输出电压在输入电压和负载一定的变化范围内基本保持不变。图 3.10(a)所示为低电压稳压电路，它是利用二极管的正向特性得到的。

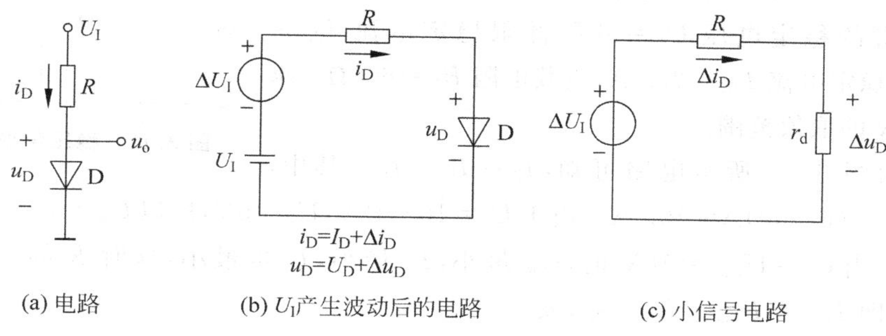

(a) 电路　　(b) U_I产生波动后的电路　　(c) 小信号电路

图 3.10　低电压稳压电路

由于某种原因(如电网电压的波动)，直流电源电压 U_I 产生波动，即 U_I 变成了 $U_I+\Delta U_I$。可见，ΔU_I 相当于一个随机变化的小电源，与 U_I 串联共同作用于电路。因此，图 3.10(a)所示的低电压稳压电路的分析可用小信号模型。

例 3.1.4　图 3.10(a)所示电路中，直流电源电压 U_I 的正常值为 10V，$R=10\text{k}\Omega$，若 U_I 变化±1V，问相应的硅二极管电压(输出电压)的变动如何？

解　(1) 当 U_I 的正常值为 10V 时，利用二极管恒压降模型，可得二极管 Q 点上的电流为

$$I_D=\frac{U_I-U_D}{R}=\frac{10-0.7}{10}\text{mA}=0.93\text{mA}$$

有如此大的导通电流，用恒压降模型分析二极管的静态工作点是合适的。

(2) 设 U_T 为 26mV，则二极管在此 Q 点上的微变电阻为

$$r_d=\frac{U_T}{I_D}=\frac{26}{0.93}\Omega\approx 28\Omega$$

(3) 按题意，U_I 有±1V 的波动，相应地，二极管上的波动电压，即输出电压的变动为

$$\Delta u_D=\pm 1\text{V}\times\frac{r_d}{r_d+R}=\pm 1\text{V}\times\frac{28}{28+10\times 10^3}=\pm 2.79\text{mV}$$

例 3.1.4 表明，电源的相对变化为 $\pm\frac{1}{10}\times 100\%$ 时，输出电压的相对变化只有

$\pm\frac{2.79\times10^{-3}}{0.7}\times100\%$。可见，利用二极管正向压降基本恒定的特点，可以构成低电压稳压电路。若将 3 只二极管串联起来，可等效于 1 只约 2V 的稳压管。由于低电压稳压管的稳压性能不够理想，所以在 3～4V 以下，采用多只二极管串联可以获得较好的稳压特性。

另外，在实际电路中，二极管还常常用于保护、限幅、电位偏移和温度补偿等，对此后面章节将有描述。

3.1.3 特殊二极管在电路中的应用

1. 稳压管稳压电路

图 3.11 所示为稳压管稳压电路，由限流电阻 R 和稳压管 D_Z 组成，其输入为变化的直流电压 U_I，输出为稳压管的稳定电压 U_Z。

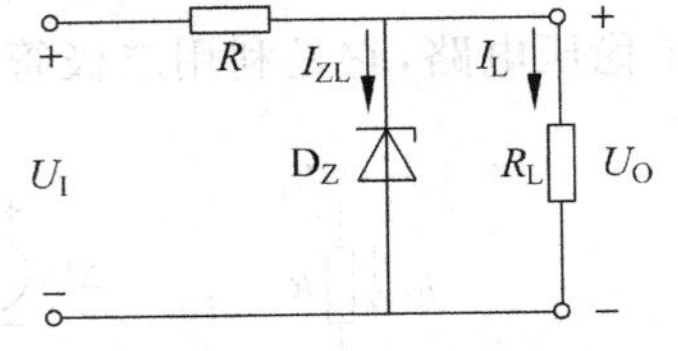

图 3.11 稳压管稳压电路

例 3.1.5 图 3.11 所示电路中，已知输入电压 $U_I=10\sim12V$，稳压管的稳定电压 $U_Z=6V$，低限稳定电流 $I_{ZL}=5mA$，高限稳定电流 $I_{ZH}=25mA$，负载电阻 $R_L=600\Omega$。求限流电阻 R 的取值范围。

解 由图 3.11 所示电路可知，$I_Z=I_R-I_L$。其中，$I_L=U_Z/R_L=(6/600)A=10mA$。由于 $U_I=10\sim12V$，$U_Z=6V$，所以 $U_R=4\sim6V$，I_R 也将随之变化。当 $U_I=U_{Imin}=10V$ 时，U_R 最小，I_R 最小，I_Z 也最小，这时 R 的取值应保证 $I_{Zmin}>I_{ZL}$，即 $I_{Zmin}=I_{Rmin}-I_L>I_{ZL}$，故

$$\frac{U_{Imin}-U_Z}{R}-I_L>I_{ZL} \tag{3.2}$$

代入数据后得

$$\frac{10V-6V}{R}-1\times10^{-3}A>5\times10^{-3}A$$

可得 $R<267\Omega$。

同理，当 $U_I=U_{Imax}=12V$ 时，U_R 最大，I_R 最大，I_Z 也最大，这时 R 的取值应保证 $I_{Zmax}<I_{ZH}$，即 $I_{Zmax}=I_{Rmax}-I_L<I_{ZH}$，故

$$\frac{U_{Imax}-U_Z}{R}-I_L<I_{ZH} \tag{3.3}$$

代入数据后得

$$\frac{12V-6V}{R}-10\times10^{-3}A<25\times10^{-3}A$$

可得 $R>171\Omega$。

由以上分析可知，限流电阻的取值范围为 171～267Ω。

2. 稳压管限幅电路

在电压比较器中，为了满足不同负载对电压幅值的要求，常利用稳压管组成限幅电路。图 3.12 所示为几种常见的设有稳压管限幅电路的电压比较器及其传输特性。图中各稳压管的稳定电压均小于集成运放输出电压的最大幅值 U_{OM}，R 为稳压管的限流电阻。

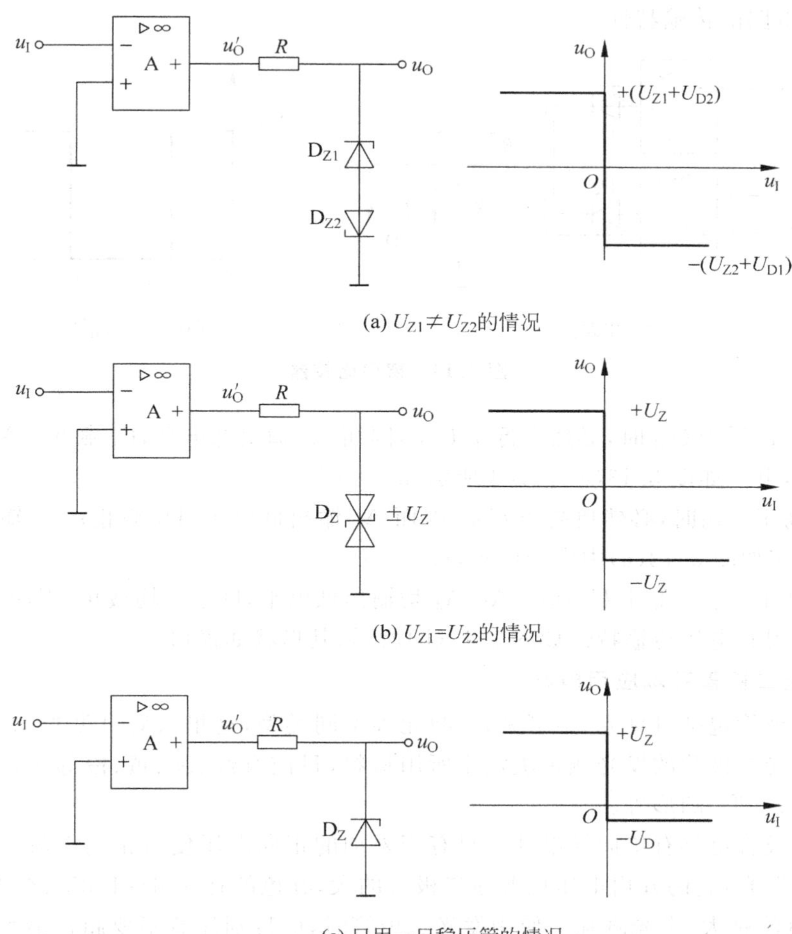

(a) $U_{Z1} \neq U_{Z2}$的情况

(b) $U_{Z1}=U_{Z2}$的情况

(c) 只用一只稳压管的情况

图 3.12 具有稳压管限幅的电压比较器及其传输特性

在图 3.12(a)所示电路中，稳压管 D_{Z1} 的稳定电压为 U_{Z1}，正向导通电压为 U_{D1}；稳压管 D_{Z2} 的稳定电压为 U_{Z2}，正向导通电压为 U_{D2}。若 $u_I<0$，则集成运放的输出电压为 $+U_{OM}$，使 D_{Z1} 工作在稳压状态，且 D_{Z2} 正向导通，因而输出电压 $u_O=+(U_{Z1}+U_{D2})$；若 $u_I>0$，则集成运放的输出电压为 $-U_{OM}$，使 D_{Z1} 正向导通，且 D_{Z2} 工作在稳压状态，因而输出电压 $u_O=-(U_{D1}+U_{Z2})$。

在图 3.12(b)所示电路中采用了双向稳压管，其稳定电压为 $\pm U_Z$，电路等同于图 3.12(a)所示电路中 $U_{Z1}=U_{Z2}$ 的情况。

在图 3.12(c)所示电路中，稳压管 D_Z 的稳定电压为 U_Z，正向导通电压为 U_D。若 $u_I<0$，则集成运放的输出电压为 $+U_{OM}$，使 D_Z 工作在稳压状态，因而输出电压 $u_O=+U_Z$；若 $u_I>0$，则集成运放的输出电压为 $-U_{OM}$，使 D_Z 正向导通，因而输出电压 $u_O=-U_D$。

例 3.1.6 图 3.13(a)所示为窗口比较器电路。它由两个集成运放 A_1 和 A_2 组成，输入电压分别接到 A_1 的同相输入端和 A_2 的反向输入端。两个参考电压 U_{RH} 和 U_{RL} 分别接到 A_1 的反相输入端和 A_2 的同相输入端，其中 $U_{RH}>U_{RL}$。设稳压管 D_Z 的稳压电压为

U_Z,试分析电路的传输特性。

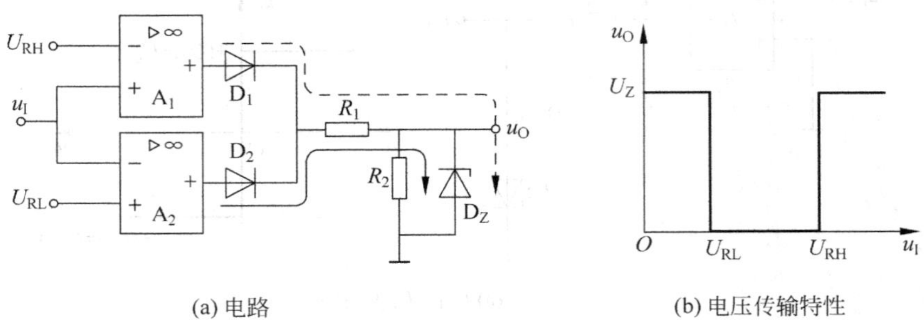

(a) 电路　　(b) 电压传输特性

图 3.13　窗口比较器

解　当 u_I 低于 U_{RL} 时,必然更低于 U_{RH},因而 A_1 输出低电平,D_1 截止; A_2 输出高电平,D_2 导通,电流如图 3.13(a)中实线所示,$u_O=+U_Z$。

当 u_I 高于 U_{RH} 时,必然更高于 U_{RL},因而 A_2 输出低电平,D_2 截止; A_1 输出高电平,D_1 导通,电流如图 3.13(a)中虚线所示,$u_O=+U_Z$。

当 u_I 高于 U_{RL} 且低于 U_{RH} 时, A_1、A_2 均输出低电平,D_1、D_2 均截止,因而 $u_O=0$。

由此可得到电压传输特性如图 3.13(b)所示,其形状如窗口。

3. 发光二极管基本应用电路

发光二极管包括可见光、不可见光、激光等不同类型,这里只对可见光二极管作一简单介绍。发光二极管的发光颜色决定于所用材料,目前有红、绿、黄、橙等色,可以制成各种形状,如长方形、圆形等。

发光二极管也具有单向导电性。只有当外加的正向电压使得正向电流足够大时,发光二极管才发光,它的开启电压比普通二极管的大,红色的在 1.6～1.8V 之间,绿色的约 2V。正向电流越大,发光越强。使用发光二极管时,应特别注意不要超过最大功耗、最大正向电流和反向击穿电压等极限参数。发光二极管因其驱动电压低、功耗小、寿命长和可靠性高等优点广泛用于显示电路中。

例 3.1.7　电路如图 3.14 所示,已知发光二极管的导通电压 $U_D=1.6V$,正向电流大于 5mA 才能发光,小于 20mA 才不至于损坏。试问:

(1) 开关处于何种位置时,发光二极管可能发光?

(2) 为使发光二极管正常发光,电路中 R 的取值范围为多少?

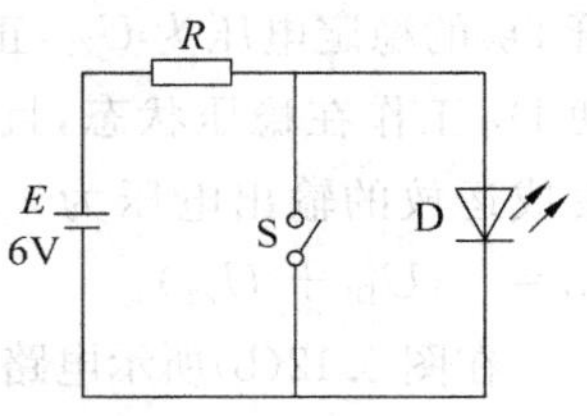

图 3.14　发光二极管基本应用电路

解　(1) 当开关断开时,发光二极管可能发光。因为开关断开时,发光二极管两端可能有合适的电压; 而开关闭合时,发光二极管两端的电压为零。

(2) 因为 $I_{Dmin}=5mA$,$I_{Dmax}=20mA$,所以

$$R_{max}=\frac{E-U_D}{I_{Dmin}}=\frac{6-1.6}{5}k\Omega=0.88k\Omega$$

$$R_{min}=\frac{E-U_D}{I_{Dmax}}=\frac{6-1.6}{20}k\Omega=0.22k\Omega$$

R 的取值范围为 220～880Ω。

3.1.4　二极管应用实例

1. 二极管稳压电路

二极管稳压电路主要用于一些局部的直流电压供给电路中，由于电路简单，成本低，所以应用比较广泛。二极管稳压电路中主要利用二极管的管压降基本不变特性。对硅二极管而言管压降是0.6V左右，对锗二极管是0.2V左右。图3.15是由3只硅二极管构成的直流稳压电路。电路中的D_1、D_2和D_3是普通二极管，它们串联起来后构成一个直流电压稳压电路。根据二极管的恒压降特性，可以很方便地分析由普通二极管构成的直流稳压电路工作原理。3只二极管导通之后，每只二极管的管压降是0.6V，那么3只串联之后的直流电压降是：$V_A=0.6V\times3=1.8V$，用于对三极管提供较稳定的基极偏置电压。

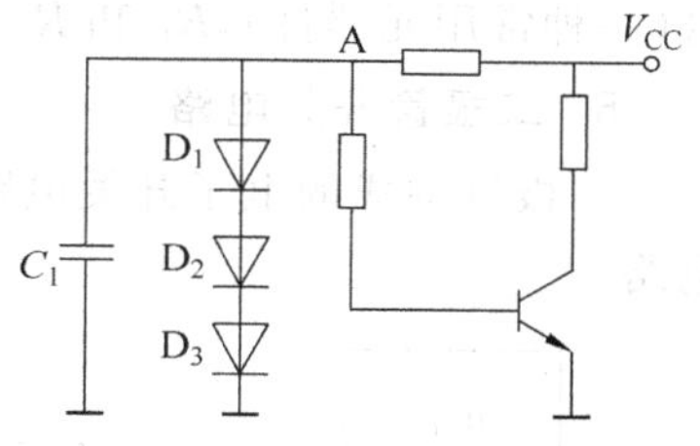

图3.15　二极管直流稳压电路

2. 二极管温度补偿电路

二极管导通后的压降基本不变，但不是不变，PN结两端的压降随温度升高而略有下降，温度愈高其下降的量愈多，当然二极管的PN结两端电压下降量的绝对值对于0.6V而言相当小，利用这一特性可以构成温度补偿电路。如图3.16所示是利用二极管温度特性构成的温度补偿电路。

由于三极管在温度升高时，集电极电流会增加。当在三极管基极偏置中增加二极管后，由于二极管的管压降随温度升高而降低，所以会使得三极管的U_{BE}下降，从而使三极管的集电极电流下降，达到温度补偿的作用。

3. 二极管控制电路

二极管导通之后，它的正向电阻大小随电流大小变化而有微小改变，正向电流愈大，正向电阻愈小；反之则大。利用二极管正向电流与正向电阻之间的特性，可以构成一些自动控制电路。如图3.17所示是一种由二极管构成的自动电平控制电路(ALC)，它在录音电路中经常应用。

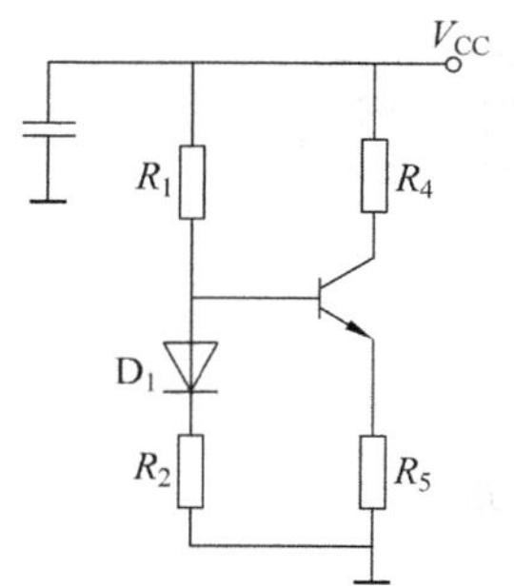

图3.16　二极管温度补偿电路

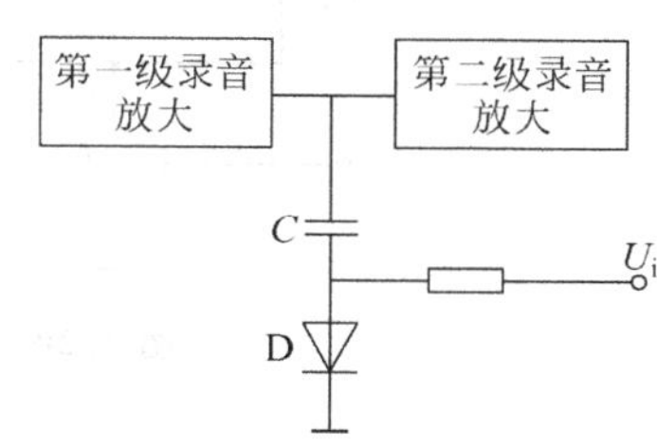

图3.17　录音机自动电平控制电路

由图可知，当U_i的信号与输出信号成正比时，信号越大，U_i越大，则二极管电流越大，等效电阻越小，电容C对信号的旁路作用越强。从而达到对输出电平的控制作用。

4. 二极管限幅电路

二极管最基本的工作状态是导通和截止两种，利用这一特性可以构成限幅电路。所谓限幅电路就是限制电路中某一点的信号幅度大小，让信号幅度大到一定程度时不让信号的幅度再增大，当信号的幅度没有达到限制的幅度时，限幅电路不工作，具有这种功能的电路称为限幅电路，利用二极管来完成这一功能的电路称为二极管限幅电路。如图 3.18 所示是二极管限幅电路。在电路中，IC1 是集成电路（一种常用元器件），T_1 和 T_2 是三极管（一种常用元器件），R_1 和 R_2 是电阻器，D_1～D_6 是二极管。

5. 二极管开关电路

二极管构成的电子开关电路形式多种多样，如图 3.19 所示是一种常见的二极管开关电路。

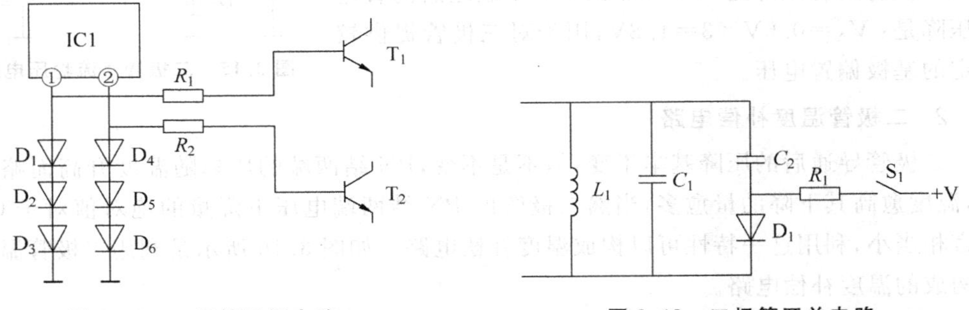

图 3.18　二极管限幅电路　　**图 3.19　二极管开关电路**

6. 继电器驱动电路中二极管保护电路

继电器内部具有线圈的结构，所以它在断电时会产生电压很大的反向电动势，会击穿继电器的驱动三极管，为此要在继电器驱动电路中设置二极管保护电路，以保护继电器驱动管。

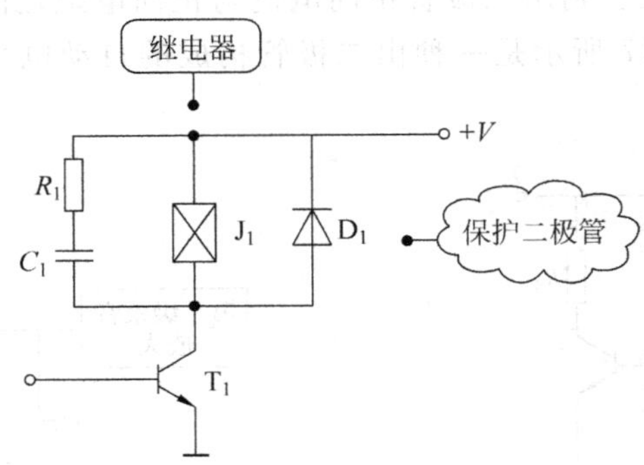

图 3.20　二极管保护电路

3.2　基本电压放大电路

电压放大电路的用途是极其广泛的。在电子系统中，往往传感器得到的电信号都是很微弱的，要驱动负载，首先必须进行电压放大。

3.2.1　三极管电压放大电路及其分析

三极管放大电路都是利用三极管的电流控制作用来实现信号放大的。因此，三极管电压放大电路的组成原则，首先是三极管必须具有电流控制作用，或者说必须有合适的工作状态，其次要考虑电压放大能力、与信号源和负载的连接、温度稳定性、失真和频率特性等问题。

1. 共发射极电路

固定偏流电路是一种最简单的共发射极电路，如图 3.21 所示，C_1 和 C_2 分别将信号源与放大电路、放大电路与负载连接起来，称之为耦合电容。耦合电容的容量足够大时，对一定频率的交流信号而言，其容抗可忽略，即可视为短路，信号就可以几乎无损失地进行传递。耦合电容对于直流来讲相当于开路，可以隔离信号源与放大电路、放大电路与负载之间的直流量。所以，可将 C_1 和 C_2 的作用概括为“隔直通交”。至于电路中其他元件的作用，可以在以下对电路的分析后自然得出。这种电路的特点是信号源将信号从三极管基极送入、负载将信号从三极管集电极取走，发射极为输入和输出的公共端，所以称其为共发射极电路。与二极管一样，对该电路的分析主要有两种方法，即图解法和等效电路法，以下分别介绍。

(1) 图解法

① 静态分析

静态分析的目的是为了确定三极管在电路中的工作状态，判断其能否在电路中起电流控制作用。

静态分析的步骤如下：

第一步，画出直流通路。即将信号源除去，电容看作开路，如图 3.22 所示。

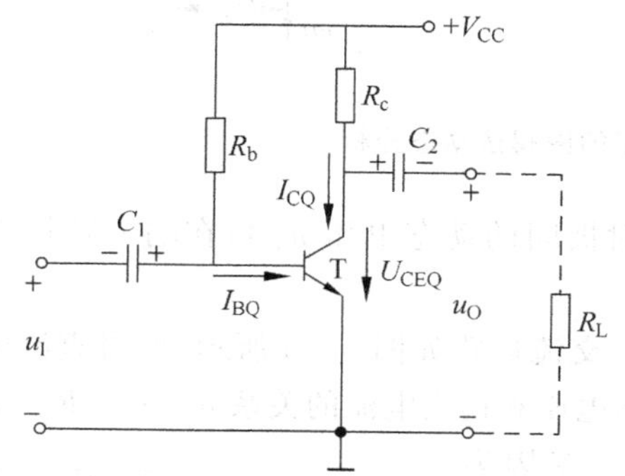

图 3.21　固定偏流电路

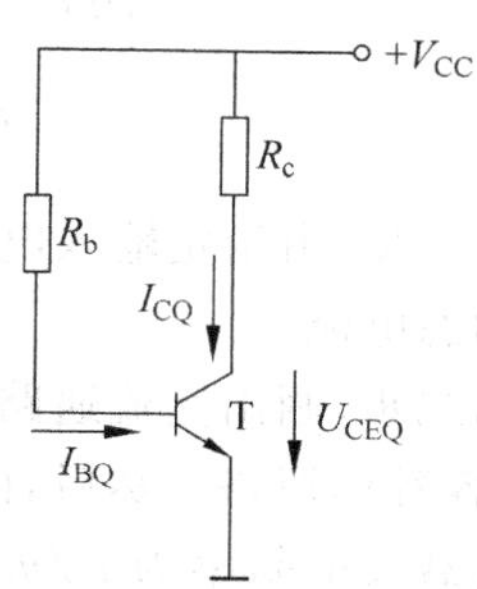

图 3.22　固定偏流电路直流通路

第二步，如图 3.23(a)所示，在三极管输入特性坐标系中画出电路输入回路方程

$$i_B = \frac{V_{CC} - u_{BE}}{R_b} \tag{3.4}$$

所对应的直线。该直线与三极管输入特性曲线的交点就是静态工作点 $Q(U_{BEQ}, I_{BQ})$。

第三步，如图 3.23(b)所示，在三极管输出特性坐标系中画出电路输出回路方程

$$u_{CE} = V_{CC} - i_C R_c \tag{3.5}$$

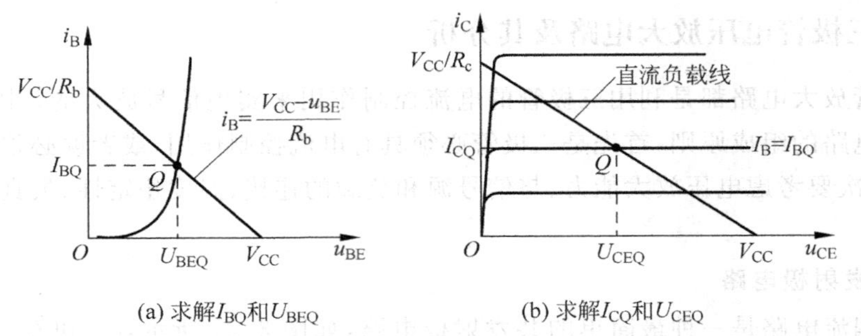

图 3.23　固定偏流电路的静态分析

所对应的直线(又称直流负载线)。直流负载线与三极管输入特性曲线中 I_B 等于 I_{BQ} 的交点就是静态工作点 $Q(U_{CEQ},I_{CQ})$。

② 动态分析

动态分析的目的是为了确定电路的放大能力和工作范围等动态指标。

如图 3.24 所示,电压放大倍数的求解步骤如下:

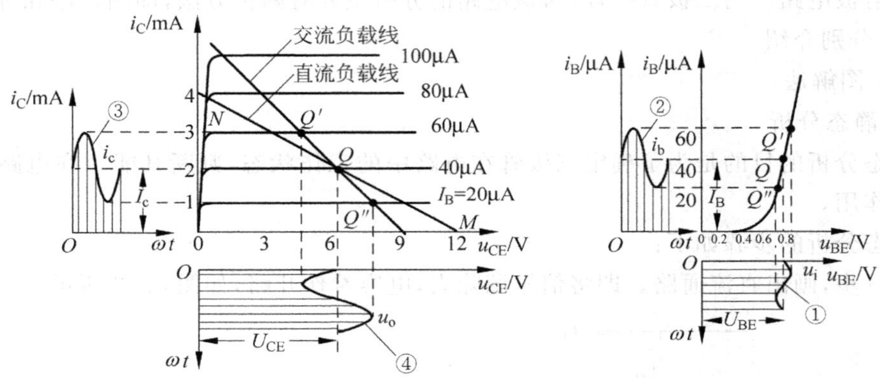

图 3.24　固定偏流电路的图解法动态分析

第一步,由给定输入电压 u_i(即基极与发射极间的动态电压 u_{be}),在输入特性上求得基极动态电流 i_b。

第二步,画出交流通路,作出交流负载线。交流通路如图 3.25 所示,即将直流电源除去,电容看作短路。然后,由交流通路得到输出电压和输出电流的关系 $u_{ce}=-(R_c /\!/ R_L)i_c$,交流负载线的斜率为 i_c/u_{ce},即 $-1/(R_c /\!/ R_L)$。又因为输入信号为零时,三极管必然工作于 Q 点上,即交流负载线一定通过 Q 点,从而交流负载线可由点斜式得到。

第三步,由在输出特性上求得的集电极动态电流 i_c 和集电极与发射极间的动态电压 u_{ce},可得到输出电压 u_o。

第四步,u_o 与 u_i 之比即为电压放大倍数 A_u。

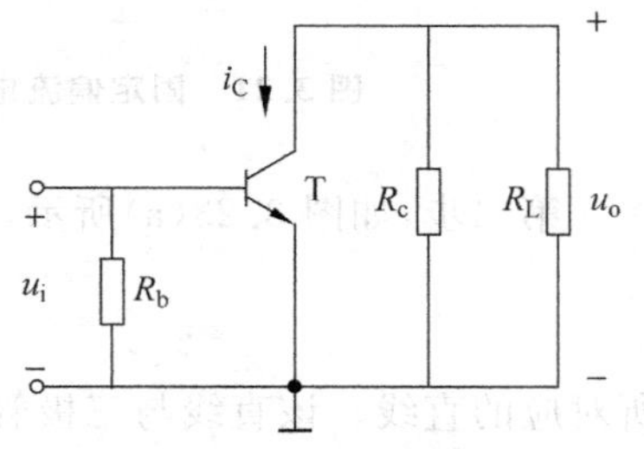

图 3.25　固定偏流电路的交流通路

注意,动态分析依赖于静态分析,即

$$u_{BE} = U_{BEQ} + u_{be} \tag{3.6}$$

$$i_B = I_{BQ} + i_b \tag{3.7}$$

$$u_{CE} = U_{CEQ} + u_{ce} \tag{3.8}$$

$$i_C = I_{CQ} + i_c \tag{3.9}$$

另外，应该看到，交流负载线比直流负载线更陡；负载越大（R_L 值越小），交流负载线越陡；当空载（$R_L=\infty$）时，交流负载线与直流负载线重合。还应该看到，u_o 与 u_i 的相位相反；u_o 的大小与集电极电阻和负载的大小有关。

下面介绍非线性失真分析及工作范围的确定。

不难从图 3.24 演变得到，假设输入电压为正弦波，若 Q 点过低，基极电流将因三极管在信号负半周峰值附近截止而产生失真，如图 3.26(a)所示，因而集电极电流和集电极与发射极间的电压必然随之失真，如图 3.26(b)所示。这种因三极管截止而产生的失真叫做截止失真。由 NPN 型管组成的基本共射放大电路产生截止失真时，输出电压顶部失真。

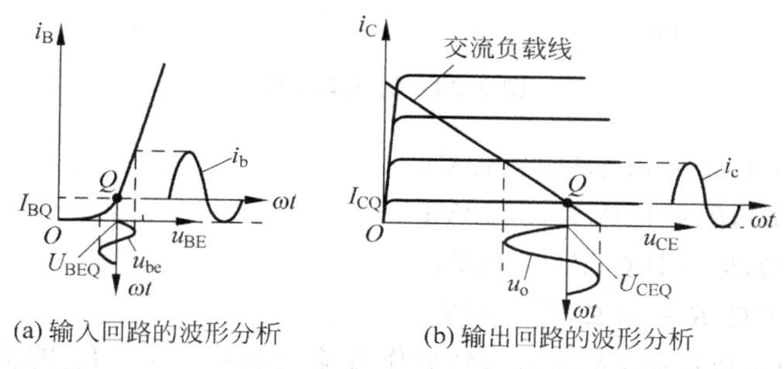

(a) 输入回路的波形分析　　(b) 输出回路的波形分析

图 3.26　截止失真分析

反之，若 Q 点过高，虽然基极电流不会产生失真，如图 3.27(a)所示，但集电极电流将因三极管在信号正半周峰值附近饱和而产生失真，集电极与发射极间的电压将随之失真，如图 3.27(b)所示。这种因三极管饱和而产生的失真叫做饱和失真。由 NPN 型管组成的基本共射放大电路产生饱和失真时，输出电压底部失真。

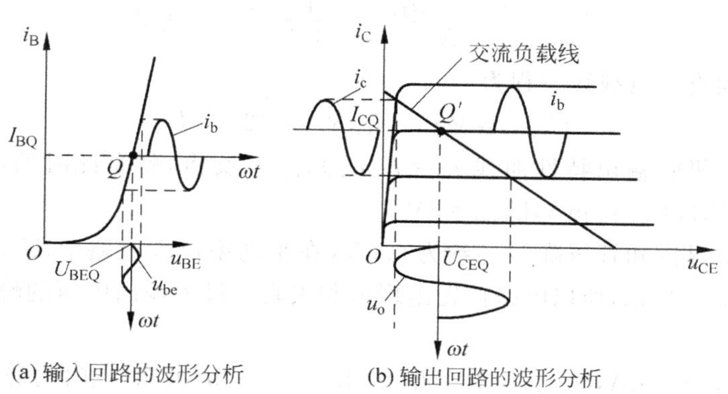

(a) 输入回路的波形分析　　(b) 输出回路的波形分析

图 3.27　饱和失真分析

放大电路的最大不失真输出电压是指在不失真的情况下能够输出的最大电压，通常用峰—峰值 U_{pp} 来表示。显然，Q 点设置偏低，U_{pp} 由 Q 点和截止区决定；Q 点设置偏高，U_{pp} 由 Q 点和饱和区决定。为充分利用三极管的线性工作区域，以便得到较大的最大不失真输出电压，Q 点应尽量设置在交流负载线的中部。

例 3.2.1 电路如图 3.21 所示，已知三极管的输出特性如图 3.28(a)所示，三极管导通时 b-e 间电压约为 0.7V，空载。试分别画出下列不同条件下的静态工作点，读出 I_{CQ} 与 U_{CEQ} 的值；并分别说明当输入正弦信号加大时，电路首先出现截止失真还是饱和失真，最大输出电压的峰值 U_{om} 是多少。

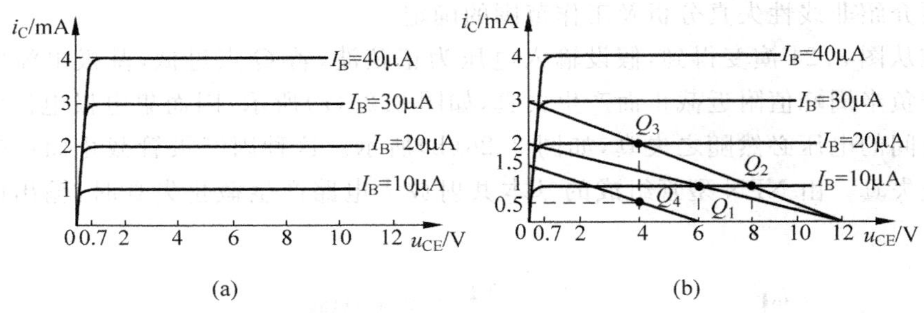

图 3.28 例 3.2.1 图

① $R_b = 1.2\text{M}\Omega, R_c = 6\text{k}\Omega, V_{CC} = 12\text{V}$；

② $R_b = 1.2\text{M}\Omega, R_c = 4\text{k}\Omega, V_{CC} = 12\text{V}$；

③ $R_b = 600\text{k}\Omega, R_c = 4\text{k}\Omega, V_{CC} = 12\text{V}$；

④ $R_b = 1.06\text{M}\Omega, R_c = 6\text{k}\Omega, V_{CC} = 6\text{V}$。

解 为求出 I_{CQ} 和 U_{CEQ}，先求 I_{BQ}，然后作直流负载线。$i_B = I_{BQ}$ 的输出特性曲线与直流负载线的交点就是 Q 点。在空载情况下，交流负载线与直流负载线重合，所以比较 $U_{CEQ} - U_{CES}$ 和 $V_{CC} - U_{CEQ}$ 的大小，就可知当输入信号增大时首先出现哪种失真。当 $U_{CEQ} - U_{CES} > V_{CC} - U_{CEQ}$ 时，首先出现截止失真；当 $U_{CEQ} - U_{CES} < V_{CC} - U_{CEQ}$ 时，首先出现饱和失真；当 $U_{CEQ} - U_{CES} = V_{CC} - U_{CEQ}$ 时，截止失真和饱和失真同时出现。

① 由输入回路可知

$$I_{BQ} = \frac{V_{CC} - U_{BEQ}}{R_b} \approx \frac{12}{1.2}\mu\text{A} = 10\mu\text{A}$$

由输出回路可列直流负载线方程为

$$U_{CEQ} = V_{CC} - I_{CQ}R_c = 12 - 6I_{CQ} \tag{3.10}$$

直流负载线与三极管输出特性曲线 $i_C = f(u_{CE})|_{I_{BQ}}$ 的交点，就是此时的静态工作点 Q_1。由图 3.28(b)可知，$I_{CQ} = 1\text{mA}, U_{CEQ} = 6\text{V}$。

因三极管临界饱和管压降 U_{CES} 约为 0.7V(在小功率放大电路中，U_{CES} 约为 U_{BEQ})，故 $U_{CEQ} - U_{CES} < V_{CC} - U_{CEQ}$，所以电路首先出现饱和失真。最大输出电压的峰值 $U_{om} = U_{CEQ} - U_{CES} = 5.3\text{V}$。

② 同理，$I_{BQ} \approx 10\mu\text{A}, U_{CEQ} = 12 - 4I_{CQ}$。由图 3.28(b)可知，此时的静态工作点为 Q_2，即 $I_{CQ} = 1\text{mA}, U_{CEQ} = 8\text{V}$。

因 $U_{CEQ} - U_{CES} > V_{CC} - U_{CEQ}$，所以电路首先出现截止失真。最大输出电压的峰值 $U_{om} = V_{CC} - U_{CEQ} = 4\text{V}$。

③ 同理，$I_{BQ}\approx 20\mu A$，$U_{CEQ}=12-4I_{CQ}$。由图 3.28(b)可知，此时的静态工作点为 Q_3，即 $I_{CQ}=2mA$，$U_{CEQ}=4V$。

因 $U_{CEQ}-U_{CES}<V_{CC}-U_{CEQ}$，所以电路首先出现饱和失真。最大输出电压的峰值 $U_{om}=U_{CEQ}-U_{CES}=3.3V$。

④ 同理

$$I_{BQ}=\frac{V_{CC}-U_{BEQ}}{R_b}=\frac{6-0.7}{1.06}\mu A=5\mu A,\quad U_{CEQ}=6-4I_{CQ}$$

由图 3.28(b)可知，此时的静态工作点为 Q_4，即 $I_{CQ}=0.5mA$，$U_{CEQ}=4V$。

因 $U_{CEQ}-U_{CES}>V_{CC}-U_{CEQ}$，所以电路首先出现截止失真。最大输出电压的峰值 $U_{om}=V_{CC}-U_{CEQ}=2V$。

(2) 等效电路法

① 静态分析

静态分析的步骤如下：

第一步，画出直流通路，如图 3.22 所示。

第二步，列出电路输入回路方程，求得 I_{BQ}。实际上，就是将三极管用折线模型等效，并将 U_{BEQ}看成常数(同二极管一样，硅管 U_{BEQ}取 0.7V，锗管取 0.3V)。这里，即

$$I_{BQ}=\frac{V_{CC}-U_{BEQ}}{R_b} \tag{3.11}$$

第三步，求得 I_{CQ}，即 $I_{CQ}=\beta I_{BQ}$。

第四步，由电路输出回路方程，求得 U_{CEQ}。这里，即

$$U_{CEQ}=V_{CC}-I_{CQ}R_c \tag{3.12}$$

② 动态分析

动态分析的步骤如下：

第一步，画出交流通路，如图 3.25 所示。

第二步，画出微变等效电路。即将交流通路中的三极管用低频小信号等效模型(如图 3.29 所示)取代，微变等效电路如图 3.30 所示。三极管低频小信号等效模型的建立可见有关参考资料。其中，r_{ce}为三极管的输出电阻，通常在几百千欧以上，分析时一般将其忽略；r_{be}为三极管的输入电阻，由基区体电阻 $r_{bb'}$和发射结电阻 $r_{b'e}$组成。不同型号的管子 $r_{bb'}$不同，一般在几十至几百欧之间。管子的 $r_{b'e}$可由 PN 结导通电流方程推导而得，即

$$r_{b'e}=(1+\beta)\frac{U_T}{I_{EQ}} \tag{3.13}$$

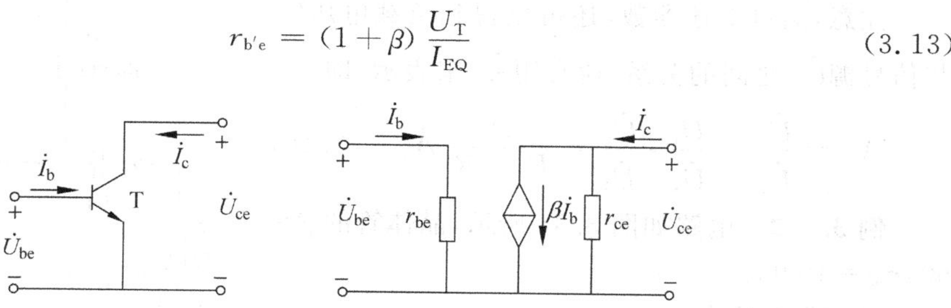

图 3.29　三极管低频小信号等效模型

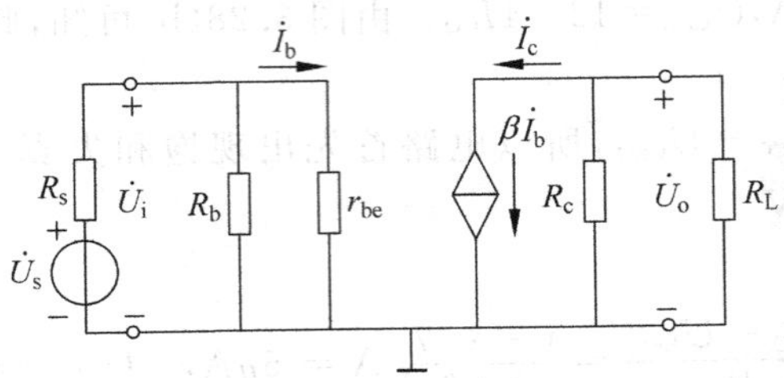

图 3.30 微变等效电路

因此，三极管的输入电阻为

$$r_{be}=r_{bb'}+(1+\beta)\frac{U_T}{I_{EQ}} \tag{3.14}$$

常温下，U_T 约为 26mV。若无特殊说明，本书中 $r_{bb'}$ 取 200Ω。

第三步，求得电压放大倍数$\dot{A}_u$。

由图 3.30 可知，$\dot{U}_i=\dot{I}_b r_{be}$，$\dot{U}_o=-\dot{I}_c(R_c/\!/R_L)=-\beta\dot{I}_b(R_c/\!/R_L)$，所以

$$\dot{A}_u=\frac{\dot{U}_o}{\dot{U}_i}=-\beta\frac{R'_L}{r_{be}}\quad(R'_L=R_c/\!/R_L) \tag{3.15}$$

第四步，求得输入电阻 R_i。

若输入端的测试电压和电流分别为$\dot{U}_{iT}$和$\dot{I}_{iT}$，由图 3.30 可得，$\dot{U}_{iT}=\dot{I}_{iT}(r_{be}/\!/R_b)$，通常$R_b\gg r_{be}$，所以

$$R_i=\frac{\dot{U}_{iT}}{\dot{I}_{iT}}=r_{be} \tag{3.16}$$

第五步，求得输出电阻 R_o。

若输出端的测试电压和电流分别为$\dot{U}_{oT}$和$\dot{I}_{oT}$，令$\dot{U}_s=0$，由图 3.30 可得，$\dot{I}_b r_{be}+\dot{I}_b(R_s/\!/R_b)=0$，所以$\dot{I}_b=0$，因此$\dot{I}_{oT}=\frac{\dot{U}_{oT}}{R_c}+\beta\dot{I}_b=\frac{\dot{U}_{oT}}{R_c}$，所以

$$R_o=\frac{\dot{U}_{oT}}{\dot{I}_{oT}}=R_c \tag{3.17}$$

注意，通过上述参数，还可以得到负载电压$\dot{U}_o$与信号源$\dot{U}_s$之间的关系，通常用$\dot{A}_{us}$来表示，即

$$\dot{A}_{us}=\frac{\dot{U}_o}{\dot{U}_s}=\frac{\dot{U}_i}{\dot{U}_s}\cdot\frac{\dot{U}_o}{\dot{U}_i}=\frac{R_i}{R_s+R_i}\dot{A}_u \tag{3.18}$$

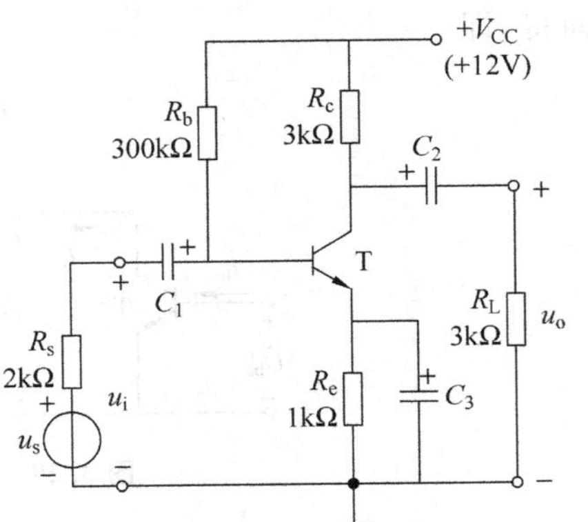

图 3.31 例 3.2.2 电路

例 3.2.2 电路如图 3.31 所示，晶体管的 $\beta=60$，$r_{bb'}=100\Omega$。

(1) 求解 Q 点；

(2) 求$\dot{A}_u$、R_i 和 R_o；

(3) 设 $U_s=10$mV(有效值)，求 U_i 和 U_o，若

C_3 开路，则 U_i 和 U_o 各是多少。

解　(1) 求 Q 点

$$I_{BQ}=\frac{V_{CC}-U_{BEQ}}{R_b+(1+\beta)R_e}\approx 31\mu A$$

$$I_{CQ}=\beta I_{BQ}\approx 1.86mA$$

$$U_{CEQ}\approx V_{CC}-I_{EQ}(R_c+R_e)=4.56V$$

(2) $\dot{A}_u$、R_i 和 R_o 的分析

$$r_{be}=r_{bb'}+(1+\beta)\frac{26mV}{I_{EQ}}\approx 952\Omega$$

$$R_i=R_b\ /\!/\ r_{be}\approx 952\Omega$$

$$\dot{A}_u=-\frac{\beta(R_c\ /\!/\ R_L)}{r_{be}}\approx -95$$

$$R_o=R_c=3k\Omega$$

(3) 设 $U_s=10mV$(有效值)，则

$$U_i=\frac{R_i}{R_s+R_i}\cdot U_s\approx 3.2mV$$

$$U_o=|\dot{A}_u|U_i\approx 304mV$$

若 C_3 开路，则(后面将有更详细的分析介绍)

$$R_i=R_b\ /\!/\ [r_{be}+(1+\beta)R_e]\approx 51.3k\Omega$$

$$\dot{A}_u\approx -\frac{R_c\ /\!/\ R_L}{R_e}=-1.5$$

$$U_i=\frac{R_i}{R_s+R_i}\cdot U_s\approx 9.6mV$$

$$U_o=|\dot{A}_u|U_i\approx 14.4mV$$

(3) 图解法与等效电路法的比较

前面所介绍的图解法和等效电路法，都是放大电路的基本分析方法，各有特点，相互补充。

图解法形象、直观。当输入信号幅度较大，三极管工作在非线性区时，就需要用图解法，如后面将要介绍的功率放大电路。此外，在确定工作范围、非线性失真分析、求取最大不失真输入/输出电压及合理设置静态工作点等问题上，采用图解法比较好。

等效电路法简洁、方便。当输入信号幅度较小，三极管工作在线性区时，通常采用等效电路法，尤其是在放大电路比较复杂时更为有效。

(4) 静态工作点的稳定

通过前面的讨论可以看到，Q 点在放大电路中是非常重要的，它不仅关系到波形的失真，而且对电压增益有重大影响，所以在设计或调试放大电路时，为获取较好的性能，必须首先设置一个合适的 Q 点。在前面讨论的固定偏流电路中，当电源电压 V_{CC} 和集电极电阻 R_c 确定后，放大电路的 Q 点就由基极电流 I_B 来决定，这个电流就叫做偏流，获得偏流的电路叫做偏置电路。固定偏流电路实际上是由一个偏置电阻 R_b 构成的，这种电路简单，调试方便。但是，这种电路偏流是“固定”的($I_B\approx V_{CC}/R_b$)，当更换管子或是环境温度

变化引起管子参数变化时，电路的工作点往往会移动，甚至移到不合适的位置而使电路无法正常工作。如图 3.32 所示，实线为 20℃时的曲线，虚线为 40℃时的曲线。温度升高，三极管电流放大系数β和穿透电流 I_{CEO}均增加，使得 I_{CQ}增加、U_{CEQ}减小，Q 点沿直流负载线上移。可见，在温度变化时，如果能设法使 I_{CQ}维持稳定，Q 点漂移的问题就可得到解决。

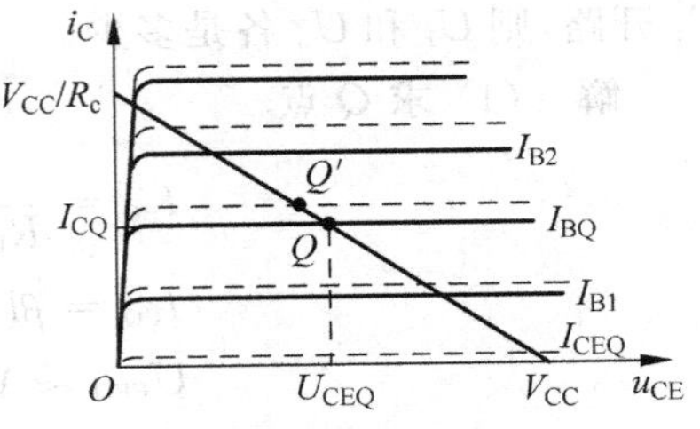

图 3.32　温度对静态工作点的影响

典型的静态工作点稳定电路如图 3.33(a)所示，由于偏置电阻 R_{b1} 和 R_{b2} 的分压作用，故常称其为分压式偏置电路。它的直流通路如图 3.33(b)所示，为使 Q 点稳定，即 I_{CQ}基本不随环境温度的变化而变化，从以下分析可以看出，必须满足 $I_1 \gg I_{BQ}$，$U_{BQ} \gg U_{BEQ}$。在实际电路中，为兼顾其他指标，对于硅管，一般选取

$$I_1 = (5 \sim 10) I_{BQ}$$

$$U_{BQ} = (3 \sim 5) U_{BEQ}$$

至此，分压式偏置电路的 Q 点可通过估算法得到

$$U_{BQ} \approx \frac{R_{b2}}{R_{b1} + R_{b2}} V_{CC} \quad (I_1 \gg I_{BQ}) \tag{3.19}$$

$$I_{CQ} \approx I_{EQ} = \frac{U_{BQ} - U_{BEQ}}{R_{e1} + R_{e2}} \approx \frac{U_{BQ}}{R_{e1} + R_{e2}} \quad (U_{BQ} \gg U_{BEQ}) \tag{3.20}$$

$$I_{BQ} = \frac{I_{EQ}}{1 + \beta} \tag{3.21}$$

$$U_{CEQ} = V_{CC} - I_{CQ} R_c - I_{EQ} R_e \approx V_{CC} - I_{CQ}(R_c + R_{e1} + R_{e2}) \tag{3.22}$$

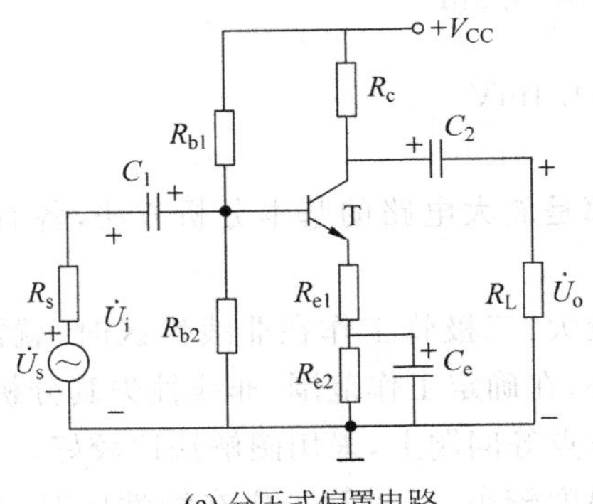

(a) 分压式偏置电路　　(b) 分压式偏置电路的直流通路

图 3.33　静态工作点稳定分析

分压式偏置电路的动态参数可通过微变等效电路法求得。微变等效电路如图 3.34 所示，所以

$$\dot{A}_u = -\beta \frac{R'_L}{r_{be} + (1 + \beta) R_{e1}} \quad (R'_L = R_c \mathbin{/\!/} R_L) \tag{3.23}$$

$$R_i = R_{b1} \mathbin{/\!/} R_{b2} \mathbin{/\!/} [r_{be} + (1 + \beta) R_{e1}] \tag{3.24}$$

$$R_o = R_c \tag{3.25}$$

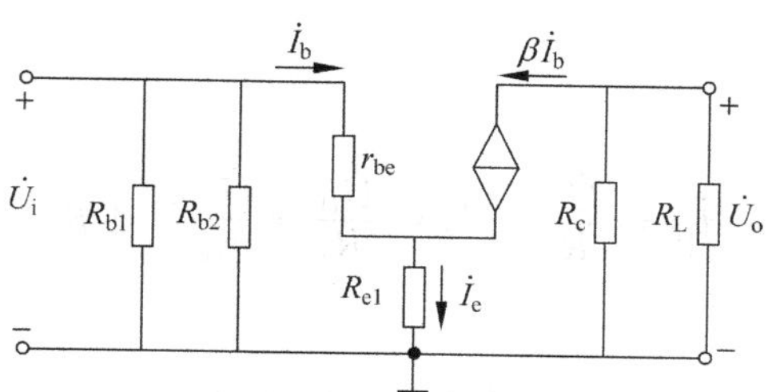

图 3.34　分压式偏置电路的微变等效电路

在式(3.23)中，若$(1+\beta)R_e \gg r_{be}$，且$\beta \gg 1$，则

$$\dot{A}_u = -\beta \frac{R'_L}{r_{be}+(1+\beta)R_{e1}} \approx -\frac{R'_L}{R_{e1}} \quad (R'_L = R_c \mathbin{/\!/} R_L) \tag{3.26}$$

可见，虽然R_{e1}使$|\dot{A}_u|$减小了，但由于$|\dot{A}_u|$仅决定于电阻取值，不受环境温度的影响，所以温度稳定性好，而且R_{e1}使电路的输入电阻增加了。

2. 共基极电路

共基极电路是三极管放大电路的又一种组成形式，如图 3.35 所示，信号从三极管发射极送入、集电极送出，所以称其为共基极电路。由于它的直流通路与分压式偏置电路一样，所以对于它的静态分析从略。以下利用微变等效电路法对其进行动态分析。

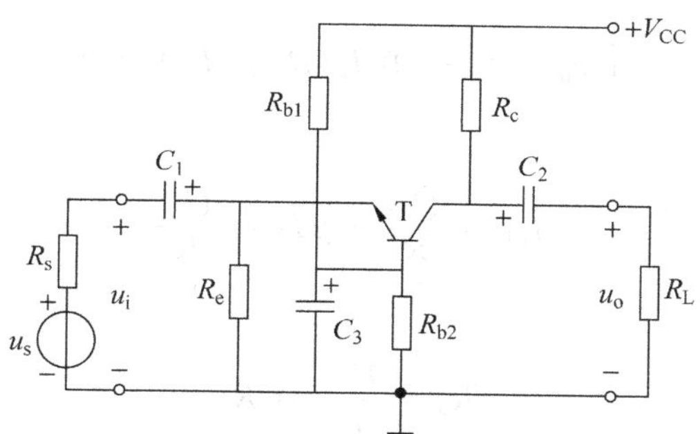

图 3.35　共基极电路

(1) 电压放大倍数

共基极电路的交流通路和微变等效电路如图 3.36 所示。由图可知

$$\dot{A}_u = \frac{\dot{U}_o}{\dot{U}_i} = \frac{-\beta \dot{I}_b R'_L}{-\dot{I}_b r_{be}} = \frac{\beta R'_L}{r_{be}} \quad (R'_L = R_c \mathbin{/\!/} R_L) \tag{3.27}$$

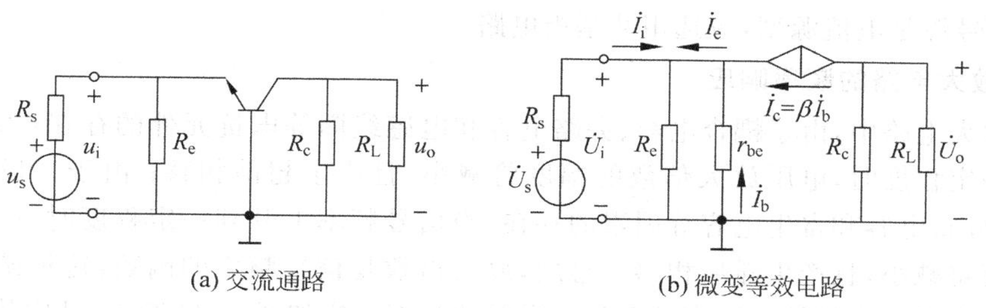

图 3.36　共基极电路的动态分析

(2) 输入电阻

由图 3.37(a)可知

$$\dot{I}_{iT}=\frac{\dot{U}_{iT}}{R_e}-\dot{I}_e=\frac{\dot{U}_{iT}}{R_e}+\frac{\dot{U}_{iT}}{r_{be}}(1+\beta)$$

所以

$$R_i=\frac{\dot{U}_{iT}}{\dot{I}_{iT}}=R_e\ /\!/\ \frac{r_{be}}{1+\beta} \tag{3.28}$$

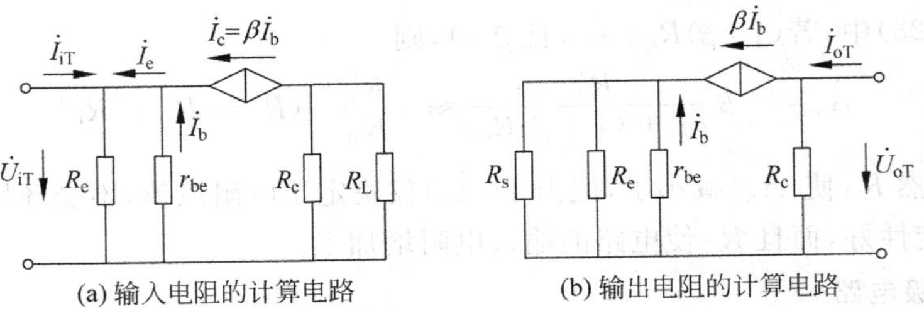

(a) 输入电阻的计算电路

(b) 输出电阻的计算电路

图 3.37 输入电阻和输出电阻的计算

(3) 输出电阻

由图 3.37(b)可知

$$\dot{I}_b r_{be}+(1+\beta)\dot{I}_b(R_s\ /\!/\ R_e)=0$$

所以$\dot{I}_b=0$。因此

$$\dot{I}_{oT}=\frac{\dot{U}_{oT}}{R_c}+\beta\dot{I}_b=\frac{\dot{U}_{oT}}{R_c}$$

所以

$$R_o=\frac{\dot{U}_{oT}}{\dot{I}_{oT}}=R_c \tag{3.29}$$

3. 共发射极电路与共基极电路的比较

共发射极电路与共基极电路都具有电压放大能力,不同之处在于:共发射极电路的输出电压与输入电压反相,共基极电路的输出电压与输入电压同相;共发射极电路还具有电流放大能力,共基极电路却没有;共发射极电路的输入电阻较大,共基极电路的输入电阻很小;共发射极电路的通频带较窄,共基极电路的通频带较宽。所以,应根据电路的外部条件和需要,结合它们的特点合理地选用,若信号源是电压源型,应选用共发射极电路;若信号源是电流源型,应选用共基极电路。

4. 放大电路的频率响应

在放大电路中,由于耦合电容、旁路电容和电感线圈等电抗元件的存在,当信号频率下降到一定程度时,电压放大倍数的幅度将减小,且产生超前相移;由于三极管极间电容、电路分布电容和寄生电容等因素的存在,当信号频率上升到一定程度时,电压放大倍数的幅度将减小,且产生滞后相移。总之,放大倍数是信号频率的函数,这种函数关系称为频率响应或频率特性。阻容耦合放大电路的频率响应如图 3.38 所示,其中放大倍数的幅度与频率的关系称为幅频响应，放大倍数的幅角与频率的关系称为相频响应。两者综合起来可全面表征放大电路的频率响应。

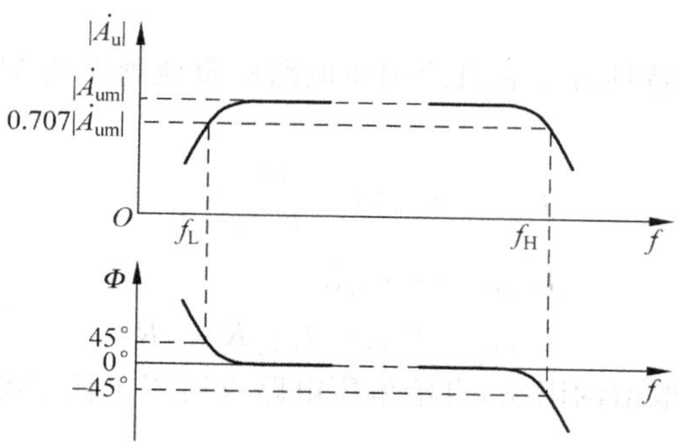

图 3.38　阻容耦合放大电路的频率响应

必须说明的是，前面在电路分析时忽略了电抗的影响，即将耦合电容、旁路电容和电感线圈的电抗看成零；将三极管极间电容、电路分布电容和寄生电容的容抗看成无穷大。当然，这在一定的信号频率范围内是可以的，对此常用通频带定义这个范围，以描述电路对不同信号频率的适应能力。所谓通频带，即放大倍数的幅度下降$\sqrt{2}$倍以内的区域。在低频段，放大倍数的幅度下降$\sqrt{2}$倍所对应的频率，称为下限频率 f_L；在高频段，放大倍数的幅度下降$\sqrt{2}$倍所对应的频率，称为上限频率 f_H。所以，通频带的带宽为

$$f_{bw} = f_H - f_L \tag{3.30}$$

由于放大电路的通频带很宽且放大倍数的幅度很大，所以常用波特图描述放大电路的频率响应，即将坐标系的横轴用对数刻度 $\lg f$ 表示，但常标注为 f；幅频特性的纵轴用 $20\lg|\dot{A}|$ 表示，称为增益，单位为分贝(dB)。波特图不但开阔了视野，而且将多级放大电路的各级放大倍数的乘法运算转换成加法运算。注意，在波特图中，通频带的定义变成了增益下降 3dB 以内的区域。

3.2.2　场效应管电压放大电路及其分析

与三极管电压放大电路一样，场效应管电压放大电路同样要有合适的 Q 点。所不同的是，场效应管是电压控制器件，它需要有合适的栅—源电压；场效应管电压放大电路的输入电阻可以达到 $10^7\Omega$ 以上，特别适宜于信号源非常微弱且内阻较大、只能提供微安甚至更小的信号电流的放大电路中。场效应管电压放大电路通常采用的偏置电路有自给偏压电路和分压式偏置电路两种。

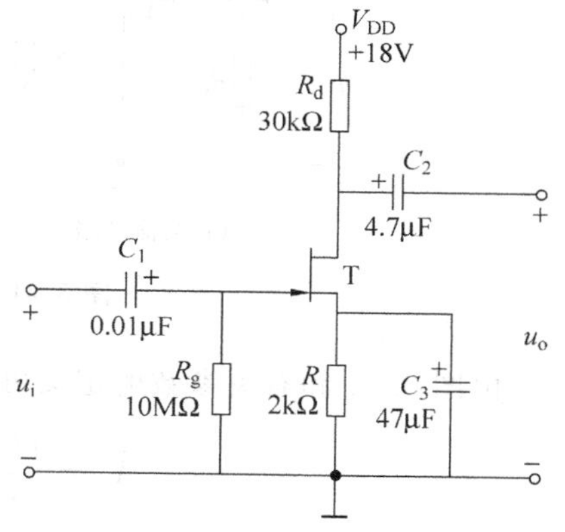

图 3.39　自给偏压电路

1. 自给偏压电路

以 N 沟道结型场效应管为例，自给偏压电路如图 3.39 所示。当已知场效应管的特性曲线时，自给偏压电路的分析一般采用图解法；当已知场效应管的特性参数时，自给偏压电路的分析采用解析

法。图解法可参照三极管放大电路的分析，以下仅讨论用解析法进行静态分析和动态分析。

(1) 静态分析

由场效应管的转移特性方程和自给偏压电路的直流通路可知，场效应管的 Q 点由以下方程联列决定：

$$I_{DQ}=I_{DSS}\left(1-\frac{U_{GSQ}}{U_{GS(off)}}\right)^2 \tag{3.31}$$

$$U_{GSQ}=-I_{DQ}R \tag{3.32}$$

$$U_{DSQ}=V_{DD}-I_{DQ}(R_d+R) \tag{3.33}$$

很明显，由于 U_{GSQ} 取值的限制，自给偏压电路仅适用于耗尽型场效应管放大电路。

(2) 动态分析

与三极管放大电路的动态分析一样，首先建立场效应管低频小信号等效模型，然后利用等效电路法进行分析。场效应管低频小信号等效模型如图 3.40 所示。由于场效应管栅—源间的动态电阻 r_{gs} 极大，分析时可近似认为栅—源间开路，基本不从信号源索取电流。由于场效应管漏—源间的动态电阻 r_{ds} 通常在几百千欧数量级，漏极电阻或负载电阻一般比 r_{ds} 小很多，分析时同样将其忽略。因而当场效应管工作在恒流区时，漏极电流仅仅取决于栅—源电压，可以认为输出回路是一个电压控制的电流源，从而可得自给偏压电路的交流通路和微变等效电路如图 3.41 所示。

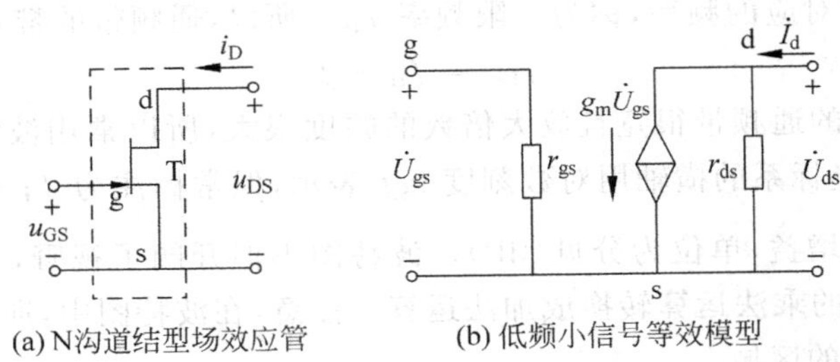

图 3.40 场效应管低频小信号等效模型

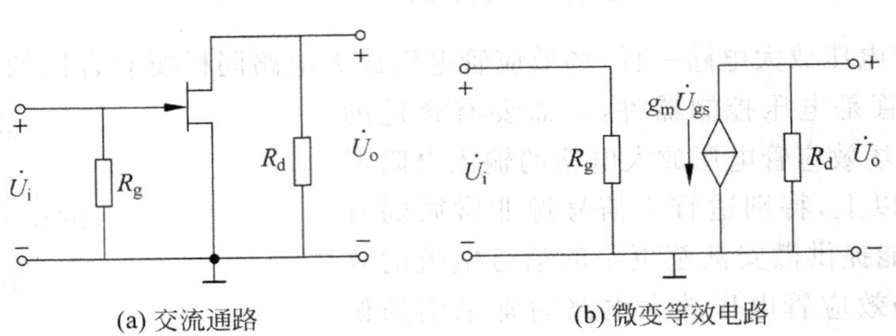

图 3.41 自给偏压电路的动态分析

由图 3.41 和有关参数的定义可得

$$\dot{A}_u=\frac{\dot{U}_o}{\dot{U}_i}=\frac{-g_m\dot{U}_{gs}R_d}{\dot{U}_{gs}}=-g_mR_d \tag{3.34}$$

$$R_i = R_g \tag{3.35}$$

$$R_o = R_d \tag{3.36}$$

2. 分压式偏置电路

以 N 沟道增强型 MOS 场效应管为例，分压式偏置电路如图 3.42 所示。

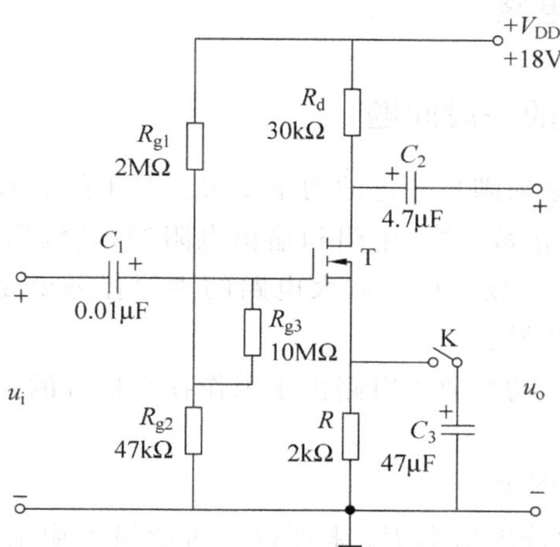

图 3.42　分压式偏置电路

(1) 静态分析

由场效应管的转移特性方程和分压式偏置电路的直流通路可知，场效应管的 Q 点由以下方程确定：

$$I_{DQ} = I_{DO}\left(\frac{U_{GSQ}}{U_{GS(th)}} - 1\right)^2 \tag{3.37}$$

$$U_{GSQ} = \frac{R_{g2}}{R_{g1} + R_{g2}} V_{DD} - I_{DQ} R \tag{3.38}$$

$$U_{DSQ} = V_{DD} - I_{DQ}(R_d + R) \tag{3.39}$$

很明显，分压式偏置电路不仅适用于耗尽型场效应管放大电路，也适用于增强型场效应管放大电路。

(2) 动态分析

若无旁路电容 C_3（开关 K 处于断开位置），同自给偏压电路的动态分析一样，首先建立分压式偏置电路的微变等效电路如图 3.43 所示。忽略 r_{gs} 和 r_{ds}，可得

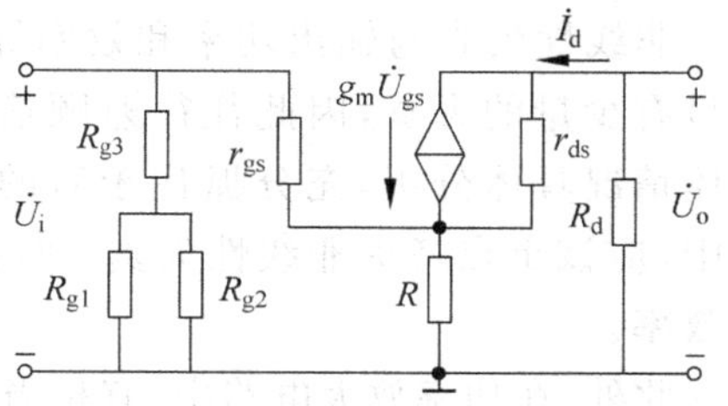

图 3.43　分压式偏置电路的微变等效电路

$$\dot{A}_u = \frac{\dot{U}_o}{\dot{U}_i} = \frac{-g_m \dot{U}_{gs}(R_d /\!/ R_L)}{\dot{U}_{gs} + g_m \dot{U}_{gs} R} = -\frac{g_m R_d}{1 + g_m R} \tag{3.40}$$

$$R_i = R_{g3} + R_{g1} /\!/ R_{g2} \tag{3.41}$$

$$R_o = R_d \tag{3.42}$$

若有旁路电容 C_3，则电路的动态分析等同于 $R=0$ 的情况。

注意,与三极管共基极电路相对应,理论上,场效应管还有一种具有电压放大能力的电路组成形式,就是共栅极电路,但由于场效应管高输入阻抗的特点没有发挥作用,所以很少在实际电路中应用,故不再介绍。

3.3 基本功率放大电路

3.3.1 功率放大电路的一般问题

任何负载的驱动,都必须满足一定的功率要求。对于前面所介绍的电压放大电路,讨论的主要指标是电压放大倍数、输入电阻和输出电阻等,其输出电流一般都较小,所以不能提供足够的电流以驱动负载。功率放大电路的主要任务就是在大电压信号的作用之下,得到一个大功率输出信号。

与电压放大电路不同,功率放大电路由于工作在大信号的状态下,所以有一些特殊问题必须重点考虑,主要有:

(1) 输出功率要尽可能大

这个性能可以用最大输出功率 P_{om} 来评价。所谓最大输出功率,即在输入正弦信号且不失真的情况下,负载能够获得的最大交流功率。若最大不失真输出电压(有效值)为 U_{om},负载电阻为 R_L,则最大输出功率

$$P_{om}=\frac{U_{om}^2}{R_L} \tag{3.43}$$

(2) 效率要高

最大输出功率 P_{om} 与此时直流电源提供的平均功率 P_V 的比值称为效率 η,即

$$\eta=\frac{P_{om}}{P_V} \tag{3.44}$$

其中,P_V 等于直流电源输出电流的平均值与电源电压之积。

(3) 非线性失真要小

非线性失真与输出功率和效率等指标总是矛盾的,考虑到负载在一定程度上允许信号有少量的失真,因此往往兼顾输出功率和效率等其他指标。在实际电路中,必须具体情况具体分析,充分抓住矛盾的主要方面予以解决。例如,在测量系统和电声设备中,应该重点考虑非线性失真;而在工业控制系统等场合中,应该重点考虑输出功率和效率。

此外,在功率放大电路中,有相当大的功率消耗在管子上,使管子出现热量累积,所以还必须考虑管子的散热问题,以及管子的保护和可换性问题。

总之,应根据管子工作时所流过的最大集电极电流 i_{Cmax}、所承受的最大管压降 u_{CEmax} 和所消耗的最大功率 P_{Tmax} 来选择管子。若三极管的最大集电极电流、最大管压降和集电极最大耗散功率分别为 I_{CM}、$U_{(BR)CEO}$ 和 P_{CM},则

$$i_{Cmax}<I_{CM} \tag{3.45}$$

$$u_{CEmax}<U_{(BR)CEO} \tag{3.46}$$

$$P_{Tmax}<P_{CM} \tag{3.47}$$

3.3.2 三极管基本功率放大电路

前面在讨论三极管基本电压放大电路时，已介绍过共发射极和共基极两种组态。三极管基本放大电路还有一种组态，即共集电极电路，如图 3.44 所示。事实上，共集电极电路具备了功率放大电路所必需的基本要求，是一个最基本、最简单的功率放大电路。由于信号从发射极送出，所以常称其为射极输出器，其分析过程可仿照三极管基本电压放大电路。需要说明的是，在输出非失真较小的前提下可用等效电路法，否则只能用图解法。因大多数三极管基本功率放大电路的非线性失真都较小，故等效电路法是常用的一种分析方法。

1. **静态分析**

三极管基本功率放大电路的直流通路如图 3.45 所示。由输入回路方程可得

$$I_{BQ} = \frac{V_{CC} - U_{BEQ}}{R_b + (1+\beta)R_e} \tag{3.48}$$

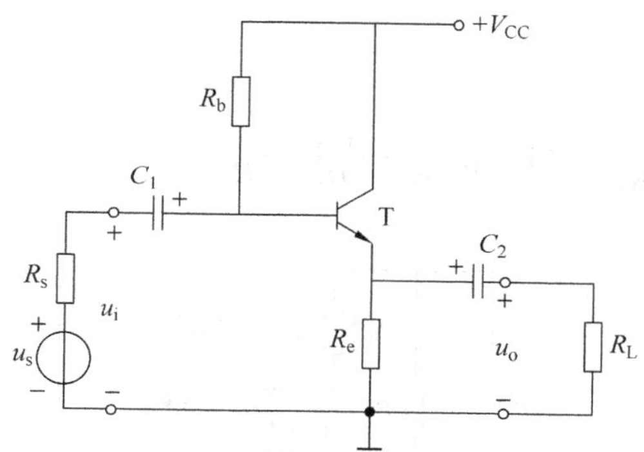

图 3.44 共集电极放大电路

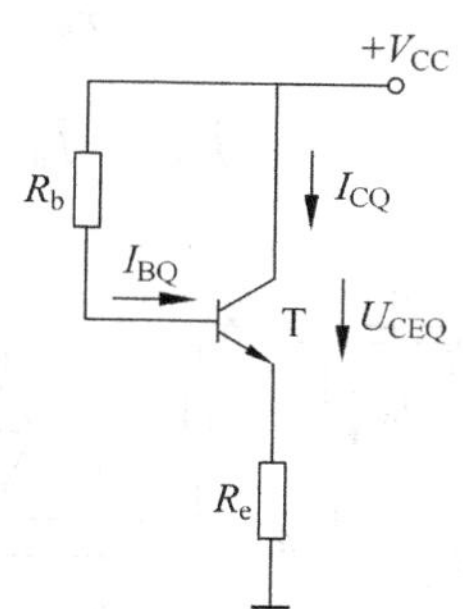

图 3.45 共集电极放大电路的直流通路

所以

$$I_{CQ} = \beta I_{BQ} \tag{3.49}$$

由输出回路方程可得

$$U_{CEQ} = V_{CC} - I_{EQ} R_e \tag{3.50}$$

2. **动态分析**

(1) 电压放大倍数

共集电极放大电路的交流通路和微变等效电路如图 3.46 所示，因此

$$\dot{U}_i = \dot{I}_b r_{be} + (1+\beta)\,\dot{I}_b (R_e \,/\!/\, R_L), \quad \dot{U}_o = (1+\beta)\,\dot{I}_b (R_e \,/\!/\, R_L) \tag{3.51}$$

所以，电压放大倍数为

$$\dot{A}_u = \frac{(1+\beta)(R_e \,/\!/\, R_L)}{r_{be} + (1+\beta)(R_e \,/\!/\, R_L)} \tag{3.52}$$

(2) 输入电阻

根据输入电阻的定义，输入电阻的计算电路如图 3.47 所示。因此，输入电阻为

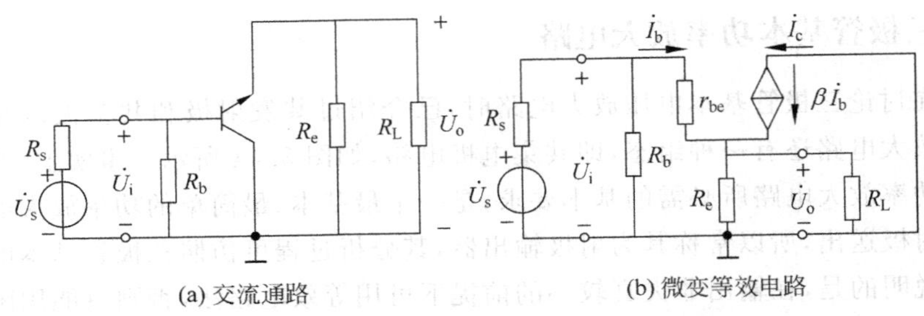

图 3.46　共集电极放大电路的微变等效电路法

$$R_i = \frac{\dot{U}_{iT}}{\dot{I}_{iT}} = R_b \mathbin{/\!/} [r_{be} + (1+\beta)(R_e \mathbin{/\!/} R_L)] \tag{3.53}$$

(3) 输出电阻

根据输出电阻的定义,输出电阻的计算电路如图 3.48 所示,因此

$$\dot{I}_b = \frac{\dot{U}_{oT}}{r_{be} + R_b \mathbin{/\!/} R_s}$$

$$\dot{I}_{oT} = \dot{I}_{R_e} + (1+\beta)\,\dot{I}_b = \frac{\dot{U}_{oT}}{R_e} + (1+\beta)\,\frac{\dot{U}_{oT}}{r_{be} + R_b \mathbin{/\!/} R_s}$$

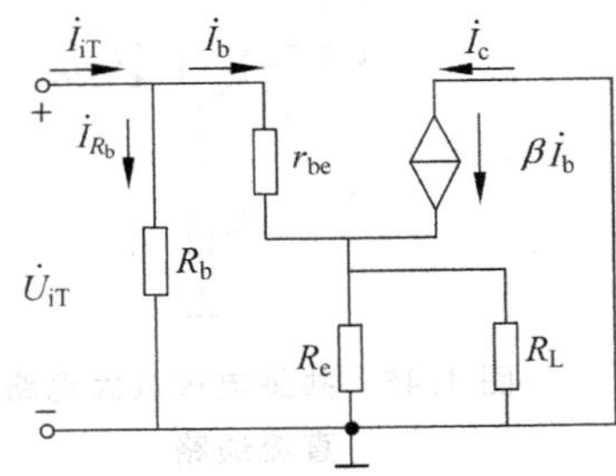

图 3.47　输入电阻计算电路

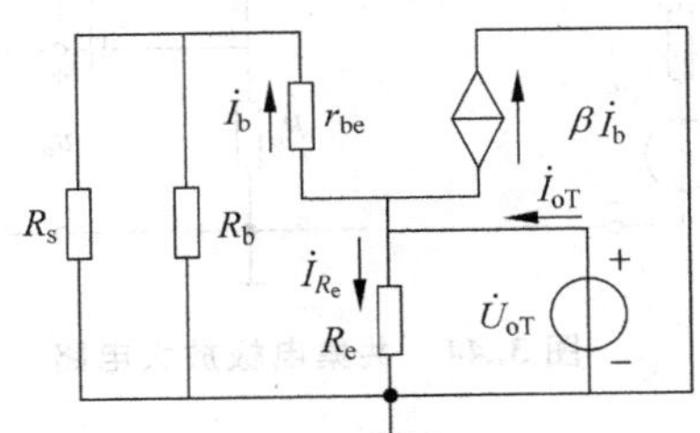

图 3.48　输出电阻计算电路

所以,输出电阻为

$$R_o = \frac{\dot{U}_{oT}}{\dot{I}_{oT}} = R_e \mathbin{/\!/} \frac{r_{be} + R_b \mathbin{/\!/} R_s}{1+\beta} \approx R_e \mathbin{/\!/} \frac{r_{be} + R_s}{1+\beta} \quad (R_b \gg R_s) \tag{3.54}$$

综上所述,基本共集电极电路有以下 3 个显著特点:

(1) 当$(1+\beta)R_e \gg r_{be}$时,$\dot{U}_o \approx \dot{U}_i$,具有电压跟随作用;

(2) 输入电阻较大,可达几十千欧以上;

(3) 输出电阻小,可达几十欧以下。

基于共集电极电路的特点,其应用很广。利用电路的电压跟随作用,共集电极基本放大电路可作为多级放大电路(后面将会介绍)的中间级,起到缓冲或隔离前、后级的作用;利用电路的输入电阻较大,它可作为多级放大电路的输入级,以增加电路从信号源获取信号的能力;利用电路的输出电阻小,它可作为多级放大电路的输出级,以增加电路向负载提供电流的能力,若电路的输入信号较大,就可以得到一个较大的输出功率。

3.3.3　场效应管基本功率放大电路

与三极管共集电极基本放大电路相对应，场效应管的共漏基本放大电路具有类似的特点。N 沟道结型场效应管组成的共漏基本放大电路如图 3.49 所示，以下仅用等效电路法对其进行分析。

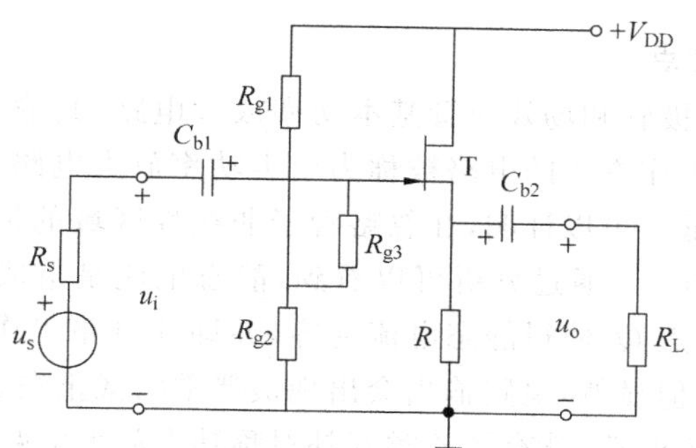

图 3.49　N 沟道结型场效应管共漏基本放大电路

1. 静态分析

由场效应管的转移特性方程和共漏基本放大电路的直流通路可知，场效应管的 Q 点由以下方程联列决定：

$$I_{DQ}=I_{DSS}\left(1-\frac{U_{GSQ}}{U_{GS(off)}}\right)^2 \tag{3.55}$$

$$U_{GSQ}=\frac{R_{g2}}{R_{g1}+R_{g2}}V_{DD}-I_{DQ}R \tag{3.56}$$

$$U_{DSQ}=V_{DD}-I_{DQ}R \tag{3.57}$$

2. 动态分析

(1) 电压放大倍数

首先建立共漏基本放大电路的微变等效电路，如图 3.50 所示。由此可得

$$\dot{U}_o=g_m\dot{U}_{gs}(R\,/\!/\,R_L)$$

$$\dot{U}_i=\dot{U}_{gs}+g_m\dot{U}_{gs}(R\,/\!/\,R_L)$$

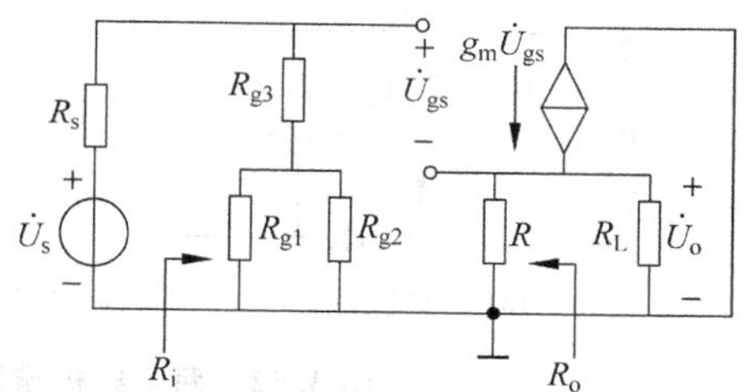

图 3.50　共漏基本放大电路的微变等效电路

所以，电压放大倍数为

$$\dot{A}_u=\frac{g_m(R\,/\!/\,R_L)}{1+g_m(R\,/\!/\,R_L)} \tag{3.58}$$

(2) 输入电阻

$$R_i=R_{g3}+R_{g1}\,/\!/\,R_{g2} \tag{3.59}$$

(3) 输出电阻

输出电阻的计算电路如图 3.51 所示。由此可知

$$\dot{I}_{oT}=\dot{I}_R-g_m\dot{U}_{gs}=\frac{\dot{U}_{oT}}{R}+g_m\dot{U}_{oT}$$

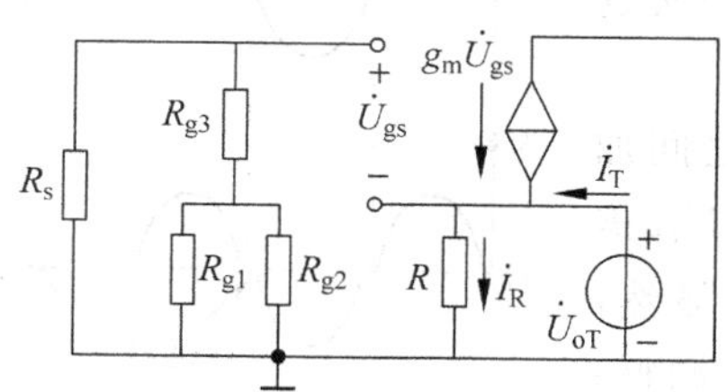

图 3.51　输出电阻的计算电路

所以,输出电阻为

$$R_o = \frac{\dot{U}_{oT}}{\dot{I}_{oT}} = R \mathbin{/\!/} \frac{1}{g_m} \tag{3.60}$$

3.3.4 互补对称功率放大电路

1. 电路组成及其特点

对于前面讨论的三极管和场效应管基本功率放大电路,其输入信号在整个周期内都有电流流过管子,这种工作方式的电路被称为甲类功率放大电路。其特点是非线性失真小,但输出功率和效率低。可以证明,在忽略管子非线性区域的情况下,甲类功率放大电路的效率也不会超过50%。通过分析可以看到,静态电流是造成管耗、效率降低的主要因素。若降低静态工作点Q,使得静态电流为零,亦即让电路工作在乙类状态下,就可以充分提高电路的效率。但显然,电路输出会出现最严重的截止失真。对此,可以根据补偿原理,在电路结构上进行改造,就有了乙类互补对称功率放大电路。

图3.52(a)所示为两个射极输出器组成的互补对称功率放大电路。T_1和T_2分别为NPN管和PNP管,两管的基极和发射极相互连接在一起,两管的集电极分别接正电源和负电源,信号从基极输入,从发射极输出,形成一个结构及性能参数对称的电路。考虑到三极管发射结正向偏置时才导通,因此当输入信号处于正半周时,T_2截止,T_1承担放大任务,电路相当于图3.52(b);当输入信号处于负半周时,T_1截止,T_2承担放大任务,电路相当于图3.52(c)。由此可见,在输入信号的整个周期内都有几乎一样的信号输出。

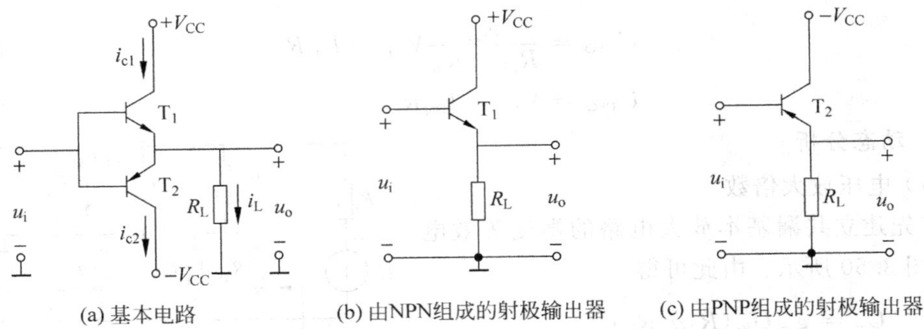

图3.52 两个射极输出器组成的互补对称功率放大电路

但是,由于实际管子的发射结都存在一段死区,当输入信号不足以克服这段死区时,管子就不能有效导通,使得输出出现如图3.53所示的非线性失真。这个失真被称为交越失真。

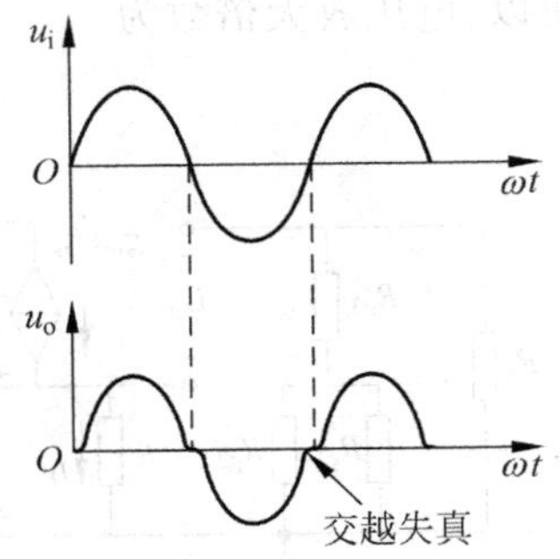

图3.53 交越失真波形

消除交越失真的办法有很多,通常在T_1和T_2之间加两个正向导通的二极管,或者在T_1和T_2之间加一个U_{BE}倍增电路,典型电路分别如图3.54和图3.55所示。显然,图3.54采用的方法虽然简单,但管子的偏置电压无法调整;而在图3.55中,只要适当调节R_1和R_2的比值,就可改变

T_1 和 T_2 的偏压值。不过，无论是哪种方法，其实质都是在乙类工作状态的基础上，适当抬高静态工作点。这种介于甲类和乙类工作方式的电路被称为甲乙类功率放大电路。图 3.54 和图 3.55 所示的电路被称为甲乙类互补对称功率放大电路，也是一种最实用的功率放大电路。

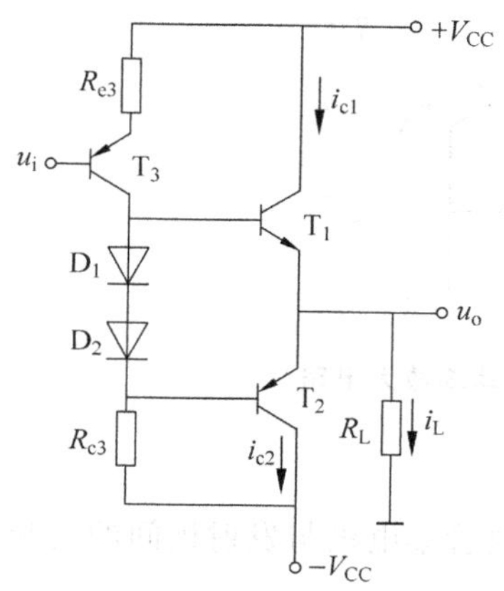

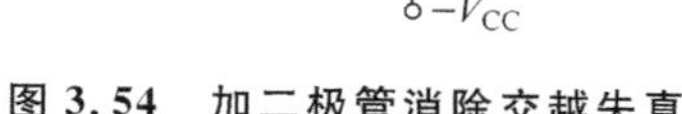
图 3.54 加二极管消除交越失真

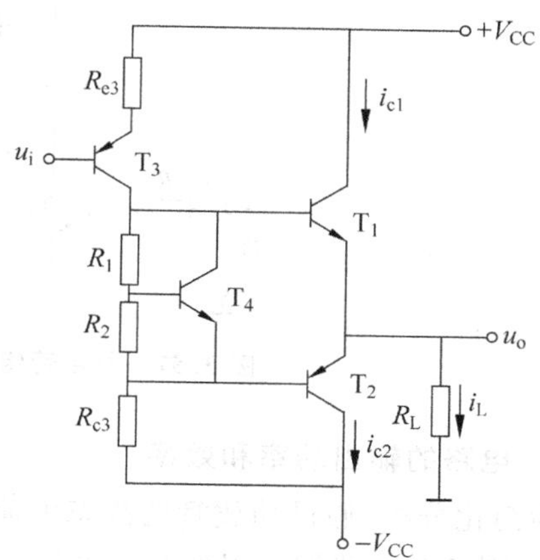

图 3.55 加 U_{BE} 倍增电路消除交越失真

在功率放大电路中，负载电流常达到几安以上。为了提高功放管的电流放大系数，常用多个三极管组成复合管，如图 3.56 所示。

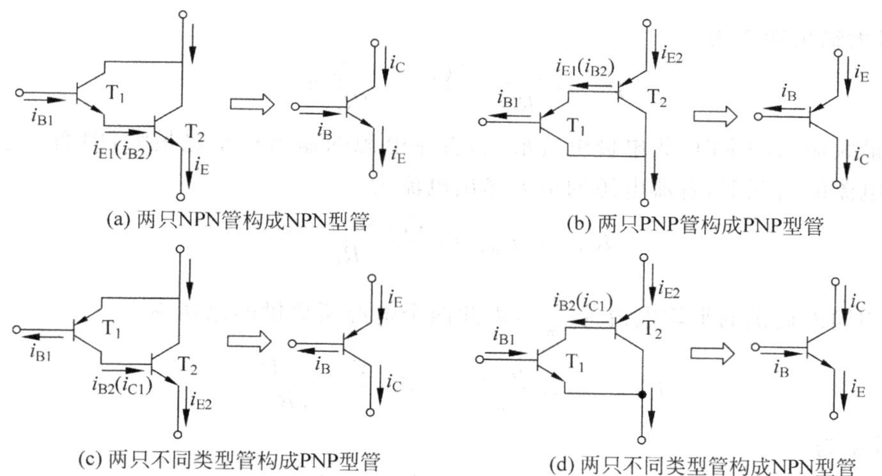

(a) 两只NPN管构成NPN型管

(b) 两只PNP管构成PNP型管

(c) 两只不同类型管构成PNP型管

(d) 两只不同类型管构成NPN型管

图 3.56 三极管组成的复合管

在进行电路分析时，可将复合管等效成一个管子。若在小信号工作条件下，通过微变等效电路法分析可以得到。这个管子的管型与复合管的前置管相同，电流放大系数近似等于两个管子的电流放大系数的乘积，即

$$\beta \approx \beta_1 \beta_2$$

复合管的应用电路如图 3.57 所示。

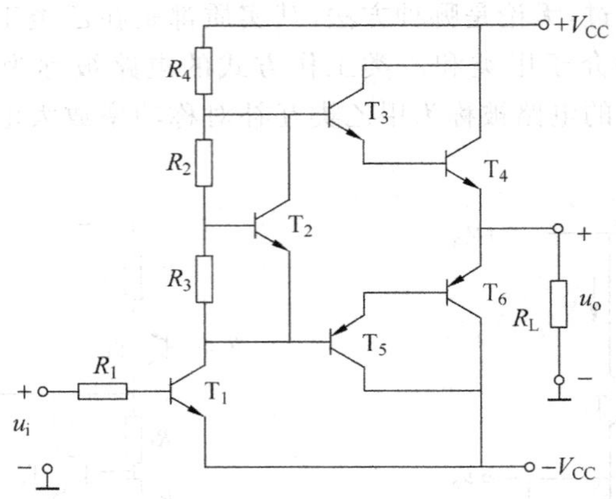

图 3.57 复合管组成的互补对称功率放大电路

2. 电路的输出功率和效率

为简化分析,假设功放管的静态电流为零,若功放管集电极与发射极间的饱和压降为 $|U_{CES}|$,则负载上能够获得的交流电压的峰值为

$$U_{op} = V_{CC} - |U_{CES}| \tag{3.61}$$

因而,最大不失真电压的有效值为

$$U_{om} = \frac{V_{CC} - |U_{CES}|}{\sqrt{2}} \tag{3.62}$$

所以,最大输出功率为

$$P_{om} = \frac{U_{om}^2}{R_L} = \frac{(V_{CC} - |U_{CES}|)^2}{2R_L} \tag{3.63}$$

在最大输出功率时,集电极电流最大,直流电源的输出功率也最大,因而在忽略三极管基极电流的情况下,直流电源的最大输出电流为

$$i_{Vmax} = i_{Cmax} = \frac{V_{CC} - |U_{CES}|}{R_L} \tag{3.64}$$

在半个周期内提供的平均电流为$\frac{i_{Cmax}}{\pi}$,因此两个电源所提供的总功率为

$$P_V = 2V_{CC}\frac{i_{Cmax}}{\pi} = 2V_{CC}\frac{V_{CC} - |U_{CES}|}{\pi R_L} \tag{3.65}$$

所以,效率为

$$\eta = \frac{P_{om}}{P_V} = \frac{\pi}{4}\cdot\frac{V_{CC} - |U_{CES}|}{V_{CC}} \tag{3.66}$$

若忽略三极管饱和管压降,即 $U_{CES}=0$,则

$$\eta = \frac{\pi}{4} \approx 78.5\% \tag{3.67}$$

可见,功率放大电路的效率总是低于 78.5%的。由于大功率管的饱和管压降常为 2~3V,故常不可忽略。

3. 功放管的选择

在互补功率放大电路中,为了在选择功放管的极限参数时留有余地,通常设功放管的

饱和管压降U_{CES}为零。因此，功放管的最大集电极电流为

$$i_{Cmax}=\left.\frac{V_{CC}}{R_L}\right|_{U_{CES}=0} \tag{3.68}$$

当T_1管导通且输出电压最大，即$u_{omax}=V_{CC}$时，T_2管承受最大管压降，且为

$$|u_{CEmax}|=2V_{CC}\,|_{U_{CES}=0} \tag{3.69}$$

同理，可得T_1管承受的最大管压降也为$2V_{CC}$。

当输出电压幅度最大时，虽然功放管集电极电流最大，但管压降最小，故管耗不是最大；当输出电压为零时，虽然功放管管压降最大，但集电极电流最小，故管耗也不是最大。因而，必定在输出电压幅值为一特定值时，管耗最大。对此，可以列出管耗和输出电压幅值的关系式，然后通过求极值的方法得到管耗的最大值和此时的输出电压幅值。结论是：当输出电压的幅值为$\frac{2}{\pi}V_{CC}$时，管耗最大，且每个管子的管耗为

$$P_{Tmax}=\frac{V_{CC}^2}{\pi^2R_L} \tag{3.70}$$

由此可得，在忽略功放管的饱和管压降的前提下，管子的最大功耗P_{Tmax}与电路最大输出功率P_{om}之间的关系为

$$P_{Tmax}\approx 0.2P_{om}\,|_{U_{CES}=0} \tag{3.71}$$

由以上分析可知，选择功放管时其极限参数应满足：

(1) 集电极最大允许耗散功率$P_{CM}>0.2P_{om}\,|_{U_{CES}=0}$；

(2) c-e间击穿电压$|U_{(BR)CEO}|>2V_{CC}$；

(3) 最大集电极电流$I_{CM}>\frac{V_{CC}}{R_L}$。

功放管消耗的功率主要表现为管子的结温升高。散热条件越好，越能发挥管子的潜能，增加功放管的输出功率，因而为功放管配备良好的散热器往往是必要的。

3.3.5 其他类型的功率放大电路

1. 单电源互补功率放大电路

对于前面讨论的互补对称功率放大电路，其输出端与负载直接耦合，因没有通过耦合电容，所以习惯上称其为OCL(Output Capacitorless)电路。而对于采用一个电源的互补功率放大电路，如图3.58所示，其输出端必须通过耦合电容与负载耦合，但因没有通过耦合变压器，所以习惯上称其为OTL(Output Transformerless)电路。

必须指出的是，采用一个电源的互补功率放大电路，每个功放管的工作电压和最大输出电压的峰值为

$$U_{opp}=\frac{V_{CC}}{2}-|U_{CES}| \tag{3.72}$$

所以，最大输出功率为

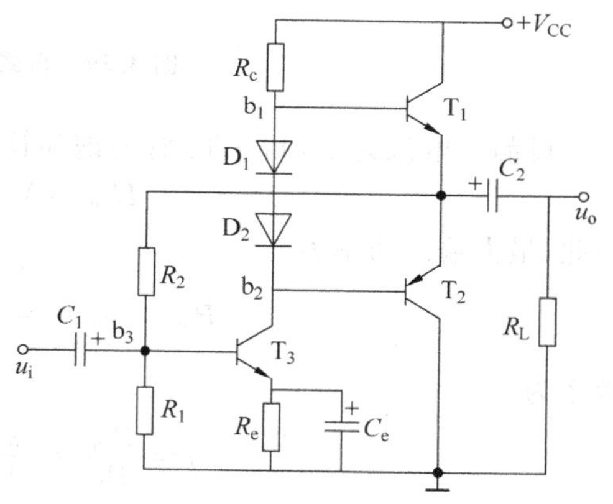

图3.58 单电源互补功率放大电路

$$P_{om}=\frac{U_{opp}^2}{2R_L}=\frac{\left(\frac{V_{CC}}{2}-|U_{CES}|\right)^2}{2R_L} \tag{3.73}$$

同理,依照互补对称功率放大电路的分析方法,可得单电源的互补功率放大电路的效率和功放管的最大功耗等参数,其实只需将前面互补对称功率放大电路分析结论中的 V_{CC} 用 $V_{CC}/2$ 替换即可。

在图 3.58 所示的电路中,R_2 不仅为 T_3 提供偏置电流,同时引入了负反馈(后面将介绍),从而提高了电路工作点的稳定性,改善了电路的动态性能。

2. **桥式推挽功率放大电路**

由于 OTL 电路低频特性的好坏取决于耦合电容容量的大小,大容量电容均为电解电容,当容量大到一定程度时,因其极板面积大且卷成筒状放入外壳中而产生电感效应和漏阻,所以耦合电容在实用电路中最大也不会超过一二千微法。如果这样大的电容量不能满足低频特性的要求,就只能选择直接耦合。

桥式推挽功率放大电路,又称 BTL(Balanced Transformerless)电路,它的特点是能够使用单电源和直接耦合方式。

典型电路如图 3.59 所示,$T_1 \sim T_4$ 管均具有同样的特性,$R_1=R_2=R_3=R_4$。若输入为正弦信号时,在正半周,T_1 和 T_4 导通,T_2 和 T_3 截止;在负半周,T_1 和 T_4 截止,T_2 和 T_3 导通。输出信号在整个周期内都能跟随输入信号。

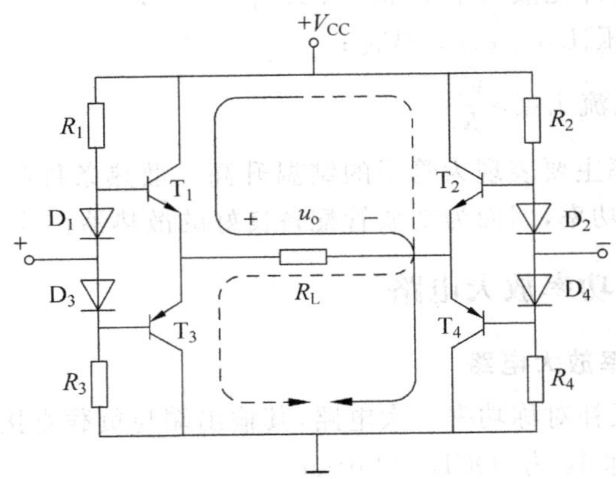

图 3.59 桥式推挽功率放大电路

设静态电流为零,$T_1 \sim T_4$ 管的饱和管压降为 $|U_{CES}|$,则最大输出电压的峰值为

$$U_{op}=V_{CC}-2|U_{CES}| \tag{3.74}$$

因此,最大输出功率为

$$P_{om}=\frac{U_{op}^2}{2R_L}=\frac{(V_{CC}-2|U_{CES}|)^2}{2R_L} \tag{3.75}$$

效率为

$$\eta=\frac{P_{om}}{P_V}=\frac{\pi}{4}\cdot\frac{V_{CC}-2|U_{CES}|}{V_{CC}} \tag{3.76}$$

由于 BTL 电路的输入和输出都没有与整个电路形成共地,所以电路的抗干扰能力相

对较弱。

OCL、OTL和BTL电路均有集成电路，在输出功率满足要求的情况下，应优先选用它们。但若要求输出功率很大时，仍需采用传统的变压器耦合方式。

3.4　多级放大电路

前面所介绍的基本放大电路，从电路结构上来讲都是单级放大电路，其性能指标往往不能满足电路系统的要求。对于一个完整的电路系统，通常要求输入电阻高，同时电压放大能力和功率放大能力足够大。因此，必须将多个基本放大电路通过恰当的方式有机地耦合在一起，以满足多方面的性能要求。

3.4.1　多级放大电路的耦合方式及其特点

最常见的多级放大电路的耦合方式有阻容耦合、直接耦合、变压器耦合和光电耦合等，它们各有特点，下面将一一介绍。

1. 阻容耦合

用电阻和电容将各个单级放大电路连接起来，称为阻容耦合。图3.60所示为两级阻容耦合放大电路。前级为共射放大电路，主要起电压放大作用；后级为共集放大电路，主要起功率放大作用。

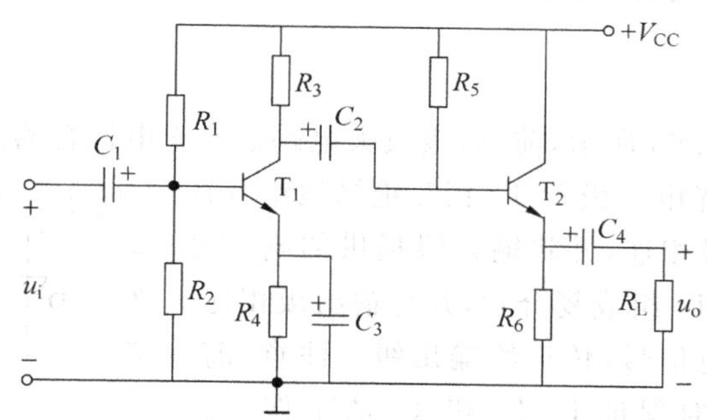

图3.60　两级阻容耦合放大电路

由于耦合电容对直流量相当于开路，使各级间的静态工作点相互独立，因而设置各级电路静态工作点的方法与前面介绍的基本放大电路完全一样。

由于耦合电容对低频信号呈现出很大的电抗，低频信号在耦合电容上的压降很大，致使电压放大倍数大大下降，甚至不能放大，所以阻容耦合放大电路的低频特性差，不能放大变化缓慢的信号。同时，大容量电容不易集成，所以阻容耦合只能用于分立元件电路中。

2. 直接耦合

将各个单级放大电路直接连接起来，称为直接耦合。图3.61所示为两级直接耦合放大电路。前级为共源放大电路，主要起电压放大作用；后级为共射放大电路，进一步起电压放大作用。

由于前、后级电路直接相连，各级间的静态工作点相互影响，当改变电路某一参数时，可能带来各级静态工作点的变化。

直接耦合放大电路具有很好的低频特性,便于集成。目前,集成电路几乎都采用直接耦合方式,因其高性能、低价位而广泛用于模拟电路。只有在工作频率特别高或输出功率特别大的情况下,才考虑采用分立元件电路。

3. 变压器耦合

图 3.62 所示为变压器耦合放大电路,电阻 R_L 可能是实际的负载,也可能是后一级放大电路。由于变压器耦合放大电路之间靠磁路耦合,因而与阻容耦合放大电路一样,各级间的静态工作点相互独立,但其低频特性差,不能集成化,笨重。变压器耦合放大电路的最大优点是可以利用变压器的阻抗变换作用,进一步提高电路的放大能力。

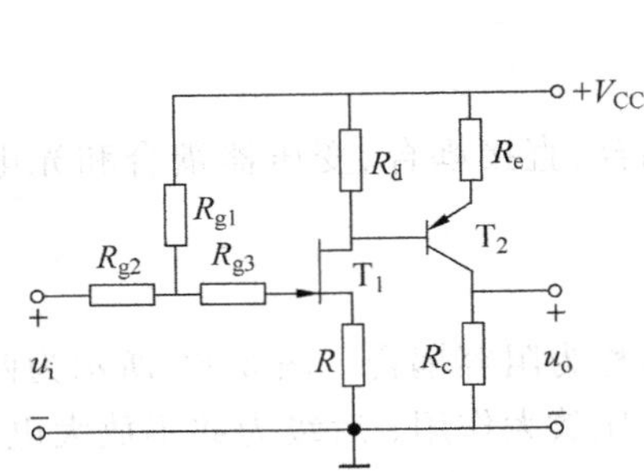

图 3.61 两级直接耦合放大电路

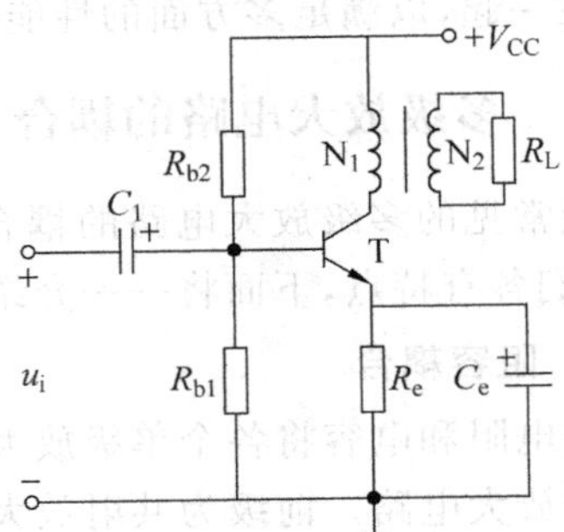

图 3.62 变压器耦合放大电路

4. 光电耦合

光电耦合器如图 3.63 所示,前、后级放大电路通过光电耦合器连接。其中,光电耦合器由发光二极管 D 和光电三极管 T_1 相互绝缘地组合在一起构成。D 与输入级相连,并将输入级提供的电信号转换成光信号;T_1 与 T_2 组成复合管,并与输出级相连,同时将光信号还原成电信号,传送给输出级。注意,前、后级放大电路必须同时保证 D、T_1 和 T_2 的工作点合适,否则光电耦合器就不能正常工作。

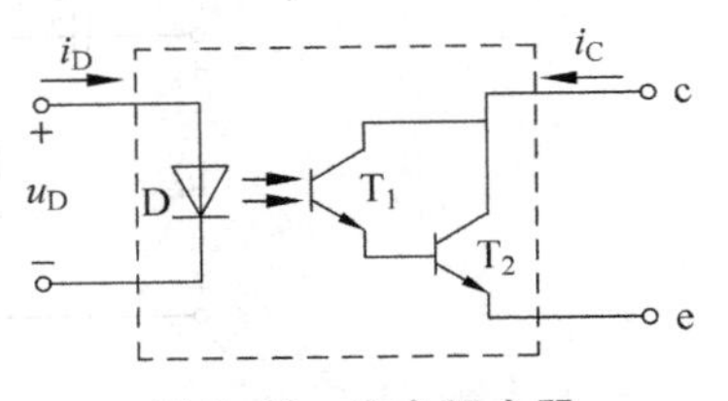

图 3.63 光电耦合器

光电耦合是以光信号为媒介来实现电信号的耦合和传递的,目前已有集成光电耦合放大器问世,因其抗干扰能力强而得到越来越广泛的应用。

3.4.2 多级放大电路的分析

1. 静态分析

首先画出直流通路,然后用估算法进行分析。

例 3.4.1 电路如图 3.61 所示,已知 T_1 的 I_{DSS}、$U_{GS(off)}$ 和 T_2 的 β、U_{BE1},试求 T_1 和 T_2 的静态工作点。

解 先分析 T_1 的静态工作点。因 $I_{DQ1} \gg I_{B2}$,忽略 T_2 对 T_1 的影响,所以 T_1 的静态工作点由下列方程联列决定:

$$I_{DQ1} = I_{DSS}\left(1 - \frac{U_{GSQ1}}{U_{GS(off)}}\right)^2$$

$$U_{GSQ1}=\frac{R_{g2}}{R_{g1}+R_{g2}}V_{CC}-I_{DQ1}R$$

$$U_{DSQ1}=V_{CC}-I_{DQ1}(R_d+R)$$

再求 T_2 的静态工作点。T_2 的静态工作点由下列方程联列求得：

$$I_{EQ2}=\frac{I_{DQ1}R_d+U_{BE}}{R_e}\approx I_{CQ2}$$

$$I_{BQ2}=\frac{I_{CQ2}}{\beta}$$

$$U_{ECQ2}=V_{CC}-I_{CQ2}(R_e+R_c)$$

2. 动态分析

多级放大电路的方框图如图 3.64 所示。可见，前级放大电路的输出就是后级放大电路的输入，即$\dot{U}_{o1}=\dot{U}_{i2}$，$\dot{U}_{o2}=\dot{U}_{i3}$，…，$\dot{U}_{o(N-1)}=\dot{U}_{iN}$。所以，根据电压放大倍数的定义，$N$ 级放大电路的电压放大倍数为

$$\dot{A}_u=\frac{\dot{U}_o}{\dot{U}_i}=\frac{\dot{U}_{o1}}{\dot{U}_i}\cdot\frac{\dot{U}_{o2}}{\dot{U}_{i2}}\cdot\cdots\cdot\frac{\dot{U}_o}{\dot{U}_{iN}}=\dot{A}_{u1}\cdot\dot{A}_{u2}\cdot\cdots\cdot\dot{A}_{uN} \tag{3.77}$$

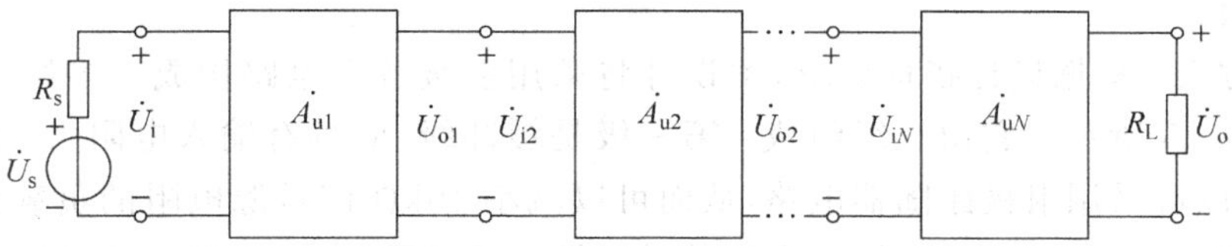

图 3.64　多级放大电路的方框图

即多级放大电路的电压放大倍数等于组成它的各级放大电路的电压放大倍数的乘积。

根据输入电阻和输出电阻的定义，多级放大电路的输入电阻等于第一级（即输入级）的输入电阻；输出电阻等于末级（即输出级）的输出电阻，即

$$R_i=R_{i1}$$

$$R_o=R_{oN}$$

必须注意的是，在计算前级的电压放大倍数和输入电阻时，应将后级的输入电阻看成前级的负载；在计算后级的输出电阻时，应将前级的输出电阻看成后级的信号源内阻。

例 3.4.2　在图 3.60 所示电路中，设静态工作点合适，试求出电路$\dot{A}_u$、R_i 和 R_o 的表达式。

解　(1) 求$\dot{A}_u$

对前级来讲，负载电阻为后级的输入电阻，即

$$R_{i2}=R_5\ //\ [r_{be2}+(1+\beta_2)(R_6\ //\ R_L)]$$

前级的电压放大倍数为

$$\dot{A}_{u1}=-\beta_1\frac{R_3\ //\ R_{i2}}{r_{be1}}$$

后级的电压放大倍数为

$$\dot{A}_{u2}=\frac{(1+\beta_2)(R_6\ //\ R_L)}{r_{be2}+(1+\beta_2)(R_6\ //\ R_L)}$$

所以

$$\dot{A}_u = \dot{A}_{u1} \cdot \dot{A}_{u2} = -\beta_1 \frac{R_3 /\!/ R_{i2}}{r_{be1}} \cdot \frac{(1+\beta_2)(R_6 /\!/ R_L)}{r_{be2} + (1+\beta_2)(R_6 /\!/ R_L)}$$

(2) 求 R_i

$$R_i = R_{i1} = R_1 /\!/ R_2 /\!/ r_{be1}$$

(3) 求 R_o

对后级来讲,信号源内阻为前级的输出电阻,即

$$R_{o1} = R_3$$

所以

$$R_o = R_{o2} = R_6 /\!/ \frac{r_{be2} + R_5 /\!/ R_{o1}}{1+\beta_2}$$

3.4.3 音频放大电路设计

设计目的:设计满足一组指标要求的三极管音频放大器电路。

设计指标:要求设计的音频放大器将来自麦克风的信号进行放大并传送到 8Ω 扬声器提供 0.1W 的平均功率,麦克风(话筒)产生的正弦信号峰值为 10mV,并具有 10kΩ 的信号源电阻。

设计方案:根据设计指标要求,本设计将采用多级放大电路构成。多级放大器电路结构如图 3.65 所示。它由三级组成:第一级是缓冲级,应具有输入电阻大,输出电阻小的特点,所以可采用射极跟随器电路,从而可以减小 10kΩ 信号源电阻的负载效应;第二级为放大级,应具有较大的电压放大倍数及足够的通频带,所以可采用共射极放大器电路组成;输出级应具有带负载能力强的特点,所以也可以用射极跟随器电路,用来提供必需的输出电流和输出信号功率。设音频放大器系统采用 12V 的直流电源供电。

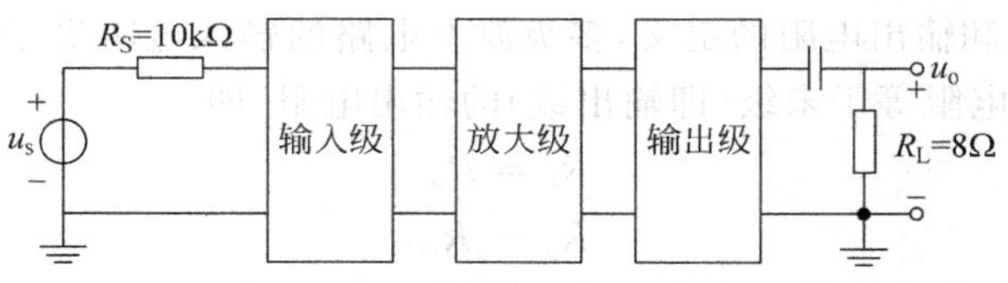

图 3.65　音频放大器框图

1. 输入级设计

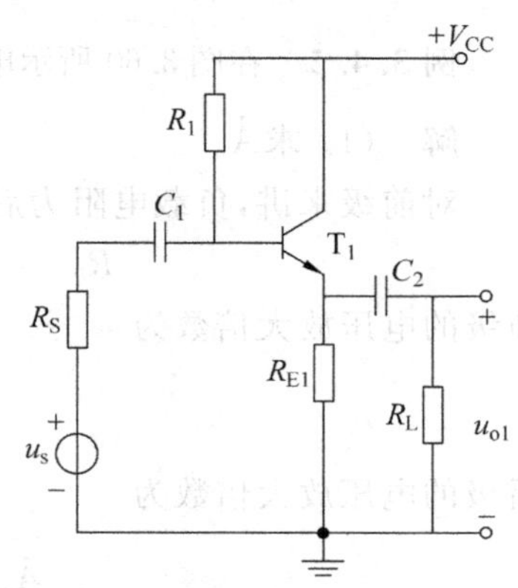

图 3.66　输入级射极跟随器

输入级为射极跟随器电路,电路如图 3.66 所示。设三极管电流放大倍数 β=100。三极管集电极静态电流为 I_{CQ1}=1mA,集电极-发射极电压为 U_{CEQ1}=6V,发射结电压为 U_{BE}=0.7V。则:

$$R_{E1} \approx \frac{V_{CC} - U_{CEQ1}}{I_{CQ1}} = \frac{12-6}{1}\text{k}\Omega = 6\text{k}\Omega$$

可得:　$r_{be} = 200 + (1+\beta)\frac{26}{I_E} \approx 2.8\text{k}\Omega$

$$I_B = \frac{I_E}{1+\beta_1} \approx 10\mu\text{A}$$

$$U_B = U_E + U_{BE} = 6.7\text{V}$$

$$R_1 = \frac{V_{CC} - U_B}{I_B} = \frac{12 - 6.7}{10}\text{k}\Omega = 530\text{k}\Omega$$

偏置电阻 R_1 取 510kΩ。

由于射极跟随器输出电阻较小，所以忽略下一级放大器输入电阻对本级的影响，所以有：

$$R_{i1} = R_1 \mathbin{/\!/} [r_{be} + (1+\beta_1)R_{E1}] = 510 \mathbin{/\!/} [2.8 + 101 \times 6] = 277\text{k}\Omega$$

电压放大倍数为

$$A_{u1} = \frac{u_o}{u_s} \approx \frac{(1+\beta_1)R_{E1}}{r_{be} + (1+\beta_1)R_{E1}} \cdot \frac{R_{i1}}{R_s + R_{i1}} = 0.96$$

对于峰值为 10mV 的输入信号电压，经输入级放大后的输出电压峰值为

$$u_{o1} = A_{u1} \cdot u_s = 9.6\text{mV}$$

由于放大信号为音频信号，所以频率范围为 20Hz～20kHz。放大电路中，耦合电容与下级电路的输入电阻（或负载）组成 RC 高通滤波器，则截止频率为

$$f_L = \frac{1}{2\pi RC}$$

$$C_1 = \frac{1}{2\pi R_{i1} f_L} = \frac{1}{2 \times 3.14 \times 277 \times 10^3 \times 20}\mu\text{F} \approx 0.03\mu\text{F}$$

为留有足够的裕量，C_1、C_2 选 0.1μF 电容。

2. 输出级设计

为提高带负载能力，输出级也采用射极跟随器电路，电路如图 3.67 所示。由于输出为功率驱动电路，所以三极管选用中功率三极管。设三极管电流放大倍数 $\beta = 50$。三极管集电极静态电流为 $I_{CQ4} = 0.3\text{A}$，集电极-发射极电压为 $U_{CEQ4} = 6\text{V}$，发射结电压为 $U_{BE} = 0.7\text{V}$。则：

$$R_{E4} = \frac{V_{CC} - U_{CEQ4}}{I_{EQ4}} = \frac{12-6}{0.3}\Omega = 20\Omega$$

$$I_{B4} = \frac{I_{E4}}{1+\beta_4} \approx 5.9\text{mA}$$

$$U_{B4} = U_{E4} + U_{BE4} = 6.7\text{V}$$

$$R_6 = \frac{V_{CC} - U_{B4}}{I_{B4}} = \frac{12 - 6.7}{5.9}\text{k}\Omega = 0.898\text{k}\Omega$$

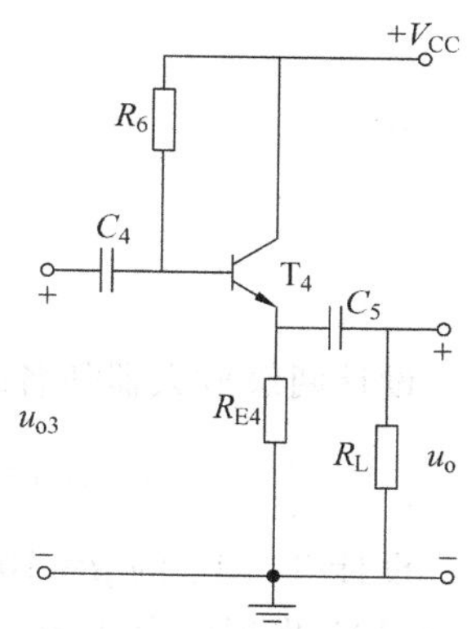

图 3.67　输出级射极输出器

取偏置电阻 R_6 为 910Ω。

对于功率三极管，$r_{bb'}$ 可由几欧至几十欧，本电路设 $r_{bb'} = 10\Omega$

$$r_{be4} = 10 + (1+\beta)\frac{26}{I_{EQ4}} \approx 14\Omega$$

$$A_{u4} = \frac{(1+\beta_4)(R_{E4} \mathbin{/\!/} R_L)}{r_{be4} + (1+\beta_4)(R_{E4} \mathbin{/\!/} R_L)} \approx 0.92$$

$$R_{i4} = R_6 \mathbin{/\!/} [r_{be4} + (1+\beta_4)(R_{E4} \mathbin{/\!/} R_L)] = 228\Omega$$

对于提供给负载 0.1W 平均功率，负载电流的有效值为 $P_L = I_l^2 \cdot R_L$，即：$0.1 = I_l^2 \cdot 8$，则：$I_l = 0.11\text{A}$。输出峰值电流为：$i_l = \sqrt{2} I_l = 0.158\text{A}$。

输出电压峰值为

$$u_o = i_1 \cdot R_L = 1.26\text{V}$$

则需要中间放大级输出电压峰值为

$$u_{o3} = \frac{u_o}{A_{u4}} \approx 1.37\text{V}$$

3. **中间放大级设计**

放大级要将输入 10mV 的电压放大到输出级所需要的 1.37V,则放大级放大器的总放大倍数为

$$\frac{|u_{o3}|}{|u_{o1}|} = \frac{1.37\text{V}}{9.6\text{mV}} \approx 143$$

为实现稳定放大,放大电路采用两级分压式稳定工作点共射极放大电路。放大的两级间也通过电容耦合在一起。电路如图 3.68 所示。

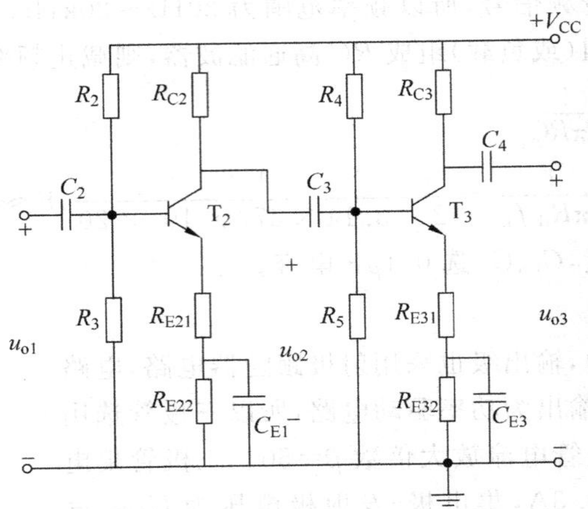

图 3.68 中间级电压放大电路

设计两级放大器使各级的电压放大倍数分别为

$$|A_{u3}| = \frac{|u_{o3}|}{|u_{o2}|} = 5 \quad 和 \quad |A_{u2}| = \frac{|u_{o2}|}{|u_{o1}|} = 28.6$$

设计 T_2、T_3 的 $\beta=100$,集电极电流为 $I_{C2}=I_{C3}=5\text{mA}$,集电极-发射极电压 $u_{CE2}=u_{CE3}=6\text{V}$,发射结电压为 $u_{BE2}=u_{BE3}=0.6\text{V}$。

根据 $U_{BQ}=(3\sim5)U_{BEQ}$,取 $U_{BQ}=5U_{BEQ}=3\text{V}$,则:

$$R_{C2} = R_{C3} = \frac{V_{CC} - U_{CEQ} - U_{BQ} + U_{BEQ}}{I_{C2}} = 0.72\text{k}\Omega$$

取 $R_{C2}=R_{C3}=750\Omega$。

$$I_{B2} = I_{B3} = \frac{I_C}{\beta} = 10\mu\text{A}$$

根据 $I_1=(5\sim10)I_{BQ}$,取 $I_1=10I_{BQ}$,则:

$$R_2 = R_4 = \frac{V_{CC} - U_{BQ}}{I_1} = \frac{12-3}{100}\text{k}\Omega = 90\text{k}\Omega$$

取 $R_2=R_4=91\text{k}\Omega$。

$$R_3 = R_5 = \frac{U_{BQ}}{I_1} = \frac{3}{100}\text{k}\Omega = 30\text{k}\Omega$$

取 $R_3 = R_5 = 30\text{k}\Omega$。

$$R_{E2} = R_{E3} = \frac{U_{BQ} - U_{BE}}{I_C} \approx \frac{3 - 0.6}{5}\text{k}\Omega = 0.48\text{k}\Omega$$

$$r_{be2} = r_{be3} = 200 + (1 + \beta_3)\frac{26}{I_{E3}} \approx 725\Omega$$

$$|A_{u3}| = \left|\frac{\beta_3(R_{C3} \mathbin{/\!/} R_{i4})}{r_{be3} + (1 + \beta_3)R_{E31}}\right| = \frac{100 \times (750 \mathbin{/\!/} 228)}{725 + 101 \cdot R_{E31}} = 5$$

可得 $R_{E31} = 27\Omega$，则 $R_{E32} = 450\Omega$。

$$R_{i3} = R_4 \mathbin{/\!/} R_5 \mathbin{/\!/} [r_{be3} + (1 + \beta_3)R_{E31}] = 90 \mathbin{/\!/} 30 \mathbin{/\!/} (0.725 + 101 \times 0.027) = 3.5\text{k}\Omega$$

$$|A_{u2}| = \left|\frac{\beta_2(R_{C2} \mathbin{/\!/} R_{i3})}{r_{be2} + (1 + \beta_2)R_{E21}}\right| = \frac{100 \times (750 \mathbin{/\!/} 3500)}{725 + 101 \cdot R_{E21}} = 28.6$$

可得 $R_{E21} = 14\Omega$，取 $R_{E21} = 15\Omega$。则 $R_{E22} = 465\Omega$，取 $R_{E22} = 470\Omega$，则：

$$R_{i2} = R_2 \mathbin{/\!/} R_3 \mathbin{/\!/} [r_{be2} + (1 + \beta_2)R_{E21}] \approx 2.1\text{k}\Omega$$

$$C_2 = \frac{1}{2\pi R_{i2} f_L} = \frac{1}{2 \times 3.14 \times 2.1 \times 10^3 \times 20}\mu\text{F} \approx 3.8\mu\text{F}$$

取 $C_2 = 4.7\mu\text{F}$。

$$C_3 = \frac{1}{2\pi R_{i3} f_L} = \frac{1}{2 \times 3.14 \times 3.5 \times 10^3 \times 20}\mu\text{F} \approx 2.3\mu\text{F}$$

取 $C_3 = 4.7\mu\text{F}$。

$$C_4 = \frac{1}{2\pi R_{i4} f_L} = \frac{1}{2 \times 3.14 \times 228 \times 20}\mu\text{F} \approx 35\mu\text{F}$$

取 $C_4 = 47\mu\text{F}$。

$$C_5 = \frac{1}{2\pi R_L f_L} = \frac{1}{2 \times 3.14 \times 8 \times 20}\mu\text{F} \approx 1000\mu\text{F}$$

取 $C_5 = 1000\mu\text{F}$。

3.5 差分放大电路

如前所述，直接耦合放大电路既能放大交流信号，又能放大直流信号，但由于直流通路相互关联，一旦前级静态工作点稍有偏移，这种不定而又不断的偏移对后级来讲相当于一个缓慢变化着的信号，它就会被逐级放大，致使放大器输出电压发生偏移，严重时甚至将原有信号淹没。这种输入电压为零，输出电压不为零的现象被称为零点漂移。在实际放大电路中，不解决零点漂移问题，电路是无法正常工作的。

产生零点漂移的原因很多，主要有电源电压的波动、元件的老化和半导体器件对温度的敏感性等。原因知道了，似乎可以从这里入手解决零点漂移问题了，但事实上是不行的，因为半导体器件的性能参数受环境温度的影响是很难克服的，这也是常将零点漂移表示为温度漂移的原因。怎么办呢？负补偿技术为我们提供了一个很好的解决手段：利用电路结构参数的对称性，将产生的零点漂移抵消。这就是差分放大电路最原始的设计思想。

3.5.1 基本差分放大电路

图 3.69 所示为典型差分放大电路，它的结构参数具有对称性，即 $R_{b1}=R_{b2}=R_b$，$R_{c1}=R_{c2}=R_c$，T_1 和 T_2 在各种环境下具有相同的特性。电路采用 $+V_{CC}$ 和 $-V_{EE}$ 两路电源供电。可以利用其对称性得到半边等效电路进行分析。

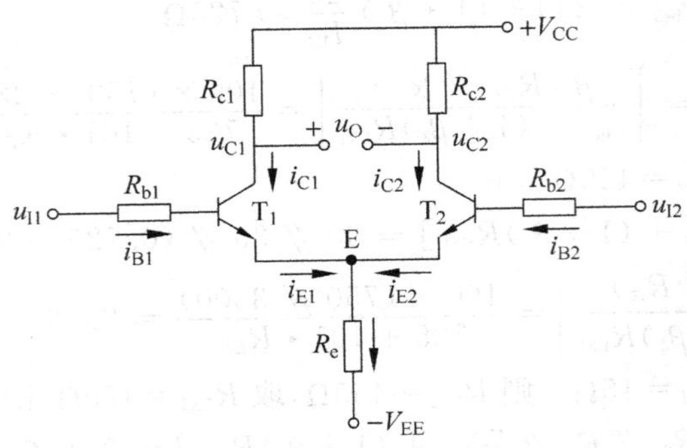

图 3.69 典型差分放大电路

1. **静态分析**

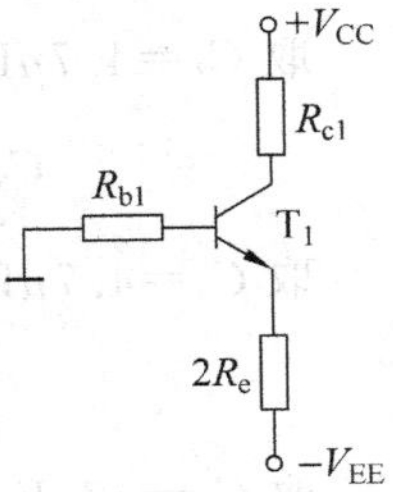

静态时，$u_{I1}=u_{I2}=0$，T_1 和 T_2 的静态工作点相同，$I_{EQ1}=I_{EQ2}=I_{EQ}$，电阻 R_e 上流过的电流为 $2I_{EQ}$，可将电阻 R_e 看成是两个电阻为 $2R_e$ 的并联，且每个并联电阻上流过的电流为 I_{EQ}，由此可得典型差分放大电路的直流半边等效电路如图 3.70 所示。

图 3.70 直流半边等效电路

由图 3.70 可知，输入回路方程为

$$I_{BQ}R_b+U_{BEQ}+2I_{EQ}R_e-V_{EE}=0$$

因为 $I_{EQ}=(1+\beta)I_{BQ}$，所以

$$I_{BQ}=\frac{V_{EE}-U_{BEQ}}{R_b+2(1+\beta)R_e} \tag{3.78}$$

通常，$R_b \ll 2(1+\beta)R_e$，$V_{EE} \gg U_{BEQ}$，因此

$$I_{CQ}\approx I_{EQ}\approx\frac{V_{EE}}{2R_e} \tag{3.79}$$

又由输出回路方程得

$$U_{CEQ}=V_{CC}+V_{EE}-I_{CQ}(R_c+2R_e) \tag{3.80}$$

2. **动态分析**

(1) 共模分析

若在两个输入端上所加信号的电压大小相等、方向相同，则称之为共模信号，用 u_{Ic} 表示，如图 3.71 所示，其交流通路所对应的半边等效电路如图 3.72 所示。半边等效电路的共模电压放大倍数为

$$A_{c1}=\frac{u_{OC1}}{u_{IC}}=-\beta\frac{R_c}{R_b+r_{be}+2(1+\beta)R_e} \tag{3.81}$$

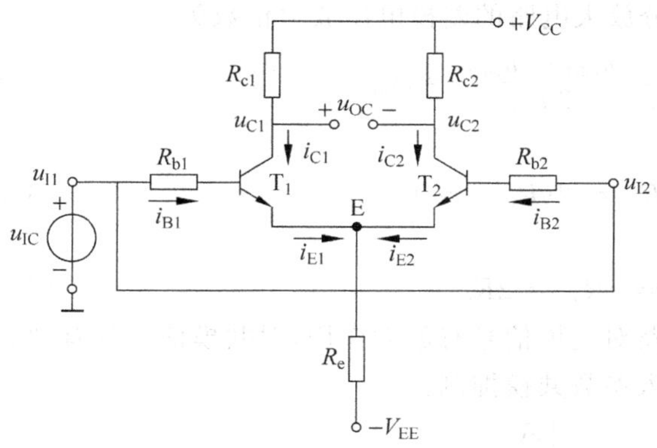

图 3.71　典型差分放大电路共模分析

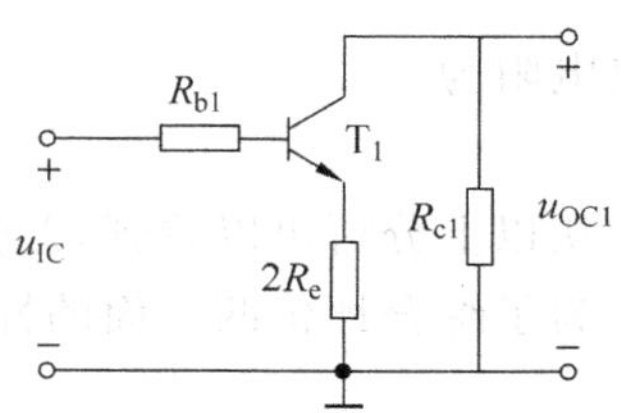

图 3.72　共模分析半边等效电路

理想情况下，$u_{OC1}=u_{OC2}$，所以差分放大电路的共模电压放大倍数为

$$A_c=\frac{u_{OC}}{u_{IC}}=\frac{u_{OC1}-u_{OC2}}{u_{IC}}=0 \tag{3.82}$$

即差分放大电路在理想情况下对共模信号没有放大作用，或者说，对共模信号具有抑制作用。而环境温度变化导致管子的参数变化，等效于共模信号。因此，电路对环境温度变化产生的零点漂移具有抑制作用，且差分放大电路的共模电压放大倍数越小，抑制零点漂移的作用就越强。

（2）差模分析

若在两个输入端上所加信号的电压大小相等、方向相反，则称之为差模信号，用 u_{Id} 表示，如图 3.73 所示。由于 $u_{ID1}=-u_{ID2}=u_{ID}/2$，因而 T_1 和 T_2 的各极电流变化大小相等、方向相反，流过电阻 R_e 的电流不变，或者说，在交流通路中电阻 R_e 两端的电压为零，T_1 和 T_2 的 e 极相当于接地，故交流通路所对应的半边等效电路如图 3.74 所示，半边等效电路的差模电压放大倍数为

$$A_{d1}=\frac{u_{OD1}}{u_{ID1}}=-\beta\frac{R_c}{R_b+r_{be}} \tag{3.83}$$

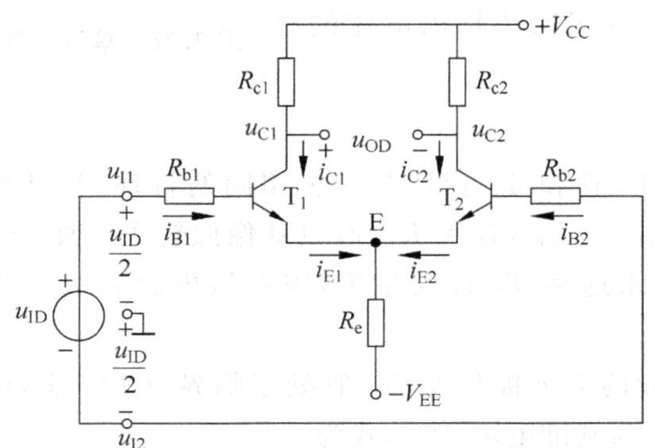

图 3.73　典型差分放大电路差模分析

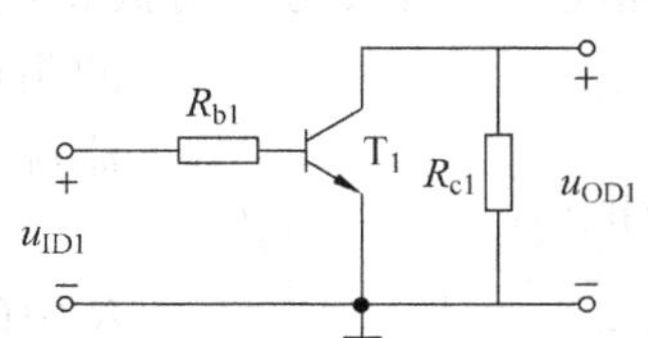

图 3.74　差模分析半边等效电路

理想情况下,$u_{OD1}=-u_{OD2}$,所以差分放大电路的差模电压放大倍数为

$$A_d=\frac{u_{OD}}{u_{ID}}=\frac{u_{OD1}-u_{OD2}}{2u_{ID1}}=A_{d1} \tag{3.84}$$

输入电阻为

$$R_i=2R_{i1}=2(R_b+r_{be}) \tag{3.85}$$

输出电阻为

$$R_o=2R_{o1}=2R_c \tag{3.86}$$

从以上分析可以看到,差分放大电路对差模信号有放大作用,对共模信号具有抑制作用。为了综合评价两方面的性能,特引入参数共模抑制比

$$K_{CMR}=\left|\frac{A_d}{A_c}\right| \tag{3.87}$$

K_{CMR}越大越好。因此,增加 R_e,可以提高放大电路的共模抑制比。但 R_e 的增大是有限的,因为在管子静态电流不变的情况下,R_e 越大,所需的 V_{EE}将越高,电路的功耗和大电源本身的组成成本将显著增加,对管子极限指标的要求也将提高,同时大电阻难于在集成电路中实现。为此,需要在 V_{EE}较小的情况下,既能设置合适的静态电流,又能对于共模信号呈现很大电阻的等效电路来取代 R_e。以下介绍的电流源就具有这样的特点。

3.5.2 电流源

1. 单管电流源

单管电流源如图 3.75 所示,电阻 R_2 上的电流 I_2 远远大于三极管 T 的基极电流 I_B,R_2 上的电压为

$$U_{R2}\approx\frac{R_2}{R_1+R_2}V_{CC} \tag{3.88}$$

三极管上的集电极电流为

$$I_C\approx I_E=\frac{U_{R2}-U_{BE}}{R_3} \tag{3.89}$$

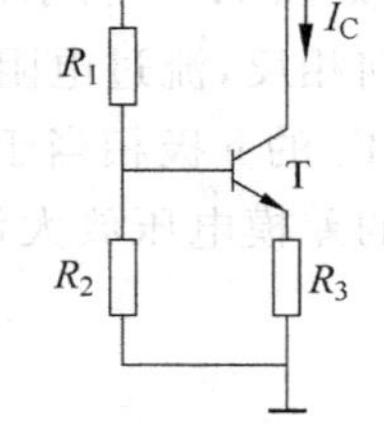

图 3.75 单管电流源

可见,单管电流源的结构虽然简单,但因 U_{BE}将随温度变化而变化,输出电流存在着一定的温度漂移。为了减小输出电流的温漂,应尽量做到 $U_{R2}\gg U_{BE}$。

2. 基本镜像电流源

图 3.76 所示为镜像电流源。因为 T_0 管和 T_1 管具有完全相同的特性,且基极与基极相连、发射极与发射极相连,使得 $U_{BE0}=U_{BE1}$,$I_{B0}=I_{B1}$,所以就像照镜子一样,T_1 管的集电极电流永远和 T_0 管的相等,因此该电路称为镜像电流源。

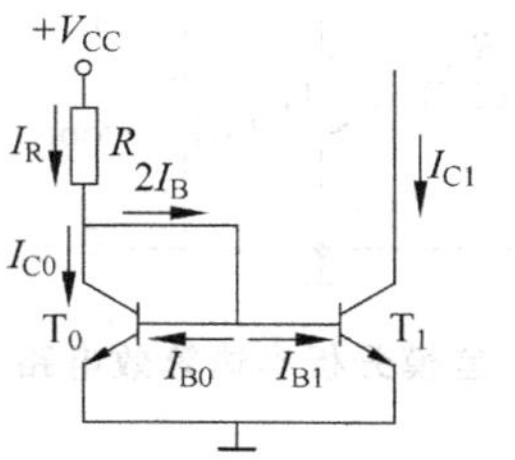

图 3.76 基本镜像电流源

由于 T_0 管的 b、c 极相连,T_0 管处于临界放大状态,电阻 R 中的电流 I_R 为基准电流,表达式为

$$I_R=\frac{V_{CC}-U_{BE}}{R} \tag{3.90}$$

且 $I_R=I_{C0}+I_{B0}+I_{B1}=I_{C1}+2I_{B1}=\left(1+\frac{2}{\beta}\right)I_{C1}$,所以

$$I_{C1}=\frac{\beta}{\beta+2}I_R \tag{3.91}$$

若 $\beta\gg2$，则 $I_{C1}\approx I_R$。因此，只要电源 V_{CC} 和电阻 R 确定，I_{C1} 就确定。

在电路中，若温度升高使 I_{C1} 增大，与此同时，I_{C0} 也增大，则 R 的压降增大，从而使 $U_{BE0}(U_{BE1})$ 减小，I_{B1} 随之减小，I_{C1} 必然减小；当温度降低时，各物理量与上述变化相反。可见，T_0 的发射结对 T_1 具有温度补偿作用，可有效抑制 I_{C1} 的温漂，使之在温度变化时基本稳定。

3. 基本微电流源

镜像电流源电路适用于毫安数量级工作电流的场合，若需要微安数量级工作电流的电流源，则要求镜像电流源电路中的 R 值太大，不易集成。此时，一般使用微电流源，其电路如图 3.77 所示。显然，T_1 管的集电极电流

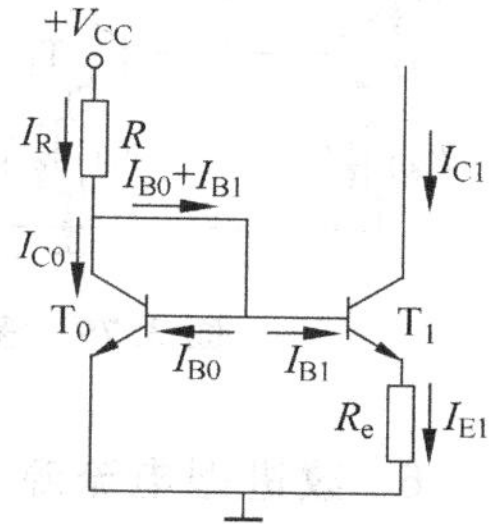

图 3.77 基本微电流源

$$I_{C1}\approx I_{E1}=\frac{U_{BE0}-U_{BE1}}{R_e} \tag{3.92}$$

式中，$U_{BE0}-U_{BE1}$ 的最大值只有几十毫伏，因而 R_e 只要几千欧，就可得到几十微安的 I_{C1}。由于管子的发射极电流与 b-e 间的电压关系为

$$I_E\approx I_S e^{\frac{U_{BE}}{U_T}} \tag{3.93}$$

且两只管子的特性完全相同，所以

$$U_{BE0}-U_{BE1}\approx U_T\ln\frac{I_{E0}}{I_{E1}}=U_T\ln\frac{I_{C0}}{I_{C1}} \tag{3.94}$$

当 $\beta\gg2$ 时，$I_{C0}\approx I_R=\dfrac{V_{CC}-U_{BE0}}{R}$，所以

$$I_{C1}\approx\frac{U_T}{R_e}\ln\frac{I_R}{I_{C1}} \tag{3.95}$$

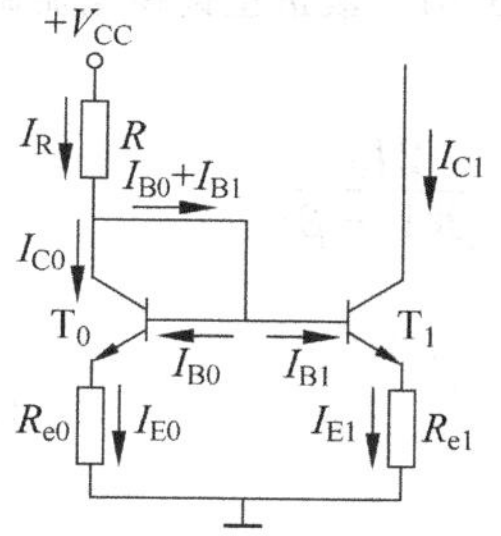

4. 基本比例电流源

比例电流源可以改变镜像电流源中 $I_{C1}\approx I_R$ 的关系，而使 I_{C1} 与 I_R 成比例关系，其电路如图 3.78 所示。由图可知

$$U_{BE0}+I_{E0}R_{e0}=U_{BE1}+I_{E1}R_{e1}$$

只要 β 足够大，即可认为 $I_R\approx I_{E0}$，$I_{C1}\approx I_{E1}$。由于 $U_{BE0}\approx U_{BE1}$，所以

$$I_{C1}\approx\frac{R_{e0}}{R_{e1}}I_R \tag{3.96}$$

图 3.78 基本比例电流源

5. 多路电流源

由三极管组成的多路电流源如图 3.79 所示，由于所有管子的特性相同，所以可以近似认为

$$I_{E0}R_{e0}\approx I_{E1}R_{e1}\approx I_{E2}R_{e2}\approx I_{E3}R_{e3} \tag{3.97}$$

若 β 足够大，则

$$I_{C0}R_{e0}\approx I_{C1}R_{e1}\approx I_{C2}R_{e2}\approx I_{C3}R_{e3} \tag{3.98}$$

由场效应管同样可以构成镜像电流源、比例电流源和多路电流源等,常见的多路电流源如图 3.80 所示,$T_0 \sim T_3$ 均为 N 沟道增强型 MOS 管,它们的开启电压等参数相等,在 $U_{GS0}=U_{GS1}=U_{GS2}=U_{GS3}$ 时,它们的漏极电流 I_D 正比于沟道的宽长比。设宽长比 $W/L=S$,且 $T_0 \sim T_3$ 的宽长比分别为 $S_0 \sim S_3$,则

$$I_{Dj}=\frac{S_j}{S_0}I_R, \quad j=1,2,3 \tag{3.99}$$

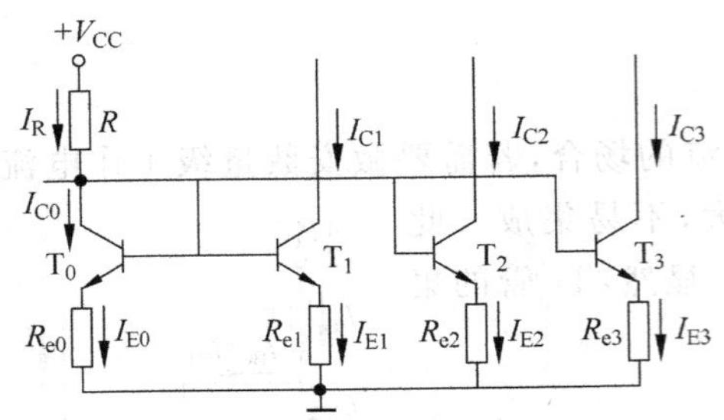

图 3.79　多路电流源

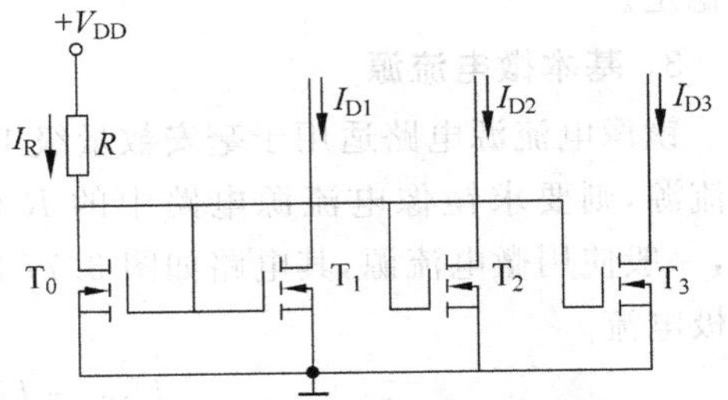

图 3.80　场效应管构成的多路电流源

6. 改进型电流源

对于前面所描述的由三极管实现的基本镜像电流源、基本微电流源和基本比例电流源,当 β 不够大时存在着较大的误差。为此,常在其基础上加以改进,以获取更高精度的电流源。

图 3.81 所示电路是在基本镜像电流源的基础之上加一个射极输出器,T_0、T_1 和 T_2 具有完全相同的特性,因而$\beta_0=\beta_1=\beta_2=\beta$。由于 $U_{BE0}=U_{BE1}$,故 $I_{B0}=I_{B1}$,$I_{C0}=I_{C1}$。与基本镜像电流源一样,基准电流为

$$I_R=\frac{V_{CC}-U_{BE0}}{R} \tag{3.100}$$

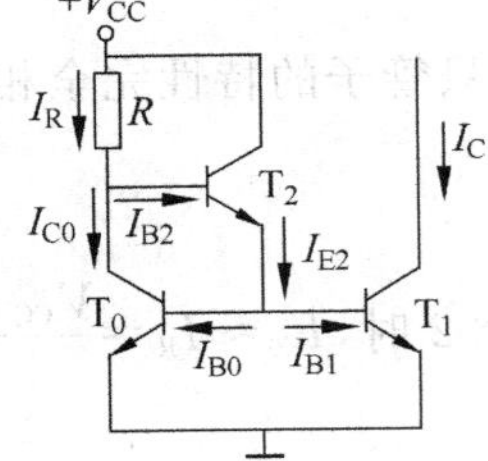

图 3.81　改进型镜像电流源

输出电流 I_{C1} 与基准电流 I_R 的关系为

$$I_{C1}=I_R-I_{B2}=I_R-\frac{I_{E2}}{1+\beta}=I_R-\frac{2I_{B1}}{1+\beta}=I_R-\frac{2I_{C1}}{\beta(1+\beta)}$$

整理可得

$$I_{C1}=\frac{I_R}{1+\dfrac{2}{\beta(1+\beta)}} \tag{3.101}$$

可见,加射极输出器后,输出电流与基准电流更加接近。用同样的思路可以构成精度更高的微电流源和多路电流源。

3.5.3　含电流源的差分放大电路

1. 用电流源取代发射极电阻

在差分放大电路中,用电流源取代发射极电阻可以提高抑制共模信号的能力。典型电路如图 3.82 所示。

2. 用电流源取代集电极电阻

在放大电路中，用电流源作为有源负载取代集电极电阻，可以提高电路的放大能力，所以差分放大电路中的集电极电阻经常用电流源取代。典型电路如图 3.83 所示，T_1 和 T_2 为放大管，T_3 和 T_4 组成镜像电流源取代集电极电阻。

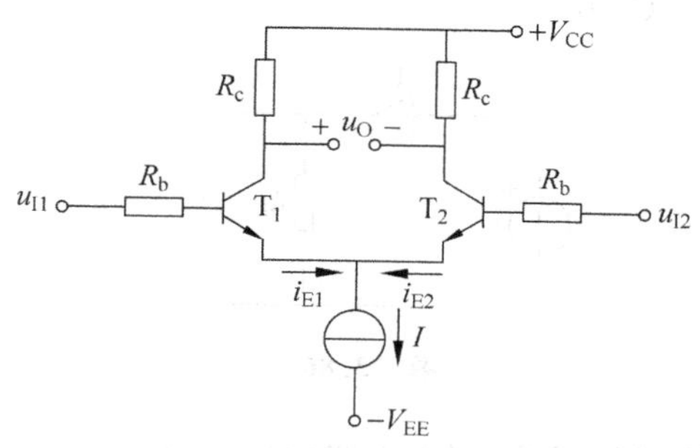

图 3.82　用电流源取代发射极电阻的差分放大电路

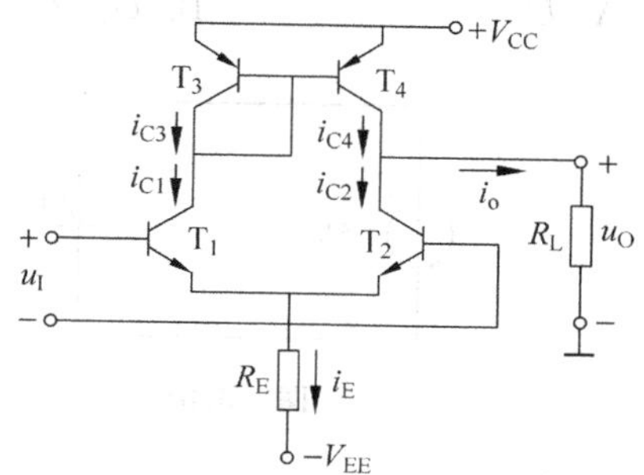

图 3.83　用电流源取代集电极电阻的差分放大电路

3.5.4　差分放大电路的接法

如图 3.84 所示，差分放大电路有 4 种接法，分别是双端输入双端输出、双端输入单端输出、单端输入双端输出和单端输入单端输出。但不管哪种接法，都可以利用半边等效电路来分析，只是需要注意接入负载后对半边等效电路的影响。这 4 种接法有着不同的接地情况、技术指标及其应用。对此在后面将有所介绍。

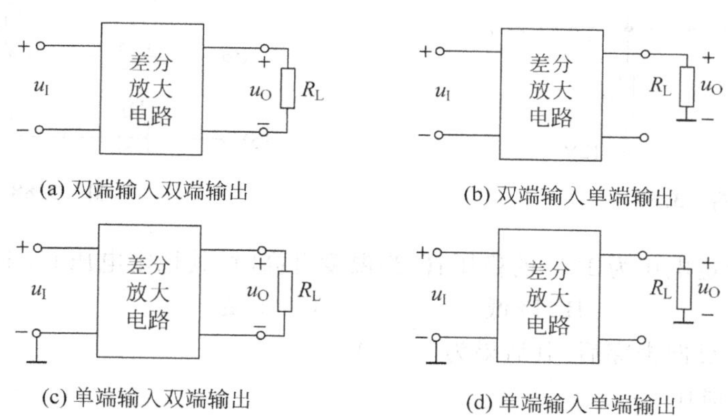

图 3.84　差分放大电路的接法

习题

3.1　选择题

(1) 理想二极管的反向电阻为(　　)。

A. 零　　　B. 无穷大　　　C. 约几百千欧

(2) 如果把一个小功率二极管直接同一个电源电压为 1.5V、内阻为零的电池实行正向连接,电路如图 3.85 所示,则后果是该管(　　)。

A. 击穿　　　　　　　　　　　　B. 电流为零

C. 电流正常　　　　　　　　　　D. 电流过大使管子烧坏

(3) 电路如图 3.86 所示,二极管 D 为理想元件,$U_S=5V$,则电压 $u_O=$(　　)。

A. U_S　　　　B. $U_S/2$　　　　C. 0

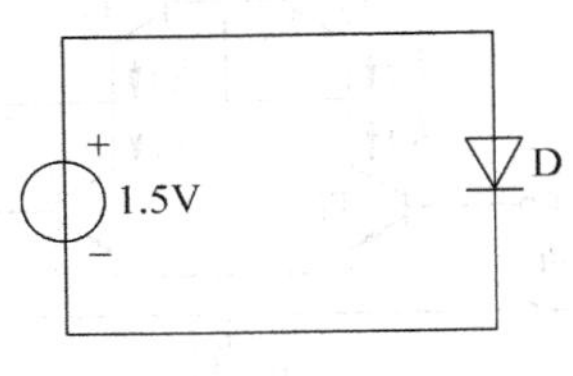

图　3.85

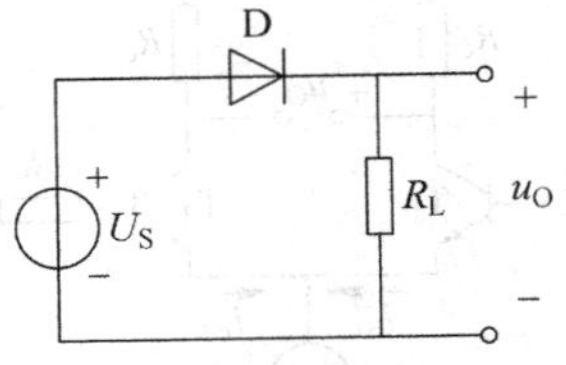

图　3.86

(4) 电路如图 3.87 所示,二极管 D_1、D_2 为理想元件,则在电路中(　　)。

A. D_1 起箝位作用,D_2 起隔离作用　　　B. D_1 起隔离作用,D_2 起箝位作用

C. D_1、D_2 均起箝位作用　　　　　　　D. D_1、D_2 均起隔离作用

(5) 电路如图 3.88 所示,所有二极管均为理想元件,则 D_1、D_2、D_3 的工作状态为(　　)。

A. D_1 导通,D_2、D_3 截止　　　　　B. D_1、D_2 截止,D_3 导通

C. D_1、D_3 截止,D_2 导通　　　　　D. D_1、D_2、D_3 均截止

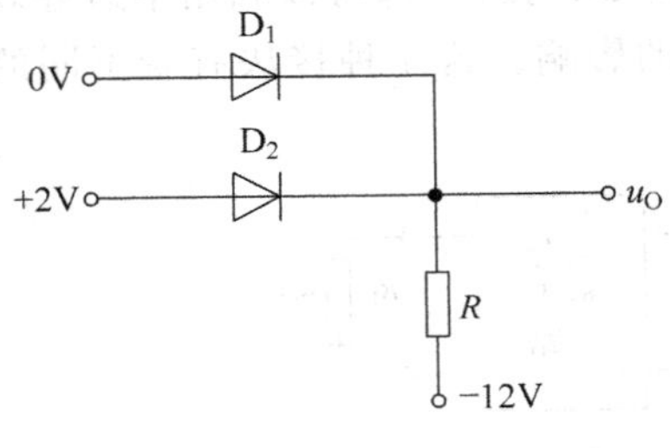

图　3.87

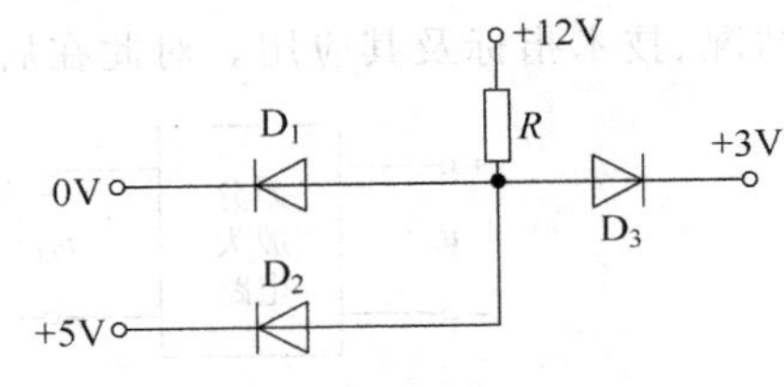

图　3.88

(6) 一个稳定电压为 12V 的稳压管,当温度升高时,其稳定电压 U_Z 将(　　)。

A. 升高　　　　B. 降低　　　　C. 不变

(7) 稳压管反向击穿后,其后果为(　　)。

A. 永久性损坏

B. 只要流过稳压管电流不超过规定值允许范围,稳压管无损

C. 由于击穿而导致性能下降

(8) 固定偏置放大电路中,三极管的 $\beta=50$,若将该管调换为 $\beta=80$ 的另外一个三极管,则该电路中三极管集电极电流 I_C 将(　　)。

A. 增加　　　　B. 减少　　　　C. 基本不变

(9) 对放大电路进行静态分析的主要任务是(　　)。

A. 确定电压放大倍数 A_u

B. 确定静态工作点 Q

C. 确定输入电阻 r_i 和输出电阻 r_o

(10) 固定偏置放大电路中，三极管的 $\beta=50$，若工作环境温度升高，则该电路中三极管集电极电流 I_C 将(　　)。

A. 增加　　B. 减少　　C. 基本不变

(11) 分压式偏置单管放大电路的发射极旁路电容 C_E 因损坏而断开，则该电路的电压放大倍数将(　　)。

A. 增大　　B. 减小　　C. 不变

(12) 两级共射阻容耦合放大电路，若将第二级换成射极输出器，则第一级的电压放大倍数将(　　)。

A. 提高　　B. 降低　　C. 不变

(13) 与共射单管放大电路相比，射极输出器电路的特点是(　　)。

A. 输入电阻高，输出电阻低　　B. 输入电阻低，输出电阻高

C. 输入、输出电阻都很高　　D. 输入、输出电阻都很低

(14) 放大电路如图 3.89 所示，由于 R_{B1} 和 R_{B2} 阻值选取得不合适而产生了饱和失真，为了改善失真，正确的做法是(　　)。

A. 适当增加 R_{B2}，减小 R_{B1}　　B. 保持 R_{B1} 不变，适当增加 R_{B2}

C. 适当增加 R_{B1}，减小 R_{B2}　　D. 保持 R_{B2} 不变，适当减小 R_{B1}

(15) 电路如图 3.90 所示，设晶体管工作在放大状态，欲使静态电流 I_C 减小，则应(　　)。

A. 保持 U_{CC}、R_B 一定，减小 R_C

B. 保持 U_{CC}、R_C 一定，增大 R_B

C. 保持 R_B、R_C 一定，增大 U_{CC}

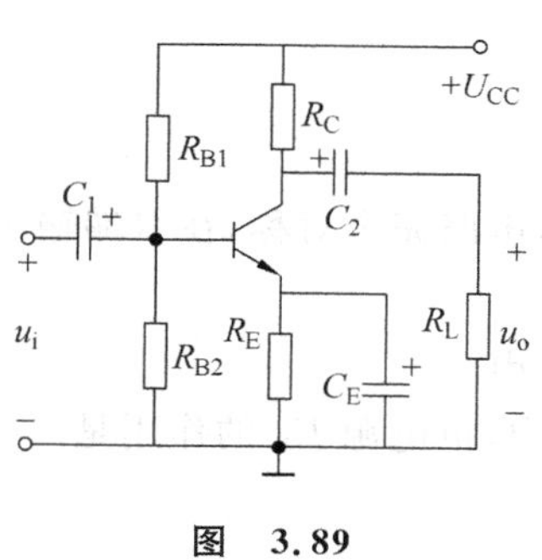

图　3.89

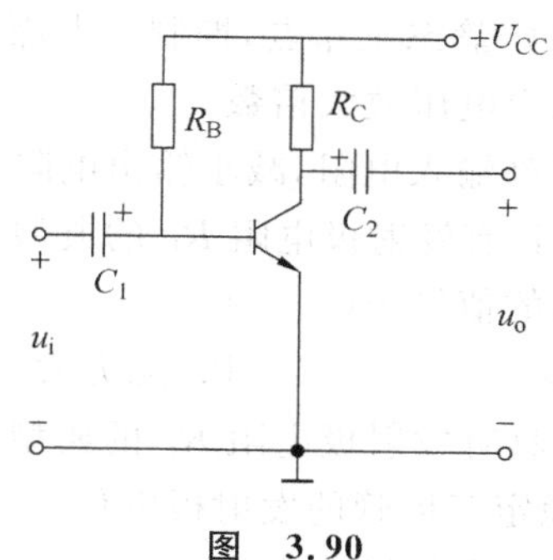

图　3.90

(16) 共源场效应管放大电路中，若将源极旁路电容 C_S 去掉，则该电路的电压放大倍数将(　　)。

A. 增大　　B. 减小　　C. 不变

(17) 就放大作用而言，射极输出器是一种(　　)。

A. 有电流放大作用而无电压放大作用的电路

B. 有电压放大作用而无电流放大作用的电路

C. 电压和电流放大作用均没有的电路

(18) 对功率放大电路的基本要求是在不失真的情况下能有(　　)。

A. 尽可能高的电压放大倍数

B. 尽可能大的功率输出

C. 尽可能小的零点漂移

(19) 欲提高功率放大器的效率,常需要(　　)。

A. 增加电源供给的功率,减小动态输出功率

B. 增加动态输出功率,减小电源供给的功率

C. 设置静态工作点在接近饱和区处,增加静态电流 I_C

(20) 互补对称功率放大电路,若设置静态工作点使两管均工作在乙类状态,将会出现(　　)。

A. 饱和失真　　　B. 频率失真　　　C. 交越失真

(21) 某人自装了一台小型扩音机,功率放大级工作在甲类状态推动喇叭,下列说法正确的是(　　)。

A. 声音越小越省电

B. 声音越大越省电

C. 耗电与声音大小无关

(22) 在多级直接耦合放大电路中,导致零点漂移最为严重的是(　　)。

A. 第一级的漂移　B. 中间级漂移　　C. 末级漂移

(23) 在直接耦合放大电路中,采用差动式电路结构的主要目的是(　　)。

A. 提高电压放大倍数

B. 抑制零点漂移

C. 提高带负载能力

(24) 具有发射极电阻 R_E 的典型差动放大电路中,R_E 的作用是(　　)。

A. 稳定静态工作点,抑制零点漂移

B. 稳定电压放大倍数

C. 提高输入电阻,减小输出电阻

(25) 具有发射极电阻 R_E 的典型差动放大电路,电路完全对称,在双端输出时共模抑制比 K_{CMR} 的值等于(　　)。

A. 零　　　　　　B. 无穷大　　　　C. 20dB

(26) 具有发射极电阻 R_E 的典型差动放大电路中,负电源 E_E 的作用是(　　)。

A. 稳定三极管的发射极电位

B. 稳定发射极电流

C. 补偿 R_E 两端直流压降,使电路获得合适的静态工作点

3.2　电路如图 3.91 所示,求 A 点与 B 点的电位差 U_{AB} 和二极管电流 I_{AB}。(用理想模型及恒压降模型分析)

3.3　电路如图 3.92 所示,设二极管 D_1、D_2 为理想元件,试计算电路中电流 I_1、I_2 的值。

3.4　电路如图 3.93 所示,已知 $u_i = 5\sin\omega t$ V,二极管导通电压 $U_{on} = 0.7$V。试画出 u_i 与 u_o 的波形,并标出幅值。

3.5　已知图 3.94 所示电路中稳压管的稳定电压 $U_Z = 6$V,最小稳定电流 $I_{Zmin} = 5$mA,最大稳定电流 $I_{Zmax} = 25$mA。

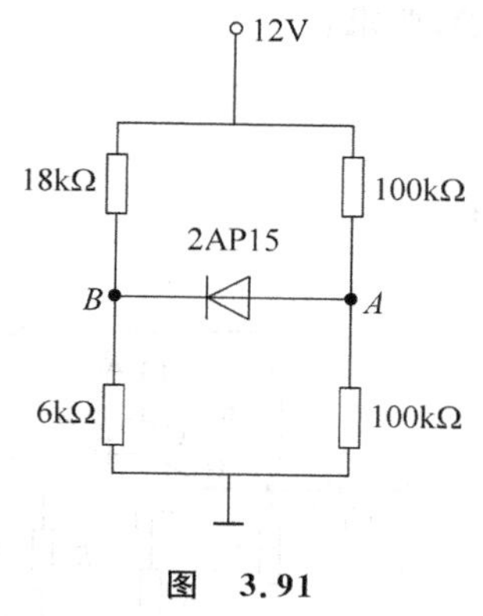

图　3.91

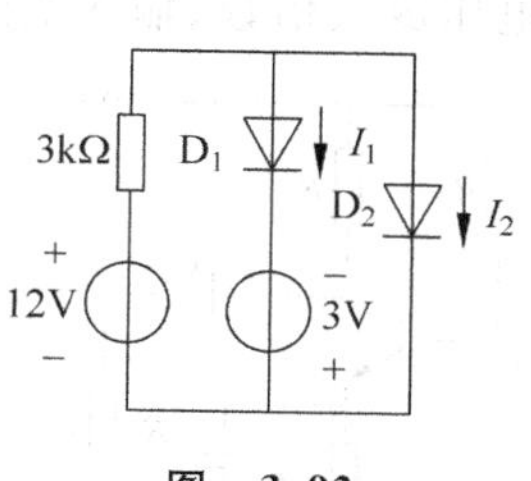

图　3.92

(1) 分别计算 U_I 为 10V、15V、35V 三种情况下输出电压 U_O 的值；

(2) 若 $U_I=35$V 时负载开路，则会出现什么现象，为什么？

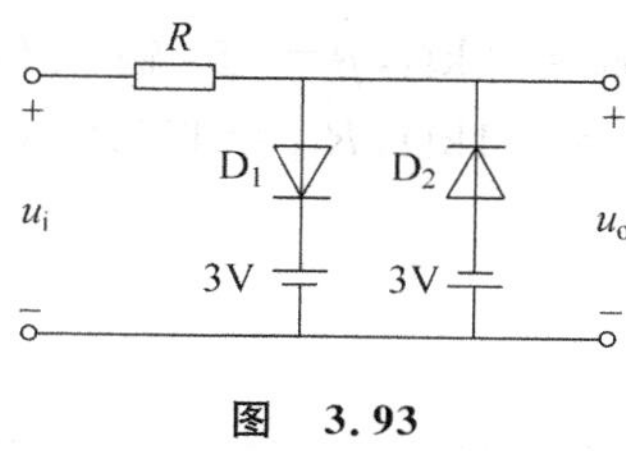

图　3.93

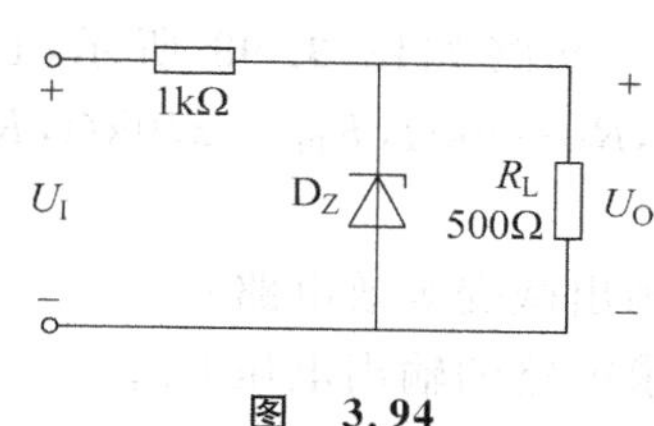

图　3.94

3.6　某固定偏置放大电路，已知 $U_{CC}=12$V，$U_{BE}=0.7$V，$U_{CE}=5$V，$I_C=2$mA，采用 $\beta=50$ 的 3DG6 晶体管，要求：

(1) 画出固定偏置放大电路；

(2) 计算 R_B 和 R_C 的阻值；

(3) 若换用 $\beta=70$ 的同型号晶体管，其他参数不变，试问 I_C 和 U_{CE} 等于多少？

3.7　电路如图 3.95 所示，已知 $R_B=400\text{k}\Omega$，$R_C=1\text{k}\Omega$，$U_{BE}=0.6$V，要求：

(1) 今测得 $U_{CE}=15$V，试求发射极电流 I_E 以及三极管的 β；

(2) 欲将三极管的集射极电压 U_{CE} 减小到 8V，试求 R_B 应如何调整？并求出其值；

(3) 画出微变等效电路，求电压放大倍数、输入电阻及输出电阻。

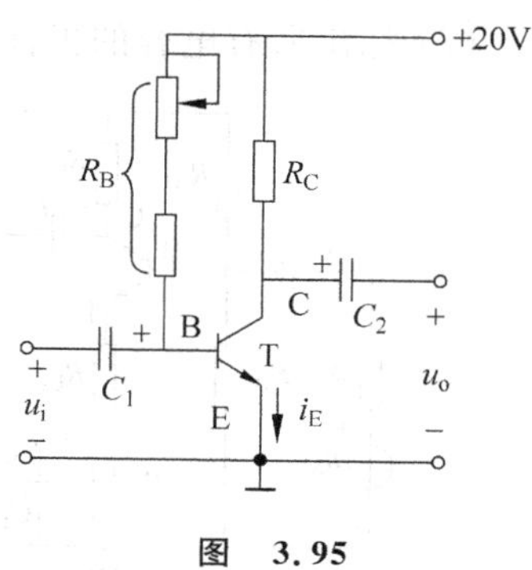

图　3.95

3.8　电路如图 3.96 所示，要求：

(1) 若要将 NPN 管改换为 PNP 管，电路应如何改动，画出改动后的电路图；

(2) 若不改变输入信号大小，改换管子后输出电压 u_o 出现了饱和失真，分析原因并指出消除失真的方法；

(3) 写出管子改换后该电路的电压放大倍数的表达式。

3.9　放大电路如图 3.97 所示，晶体管的电流放大系数 $\beta=50$，$U_{BE}=0.6$V，$R_{B1}=$

$110\text{k}\Omega, R_{B2}=10\text{k}\Omega, R_C=6\text{k}\Omega, R_E=400\Omega, R_L=6\text{k}\Omega$,要求：

(1) 计算静态工作点；

(2) 画出微变等效电路；

(3) 计算电压放大倍数、输入电阻及输出电阻。

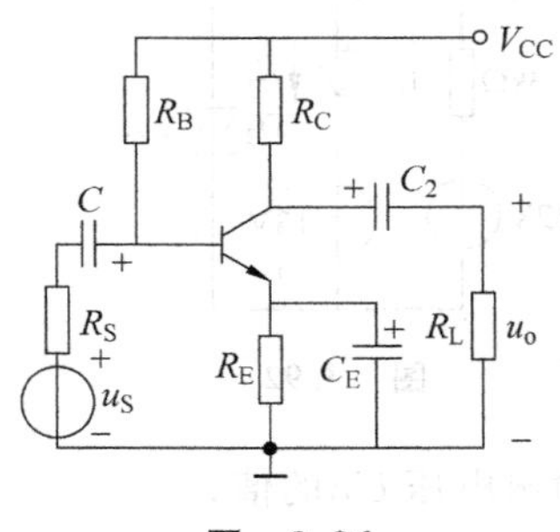

图 3.96

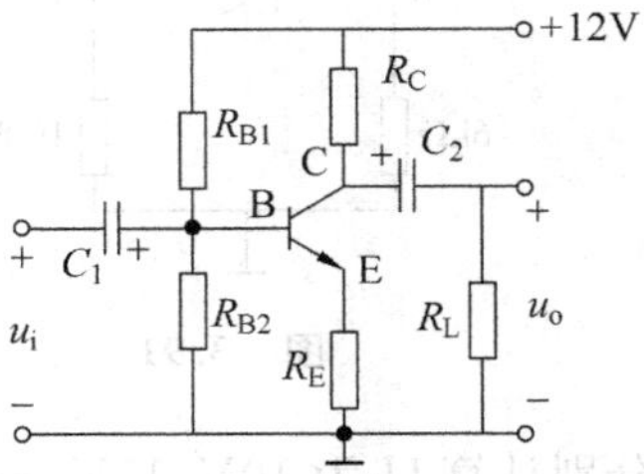

图 3.97

3.10 电路如图 3.98 所示，已知晶体管的 $r_{be}=2\text{k}\Omega, \beta=75$，输入信号 $u_S=5\sin\omega t\,\text{mV}, R_S=6\text{k}\Omega, R_{B1}=270\text{k}\Omega, R_{B2}=100\text{k}\Omega, R_C=5.1\text{k}\Omega, R_{E1}=150\Omega, R_{E2}=1\text{k}\Omega$。要求：

(1) 画出微变等效电路；

(2) 求电路的输出电压 U_o；

(3) 若调节电路参数使基极电流 $I_B=16\mu\text{A}$，试分析说明当 $u_S=50\sin\omega t$ mV 时，电路输出电压会不会出现截止失真，为什么？

3.11 电路如图 3.99 所示，已知场效应管的低频跨导为 g_m，要求：

(1) 写出 $\dot{A}_u$、R_i 和 R_o 的表达式；

(2) 标出所有电容的极性。

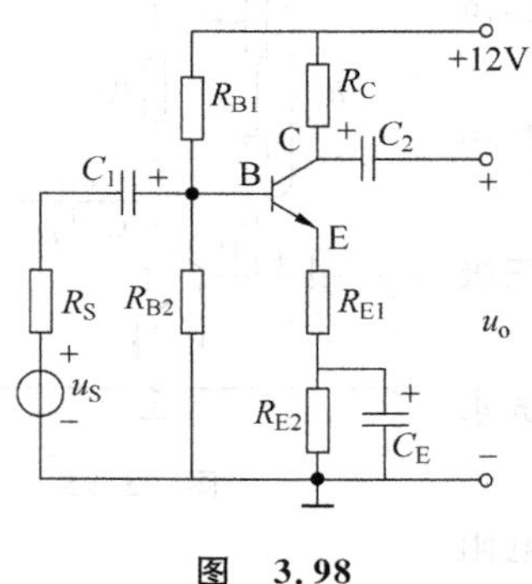

图 3.98

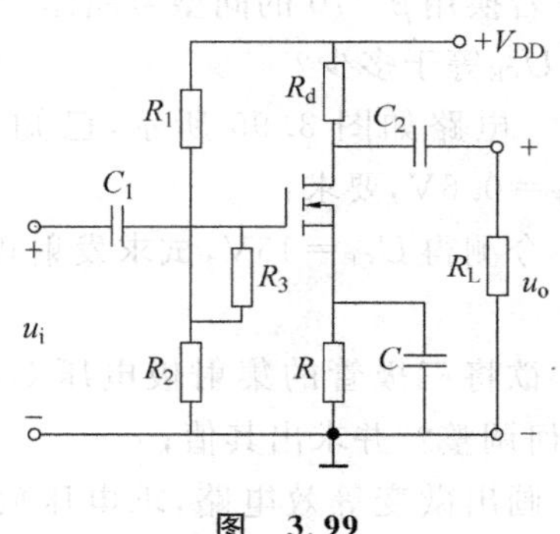

图 3.99

3.12 电路如图 3.100 所示，已知晶体管的电流放大系数 $\beta=40$，晶体管的输入电阻 $r_{be}=1\text{k}\Omega$，要求：

(1) 画出放大电路的微变等效电路；

(2) 计算放大电路的输入电阻 r_i；

(3) 写出电压放大倍数 A_u 的表达式。

3.13 放大电路如图 3.101 所示，硅晶体管的 $\beta=150, U_{BE}=0.6\text{V}, u_S=$

$2\sqrt{2}\sin\omega t$ mV，要求：

(1) 计算发射极静态电压 U_E；

(2) 画出微变等效电路；

(3) 计算输入电流和输出电压的有效值 I_i 和 U_o；

(4) 在同一坐标轴上画出 u_S 和 u_o 的波形。

3.14　在图 3.102 所示电路中，已知 T_1 和 T_2 管的饱和管压降 $|U_{CES}|=2V$，$V_{CC}=16V$，$R_L=4\Omega$，输入电压足够大。试问：

(1) 最大输出功率 P_{om} 和效率 η 各为多少？

(2) 三极管的最大功耗 P_{Tmax} 为多少？

(3) 为了使输出功率达到 P_{om}，输入电压的有效值约为多少？

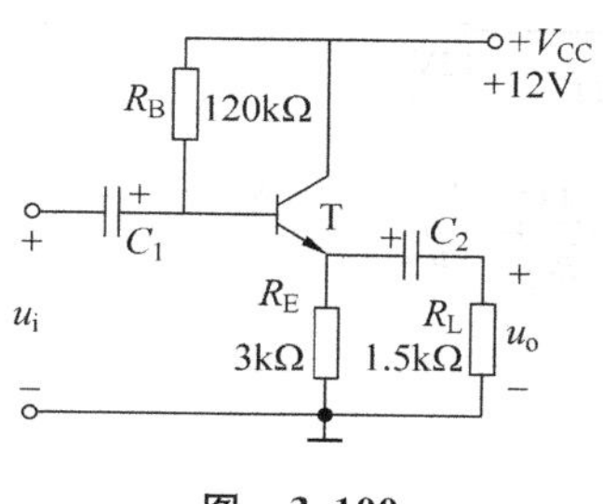

图　3.100

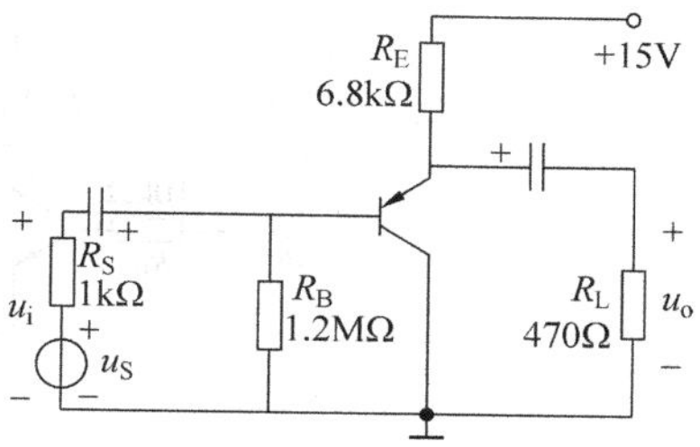

图　3.101

3.15　在图 3.103 所示电路中，已知 $V_{CC}=15V$，T_1 和 T_2 管的饱和管压降 $|U_{CES}|=2V$，输入电压足够大。要求：

(1) 最大不失真输出电压的有效值；

(2) 负载电阻 R_L 上电流的最大值；

(3) 最大输出功率 P_{om} 和效率 η。

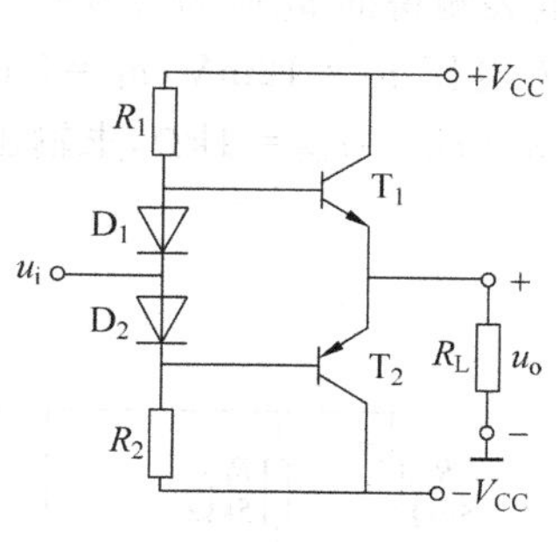

图　3.102

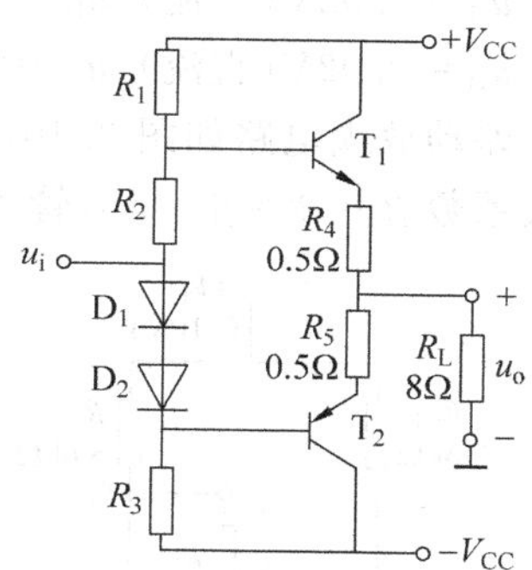

图　3.103

3.16　两级放大电路如图 3.104 所示，晶体管 T_1 的 $r_{be1}=3k\Omega$，T_2 的 $r_{be2}=1.8k\Omega$，两管的 β 均为 50，试求两级放大电路的电压放大倍数 A_u、输入电阻 r_i 及输出电阻 r_o。

3.17　差动放大电路如图 3.105 所示，已知晶体管的电流放大系数 $\beta_1=\beta_2=50$，管子的输入电阻 $r_{be1}=r_{be2}=2k\Omega$，$U_{BE}=0.7V$，要求：

(1) 计算静态工作点。

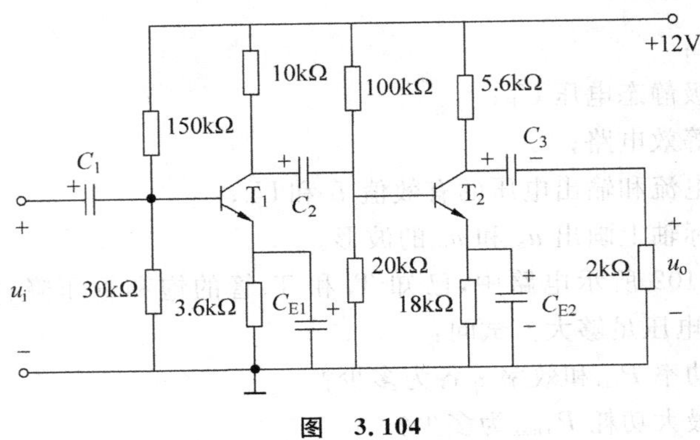

图 3.104

(2) 计算双端输入-双端输出的差模电压放大倍数。

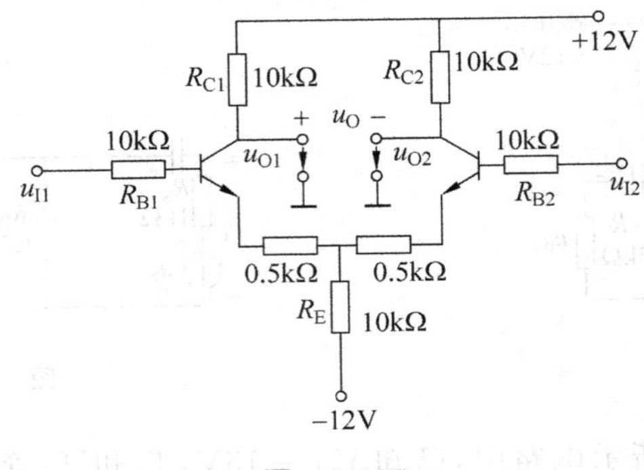

图 3.105

3.18 图 3.106 所示电路的结构参数对称,$\beta_1=\beta_2=150$,$r_{bb'}=200\Omega$,$U_{BE1}=U_{BE2}=0.7V$,$R_W=200$。

(1) 求 Q 点;

(2) 当 $u_{I1}=0.02V$(交流)、$u_{I2}=0V$ 时,用交流电表测得的 u_O 应为多少?

(3) 当 $u_{I1}=0.02V$(直流)、$u_{I2}=0V$ 时,用直流电表测得的 u_O 应为多少?

3.19 差动放大电路如图 3.107 所示,已知输入电压 $u_a=12mV$,$u_b=2mV$,晶体管的电流放大系数 $\beta_1=\beta_2=\beta_3=50$,管子的输入电阻 $r_{be1}=r_{be2}=r_{be3}=1k\Omega$,求输出电压 u_O。

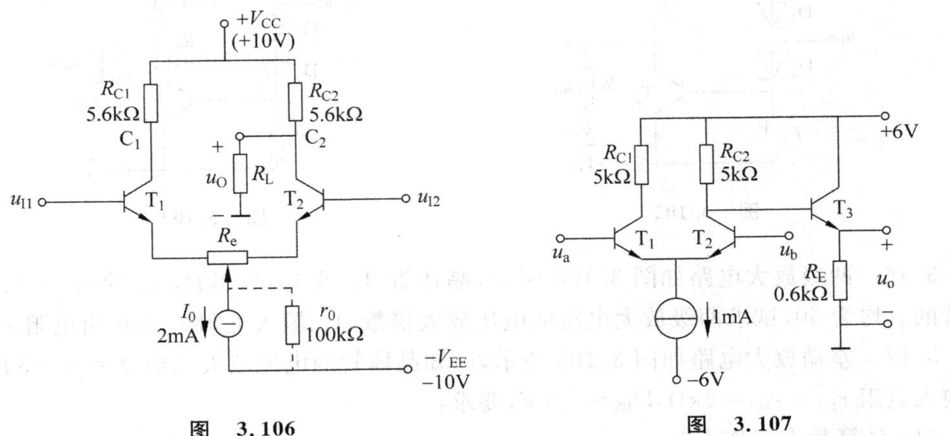

图 3.106　　　　图 3.107

第4章　放大电路中的负反馈

引言　在实用放大电路中，为了改善各方面的性能，常常要引入不同类型的反馈，因此掌握反馈的基本概念及其判断方法是研究实用电路的基础。本章首先介绍反馈的基本概念和判断方法；然后讨论负反馈对放大电路性能的影响，介绍负反馈放大电路的分析和计算方法，最后讨论负反馈放大电路的稳定性问题。

4.1　反馈的基本概念及判断方法

4.1.1　反馈的定义

所谓反馈，就是将放大电路的输出量(电压或电流)的一部分或全部，通过一定的方式送回到放大器的输入端来影响输入量。下面通过一个具体电路来说明反馈的概念。

图4.1所示为分压式偏置放大电路，该电路在前面讨论放大电路的静态工作点稳定的问题时已述及，实际上该电路就是依赖于反馈电路来获得静态工作点的稳定。在该电路的直流通路中，射极电阻 R_e 既存在于输入回路，又存在于输出回路，故 R_e 对直流存在反馈。下面分析这种电路是如何稳定静态工作电流 I_C 的，以此进一步建立反馈的概念。

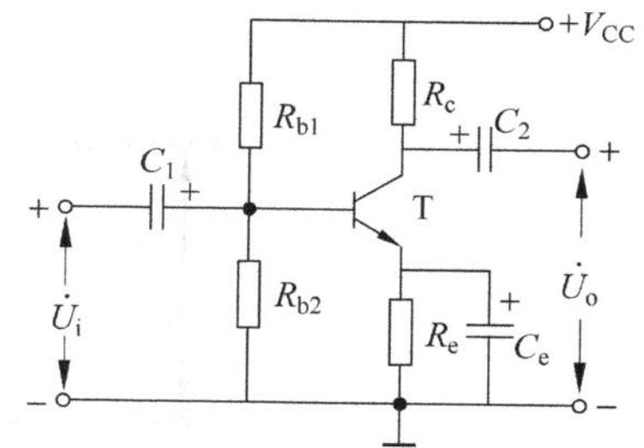

图4.1　稳定静态工作点电路

当环境温度上升，使得三极管参数 I_{CBO}、U_{BE} 和 β 发生变化，导致 I_C 增大时，I_E 随之增大，则 $U_E=I_ER_e$ 必然增大。由于基极电位 U_B 是固定的，加到基极和发射极之间的电压 $U_{BE}=U_B-U_E$ 将随着 U_E 增大而减小，从而使 I_B 减小，I_C 随之减小，这样就抑制了 I_C 和 I_E 的增加，使它们基本不随温度而改变，从而保持静态工作点的稳定。该过程可表示如下：

$$T\uparrow \rightarrow I_C\uparrow \rightarrow I_E\uparrow \rightarrow U_E\uparrow \rightarrow U_{BE}\downarrow \rightarrow I_B\downarrow \rightarrow I_C\downarrow$$

上述过程就是反馈，含有反馈电路的放大器称为反馈放大器。在反馈放大器中，放大器放大输入信号产生输出信号，输出信号又经反馈电路反向传输到输入端，形成闭合环路，这种情况称为闭环，所以反馈放大器又称为闭环放大器。如果一个放大器不存在反馈，即只存在放大器放大输入信号传输的途径，则不会形成闭合环路，这种情况称为开环放大器。因此，一个放大器是否存在反馈，主要分析输出信号能否被送回输入端，即输入回路和输出回路之间是否存在反馈通路。若有反馈通路，则存在反馈，否则没有反馈。

4.1.2 反馈的分类及判断

1. 按反馈极性分类

根据反馈极性的不同,或者说根据反馈信号对输入信号的不同影响,反馈可分为正反馈和负反馈。凡是引入反馈后,使放大电路原来的输入信号削弱,从而使放大倍数下降,这样的反馈称为负反馈。负反馈多用于改善放大器的性能。若引入反馈后,使放大电路原来的输入信号增强,从而使放大倍数上升,这样的反馈称为正反馈。正反馈多用于振荡电路。

判断正、负反馈的思路,就是看反馈量是使净输入量 X_d 增大还是减小。使 X_d 增大是正反馈;使 X_d 减小是负反馈。常用的判别方法是瞬时极性法。首先将反馈网络与放大电路的输入端断开,假设给放大电路输入一个正弦波信号,并设定输入信号在某一瞬间对地的极性为正,在图中用符号"+"表示;若对地的极性为负,在图中用符号"−"表示。依次通过放大电路和反馈电路,再看反馈回来的信号是正极性还是负极性,用符号"⊕"表示正极性,"⊖"表示负极性。如反馈信号是削弱输入信号,使净输入量下降,则为负反馈;反之,是加强输入信号,使净输入量增加,为正反馈。

例 4.1.1 判断图 4.2(a)、(b)电路中 R_f 所在支路反馈的极性。

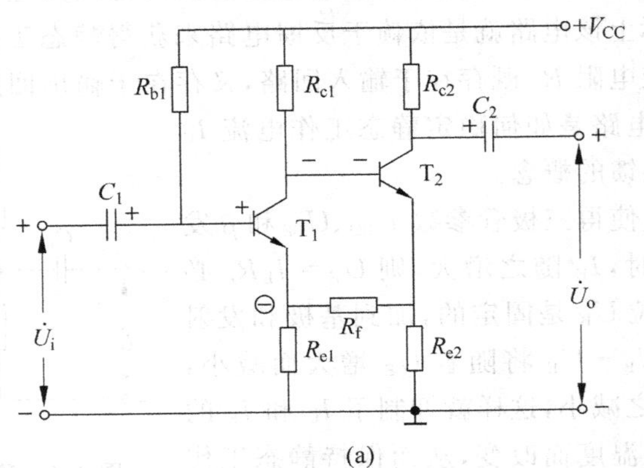

(a)

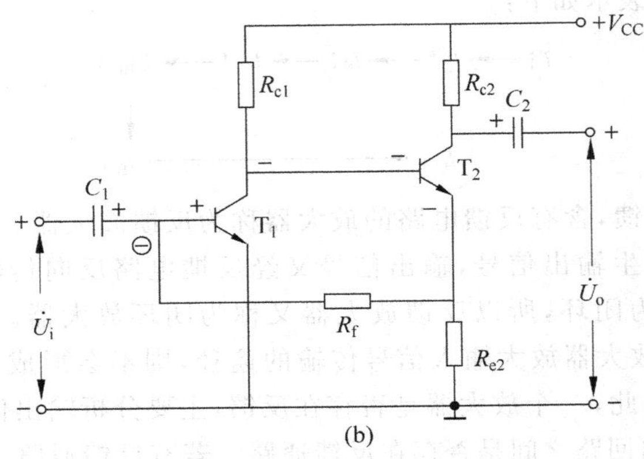

(b)

图 4.2 反馈极性的判断

解 在图 4.2(a)中,设在三极管 T_1 的基极输入一个正弦波信号$\dot{U}_i$,其对地瞬时极性假设为正,送至 T_1 集电极时为负,即 T_2 管基极也为负。最后传至 T_2 的发射极时仍为负,三极管 T_2 的发射极的极性反馈到 T_1 的发射极为负,使 T_1 的发射极电位下降,T_1 的基极至发射极的输入信号增大,因此引入的反馈是正反馈。

在图 4.2(b)所示的电路中,设在三极管 T_1 的基极输入一个正弦波信号$\dot{U}_i$,其对地瞬时极性假设为正,送至 T_1 的集电极时为负,即 T_2 管的基极也为负。最后传至 T_2 的发射极时仍为负,因此通过电阻 R_f(反馈元件)引入的反馈信号也为负,与输入极性相反,使 T_1 管的基极至发射极的输入信号减小,因此电路引入的反馈为负反馈。

例 4.1.2 判断图 4.3 所示电路中反馈的极性。

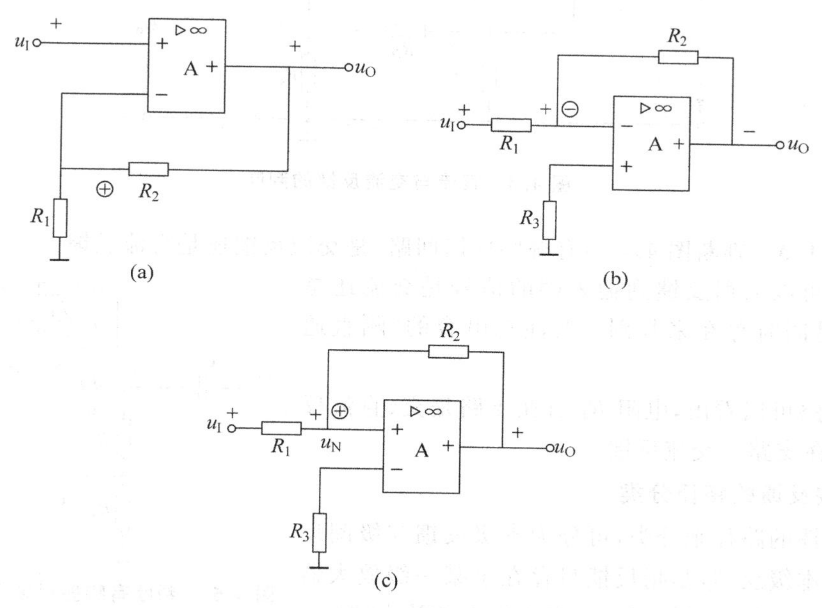

图 4.3 反馈极性的判断

解 在图 4.3(a)所示电路中,设输入电压 u_I 的极性对地为"+",则因 u_I 作用于集成运放的同相输入端,输出电压 u_O 的极性对地也为"+";由电阻 R_1 和 R_2 所组成的反馈网络,在 R_1 上获得反馈电压,其极性为"⊕",即反相输入端的电位对地为"+"。因此,集成运放的净输入电压 $u_D=u_P-u_N$ 减小,说明电路引入了负反馈。

在图 4.3(b)所示电路中,设输入电压 u_I 的极性对地为"+",集成运放的反相输入端极性为"+",因而输出电压 u_O 的极性为"−",反馈到输入端的极性为"⊖",使净输入电压减小,说明电路引入了负反馈。

图 4.3(c)所示电路与图 4.3(b)所示电路的区别在于反馈引到集成运放的同相输入端,由图可判断出电路引入了正反馈。

2. 按交、直流性质分类

按反馈的交、直流性质来分类,反馈可分为直流反馈和交流反馈。若反馈到输入端的信号是直流成分,则称为直流反馈。直流负反馈主要用于稳定静态工作点。若反馈到输入端的信号是交流成分，则称为交流反馈。交流负反馈主要用于放大电路动态性能的改善。

根据直流反馈和交流反馈的基本概念，即可得到判断结果。在图 4.4 所示电路中有两个反馈通路，分别为 R_{f1} 和 $C_2(R_{f2})$，可以看出，由 R_{f1} 组成的反馈通路中既有交流反馈，也有直流反馈；在而 $C_2(R_{f2})$ 反馈电路中，由于 C_2 的隔直作用，只存在交流反馈。

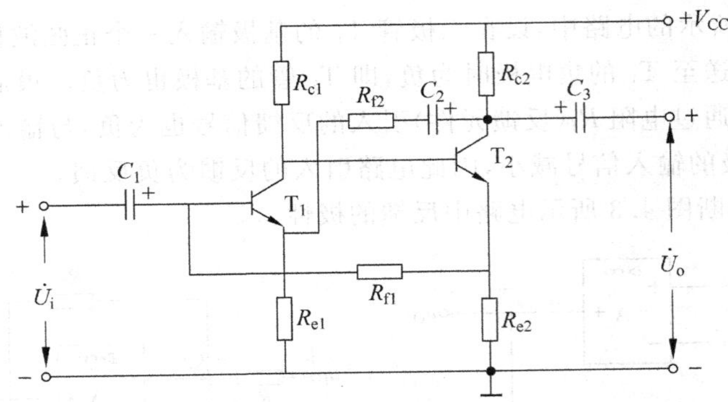

图 4.4　直流与交流反馈的判断

例 4.1.3　判断图 4.5 中有哪些反馈回路，是交流反馈还是直流反馈。

解　可以根据反馈到输入端的信号是交流还是直流，或是同时存在来判别。要注意电容的"隔直通交"作用。

从电路可以看出，电阻 R_f 所在支路是交、直流反馈，C_2 所在支路是交流反馈。

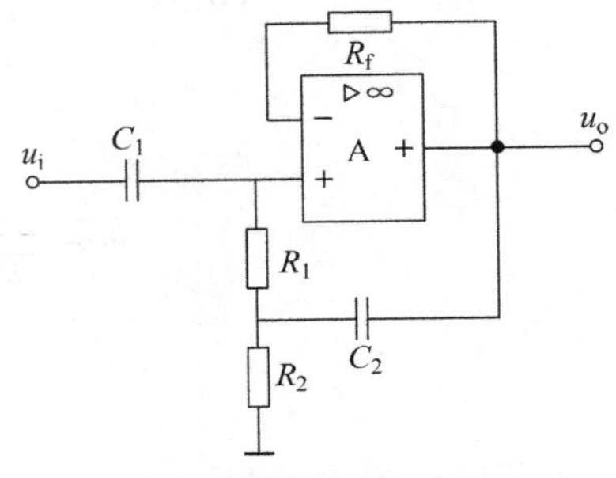

图 4.5　判断有哪些反馈回路的电路

3. 按反馈的路径分类

按反馈的路径来分类，可分为本级反馈与级间反馈。所谓本级反馈，是指反馈只存在于某一级放大器中。级间反馈是指反馈存在于两级以上的放大器中。

例如图 4.6 所示是带有反馈电阻 R_f 的两级放大电路。电阻 R_f 支路是级间反馈，R_{e1}、R_{e2} 支路是本级反馈。

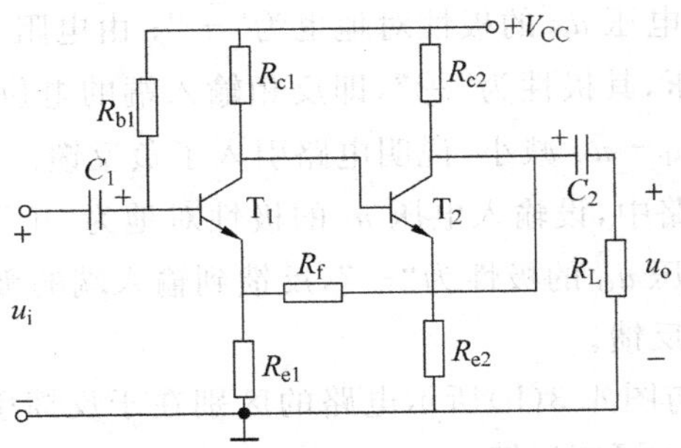

图 4.6　带有反馈电阻 R_f 的两级放大电路

4. 按输出端取样对象分类

按反馈信号从输出端获得的取样对象分类，可以分为电压反馈和电流反馈。

在负反馈电路中，反馈信号的取样对象是输出电压，称为电压反馈。其特点就是反馈信号与输出电压成正比，也可以说，电压反馈是将输出电压的一部分或全部按一定方式反馈到输入端。

反馈信号取样对象是输出电流，称为电流反馈。其特点是反馈信号与输出电流成正比，也可以说，电流反馈是将输出电流的一部分或全部按一定方式反馈到输入端。

可以根据电压反馈与电流反馈的特点来判断电压反馈和电流反馈。假设输出端短路，即 $u_o=0$，若反馈仍存在，则说明反馈取样不是电压而是电流，故应为电流反馈，否则为电压反馈。

例如图 4.7(a)所示的电路中，若令输出电压 u_o 为零，即将输出端对地短路，则电阻 R_6 将与 R_3 并联，反馈电压不复存在，故电路引入了电压反馈。

在图 4.7(b)所示的电路中，若令输出电压 u_o 为零，即将负载电阻短路，则电阻 R_2 与 R_3 对输出电流 i_o 的分流关系不变，反馈电流依然存在，故电路引入了电流反馈。

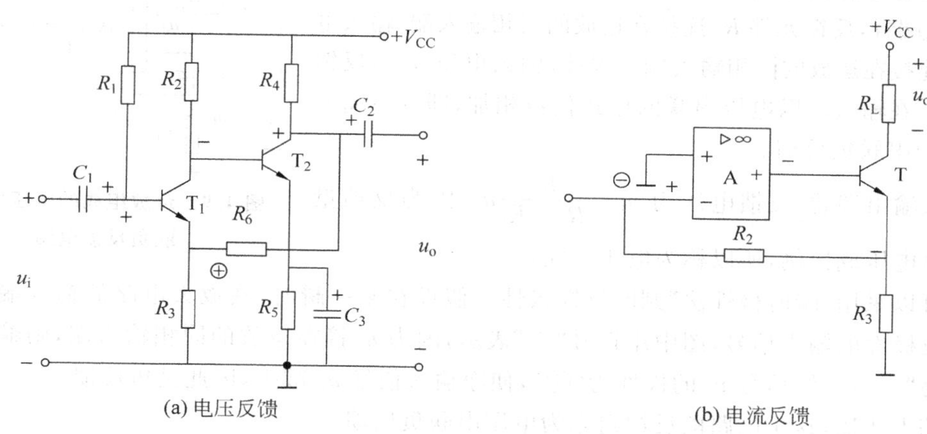

图 4.7　电压反馈与电流反馈

5. 按输入端连接方式分类

按反馈信号至输入端的连接方式分类，可以分为串联反馈和并联反馈。

所谓串联反馈，是指反馈电路串接在输入回路，以电压形式在输入端相加，决定净输入电压信号。从电路结构上看，反馈电路与输入端串接在输入电路，即反馈端与输入端不在同一电极。如图 4.8 中，$\dot{U}_d=\dot{U}_i-\dot{U}_f$，电阻 R_e 所在支路为串联反馈。

所谓并联反馈，是指反馈电路并接在输入回路，以电流形式在输入端相加，决定净输入电流信号。从电路结构上看，反馈电路与输入端并接在输入电路，即反馈端与输入端在同一电极。如图 4.8 中，$\dot{I}_d=\dot{I}_i-\dot{I}_f$，电阻 R_f 所在支路为并联反馈。

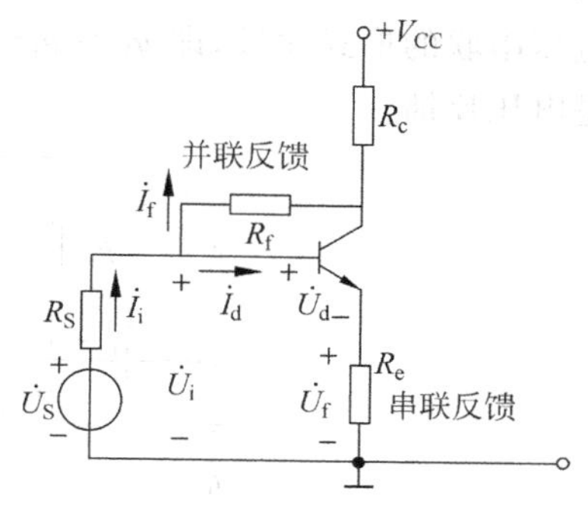

图 4.8　串联反馈与并联反馈

串联反馈和并联反馈对信号源内阻 R_S 的要求是不同的。为使反馈效果好，串联反

馈要求 R_S 愈小愈好，R_S 太大，则串联效果趋于零；并联反馈则要求 R_S 愈大愈好，R_S 太小，则并联效果趋于零。

4.2 交流负反馈的四种组态

按 4.1 节的分类，负反馈放大电路可有四种组态，即电压串联负反馈、电压并联负反馈、电流串联负反馈和电流并联负反馈。下面结合具体电路逐一介绍。

4.2.1 电压串联负反馈

1. 由运放组成的电压串联负反馈电路

图 4.9 所示是由运放构成的反馈放大电路，集成运放是基本放大电路，R_f 是连接电路输入端与输出端的反馈元件，R_f 和 R_1 组成反馈网络。从输入端看，反馈元件 R_f 连接在运放的反相输入端，输入电压 u_i 连接在运放的同相输入端。因此，输入电压 u_i 与反馈电压 u_f 在输入端以电压串联的形式代数相加，即 $u_d = u_i - u_f$，故为串联负反馈。

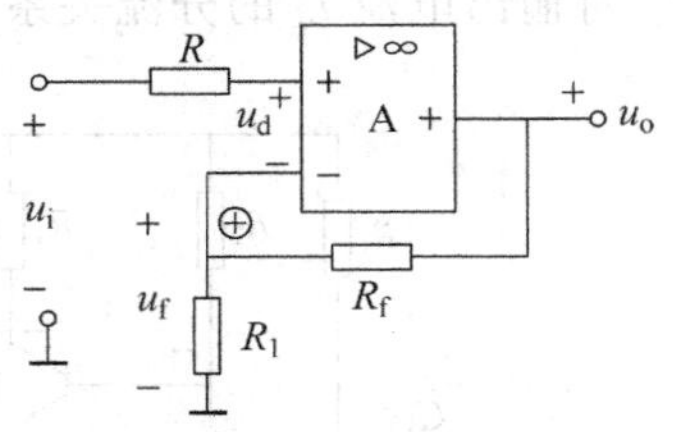

图 4.9 运放组成的电压串联负反馈电路

从输出端看，反馈电压为 $u_f = \dfrac{R_1}{R_1 + R_f} u_o$，因为反馈量与输出电压成比例，所以称为电压反馈。

可以采用"瞬时极性法"判断反馈极性。假设在某一瞬时，在放大电路的输入端加入一个正极性的输入信号，图中用符号"+"表示，因为 u_i 接在运放的同相输入端，则输出电压也为"+"，反馈信号 u_f 的极性为"⊕"，使净输入信号 u_d 减少，因此是负反馈。

综上所述，这个电路的反馈组态为电压串联负反馈。

2. 由分立元件组成的电压串联负反馈电路

图 4.10 所示是由分立元件构成的电压串联负反馈放大电路。该电路是一个两级放大电路，反馈元件 R_f 跨接在输入回路与输出回路之间。从输入回路看，R_f 接到 T_1 管的发射极，u_i 接到 T_1 管的基极，两者没有连接到同一输入端，或者说，u_i 和 u_f 在输入回路以电压串联的形式比较，即 $u_{be} = u_i - u_f$，因此是串联反馈。当 u_o 为零时，反馈不存在，所以是电压反馈。

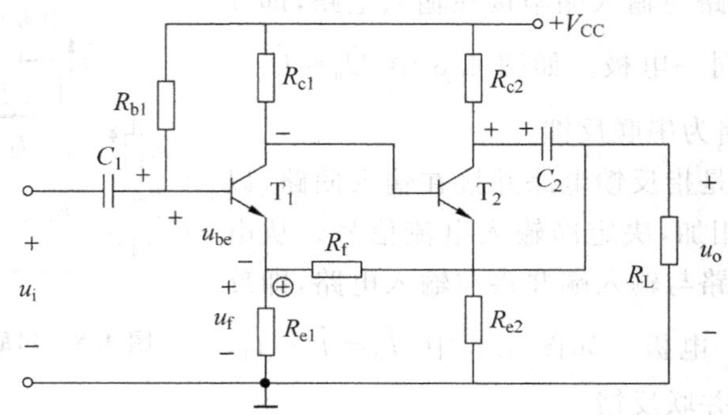

图 4.10 分立元件组成的电压串联负反馈电路

假设在某一瞬时，输入信号 u_i 的极性为"+"，可推得 u_{c1} 为"−"，u_o 为"+"，u_f 为"⊕"，使净输入信号 u_{be} 减少，因此是负反馈。

综上所述，这个电路的反馈组态为电压串联负反馈。

电压负反馈的特性是稳定输出电压。因为无论反馈信号以何种方式送回到输入端，实际上都是利用输出电压 u_o 本身通过反馈网络对放大电路进行自动调节的，这就是电压反馈的实质。例如，当 u_i 一定时，若由于某种原因使输出电压 u_o 下降，则图 4.10 所示电路稳定输出电压的过程如下：

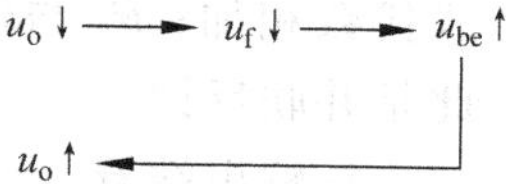

可见，反馈的结果牵制了 u_o 的下降，从而使输出电压 u_o 趋于稳定。

4.2.2　电压并联负反馈

1. 由运放组成的电压并联负反馈电路

图 4.11 所示是由运放构成的电压并联负反馈放大电路，R_f 是反馈元件，它与输入信号连接在放大电路的同一输入端，因此是并联反馈。反馈电流 $i_f=\frac{u_N-u_o}{R_f}\approx-\frac{u_o}{R_f}$，当 u_o 为零时，反馈不存在，因此是电压反馈。

假设在某一瞬时，输入信号 u_i 的极性为"+"，反馈回来的信号为"⊖"，引入反馈的结果使净输入信号减少，因而该反馈是负反馈，所以该电路为电压并联负反馈。

2. 由分立元件组成的电压并联负反馈电路

图 4.12 所示是由分立元件构成的电压并联负反馈放大电路。信号源采用电压源 u_S 和内阻 R_S 串联。电阻 R_f 既是反馈电阻，又为三极管 T 提供偏置电流。

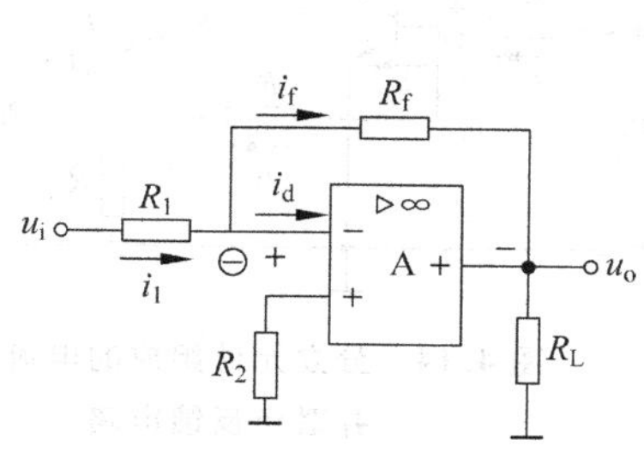

图 4.11　运放组成的电压并联负反馈电路

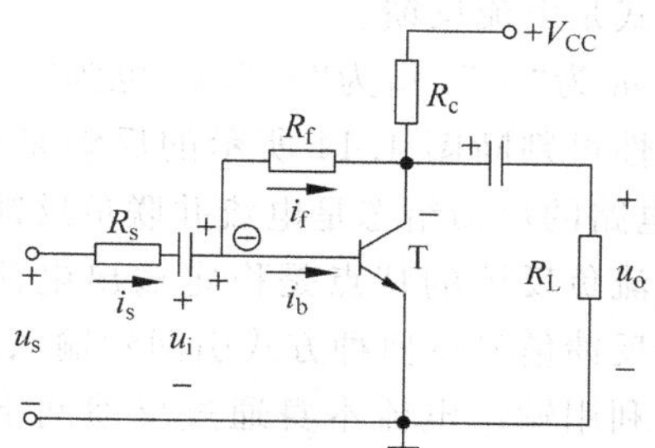

图 4.12　分立元件组成的电压并联负反馈电路

因为图 4.12 所示电路的反馈电流 $i_f=\frac{u_i-u_o}{R_f}\approx-\frac{u_o}{R_f}$，当 u_o 为零时，反馈不存在，所以是电压反馈。

在输入端有 $i_b=i_s-i_f$，反馈元件 R_f 与输入信号并接于 T 的基极，故为并联反馈。

根据瞬时极性可判断图 4.12 所示的反馈是负反馈，所以该电路为电压并联负反馈。电压并联负反馈也能稳定输出电压。

4.2.3 电流并联负反馈

1. 由运放组成的电流并联负反馈电路

图 4.13 所示为由运放构成的电流并联负反馈放大电路。R_f 是连接输入回路和输出回路的反馈元件。从输入端看,R_f 与输入信号都连接到运放的反相输入端,即输入电流 i_i、反馈电流 i_f 和运放的净输入电流 i_d 都连接在同一点,以电流并联的形式代数相加;R_f 与输入信号并接于运放的反相端,因此是并联反馈。

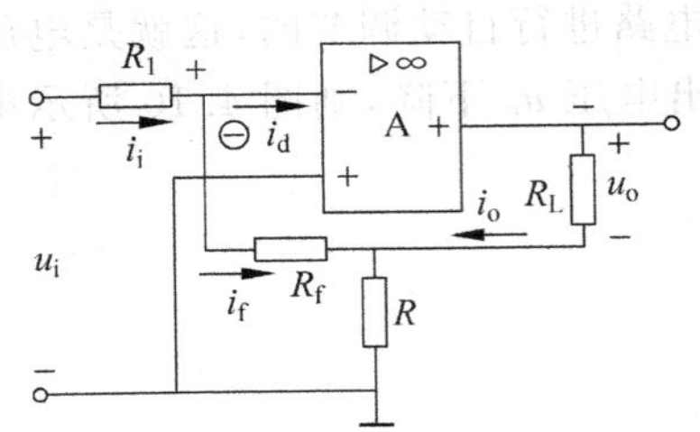

图 4.13 运放组成的电流并联负反馈电路

从输出端看,由于运放输入端存在"虚短"(后面将有描述),因而反馈电流 $i_f=-\dfrac{R}{R_f+R}i_o$,即反馈电流 i_f 与输出电流 i_o 成比例,所以是电流反馈。如果用输出短路法判定输出的采样类型,将 R_L 短路时,发现 i_f 依然存在,因此也说明是电流反馈。

根据瞬时极性可判断图 4.13 所示的反馈是负反馈,所以该电路的反馈组态是电流并联负反馈。

2. 分立元件组成的电流并联负反馈电路

图 4.14 所示是由分立元件构成的电流并联负反馈电路。电路中,R_f 是反馈元件,跨接在输入回路与输出回路之间。R_f 一端连在 T_1 管的基极,与输入信号连在一起,i_s、i_f 和 i_b 在同一个点上比较,所以是并联反馈。

用输出短路法来判断反馈类型。令 $u_o=0$,发射极仍有电流,反馈电流仍然存在,因此输出取样方式是电流反馈。

设 u_i 为"+",u_{c1} 为"−",u_{e2} 也为"−",根据瞬时极性可判断图 4.14 所示的反馈是负反馈。因此,电路的反馈组态是电流并联负反馈。

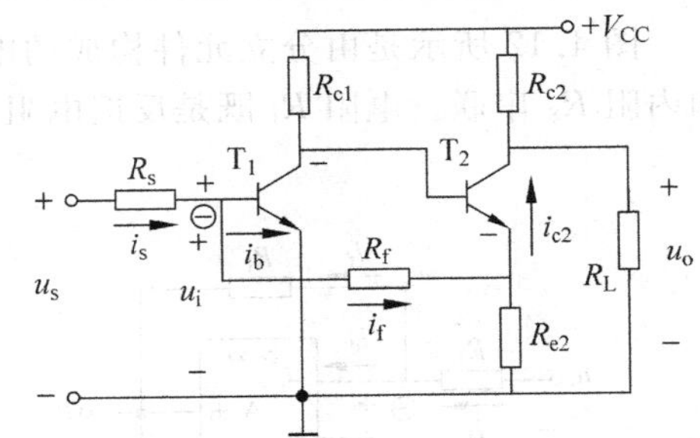

图 4.14 分立元件组成的电流并联负反馈电路

电流负反馈的特点是稳定输出电流 i_o。因为无论反馈信号以何种方式引回到输入端,实际上都是利用输出电流本身通过反馈网络对放大电路进行自动调节的,这就是电流反馈的实质。例如,当输入电流一定时,若由于负载的增加而使输出电流下降,则电路进行如下的自动调节过程:

$$R_L\uparrow \longrightarrow i_o(i_{c2})\downarrow \longrightarrow i_f\downarrow \longrightarrow i_d(i_b)\uparrow$$

$$i_o(i_{c2})\uparrow \longleftarrow$$

可见,反馈的结果牵制了 i_o 的变化,从而使输出电流趋于稳定。

4.2.4 电流串联负反馈

1. 由运放组成的电流串联负反馈电路

图 4.15 所示电路是由运放组成的电流串联负反馈放大电路。集成运放对输入信号进行放大，得到输出电流 i_o。i_o 流过负载电阻 R_L，产生输出电压 u_o。i_o 流过反馈电阻 R_f，产生反馈电压 u_f，$u_f=i_oR_f$，即 u_f 正比于输出电流 i_o，所以是电流反馈。如果用输出短路法判定，将 R_L 短路，电流 i_o 和反馈电压 u_f 仍存在，也可说明是电流反馈。

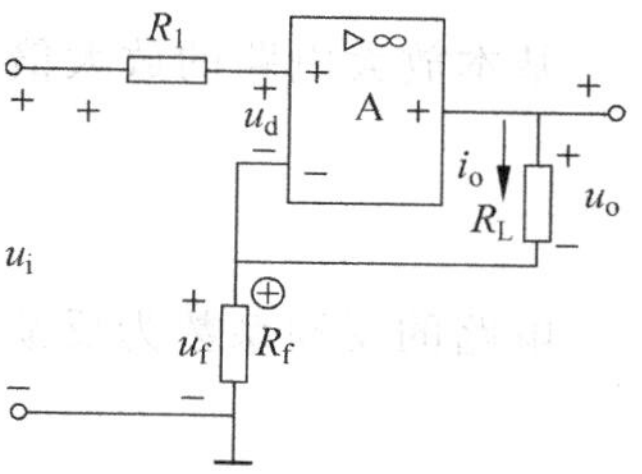

从输入回路看，输入电压 u_i 和反馈电压 u_f 分别接在运放的同相输入端和反相输入端，没有接在同一输入端，u_i 和 u_f 以电压串联的形式进行比较，因此是串联反馈。

图 4.15　运放组成的电流串联负反馈电路

设 u_i 为"+"，输出电压 u_o 为"+"，那么反馈量 u_f 为"⊕"，净输入电压 u_d 减小，引入了负反馈。因而该电路的反馈组态是电流串联负反馈。

图 4.15 所示电路与图 4.9 所示的电压串联负反馈放大电路的结构非常相似，主要差别在于反馈电压 u_f 是如何产生的。在本电路中，u_f 是由输出电流经过电阻 R_f 产生的。在图 4.9 所示的电路中，u_f 与 i_o 没有关系，而是由输出电压 u_o 被反馈网络的电阻分压得到的，所以得到两种不同的反馈组态。

再把图 4.15 所示电路与图 4.13 所示的电流并联负反馈放大电路相比较。两者都是由运放构成的电流负反馈电路，它们的共同特点都是负载电阻 R_L 没有接在运放输出端和地之间，这样，流过负载电阻 R_L 的电流 i_o 才能被反馈网络取样；如果 R_L 接在运放输出端与地之间，电流 i_o 就无法被反馈网络取样了。

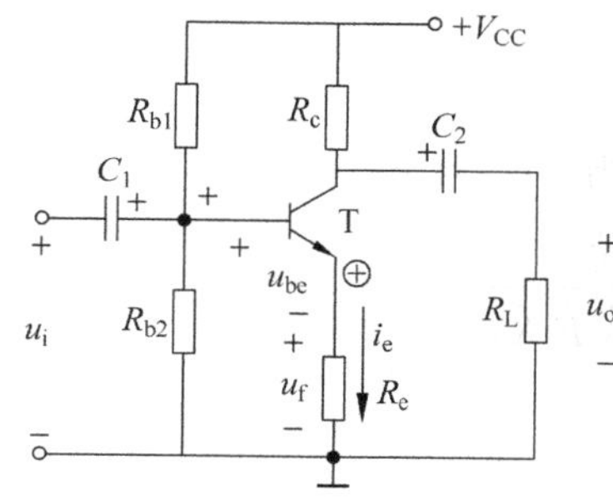

图 4.16　分立元件组成的电流串联负反馈电路

2. 分立元件组成的电流串联负反馈电路

图 4.16 所示电路是由分立元件构成的电流串联负反馈放大电路，该电路是前面介绍的分压式偏置电路，可以判断出该反馈是电流串联负反馈。引入电流负反馈的作用是稳定输出电流。

4.3 负反馈放大电路的方框图及一般表达式

4.3.1 负反馈放大电路的方框图

综合 4.2 节介绍的 4 种组态的负反馈，可用图 4.17 所示方框图来表示。$\dot{A}$ 表示基本放大电路；$\dot{F}$ 表示输出信号送回到输入回路所经过的电路，称为反馈网络。箭头表示信号传递方向，符号"Σ"表示信号叠加，输入量 $\dot{X}_i$ 和反馈量 $\dot{X}_f$ 经过叠加后得到净输入信号 $\dot{X}_d$。放大

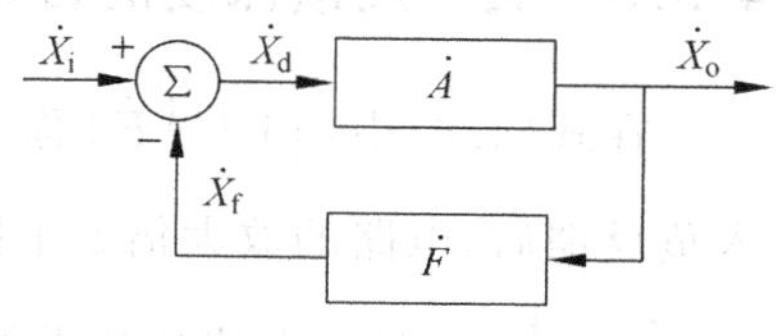

图 4.17　反馈放大电路方框图

电路与反馈网络组成一个封闭系统，所以有时把引入了反馈的放大电路称为闭环放大器，未引入反馈的基本放大电路称为开环放大器。

由图 4.17 可知，净输入信号$\dot{X}_d$为

$$\dot{X}_d = \dot{X}_i - \dot{X}_f \tag{4.1}$$

基本放大电路的放大倍数，也称为开环放大倍数为

$$\dot{A} = \frac{\dot{X}_o}{\dot{X}_d} \tag{4.2}$$

电路的反馈系数为反馈量与输出量之比，其表达式为

$$\dot{F} = \frac{\dot{X}_f}{\dot{X}_o} \tag{4.3}$$

负反馈放大电路的放大倍数(也称为闭环放大倍数)为输出量与输入量之比，即

$$\dot{A}_f = \frac{\dot{X}_o}{\dot{X}_i} \tag{4.4}$$

根据式(4.2)和式(4.3)可得

$$\dot{A}\dot{F} = \frac{\dot{X}_f}{\dot{X}_d} \tag{4.5}$$

$\dot{A}\dot{F}$常称为电路的环路放大倍数(环路增益)。

4.3.2 负反馈放大电路的一般关系

根据上述各关系式可得负反馈放大电路的放大倍数为

$$\dot{A}_f = \frac{\dot{X}_o}{\dot{X}_i} = \frac{\dot{X}_o}{\dot{X}_d + \dot{X}_f} = \frac{\dot{A}\,\dot{X}_d}{\dot{X}_d + \dot{A}\,\dot{F}\,\dot{X}_d}$$

因而$\dot{A}_f$的一般表达式为

$$\dot{A}_f = \frac{\dot{A}}{1 + \dot{A}\,\dot{F}} \tag{4.6}$$

在中频段，$\dot{A}_f$、$\dot{A}$和$\dot{F}$均为实数，因而式(4.6)可写为

$$A_f = \frac{A}{1 + AF} \tag{4.7}$$

式(4.7)为计算负反馈放大电路的放大倍数的一般表达式。

4.3.3 关于反馈深度的讨论

在式(4.6)中，$|1+\dot{A}\dot{F}|$称为反馈深度。当$|1+\dot{A}\dot{F}|>1$，即$|\dot{A}_f|<|\dot{A}|$时，表明引入负反馈后，电路的放大倍数下降，为一般负反馈。当$|1+\dot{A}\dot{F}|\gg 1$时为深度负反馈，此时，$\dot{A}_f\approx\frac{1}{\dot{F}}$，表明放大倍数几乎仅仅取决于反馈网络，而与基本放大电路无关。由于反馈

网络常为无源网络，受环境温度的影响极小，因而放大倍数获得很高的稳定性。从深度负反馈的条件可知，反馈网络的参数确定后，基本放大电路的放大能力越强，即$\dot{A}$的数值越大，反馈越深，$\dot{A}_f$与$\frac{1}{\dot{F}}$的近似程度越好。若$|1+\dot{A}\dot{F}|<1$，则$|\dot{A}_f|>|\dot{A}|$，说明电路引入了正反馈；若$|1+\dot{A}\dot{F}|=0$，说明电路在输入量为零时就有输出，故电路产生了自激振荡。

应当指出，通常所说的负反馈放大电路是指中频段的反馈极性。当信号频率进入低频段或高频段时，由于附加相移的产生，负反馈放大电路可能在某一特定频率产生正反馈过程，甚至自激振荡，变得不稳定。在这种情况下，需要消除振荡，电路才能正常工作。

4.4 负反馈对放大电路性能的影响

实用放大电路常常引入深度负反馈，使其放大倍数几乎仅取决于反馈网络，从而提高放大倍数的稳定性，此外，交流负反馈还能改善放大电路多方面的性能，可以改变输入电阻、输出电阻，扩展频带，减小非线性失真等，下面分别加以讨论。

4.4.1 提高放大倍数的稳定性

前面已提到，电压负反馈能稳定输出电压，电流负反馈能稳定输出电流。这样，在放大电路输入信号一定的情况下，其输出受电路参数、电源电压、负载电阻变化的影响较小，提高了放大倍数的稳定性。

在式(4.7)中对A_f求导，得

$$\frac{\mathrm{d}A_f}{\mathrm{d}A}=\frac{1}{1+AF}-\frac{AF}{(1+AF)^2}=\frac{1}{(1+AF)^2} \tag{4.8}$$

实际中，常用相对变化量来表示放大倍数的稳定性。将式(4.8)改写成

$$\mathrm{d}A_f=\frac{\mathrm{d}A}{(1+AF)^2}=\frac{A}{(1+AF)^2}\frac{\mathrm{d}A}{A} \tag{4.9}$$

运用式(4.7)，整理得

$$\frac{\mathrm{d}A_f}{A_f}=\frac{1}{1+AF}\frac{\mathrm{d}A}{A} \tag{4.10}$$

即闭环增益相对变化量比开环减小了$(1+AF)$倍。

另一方面，在深度负反馈条件下，有

$$\dot{A}_f\approx\frac{1}{\dot{F}} \tag{4.11}$$

即闭环增益只取决于反馈网络。当反馈网络由稳定的线性元件组成时，闭环增益将有很高的稳定性。

例 4.4.1 某负反馈放大电路的$A=10^4$，反馈系数$F=0.01$。由于某些原因，使A变化了$\pm10\%$，求A_f的相对变化量。

解 由式(4.10)得

$$\frac{\mathrm{d}A_f}{A_f}=\frac{1}{1+10^4\times0.01}\times(\pm10\%)\approx\pm0.1\%$$

即 A 变化±10%的情况下，A_f 只变化±0.1%。

例 4.4.2 对于一个串联电压负反馈放大电路，若要求 $A_f=100$，当基本放大电路的放大倍数 A 变化 10%时，闭环增益变化不超过 0.5%。求 A 及反馈系数 F。

解 由式(4.10)得

$$1+AF=\frac{\frac{\Delta A}{A}}{\frac{\Delta A_f}{A_f}}=\frac{10}{0.5}=20$$

因此 $AF=19$。又由于 $A_f=\frac{A}{1+AF}$，故

$$A=(1+AF)A_f=20\times100=2000$$

反馈系数为

$$F=\frac{19}{A}=\frac{19}{2000}=0.0095$$

4.4.2 减小非线性失真和抑制干扰、噪声

由于三极管是非线性器件，当静态工作点选择不当或输入信号过大时，会使三极管的工作点摆动到特性的非线性区，所以即使输入信号 x_i 为正弦波，输出也不一定是正弦波，会产生一定的非线性失真。引入负反馈以后，可以利用负反馈的自动调节作用来改善反馈放大电路的非线性失真。

如图 4.18(a)所示，原放大电路产生了非线性失真。输入为正、负对称的正弦波，由于放大器件的非线性，输出是正半周大、负半周小的失真波形。加了负反馈后，输出端的失真波形反馈到输入端，与输入波形叠加后，净输入信号成为正半周小、负半周大的波形。此波形经放大后，其输出端正、负半周波形之间的差异减小，从而减小了放大电路输出波形的非线性失真，如图 4.18(b)所示。

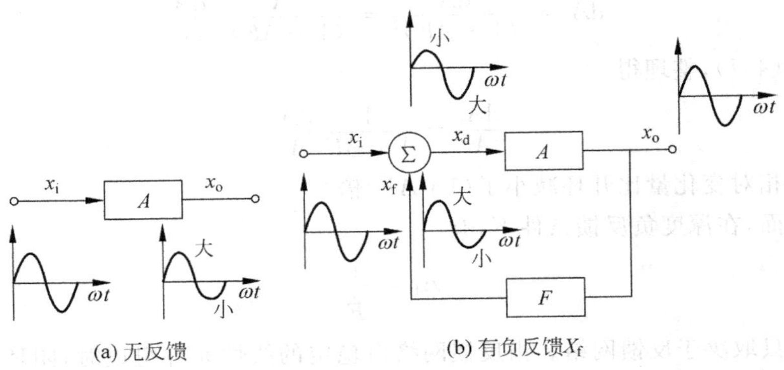

图 4.18 负反馈减小非线性失真

需要指出的是，负反馈只能减小本级放大器自身产生的非线性失真。对于输入信号的非线性失真，负反馈是无能为力的。

可以证明，在输出信号基本不变的情况下，加了负反馈后，放大电路的非线性失真减小到开环时的 $1/(1+AF)$。

同样道理，采用负反馈也可抑制放大电路自身产生的噪声，下降到开环时的 $1/(1+AF)$。

4.4.3　扩展频带

在前面讨论的阻容耦合放大电路中，由于耦合电容和旁路电容的存在，将引起低频段放大倍数下降和产生相位移；由于分布电容和三极管极间电容的存在，将引起高频段放大倍数下降和产生相位移。在前面的讨论中已提到，对于任何原因引起的放大倍数下降，负反馈将起稳定作用。如 F 为一定值（不随频率而变），在低频段和高频段由于输出减小，反馈到输入端的信号也减小，于是净输入信号增加，使输出量回升，所以频带展宽。

为使问题简单化，设反馈网络为纯电阻网络，则负反馈放大电路放大倍数 $\dot{A}_f$ 的幅频特性及其基本放大电路放大倍数 $\dot{A}$ 的幅频特性波特图（参见有关资料）如图 4.19 所示。$\dot{A}_{Mf}$ 和 $\dot{A}_M$ 分别为有反馈和无反馈时中频放大倍数。由于

$$20\lg|\dot{A}_f| = 20\lg|\dot{A}| - 20\lg|1+\dot{A}\dot{F}| \tag{4.12}$$

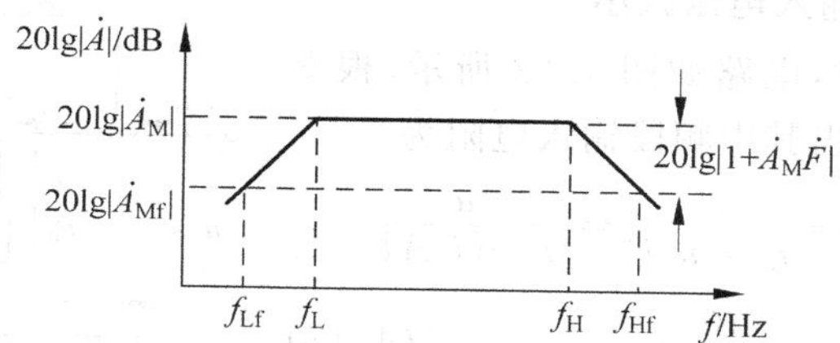

图 4.19　引入交流负反馈可以展宽频带

所以 $\dot{A}_f$ 的通频带比 $\dot{A}$ 的宽。若 $\dot{A}_f$ 的下限频率和上限频率分别为 f_{Lf} 和 f_{Hf}，$\dot{A}$ 的下限频率和上限频率分别为 f_L 和 f_H，而且其通频带分别为 f_{BWf} 和 f_{BW}，可以证明，它们的关系为

$$f_{Lf} = \frac{f_L}{1+AF} \tag{4.13}$$

$$f_{Hf} = (1+AF)f_H \tag{4.14}$$

通常，在放大电路中，f_{Lf} 值很小，可以近似认为通频带只取决于上限频率，所以

$$f_{BWf} \approx (1+AF)f_{BW} \tag{4.15}$$

即负反馈使放大器的频带展宽了 $(1+AF)$ 倍。

4.4.4　负反馈对输入电阻的影响

负反馈对输入电阻的影响，只与反馈网络和基本放大器输入回路的连接方式有关，而与输出端的连接方式无关，即仅取决于是串联反馈还是并联反馈。

1. 串联负反馈使输入电阻提高

无反馈时的电路示意图如图 4.20 所示，其输入电阻为 $R_i = \frac{u_i}{i_i} = \frac{u_d}{i_i}$。

有串联负反馈时，电路示意图如图 4.21 所示，其中频段输入电阻为

$$R_{if} = \frac{u_i}{i_i} = \frac{u_d + u_f}{i_i} = \frac{u_d + u_o F}{i_i} = \frac{u_d + u_d AF}{i_i}$$

$$= \frac{u_d(1+AF)}{i_i} = R_i(1+AF) \tag{4.16}$$

可见,引入串联负反馈后,输入电阻将增大到原来的$(1+AF)$倍。

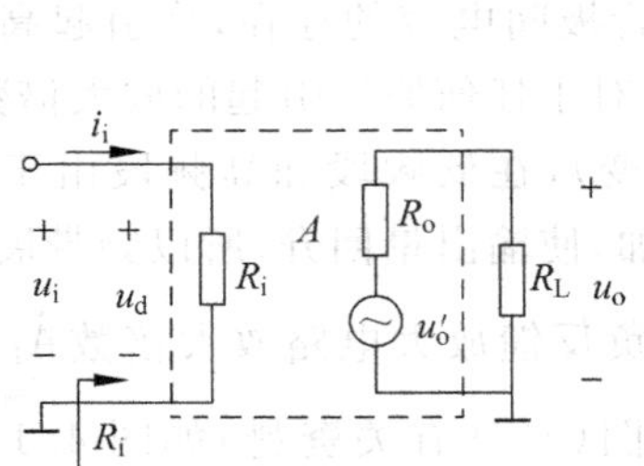

图 4.20　无反馈时电路示意图

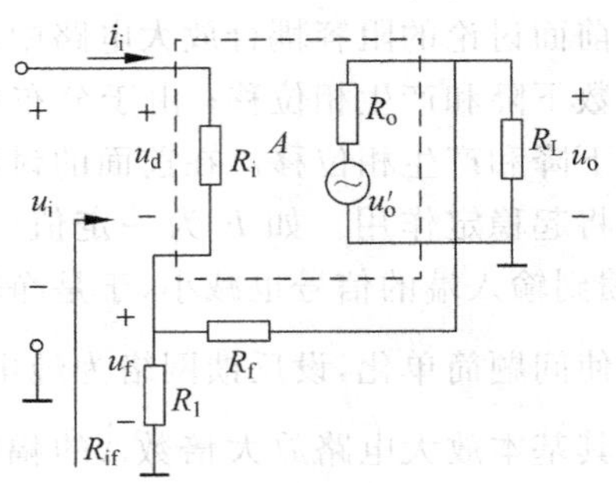

图 4.21　串联负反馈电路

2. 并联负反馈使输入电阻减小

引入并联负反馈时,电路如图 4.22 所示,根据输入电阻的定义,可求出其中频段输入电阻为

$$R_{if} = \frac{u_i}{i_i} = \frac{u_i}{i_d + i_f} = \frac{u_i}{i_d + u_o F} = \frac{u_i}{i_d + i_d AF}$$

$$= \frac{u_i}{i_d(1+AF)} = \frac{R_i}{1+AF} \tag{4.17}$$

可见,引入并联负反馈后,输入电阻减小到原来的$1/(1+AF)$。

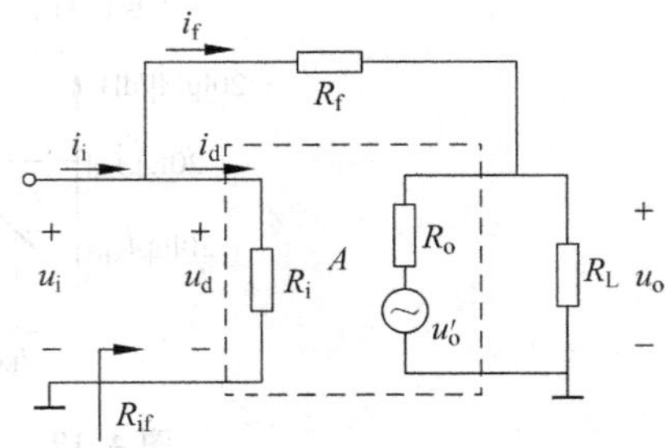

图 4.22　并联负反馈电路

在理想情况下,即$(1+AF)$趋于无穷大时,串联负反馈放大电路的输入电阻趋于无穷大,并联负反馈放大电路的输入电阻趋于 0。

4.4.5　负反馈对输出电阻的影响

负反馈对输出电阻的影响取决于反馈网络在放大电路的输出回路的取样方式,与反馈网络在输入回路的连接方式无直接关系(输入连接方式只改变$\dot{A}\dot{F}$的具体含义)。因为取样对象就是稳定对象,因此,分析负反馈对放大电路的输出电阻的影响,只要看它是稳定输出信号电压还是稳定输出信号电流。

1. 电压负反馈使输出电阻减小

电压负反馈取样于输出电压,能维持输出电压稳定,即输入信号一定时,电压负反馈的输出趋于一个恒压源,其输出电阻很小。可以证明,有电压负反馈时的闭环输出电阻为无反馈时开环输出电阻的$1/(1+AF)$倍。反馈愈深,输出电阻愈小。在理想情况下,即$(1+AF)$趋于无穷大时,电压负反馈放大电路的输出电阻趋于 0。

2. 电流负反馈使输出电阻增加

电流负反馈取样于输出电流,能维持输出电流稳定,即输入信号一定时,电流负反馈的输出趋于一个恒流源,其输出电阻很大。可以证明,有电流负反馈时的闭环输出电阻为无反馈时开环输出电阻的$(1+AF)$倍。反馈愈深,输出电阻愈大。在理想情况下,即$(1+AF)$

趋于无穷大时，电流负反馈放大电路的输出电阻趋于无穷大。

4.4.6 放大电路中引入负反馈的一般原则

由前面的分析可以知道，负反馈之所以能够改善放大电路多方面的性能，归根结底是由于将电路的输出量($\dot{U}_o$ 或 $\dot{I}_o$)引回到输入端与输入量($\dot{U}_i$ 或 $\dot{I}_i$)来比较，从而随时对净输入量及输出量进行调整。前面研究过的增益稳定性的提高、非线性失真的减少、扩展频带以及对输入电阻和输出电阻的影响，均可用自动调整作用来解释。反馈愈深，即 $|1+\dot{A}\dot{F}|$ 的值愈大时，这种调整作用愈强，对放大电路性能的改善愈为有益。另外，负反馈的类型不同，对放大电路所产生的影响也不同。

工程中往往要求根据实际需要在放大电路中引入适当的负反馈，以提高电路或电子系统的性能。引入负反馈的一般原则为：

(1) 为了稳定静态工作点，应引入直流负反馈；为了改善放大电路的动态性能，应引入交流负反馈。

(2) 要求提高输入电阻或信号源内阻较小时，应引入串联负反馈；要求降低输入电阻或信号源内阻较大时，应引入并联负反馈。

(3) 根据负载对放大电路输出电量或输出电阻的要求，决定是引入电压负反馈还是电流负反馈。若负载要求提供稳定的电压信号，输出电阻小，应引入电压负反馈；若负载要求提供稳定的电流信号，输出电阻大，应引入电流负反馈。

(4) 在需要进行信号变换时，应根据 4 种类型的负反馈放大电路的功能选择合适的组态。例如，要求实现电流—电压信号的转换时，应在放大电路中引入电压并联负反馈。

这里介绍的只是一般原则。要注意的是，负反馈对放大电路性能的影响只局限于反馈环内，反馈回路未包括的部分并不适用。性能的改善程度均与反馈深度 $|1+\dot{A}\dot{F}|$ 有关，但并不是 $|1+\dot{A}\dot{F}|$ 越大越好。对于某些电路来说，在一些频率下产生的附加相移可能使原来的负反馈变成了正反馈，甚至会产生自激振荡，使放大电路无法正常工作。另外，有时可以在负反馈放大电路中引入适当的正反馈，以提高增益。

4.5 负反馈放大电路的分析方法

4.5.1 深度负反馈条件下的近似计算

用 $\dot{A}_f=\dfrac{\dot{A}}{1+\dot{A}\dot{F}}$ 计算负反馈放大电路的闭环增益比较精确但较麻烦，因为要先求得开环增益和反馈系数，就要先把反馈放大电路划分为基本放大电路和反馈网络，但这不是简单地断开反馈网络就能完成的，而是既要除去反馈，又要考虑反馈网络对基本放大电路的负载作用。所以，通常从工程实际出发，利用一定的近似条件，即在深度反馈条件下对闭环增益进行估算。一般情况下，大多数反馈放大电路，特别是由集成运放组成的放大电路，都能满足深度负反馈的条件。

从 4.3 节可知，在深度负反馈条件下，负反馈放大电路的一般表达式为

$$\dot{A}_f \approx \frac{1}{\dot{F}}$$

根据$\dot{A}_f$和$\dot{F}$的定义，有

$$\dot{A}_f = \frac{\dot{X}_o}{\dot{X}_i} \approx \frac{1}{\dot{F}} = \frac{\dot{X}_o}{\dot{X}_f} \tag{4.18}$$

此式表明，当满足深度负反馈条件时，反馈信号$\dot{X}_f$与输入信号$\dot{X}_i$相差甚微，净输入信号甚小，可以忽略。但对于不同组态，可忽略的净输入量将不同。当电路引入深度串联负反馈时

$$\dot{U}_i = \dot{U}_f \tag{4.19}$$

即认为净输入电压$\dot{U}_d$可忽略不计。当电路引入深度并联负反馈时

$$\dot{I}_i \approx \dot{I}_f \tag{4.20}$$

即认为净输入电流$\dot{I}_d$可忽略不计。在上述条件下，可以求出放大倍数。

4.5.2 深度负反馈条件下电压放大倍数的分析

串联负反馈放大电路的电压放大倍数用$\dot{A}_{uf}$表示，其值等于输出电压$\dot{U}_o$与输入电压$\dot{U}_i$之比；由于并联负反馈放大电路所加信号源为有内阻R_s的电压源$\dot{U}_s$，故其电压放大倍数$\dot{A}_{usf}$等于输出电压$\dot{U}_o$与信号源电压$\dot{U}_s$之比。

1. 电压串联负反馈电路

由于在电路中引入了深度串联负反馈，$\dot{U}_i=\dot{U}_f$，其电压放大倍数为

$$\dot{A}_{uf} = \frac{\dot{U}_o}{\dot{U}_i} \approx \frac{\dot{U}_o}{\dot{U}_f} \tag{4.21}$$

在深度负反馈放大电路中，准确地找出负反馈放大电路的反馈网络，求出反馈系数，是求解放大倍数的基础。

在图4.23(a)所示电压串联负反馈电路中，输出电压$\dot{U}_o$加在R_2和R_1上产生电流，该电流在R_1上的压降就是反馈电压，因而其反馈网络如图4.23(b)的虚线框中所示。反馈系数为

$$\dot{F} = \frac{\dot{U}_f}{\dot{U}_o} = \frac{R_1}{R_1 + R_2} \tag{4.22}$$

电压放大倍数为

$$\dot{A}_{uf} = \frac{\dot{U}_o}{\dot{U}_i} \approx \frac{\dot{U}_o}{\dot{U}_f} = 1 + \frac{R_2}{R_1} \tag{4.23}$$

2. 电压并联负反馈电路

通常，并联负反馈电路的信号源均不是恒流源，即内阻不是无穷大，故在电路的输入端，内阻为R_s的电流源$\dot{I}_s$、基本放大电路和反馈网络的连接如图4.24(a)所示。根据诺

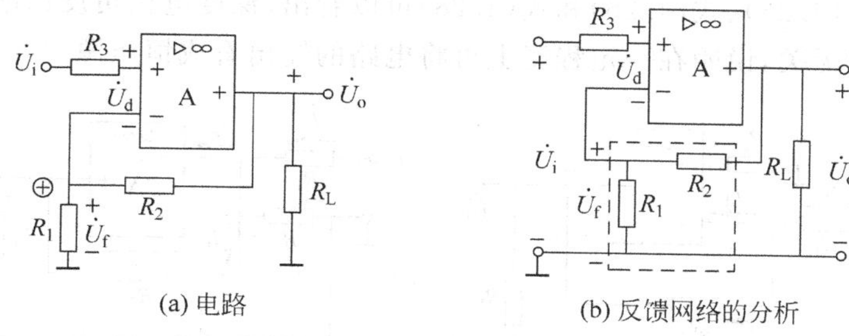

图 4.23　电压串联负反馈放大电路及其反馈网络

顿定理，可将信号源转换成内阻为 R_s 的电压源，如图 4.24(b)所示。由于信号源内阻较大，故可以认为放大电路的输入电流 $\dot{I}_i \approx \dot{I}_s$；且由于并联负反馈电路的输入电阻远小于 R_s，故可认为 $\dot{U}_s$ 几乎全部降落在 R_s 上。又由于深度并联负反馈条件下，$\dot{I}_i \approx \dot{I}_f$，所以

$$\dot{U}_s \approx \dot{I}_i R_s \approx \dot{I}_f R_s \tag{4.24}$$

在深度负反馈条件下

$$\dot{A}_{uif} = \frac{\dot{U}_o}{\dot{I}_i} \approx \frac{\dot{U}_o}{\dot{I}_f} \tag{4.25}$$

根据式(4.24)，可得电压放大倍数为

$$\dot{A}_{usf} = \frac{\dot{U}_o}{\dot{U}_s} \approx \frac{\dot{U}_o}{\dot{I}_f R_s} \tag{4.26}$$

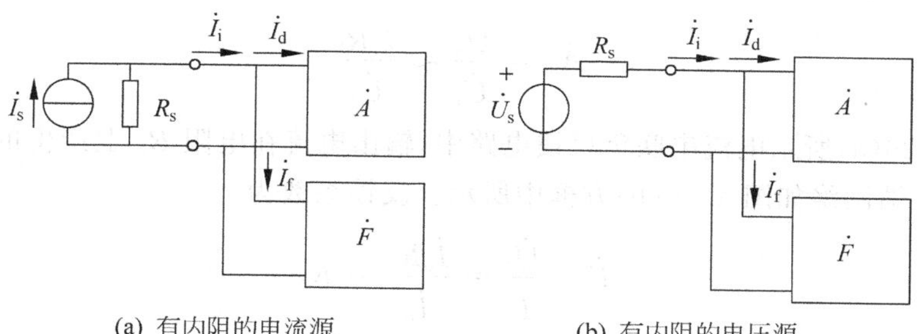

图 4.24　并联负反馈的信号源

在图 4.25(a)所示的电压并联负反馈电路中，输出电压在电阻 R_2 上产生的电流为反馈电流，因而反馈网络如图 4.25(b)方框中所示。反馈系数为

$$\dot{F} = \frac{\dot{I}_f}{\dot{U}_o} = \frac{\dfrac{-\dot{U}_o}{R_2}}{\dot{U}_o} = -\frac{1}{R_2} \tag{4.27}$$

电阻 R_1 相当于信号源 $\dot{U}_s$ 的内阻，根据式(4.26)，可得电压放大倍数为

$$\dot{A}_{usf} = \frac{\dot{U}_o}{\dot{U}_s} \approx -\frac{R_2}{R_1} \tag{4.28}$$

从式(4.21)和式(4.23)、式(4.26)和式(4.28)可以看出,深度电压负反馈电路的电压放大倍数与负载电阻无关,说明在一定程度上可将电路的输出看成恒压源。

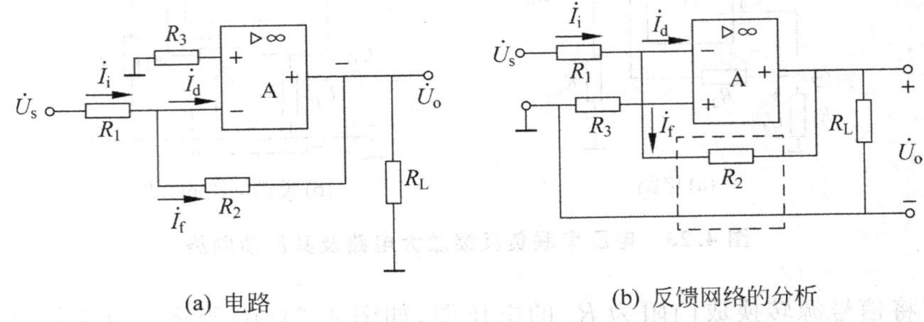

(a) 电路　　(b) 反馈网络的分析

图 4.25　电压并联负反馈放大电路及其反馈网络

3. 电流串联负反馈电路

由于在电路中引入了串联负反馈,即$\dot{U}_i=\dot{U}_f$,而且由于引入了电流负反馈,输出电压为

$$\dot{U}_o=\dot{I}_o R_L \tag{4.29}$$

R_L 为输出端所接的负载。在深度负反馈条件下

$$\dot{A}_{iu}=\frac{\dot{I}_o}{\dot{U}_i}\approx\frac{\dot{I}_o}{\dot{U}_f} \tag{4.30}$$

电压放大倍数为

$$\dot{A}_{uf}=\frac{\dot{U}_o}{\dot{U}_i}\approx\frac{\dot{I}_o R_L}{\dot{U}_f} \tag{4.31}$$

在图 4.26(a)所示电流串联负反馈电路中,输出电流在电阻 R_2 上产生的电压为反馈电压,因而反馈网络如图 4.26(b)方框中所示。反馈系数为

$$\dot{F}=\frac{\dot{U}_f}{\dot{I}_o}=\frac{\dot{I}_o R_2}{\dot{I}_o}=R_2 \tag{4.32}$$

根据式(4.31)可得电压放大倍数为

$$\dot{A}_{uf}=\frac{\dot{U}_o}{\dot{U}_i}\approx\frac{R_L}{R_2} \tag{4.33}$$

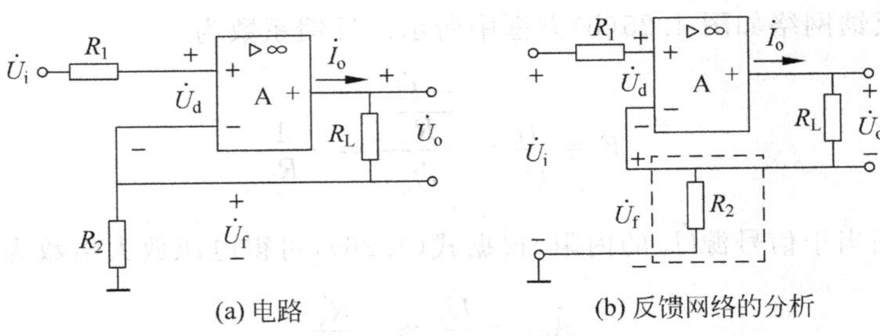

(a) 电路　　(b) 反馈网络的分析

图 4.26　电流串联负反馈放大电路及其反馈网络

4. **电流并联负反馈**

在深度电流并联负反馈电路中，放大倍数为

$$\dot{A}_{ii}=\frac{\dot{I}_o}{\dot{I}_i}\approx\frac{\dot{I}_o}{\dot{I}_f} \tag{4.34}$$

根据前面的分析可知，信号源电压如式(4.24)所示，输出电压如式(4.29)所示，因而电压放大倍数为

$$\dot{A}_{usf}=\frac{\dot{U}_o}{\dot{U}_s}\approx\frac{\dot{I}_oR_L}{\dot{I}_fR_s} \tag{4.35}$$

在图4.27(a)所示电流并联负反馈电路中，输出电流在电阻 R_1 和 R_2 上分流，R_1 中的电流为反馈电流，因而反馈网络如图4.27(b)方框中所示。反馈系数为

$$\dot{F}=\frac{\dot{I}_f}{\dot{I}_o}=\frac{-\dfrac{R_2}{R_1+R_2}\dot{I}_o}{\dot{I}_o}=-\frac{R_2}{R_1+R_2} \tag{4.36}$$

根据式(4.35)，可得电压放大倍数为

$$\dot{A}_{usf}=\frac{\dot{U}_o}{\dot{U}_s}\approx-\left(1+\frac{R_1}{R_2}\right)\frac{R_L}{R_s} \tag{4.37}$$

从式(4.31)和式(4.33)、式(4.35)和式(4.37)可以看出，深度电流负反馈电路的电压放大倍数与负载电阻成线性关系，说明在一定程度上可将电路的输出看成恒流源。

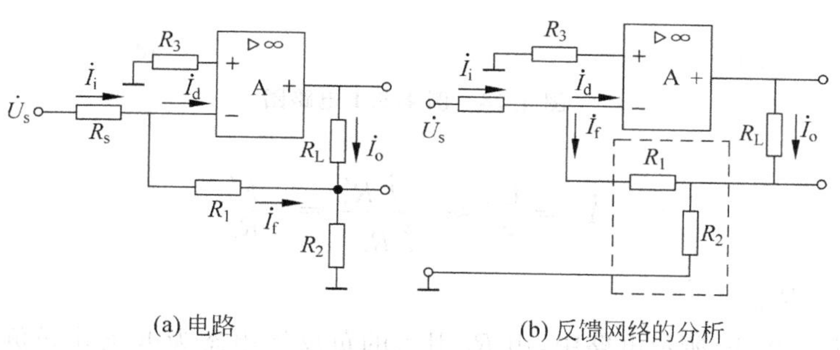

图4.27 电流并联负反馈放大电路及其反馈网络

综上所述，求解深度负反馈放大电路放大倍数的一般步骤是：

(1) 判断反馈组态；

(2) 确定反馈网络，求解反馈系数$\dot{F}$；

(3) 利用反馈系数求解$\dot{A}_f$、$\dot{A}_{uf}$或$\dot{A}_{usf}$。

由以上分析可知，正确判断交流负反馈的组态是正确估算放大倍数的前提，而确定反馈网络是正确估算放大倍数的保证。

例4.5.1 设图4.28中各放大电路的整体反馈均满足深度负反馈条件，估算各电路的闭环电压放大倍数。

解 (1) 在图4.28(a)所示电路中，由 R_{e1} 引入的负反馈组态为电流串联负反馈。在深度负反馈条件下有$\dot{U}_f\approx\dot{U}_i$，由图可得$\dot{U}_f=\dot{I}_eR_{e1}\approx\dot{I}_cR_{e1}\approx\dot{U}_i$，则有

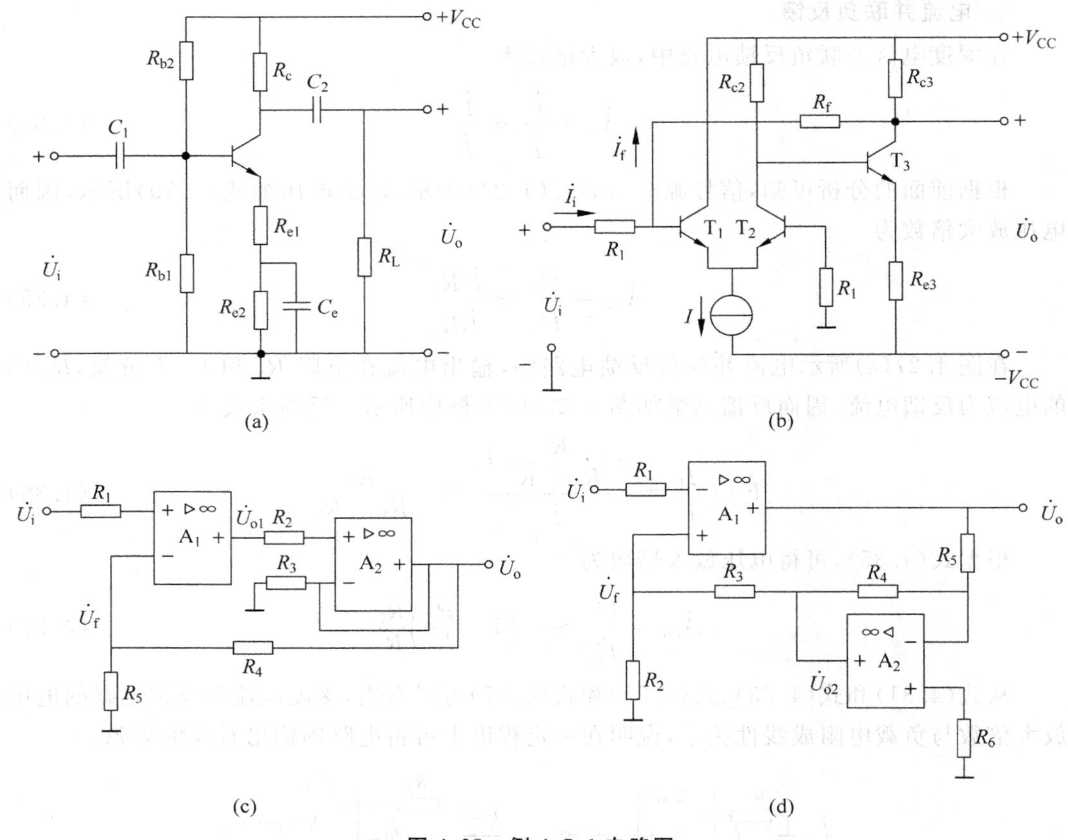

图 4.28　例 4.5.1 电路图

$$\dot{A}_{uf}=\frac{\dot{U}_o}{\dot{U}_i}\approx\frac{-\dot{I}_c R_L'}{\dot{I}_c R_{e1}}=-\frac{R_L'}{R_{e1}}$$

其中，$R_L'=R_L /\!/ R_c$。

(2) 在图 4.28(b)所示电路中，由 R_f 引入的负反馈组态为电压并联负反馈。在深度负反馈条件下有 $\dot{I}_f\approx\dot{I}_i$，由图可得 $\dot{I}_i\approx\frac{\dot{U}_i}{R_1}$，$\dot{I}_f\approx-\frac{\dot{U}_o}{R_f}$，则有

$$\dot{A}_{uf}=\frac{\dot{U}_o}{\dot{U}_i}\approx-\frac{R_f}{R_1}$$

(3) 在图 4.28(c)所示电路中，由 R_4 引入的负反馈组态为电压串联负反馈。因集成运放的输入电阻很高，其输入电流近似为零，R_1 上的电流可忽略不计。由图可得

$$\dot{U}_i\approx\dot{U}_f=\frac{R_5}{R_4+R_5}\dot{U}_o$$

所以，可得

$$\dot{A}_{uf}=\frac{\dot{U}_o}{\dot{U}_i}\approx 1+\frac{R_4}{R_5}$$

(4) 在图 4.28(d)所示电路中，输入信号$\dot{U}_i$ 从集成运放 A_1 的反相输入端输入，经放大后得到输出信号$\dot{U}_o$，由 A_2、R_4 和 R_5 组成反相放大器，通过 R_2 和 R_3 的分压，把输出信号$\dot{U}_o$ 送回到 A_1 的同相输入端，故 A_2、R_4、R_5、R_2 和 R_3 组成了反馈网络。可以判断，引入的反馈组态是电压串联负反馈。

由图可得

$$\dot{U}_{o2}=-\frac{R_4}{R_5}\dot{U}_o$$

$$\dot{U}_i\approx\dot{U}_f=\frac{R_2}{R_2+R_3}\dot{U}_{o2}=-\frac{R_4}{R_5}\frac{R_2}{R_2+R_3}\dot{U}_o$$

故

$$\dot{A}_{uf}=\frac{\dot{U}_o}{\dot{U}_i}=-\frac{R_5(R_2+R_3)}{R_2R_4}$$

4.6 负反馈放大电路的自激振荡及消除方法

交流负反馈能够改善放大电路的许多性能，且改善的程度由负反馈的深度决定。但是，如果电路组成不合理，反馈过深，反而会使放大电路产生自激振荡而不能稳定地工作。

4.6.1 负反馈放大电路产生自激振荡的原因及条件

1. 产生自激振荡的原因

前面讲的负反馈放大电路都是假定其工作在中频区，这时电路中各电抗性元件的影响可以忽略。按照负反馈的定义，引入负反馈后，净输入信号$\dot{X}_d$ 在减小，因此$\dot{X}_f$ 与$\dot{X}_i$ 必须是同相的，即有 $\varphi_A+\varphi_F=2n\times180°$，$n=0,1,2,\cdots$($\varphi_A$ 和 φ_F 分别是$\dot{A}$和$\dot{F}$的相角)。可是，在高频区或低频区时，电路中各种电抗性元件的影响不能再被忽略。$\dot{A}$和$\dot{F}$是频率的函数，因而 $\dot{A}$与$\dot{F}$的幅值和相位都会随频率而变化。相位的改变，使$\dot{X}_f$ 和$\dot{X}_i$ 不再相同，产生了附加相移($\Delta\varphi_A+\Delta\varphi_F$)。可能在某一频率下，$\dot{A}$和$\dot{F}$的附加相移达到 180°，即 $\varphi_A+\varphi_F=(2n+1)\times180°$，这时，$\dot{X}_f$ 与$\dot{X}_i$ 必然由中频区的同相变为反相，使放大电路的净输入信号由中频时的减小变为增加，放大电路就由负反馈变成了正反馈。当正反馈较强，$\dot{X}_d=-\dot{X}_f=-\dot{A}\dot{F}\dot{X}_d$，也就是$\dot{A}\dot{F}=-1$ 时，即使输入端不加信号($\dot{X}_i=0$)，输出端也会产生输出信号，电路产生自激振荡。这时，电路失去正常的放大作用而处于一种不稳定的状态。

2. 产生自激振荡的相位条件和幅值条件

由上面的分析可知，负反馈放大电路产生自激振荡的条件是环路增益

$$\dot{A}\dot{F}=-1 \tag{4.38}$$

它包括幅值条件和相位条件，即

$$\begin{cases} |\dot{A}\dot{F}| = 1 \\ \varphi_A + \varphi_F = (2n+1) \times 180° \end{cases} \tag{4.39}$$

为了突出附加相移，上述自激振荡的条件也常写成

$$\begin{cases} |\dot{A}\dot{F}| = 1 \\ \Delta\varphi_A + \Delta\varphi_F = \pm 180° \end{cases} \tag{4.40}$$

$\dot{A}$与$\dot{F}$的幅值条件和相位条件同时满足时，负反馈放大电路就会产生自激振荡。在$\Delta\varphi_A + \Delta\varphi_F = \pm 180°$及$|\dot{A}\dot{F}| > 1$时，更加容易产生自激振荡。

4.6.2 负反馈放大电路稳定性的定性分析

根据自激振荡的条件，可以对反馈放大电路的稳定性进行定性分析。

设反馈放大电路采用直接耦合方式，由反馈网络的纯电阻构成，$\dot{F}$为实数。那么，这种类型的电路只可能产生高频段的自激振荡，而且附加相移只可能由基本放大电路产生。可以推知，超过三级以后，放大电路的级数越多，引入负反馈后越容易产生高频自激振荡。因此，实用电路中以三级放大电路最常见。

与上述分析相类似，放大电路中的耦合电容、旁路电容越多，引入负反馈后就越容易产生低频自激振荡。而且$|1+\dot{A}\dot{F}|$越大，幅值条件越容易满足。

4.6.3 负反馈放大电路稳定性的判断

由自激振荡的条件可知，如果环路增益$\dot{A}\dot{F}$的幅值条件和相位条件不能同时满足，负反馈放大电路便不会产生自激振荡。所以，负反馈放大电路稳定工作的条件是：当$|\dot{A}\dot{F}| = 1$时，$|\Delta\varphi_A + \Delta\varphi_F| < 180°$；或当$|\Delta\varphi_A + \Delta\varphi_F| = 180°$时，$|\dot{A}\dot{F}| < 1$。工程上常用环路增益$\dot{A}\dot{F}$的波特图来分析负反馈放大电路能否稳定地工作。

1. 判断方法

图 4.29(a)、(b)所示分别是两个耦合式负反馈放大电路的环路增益$\dot{A}\dot{F}$的波特图。图中，f_0是满足相位条件$|\Delta\varphi_A + \Delta\varphi_F| = 180°$时的频率，$f_c$是满足幅值条件$|\dot{A}\dot{F}| = 1$时的频率。

在图 4.29(a)所示波特图中，当$f = f_0$，即$\Delta\varphi_A + \Delta\varphi_F = -180°$时，它对应的幅频特性曲线上的点在横轴上方，$20\lg|\dot{A}\dot{F}| > 0$，即$|\dot{A}\dot{F}| > 1$，说明相位条件和幅值条件同时能满足。同样，当$f = f_c$，即$20\lg|\dot{A}\dot{F}| = 0$，$|\dot{A}\dot{F}| = 1$时，有$|\Delta\varphi_A + \Delta\varphi_F| > 180°$。所以，具有图 4.29(a)所示环路增益频率特性的负反馈放大电路会产生自激振荡，不能稳定地工作。

在图 4.29(b)所示波特图中，当$f = f_0$，即$\Delta\varphi_A + \Delta\varphi_F = -180°$时，它对应的幅频特性曲线上的点在横轴下方，$20\lg|\dot{A}\dot{F}| < 0$，即$|\dot{A}\dot{F}| < 1$，不满足自激条件。而当$f = f_c$时，$20\lg|\dot{A}\dot{F}| = 0\text{dB}$，即$|\dot{A}\dot{F}| = 1$时，有$|\Delta\varphi_A + \Delta\varphi_F| < 180°$，也不满足自激条件，说明具有图 4.29(b)所示环路增益频率特性的负反馈放大电路是稳定的，不会产生自激振荡。

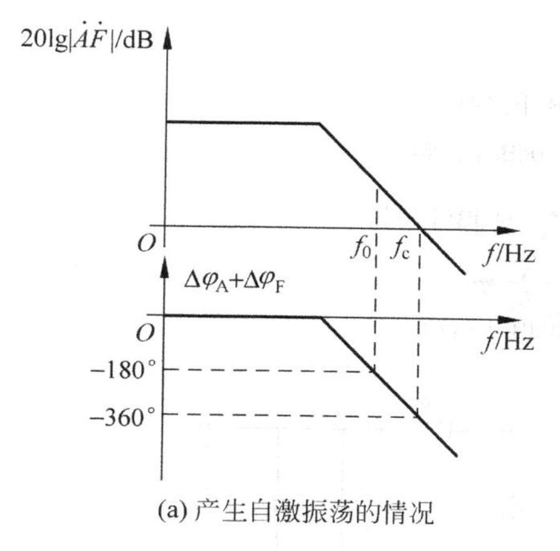

(a) 产生自激振荡的情况

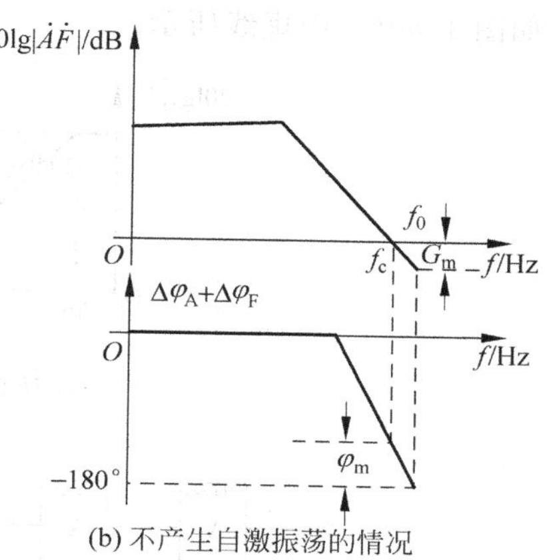

(b) 不产生自激振荡的情况

图 4.29 负反馈放大电路环路增益$\dot{A}\dot{F}$的频率响应曲线

综上所述，由环路增益的频率特性判断负反馈放大电路是否稳定的方法是比较 f_0 与 f_c 的大小。若 $f_0>f_c$，则电路稳定；若 $f_0\leqslant f_c$，则电路产生自激振荡。

2. 稳定裕度

根据上面讨论的负反馈放大电路稳定的判断方法知，只要 $f_0>f_c$，电路就能稳定。但为了使电路具有足够的稳定性，还规定电路应具有一定的稳定裕度，包括增益裕度和相位裕度。

(1) 增益裕度 G_m

定义 $f=f_0$ 时所对应的幅值为增益裕度，即

$$G_m = 20\lg|\dot{A}\dot{F}|_{f=f_0} \tag{4.41}$$

G_m 的绝对值越大，表明电路越稳定。一般要求 $G_m\leqslant -10$dB。

(2) 相位裕度 φ_m

定义 $f=f_c$ 时所对应的附加相移为相位裕度 φ_m，即

$$\varphi_m = 180° + \varphi(f_c) \tag{4.42}$$

φ_m 越大，表明电路越稳定。一般要求 $\varphi_m\geqslant 45°$。G_m 和 φ_m 如图 4.29(b)中所标注。

4.6.4 负反馈放大电路中自激振荡的消除方法

发生在放大电路中的自激振荡是有害的，必须设法消除。最简单的方法是减小反馈深度，如减小反馈系数$\dot{F}$，但这不利于改善放大电路的其他性能。为了解决这个矛盾，常采用频率补偿的办法(或称相位补偿法)。其指导思想是：在反馈环路内增加一些含电抗元件的电路，从而改变$\dot{A}\dot{F}$的频率特性，破坏自激振荡的条件，例如使 $f_0>f_c$，则自激振荡必然被消除。

频率补偿的形式很多，在此仅介绍滞后补偿。滞后补偿是在基本放大电路中加入一个 RC 电路，使开环增益$\dot{A}$的相位滞后，从而达到消除自激振荡的目的。

1. 电容滞后补偿

设负反馈放大电路为三级直接耦合放大电路(如集成运放)，其环路增益$\dot{A}\dot{F}$的幅频

特性如图 4.30(a)中虚线所示。

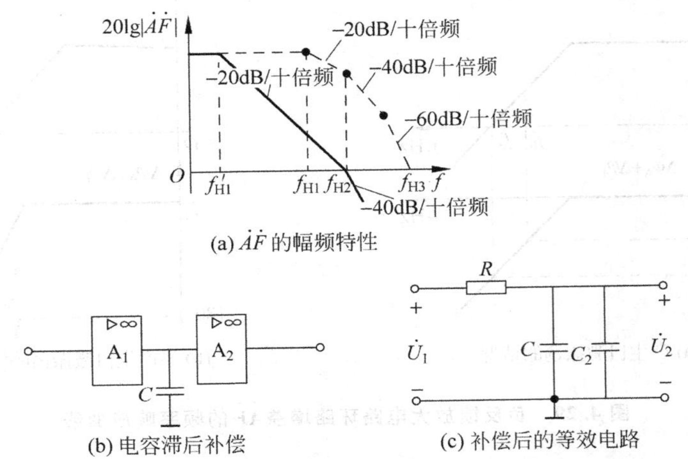

(a) $\dot{A}\dot{F}$ 的幅频特性

(b) 电容滞后补偿　　(c) 补偿后的等效电路

图 4.30　三级直接耦合负反馈放大电路的电容滞后补偿

在电路中找到决定曲线最低的拐点 f_{H1} 的那一级,加补偿电容,如图 4.30(b)所示,其等效电路如图 4.30(c)所示。在图 4.30(c)中,$\dot{U}_1$ 为 A_1 中频段时的输出电压,$\dot{U}_2$ 为 A_2 的输入电压;C_2 为 A_1 和 A_2 连接点与地之间的总电容,包括前级的输出电容和后级的输入电容;R 为 C_2 所在回路的等效电阻;C 为补偿电容。补偿前

$$f_{H1} = \frac{1}{2\pi RC_2} \tag{4.43}$$

补偿后

$$f'_{H1} = \frac{1}{2\pi(C_2 + C)} \tag{4.44}$$

选择合适的电容 C,使幅频特性中 −20dB/十倍频段加长,使得在 $f = f_{H2}$ 时,20lg|$\dot{A}\dot{F}$|=0dB,则补偿后 $\dot{A}\dot{F}$ 的幅频特性如图 4.30(a)实线所示。因为在 $f = f_{H2}$ 时由 f'_{H1} 产生的最大相移为 −90°,由 f_{H2} 产生的相移为 −45°,总的最大相移为 −135°,所以 $f_0 < f_c$,电路稳定,且具有至少45°的相位裕度。

2. 阻容滞后补偿

电容滞后补偿虽然可以消除自激振荡,但它是以减小带宽为代价来消除自激振荡的,即电容滞后补偿使通频带变窄。采用 RC 阻容滞后补偿不仅可以消除自激振荡,而且可使带宽得到一定的改善。具体的做法是:在电路中找到决定曲线最低的拐点 f_{H1} 的所在回路,接补偿电阻和电容,如图 4.31(a)所示。

图 4.31(a)所示电路的等效电路如图 4.31(b)所示,其中,$\dot{U}_1$ 为 A_1 中频段时的输出电压,$\dot{U}_2$ 为 A_2 的输入电压;C_2 为 A_1 和 A_2 连接点与地之间的总电容,包括前级的输出电容和后级的输入电容;R' 为 C_2 所在回路的等效电阻;RC 为补偿电路。补偿前

$$\dot{A}\dot{F} = \frac{\dot{A}_M \dot{F}}{\left(1 + j\frac{f}{f_{H1}}\right)\left(1 + j\frac{f}{f_{H2}}\right)\left(1 + j\frac{f}{f_{H3}}\right)} \tag{4.45}$$

$$f_{H1}=\frac{1}{2\pi R'C_2} \tag{4.46}$$

补偿后，若 $C\gg C_2$，则

$$\frac{\dot{U}_2}{\dot{U}_1}\approx\frac{R+\dfrac{1}{j\omega C}}{R'+R+\dfrac{1}{j\omega C}}=\frac{1+j\omega RC}{1+j\omega(R'+R)C}=\frac{1+j\dfrac{f}{f'_{H2}}}{1+j\dfrac{f}{f'_{H1}}} \tag{4.47}$$

$$f'_{H1}\approx\frac{1}{2\pi(R'+R)C},\quad f'_{H2}\approx\frac{1}{2\pi RC} \tag{4.48}$$

若 $f'_{H2}=f_{H2}$，则

$$\dot{A}\dot{F}\approx\frac{\dot{A}_M\ \dot{F}}{\left(1+j\dfrac{f}{f'_{H1}}\right)\left(1+j\dfrac{f}{f_{H3}}\right)} \tag{4.49}$$

补偿后$\dot{A}\dot{F}$的幅频特性如图 4.31(c)实线所示。因为在高频段只有两个拐点，故电路不可能产生振荡。图 4.31(c)实线左侧的虚线是电容滞后补偿后$\dot{A}\dot{F}$的幅频特性，可见，RC 补偿后，$\dot{A}\dot{F}$的通频带比电容补偿后的通频带宽。

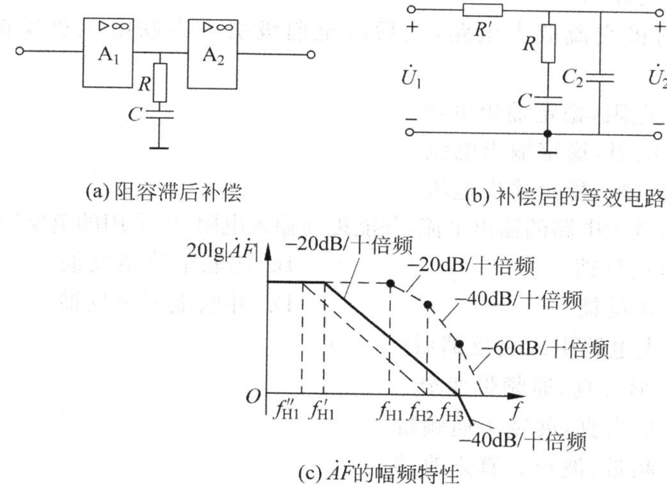

图 4.31　三级直接耦合负反馈放大电路的 RC 滞后补偿

电容补偿法和阻容补偿法均属于滞后补偿，还有其他补偿方法，可参阅有关文献。在实际进行频率补偿时，由于元件参数的离散性较大，往往要经过反复调试，才能得到较好的补偿效果。

习题

4.1　选择题

(1) 在单管放大电路中，引入并联负反馈，输入电阻 r_i 将(　　)。

A. 降低　　B. 提高　　C. 不变

(2) 在单管放大电路中，引入电流负反馈，放大电路的输出电阻将(　　)。

A. 减小　　B. 增加　　C. 不变

(3) 在串联电压负反馈放大电路中，若将反馈深度增加，则该电路的输出电阻将(　　)。

A. 减小　　B. 增加　　C. 不变

(4) 在负反馈放大电路中，随着反馈深度的增加，则闭环电压放大倍数的稳定性将(　　)。

A. 降低　　B. 提高　　C. 不变

(5) 在串联电压负反馈放大电路中，若将反馈系数$|F|$增加，则输入电阻将(　　)。

A. 减小　　B. 增加　　C. 不变

(6) 在串联电压负反馈放大电路中，若将反馈系数$|F|$减小，则该电路的闭环放大倍数将(　　)。

A. 降低　　B. 提高　　C. 不变

(7) 欲使放大电路的输入电阻增加，输出电阻减小，应引入(　　)。

A. 串联电压负反馈　　B. 串联电流负反馈

C. 并联电压负反馈　　D. 并联电流负反馈

(8) 两级共射极交流放大电路，由后级至前级引入串联电压负反馈后起到的作用是(　　)。

A. 提高输入电阻，稳定输出电压

B. 减小输入电阻，稳定输出电流

C. 提高输入电阻，稳定输出电流

(9) 为了稳定放大电路的输出电流，并能提高输入电阻，应采用的负反馈类型为(　　)。

A. 串联电压负反馈　　B. 串联电流负反馈

C. 并联电压负反馈　　D. 并联电流负反馈

(10) 交流放大电路引入负反馈后(　　)。

A. 改善了波形失真，通频带变窄

B. 改善了波形失真，展宽了通频带

C. 展宽了通频带，波形失真未改善

(11) 某交流放大电路引入电压负反馈后(　　)。

A. 降低了电压放大倍数，改善了波形失真

B. 提高了电压放大倍数，改善了波形失真

C. 降低了电压放大倍数，波形失真未改善

(12) 若要求负载变化时放大电路的输出电压比较稳定，并且取用信号源的电流尽可能小，应选用(　　)。

A. 串联电压负反馈　　B. 串联电流负反馈

C. 并联电压负反馈　　D. 并联电流正反馈

(13) 放大电路如图 4.32 所示，若接通开关 S，将使电路(　　)。

A. 输入电阻增大，电压放大倍数减小

B. 输入电阻减小，电压放大倍数增大

C. 输入电阻和电压放大倍数均不变

D. 输入电阻和电压放大倍数均减小

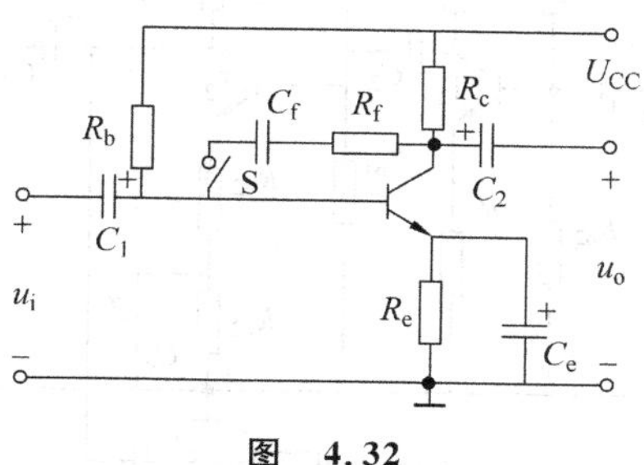

图 4.32

4.2 判断图 4.33 所示电路的反馈极性和组态，并写出分析过程。

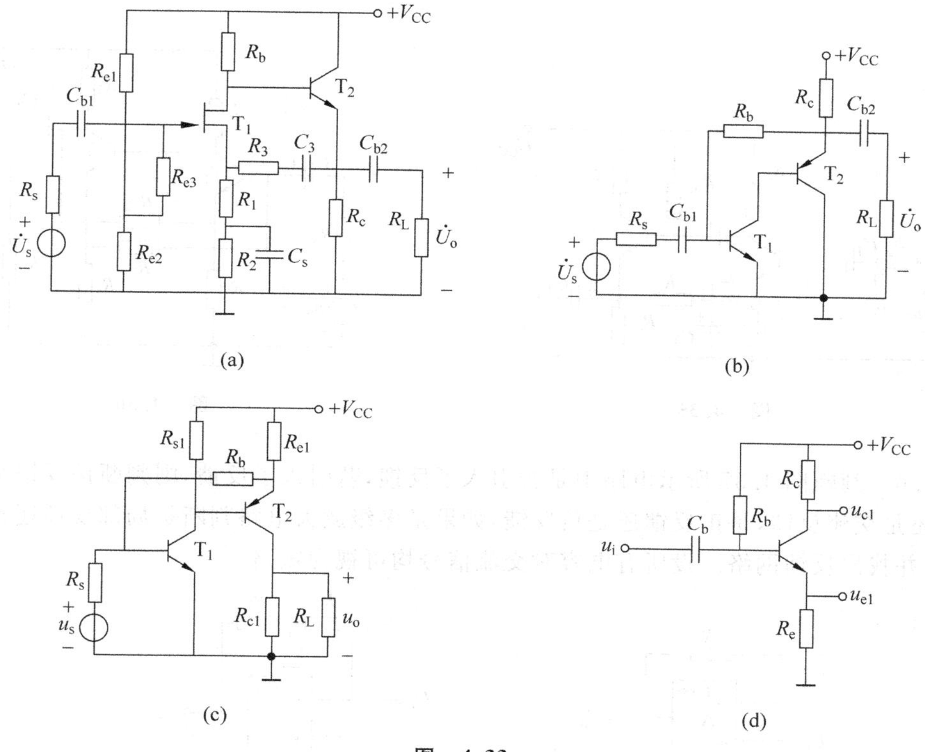

图 4.33

4.3 电路如图 4.34 所示，试问 a 端应接在 T_1 管的基极还是发射极才能组成负反馈，属何种类型负反馈，对放大电路的 r_i 和 r_o 有何影响？

4.4 电路如图 4.35 所示，要求：

(1) 找出级间交流反馈元件，并判断反馈极性(正，负反馈)和类型；

(2) 若 $R_{e2}=0$ 时，上述交流反馈是否存在，为什么？

4.5 电路如图 4.36 所示，指出反馈元件，并判断级间反馈极性(正、负反馈)和类型，如果希望 R_{f1} 只起直流反馈作用，R_{f2} 只起交流反馈作用，应将电路如何改变？(要求直接在电路图上改画)

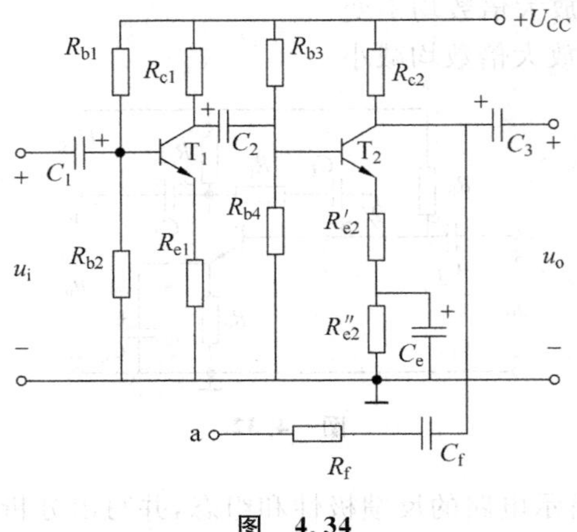

图 4.34

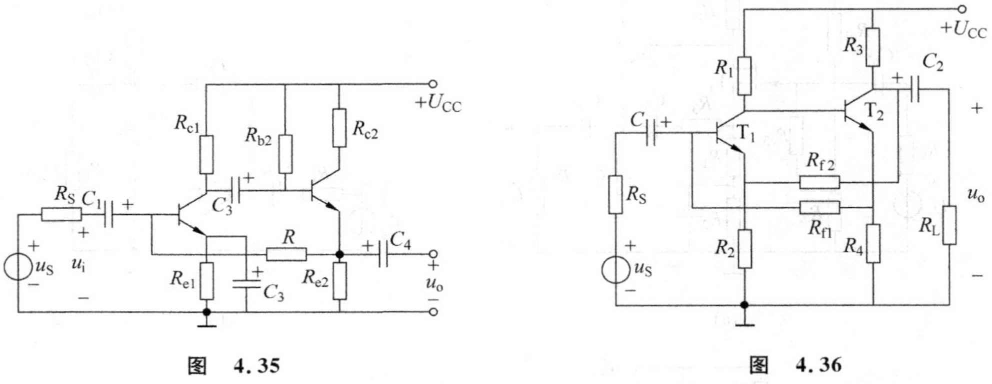

图 4.35 图 4.36

4.6 判断图 4.37 所示电路中是否引入了反馈,若引入了反馈,则判断该反馈是直流反馈还是交流反馈,是正反馈还是负反馈,如果是多级放大电路判断是局部反馈还是级间反馈,并找出反馈网络。设所有电容对交流信号均可视为短路。

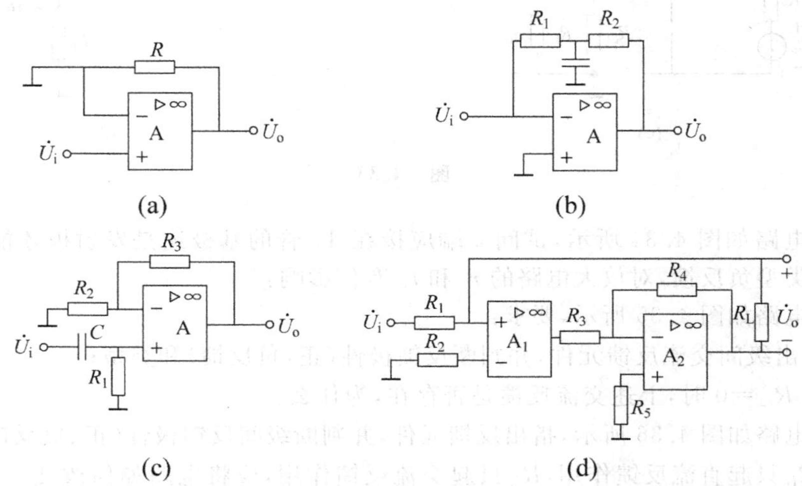

图 4.37

4.7　判断图 4.38 所示电路中是否引入了反馈，若引入了反馈，则判断该反馈是直流反馈还是交流反馈，是正反馈还是负反馈。设所有电容对交流信号均可视为短路。

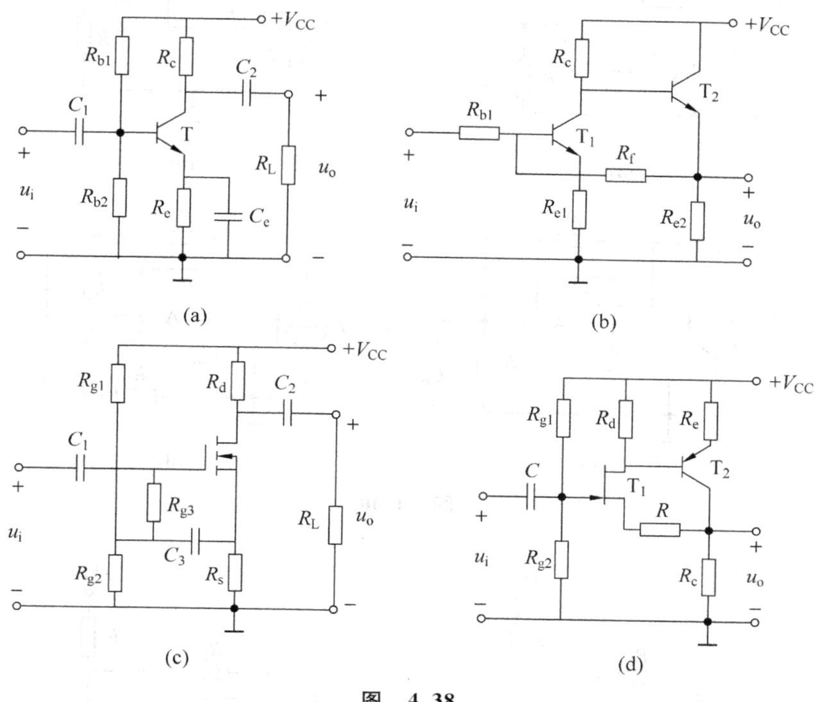

图　4.38

4.8　在图 4.39 所示的两级放大电路中，要求：

(1) 哪些是直流负反馈；

(2) 哪些是交流负反馈，并说明其类型；

(3) 如果 R_f 不接在 T_2 的集电极，而是接在 C_2 与 R_L 之间，两者有何不同；

(4) 如果 R_f 的另一端不是接在 T_1 的发射极，而是接在它的基极，有何不同？

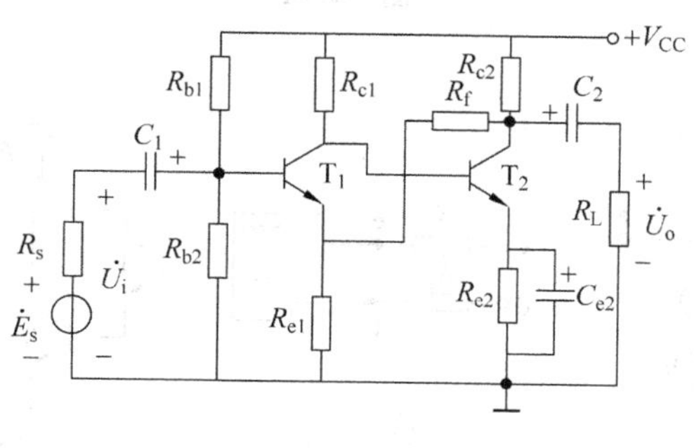

图　4.39

4.9　图 4.40 所示各电路中的集成运放均为理想运放，试判断各电路引入了何种组态的交流负反馈，并说明各电路的功能（如电压放大、电流放大、电压-电流转换等）。

4.10　图 4.41 所示电路中集成运放均为理想运放，试判断各电路引入的反馈极性和组态，并分别求出各电路的反馈系数和电压放大倍数的表达式。

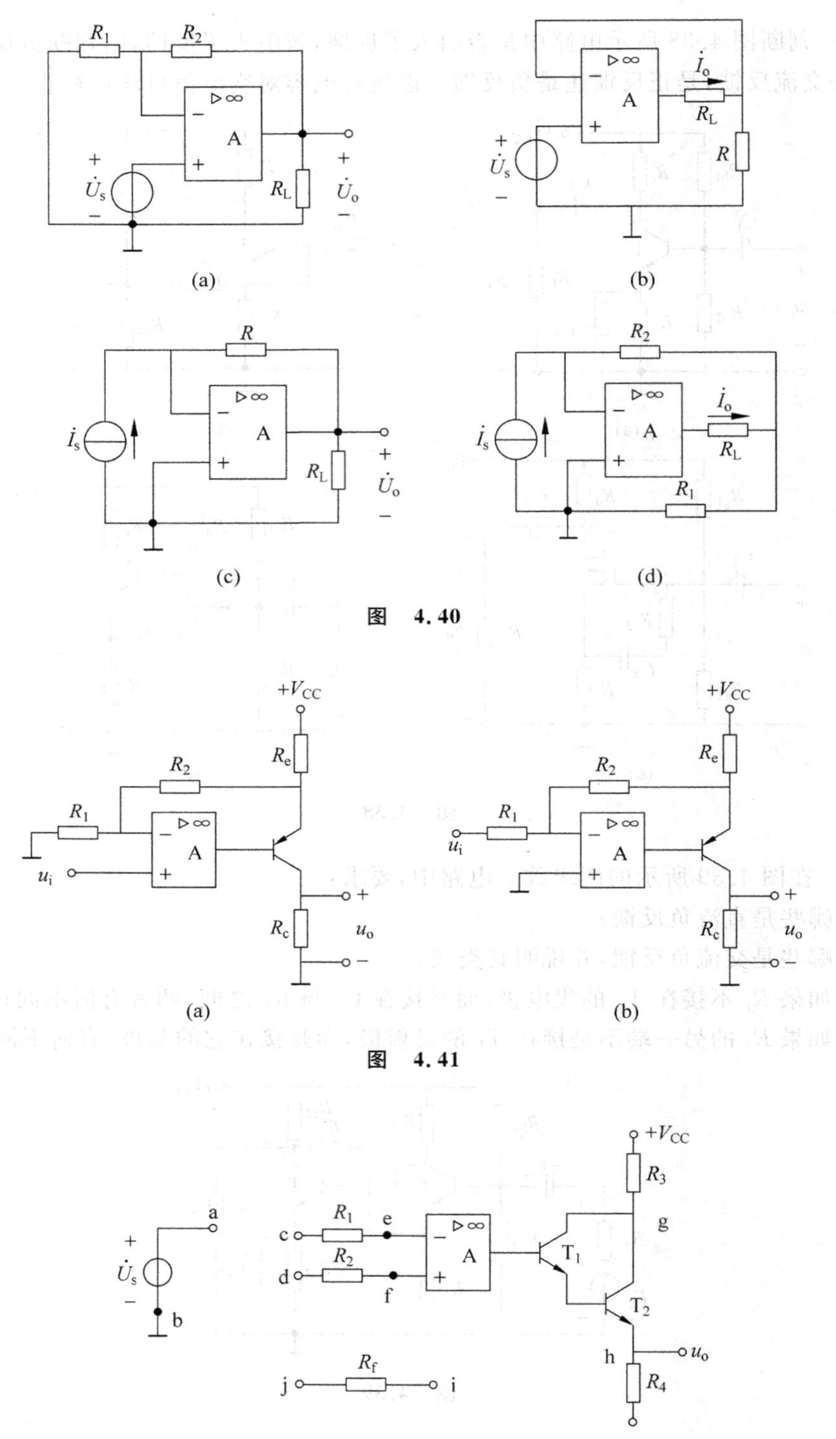

图 4.40

图 4.41

图 4.42

4.11 由集成运放 A 及 T_1、T_2 组成的放大电路如图 4.42 所示。试分别按下列要求将信号源 u_s、电阻 R_f 正确接入该电路。

(1) 引入电压串联负反馈；

(2) 引入电压并联负反馈；

(3) 引入电流串联负反馈；

(4) 引入电流并联负反馈。

4.12　一个电压负反馈放大电路中，已知其闭环电压放大倍数 $A_f=80$，当开环电压放大倍数 A 变化 20%时，要求闭环电压放大倍数 A_f 变化不超过 1%，试问 A 至少选多大，此时的反馈系数 F 应该选多大？

4.13　有一负反馈放大电路，已知 $|A|=300$，$|F|=0.01$。试问：

(1) 求闭环电压放大倍数 $|A_f|$；

(2) 如果 $|A|$ 发生 $\pm20\%$ 的变化，则 $|A_f|$ 的相对变化为多少？

4.14　电路如图 4.43 所示，集成运放 A_1、A_2 均引入了深度负反馈。试判别集成运放 A_1 引入的是什么反馈，并求该电路的反馈系数 F 及闭环电压放大倍数 $A_f=U_o/U_i$ 的表达式。

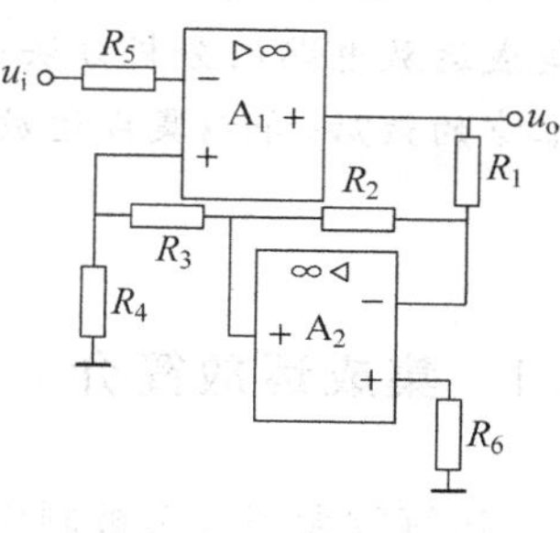

图　4.43

4.15　有一负反馈放大电路，已知 $|A|=300$，$|F|=0.01$。试问：

(1) 求闭环电压放大倍数 $|A_f|$；

(2) 如果 $|A|$ 发生 $\pm20\%$ 的变化，则 $|A_f|$ 的相对变化为多少？

4.16　电路如图 4.44 所示。集成运放 A_1、A_2 均引入了深度负反馈。试判别集成运放 A_1 引入的是什么反馈，并求该电路的反馈系数 F 及闭环电压放大倍数 $A_f=u_o/u_i$ 的表达式。

4.17　某放大电路的频率特性如图 4.45 所示。试问：

(1) 求该电路的下限频率 f_L、上限频率 f_H、中频电压增益 $\dot{A}_{Vm}$。

(2) 若希望通过电压串联负反馈使通频带展宽为 1Hz～50MHz，试求所需的反馈深度、反馈系数和闭环增益。

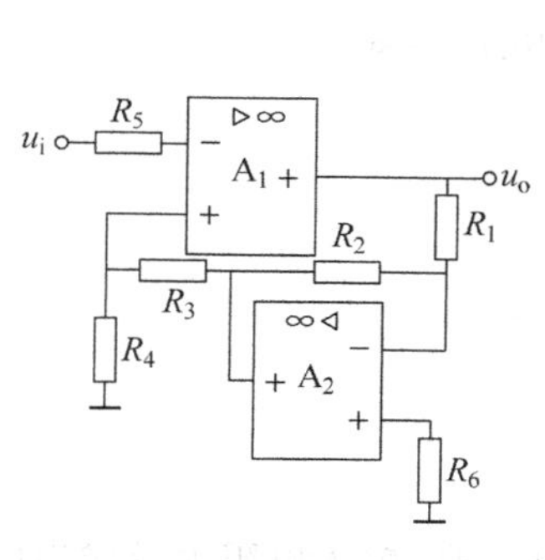

图　4.44

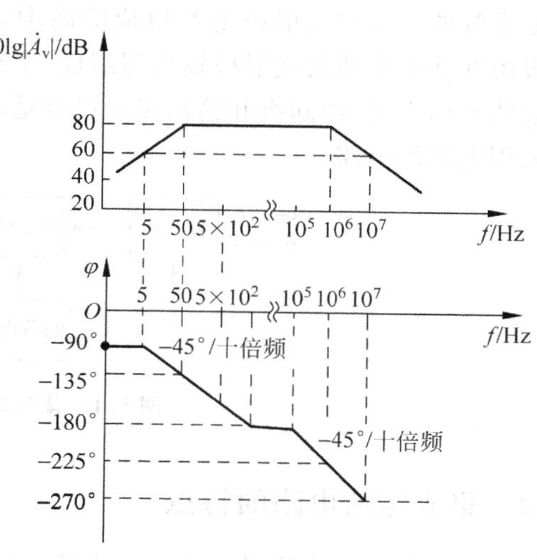

图　4.45

第 5 章　集成运算放大器及其应用

引言　集成运算放大电路是集成电路家族的重要成员，在电子技术的发展中具有重要的地位。因此，集成运算放大电路及其应用是本课程的重要内容之一。本章主要介绍集成运算放大电路的基础知识和常见应用。首先，介绍集成运放的基本组成；其次，介绍集成运放的主要技术指标，并根据集成运放的特点提出理想运放的概念，讨论集成运放电路的分析方法；然后介绍由集成运放组成的基本运算电路和其他应用；在本章的最后，介绍集成运放使用中的几个具体问题。

5.1　集成运放简介

运算放大器大多被制作成集成电路，所以常称为集成运算放大电器，简称为集成运放。在一个集成芯片中，可以含有一个运算放大器，也可以含有多个运算放大器。集成运算放大器既可作为直流放大器，又可作为交流放大器，其主要特征是电压放大倍数高，输入电阻非常大，输出电阻较小。由于集成运算放大器具有体积小、重量轻、价格低、使用可靠、灵活方便、通用性强等优点，在检测、自动控制、信号产生与信号处理等许多方面得到了广泛应用。

5.1.1　集成运放的组成

集成运算放大器是一种高增益的直接耦合多级放大电路，通常由输入级、中间级、输出级及偏置电路组成，其简化原理框图如图 5.1 所示。其中，输入级通常由双输入差分放大电路构成，主要作用是提高抑制共模信号能力，提高输入电阻；中间级是由带恒流源负载和复合管的差放与共射极电路组成的高增益电压放大级，主要作用是提高电压增益；输出级由互补对称功放或射极输出器组成，主要作用是降低输出电阻，提高带负载能力。偏置电路为输入级、中间级和输出级提供合适的静态电流，从而确定合适的静态工作点，一般采用电流源电路。

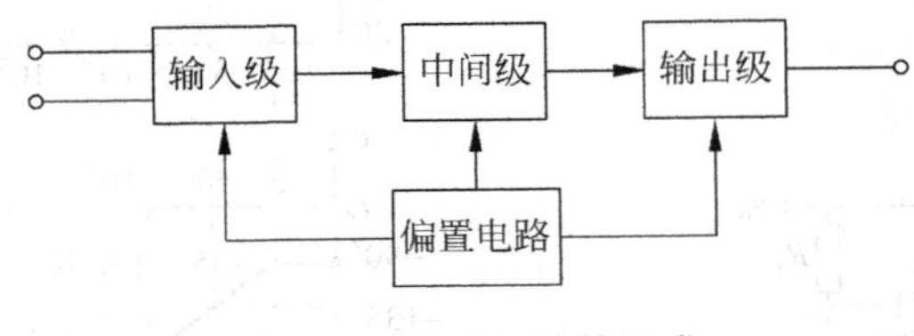

图 5.1　集成运放的组成

5.1.2　集成运放电路的特点

集成运放是一种高增益的电压放大器，它具有电压增益高、输入电阻大及输出电阻小的特点。基于集成电路制造工艺的要求，集成运放内部电路具有以下特点：

（1）级间采用直接耦合方式，这主要是因为集成工艺不能制作大的电容和电感元件。

（2）用有源器件替代无源元件。由于集成电路工艺具有容易加工三极管而难以生产电阻、电容的特点，因此多用三极管等有源器件来代替电阻、电容。电路中的偏置电路主要采用集成电流源电路。

（3）利用对称结构改善电路性能。由于集成电路中元件性能的一致性好，所以电路的设计目标是使电路的性能尽可能取决于元器件的参数比，而不是元器件参数本身。如差分电路、恒流源电路和运放输出级电路都是对称结构，这样就改善了集成运放的各种性能。

（4）采用复合管结构，提高放大器性能。

集成运放的种类很多，有通用型和专用型两大类。通用型集成运放的各种性能参数取值适中，适用于一般应用场合。专用型集成运放是根据特殊应用场合，突出一项或几项指标要求，如高输入电阻型、低漂移型、高精度型、高速型和低功耗型等。

5.1.3 集成运放的主要参数

集成运放的输入级通常由差分放大电路组成，一般具有两个输入端和一个输出端，还有用于连接电源、补偿电路等的引出端。在单端输入的条件下，输出信号与一个输入端为反相关系，与另一个为同相关系。这两个输入端分别称为反相输入端和同相输入端，分别用符号“－”和“＋”标明。

为了描述集成运放的性能，提出了许多技术指标，常用的几项介绍如下。

1. 开环差模电压增益 A_{od}

开环差模电压增益表示运放在无反馈情况下的差模电压放大倍数，描述集成运放工作在线性区时输出电压与差模输入电压之比，即

$$A_{od}=\frac{\Delta u_O}{\Delta(u_P-u_N)} \tag{5.1}$$

通常用 $20\lg|A_{od}|$ 表示，其单位为分贝(dB)，称为差模增益。A_{od} 是决定运放精度的重要因素，理想情况下希望 A_{od} 为无穷大。实际的通用型运放的 A_{od} 可达十万倍左右，即其差模增益达 100dB 左右。高质量集成运放的 A_{od} 可达 140dB 以上。

2. 输入失调电流 I_{IO} 和输入失调电压 U_{IO}

输入失调电流是指运放输入端差放管基极偏置电流之差的绝对值，即

$$I_{IO}=|I_{B1}-I_{B2}| \tag{5.2}$$

由于信号源内阻的存在，I_{IO} 会转换为一个输入电压，使放大器静态时的输出电压不为零。输入失调电压 U_{IO} 是指为使静态输出电压为零而在输入端所加的补偿电压。I_{IO} 与 U_{IO} 越小，表明电路输入级的对称性越好。一般运放 I_{IO} 的值为几十至几百纳安，U_{IO} 的值为 1～10mV，高质量运放 I_{IO} 的值低于 1nA，U_{IO} 也在 1mV 以下。

3. 输入失调电流温漂 α_{IIO} 与输入失调电压温漂 α_{UIO}

输入失调电流温漂 α_{IIO} 的定义为

$$\alpha_{IIO}=\frac{dI_{IO}}{dT} \tag{5.3}$$

输入失调电压温漂 α_{UIO} 的定义为

$$\alpha_{UIO}=\frac{dU_{IO}}{dT} \tag{5.4}$$

这两个参数分别指在规定的温度范围内,失调电流和失调电压的温度系数。一般运放的α_{IIO}为每度几纳安,α_{UIO}为每度1~2μV;高质量运放的α_{IIO}只有每度几十皮安,α_{UIO}低于每度0.5μV。

4. 输入偏置电流 I_{IB}

输入偏置电流I_{IB}是指运放输入端差放管的基极偏置电流的平均值,即

$$I_{IB}=\frac{1}{2}(I_{B1}+I_{B2}) \tag{5.5}$$

I_{IB}相当于I_{B1}和I_{B2}中的共模成分,将影响运放的温漂。对于双极型三极管输入级的集成运放,其输入偏置电流约为几十纳安到1μA;对于场效应管输入级的集成运放,其输入偏置电流在1nA以下。

5. 差模输入电阻 r_{id}

差模输入电阻r_{id}反映了运放输入端向差模输入信号源索取的电流大小,其定义是差模输入电压U_{ID}与相应的输入电流I_{ID}的变化量之比,即

$$r_{id}=\frac{\Delta U_{ID}}{\Delta I_{ID}} \tag{5.6}$$

一般集成运放的差模输入电阻为几兆欧;对于以场效应管作为输入级的集成运放,其差模输入电阻可达10^6MΩ。

6. 共模抑制比 K_{CMR}

共模抑制比K_{CMR}是指开环差模电压放大倍数A_{od}与共模电压放大倍数A_{oc}之比的绝对值,通常用下式表示:

$$K_{CMR}=20\lg\left|\frac{A_{od}}{A_{oc}}\right| \tag{5.7}$$

共模抑制比的单位为分贝(dB)。共模抑制比综合反映了运放对差模信号的放大能力和对共模信号的抑制能力。多数集成运放的共模抑制比在80dB以上,高质量的可达160dB。

7. 最大共模输入电压 $U_{IC(max)}$

最大共模输入电压$U_{IC(max)}$是指运放在正常放大差模信号的条件下所能加的最大共模电压,如果超过此值,集成运放的共模抑制性能将显著恶化。$U_{IC(max)}$与运放输入级的电路结构密切相关。

8. 最大差模输入电压 $U_{ID(max)}$

最大差模输入电压$U_{ID(max)}$是输入差模的极限参数,当差模输入电压超过$U_{ID(max)}$时,将导致输入级差放管加反向电压的PN结击穿,造成输入级的损坏。

9. 上限截止频率 f_H

上限截止频率f_H是指运放差模增益下降3dB时的信号频率。由于集成运放中的晶体管很多,结电容也就很多,故f_H一般很低,只有几赫兹到几千赫兹。

10. 单位增益带宽 f_C

单位增益带宽f_C是指A_{od}下降到1,即差模增益下降到0dB时,与之对应的信号频

率。f_C 是集成运放的一项重要品质因数——增益带宽积大小的标志。

11. 转换速率 SR

转换速率 SR 是指在额定负载条件下，输入一个大幅度的阶跃信号时，输出电压的最大变化率，即

$$SR = \left.\frac{\mathrm{d}u_o}{\mathrm{d}t}\right|_{max} \tag{5.8}$$

这个指标描述集成运放对大幅度信号的适应能力，SR 越大，运放的高频性能越好。在实际应用中，输入信号的变化率一般不要大于集成运放的 SR 值。

5.2　集成运放电路的分析方法

5.2.1　集成运放的电压传输特性

集成运放是一个比较理想的电压放大器，对信号来说，集成运放可以简单地等效为一个高性能的电压控制电压源。集成运放的输出电压 u_O 与输入电压(即同相输入端与反相输入端之间的差值电压)之间的关系曲线称为集成运放的电压传输特性。

当集成运放工作在放大状态时，集成运放的输入电压与其两个输入端的电压之间、输入电压与输入电流之间存在着线性放大关系，即

$$u_O = A_{od}(u_P - u_N) \tag{5.9}$$

$$i_P - i_N = \frac{u_P - u_N}{r_{id}} \tag{5.10}$$

如果输入端电压的幅度比较大，则集成运放的工作范围将超出线性放大区域而达到非线性区，此时集成运放的输入、输出信号之间将不能满足式(5.9)所示的关系式。此时的输出电压值只有两种可能：一是等于运放的正向最大输出电压 $+U_{OM}$；二是等于其负向最大输出电压 $-U_{OM}$。由此可得集成运放的传输特性曲线如图 5.2(a)所示，其中过原点的一段为线性区，其他部分为非线性区。观察图 5.2(a)可以看出，当差模输入电压很小时，u_O 与输入电压存在着线性关系，比例系数就是差模电压增益。随着差模输入电压增大，输出电压向正电源电压靠近，最终等于 $+U_{OM}$；随着输入电压负值的增大，输出电压趋向负电源电压，最终等于 $-U_{OM}$。在电路分析时，常使用理想传输特性，如图 5.2(b)所示。

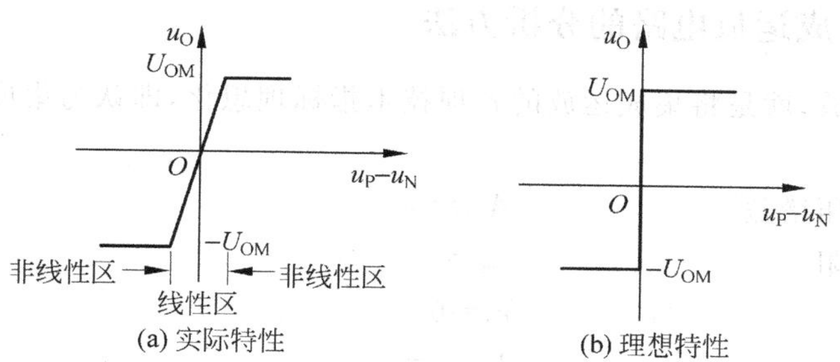

图 5.2　集成运放的电压传输特性

5.2.2 集成运放的线性工作范围

集成运放是一个高增益的电压放大器。典型的集成运放的开环差模电压增益 A_{od} 在 10^5 以上，性能较好的可达10^7。由于集成运放的电源电压值有限(一般为正、负十几伏)，故最大输出电压值 U_{OM} 只有正、负十几伏。这就是说，集成运放线性放大时的最大输入电压很小，即线性输入范围极窄，而且集成运放的 A_{od} 越高，其线性工作范围越窄。在实际应用中，集成运放的两个输入端的噪声干扰及等效温漂信号就可以超过线性输入范围，使运放输出电压在 $\pm U_{OM}$ 之间随机不定。因此，利用集成运放直接对输入信号进行放大，将出现如下问题：首先，输入信号的大小难以控制，信号过小，将被噪声干扰、温漂所淹没，无法放大；若输入信号稍加大一点，运放又进入正、负饱和状态，产生严重的非线性失真。其次，输入信号的频率受限。集成运放的开环增益带宽很窄，如 F007 的上限频率只有 7Hz，对于频谱宽度大于 7Hz 的信号将产生频率失真。集成运放就像一个灵敏度极高的“天平”，能够直接测量的质量太小，难以选择；又像一个灵敏度极高的电流检流计，必须加“阻尼”环节后才能使用。

综上所述，可得结论：高增益的集成运放是不能开环应用于线性放大的，引入负反馈是集成运放进行线性放大的必要条件。

例 5.2.1 已知国产集成运放 F007 的主要参数为：开环差模增益 $A_{od}=2\times10^5$，输入电阻 $r_{id}=2\text{M}\Omega$，最大输出电压 $U_{OM}=\pm14\text{V}$。试问：为使集成运放工作在线性区，输入电压(u_P-u_N)的变化范围应为多少？其差模输入电流(i_P-i_N)的范围是多少？

解 因为输出电压的最大值为 $U_{OM}=\pm14\text{V}$，所以集成运放工作在线性区的输出电压 $u_O=A_{od}(u_P-u_N)$ 应小于等于 $\pm14\text{V}$，由此可得

$$|u_P-u_N|\leqslant\frac{U_{OM}}{A_{od}}=\frac{14}{2\times10^5}=70\mu\text{V}$$

将此差模输入电压代入式(5.10)可得在线性区内，差模输入电流的范围

$$|i_P-i_N|=\frac{|u_P-u_N|}{r_{id}}=\frac{70}{2\times10^6}=3.5\times10^{-7}\mu\text{A}$$

从本例可以看出：在实际应用中，集成运放的差模输入电压(u_P-u_N)的值很小，与电路中其他电压相比，可以忽略不计；集成运放的差模输入电流(i_P-i_N)的值也很小，与电路中其他电流相比，也可以忽略不计。

5.2.3 理想集成运放电路的分析方法

所谓理想运放，就是将集成运放的各项技术指标理想化，即认为集成运放的各项技术指标为：

开环差模电压增益 $A_{od}=\infty$ (5.11)

差模输入电阻 $r_{id}=\infty$ (5.12)

输出电阻 $r_o=0$ (5.13)

共模抑制比 $K_{CMR}=\infty$ (5.14)

输入偏置电流 $I_{IB}=0$ (5.15)

上限截止频率 $f_H=\infty$ (5.16)

输入失调电压 U_{IO}、输入失调电流 I_{IO} 以及它们的温漂 α_{UIO} 和 α_{IIO} 均为零。

实际的集成运放当然不可能达到上述理想化的技术指标。但是，由于集成运放制造工艺不断改进，集成运放产品的各项性能指标越来越好。因此，一般情况下，在分析估算集成运放的应用电路时，将实际运放视为理想运放所造成的误差，在工程上是允许的。

根据理想集成运放参数和式(5.9)、式(5.10)，容易得到理想运放工作在线性区时有两个重要特点："虚短"和"虚断"。

因理想运放的 $A_{od}=\infty$，所以由式(5.9)可得

$$u_P - u_N = \frac{u_O}{A_{od}} = 0 \tag{5.17}$$

即 $u_P=u_N$。

式(5.17)表示运放同相输入端与反相输入端两点的电位相等，如同将这两点短路一样。但是，这两点实际上并未真正短路，因而是虚拟的短路，所以将这种现象称为"虚短"。

由于理想运放的差模输入电阻 $r_{id}=\infty$，因此其输入回路的信号电流为零，或两个输入端均没有电流，即

$$i_P = i_N = 0 \tag{5.18}$$

此时，运放的同相输入端和反相输入端的电流都等于零，如同这两点被断开一样，这种现象称为"虚断"。

"虚短"和"虚断"是理想运放工作在线性区时的两点重要结论。运用理想运放的这两个重要特点来进行电路的分析和计算，可以大大简化分析过程。在后面的运算电路分析中，如无特别说明，均将集成运放视为理想的。

5.3 基本运算电路

集成运放最早的应用是实现模拟信号的运算，至今，完成信号的运算仍然是集成运放的一个重要而基本的应用领域。在理想运放中引入负反馈，以输入电压作为自变量，以输出电压作为函数，利用反馈网络，能够实现模拟信号之间的各种运算。在运算电路中，集成运放工作在线性区，以"虚短"和"虚断"为基本出发点，即可求出输出电压和输入电压的运算关系式。

5.3.1 比例运算电路

输出电压与输入电压之间存在比例关系的集成运放电路称为比例运算电路。比例运算电路是最基本的运算电路，是其他各种运算电路的基础。

根据输入信号接法的不同，比例运算电路有两种基本形式，即反相输入和同相输入。

1. 反相比例运算电路

图 5.3 所示为反相比例运算电路。集成运放的反相输入端和同相输入端实际上是运放内部输入级的两个差分对管的基极。为使差动放大电路的参数保持对

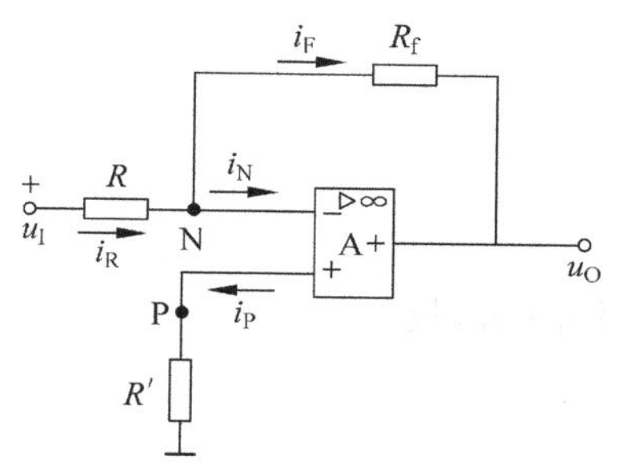

图 5.3 反相比例运算电路

称,应使两个差分对管基极对地的电阻尽量一致,以免静态基极电流流过这两个电阻时,在运放输入端产生附加的偏差电压。因此,$R'=R/\!/R_f$,该电阻常称为平衡电阻。

由于理想运放工作在线性区,净输入电压和净输入电流均为零,R'上的电压为零,因而反相输入端和同相输入端的电位均为"地"电位,即

$$u_P = u_N = 0 \tag{5.19}$$

此时,电路中的N点被称为"虚地"。"虚地"是反相比例运算电路的一个重要特点。输入电流 i_R 等于电阻 R_f 上的电流,即

$$i_R = i_F \tag{5.20}$$

$$\frac{u_I - u_N}{R} = \frac{u_N - u_O}{R_f}$$

将 $u_N=0$ 代入,整理得出

$$u_O = -\frac{R_f}{R}u_I \tag{5.21}$$

此时,闭环电压放大倍数为

$$A_{uf} = \frac{u_O}{u_I} = -\frac{R_f}{R} \tag{5.22}$$

式(5.22)表明,输出电压和输入电压是反相比例运算关系,比例系数为$-R_f/R$,负号表示u_O与u_I反相。反相比例运算电路因此而得名。比例系数的数值可以是大于、等于或小于-1的任意数值。当$R_f=R$时,该电路称为反相器。

由于$u_P=u_N=0$,说明集成运放的共模输入电压为零。

由于反相输入端"虚地",显而易见,电路的输入电阻为$R_i=R$。

该电路的输出电阻$R_O=0$,因而具有很强的带负载能力。

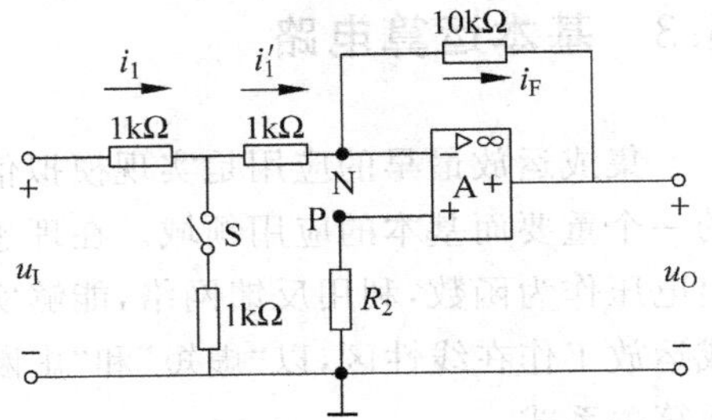

图5.4 例5.3.1电路图

例5.3.1 电路如图5.4所示,试分别计算开关S断开和闭合时的电压放大倍数A_{uf}。

解 (1) 当S断开时

$$A_{uf} = -\frac{R_f}{R} = -\frac{10}{1+1} = -5$$

(2) 当S闭合时,因$u_P=u_N=0$,故在计算时可将两个1kΩ的电阻看做是并联的。于是得

$$i_1 = \frac{u_I}{1+\frac{1}{2}} = \frac{2}{3}u_I$$

$$i_1' = \frac{1}{2}i_1 = \frac{1}{3}u_I$$

$$i_F = \frac{u_N - u_O}{10} = -\frac{u_O}{10}$$

因 $i_1'=i_F$,故

$$\frac{1}{3}u_I = -\frac{u_O}{10}$$

$$A_{uf}=\frac{u_O}{u_I}=-\frac{10}{3}=-3.3$$

2. 同相比例运算电路

将反相比例运算电路的输入端和"地"互换,则可得同相比例运算电路,如图 5.5 所示。同理,$R'=R /\!/ R_f$。由于集成运放的净输入电压和净输入电流均为零,电阻 R'上的电压为零,所以

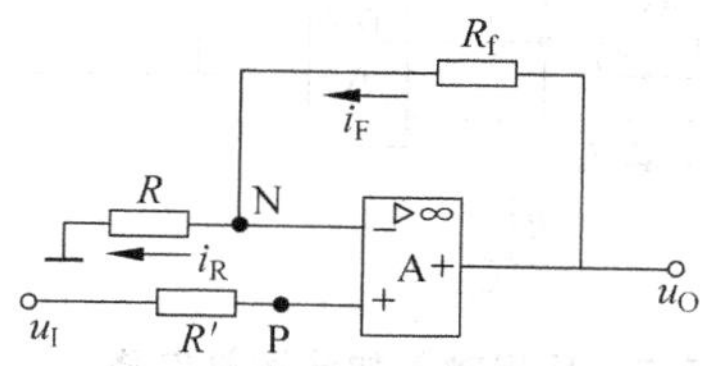

图 5.5 同相比例运算电路

$$u_N=u_P=u_I \tag{5.23}$$

$$i_R=i_F \tag{5.24}$$

即

$$\frac{u_N-0}{R}=\frac{u_O-u_N}{R_f}$$

整理可得

$$u_O=\left(1+\frac{R_f}{R}\right)u_I \tag{5.25}$$

式(5.25)表明,输出电压和输入电压同相,比例系数$(1+R_f/R_1)$大于 1。这里,由于同相比例运算电路的输入电流为零,故输入电阻为无穷大。若比例系数要求小于 1,可在 P 与地之间用一个电阻分压,或者采用两级反相比例运算组合的办法。只是需要注意:在反相比例运算和同相比例运算电路中,所引入的负反馈组态不一样,因而电路的性能有差别。

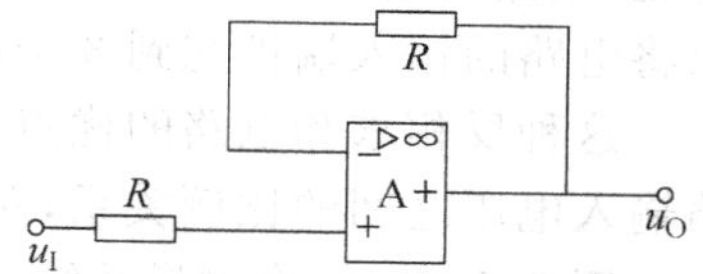

图 5.6 电压跟随器电路

图 5.6 所示电路为同相比例运算电路的一个特例,电路将输出电压全部引回到集成运放的反相输入端,使比例系数等于 1。由于集成运放的净输入电压和净输入电流均为零,$u_O=u_N$,$u_N=u_P=u_I$,所以

$$u_O=u_I \tag{5.26}$$

即电路输出电压跟随输入电压的变化而变化,该电路被称为电压跟随器。

例 5.3.2 在图 5.5 所示电路中,已知集成运放的最大输出电压幅值为±14V,$R=10\text{k}\Omega$,在 $u_I=1\text{V}$ 时,$u_O=11\text{V}$。问

(1) R_f 应取值多少?

(2) 若 $u_I=-2\text{V}$,则 $u_O=$?

解 (1) 根据 $u_O=\left(1+\frac{R_f}{R}\right)u_I$ 可得:$11=\left(1+\frac{R_f}{R}\right)\times 1$,即 $1+\frac{R_f}{R}=11$。将 $R=10\text{k}\Omega$ 代入,可得 $R_f=100\text{k}\Omega$。

(2) 当 $u_I=-2\text{V}$ 时,如果集成运放工作在线性区,则 $u_O=11u_I=-22\text{V}$,超出其能够输出的最大幅值(−14V),说明此时集成运放工作在非线性区,而且 $u_O=-14\text{V}$。

5.3.2 加法运算电路

加法运算电路的输出量反映多个模拟输入量相加的结果。用运放实现加法运算时,可以采用反相输入方式,也可以采用同相输入方式。

1. 反相输入加法运算电路

图 5.7 所示为 3 个输入端的反相加法运算电路,可以看出,这个电路实际上是在反相比例运算电路的基础上扩展而得到的。

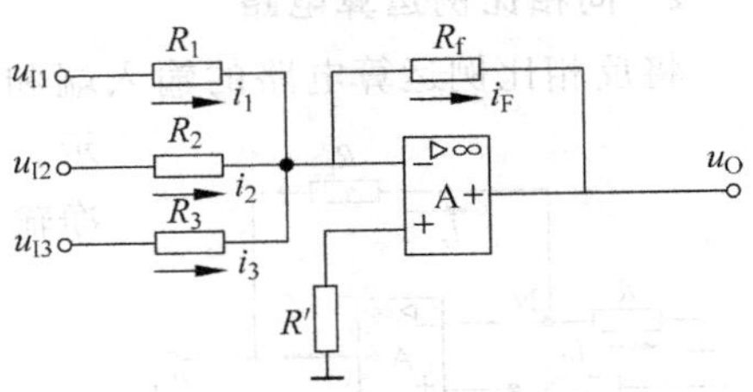

图 5.7 反相输入加法运算电路

为了保证集成运放两个输入端对地的电阻平衡,同相输入端的电阻 R' 应为

$$R' = R_1 /\!/ R_2 /\!/ R_3 /\!/ R_f$$

利用反相运放的"虚地"特点和基尔霍夫电流定律,可以得到反相端的结点方程为

$$\frac{u_{I1}}{R_1} + \frac{u_{I2}}{R_2} + \frac{u_{I3}}{R_3} + \frac{u_O}{R_f} = 0$$

整理后可得输出电压为

$$u_O = -R_f\left(\frac{u_{I1}}{R_1} + \frac{u_{I2}}{R_2} + \frac{u_{I3}}{R_3}\right) \tag{5.27}$$

若 $R_1 = R_2 = R_3 = R$,则式(5.27)成为

$$u_O = -\frac{R_f}{R}(u_{I1} + u_{I2} + u_{I3}) \tag{5.28}$$

可见,电路的输出电压是各个输入电压之和再乘以一个比例系数。按同样的分析方法,可以将电路的输入端扩充到 3 个以上。

这种反相求和电路的优点是,当改变某一输入回路的电阻时,仅仅改变输出电压与该路输入电压之间的比例关系,对其他电路没有影响,因此调节比较灵活、方便。

例 5.3.3 一个测量系统的输出电压和某些输入量的关系为 $u_O = -(4u_{I1} + 2u_{I2} + u_{I3})$,试求图 5.7 中各输入电路的电阻和平衡电阻。设 $R_f = 100\text{k}\Omega$。

解 由式(5.27)可得

$$R_1 = \frac{R_f}{4} = \frac{100}{4} = 25\text{k}\Omega$$

$$R_2 = \frac{R_f}{2} = \frac{100}{2} = 50\text{k}\Omega$$

$$R_3 = \frac{R_f}{1} = \frac{100}{1} = 100\text{k}\Omega$$

平衡电阻

$$R' = R_1 /\!/ R_2 /\!/ R_3 /\!/ R_f = 12.5\text{k}\Omega$$

2. 同相输入加法运算电路

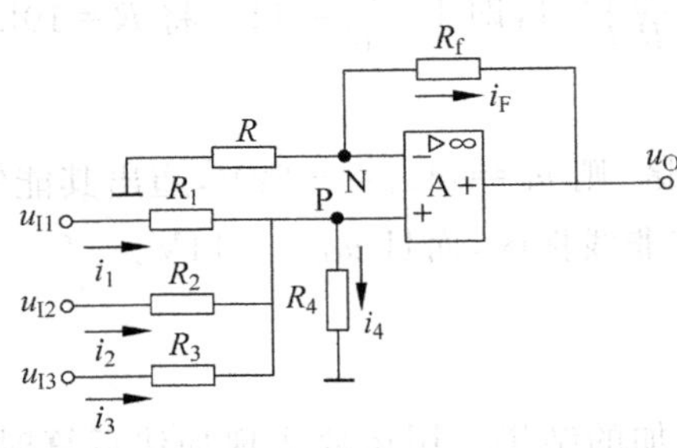

图 5.8 同相求和运算电路

图 5.8 所示是同相输入加法运算电路,它是同相比例运算电路的扩展结果。电路中,反相输入端总电阻 $R_N = R /\!/ R_f$,同相输入端总电阻 $R_P = R_1 /\!/ R_2 /\!/ R_3 /\!/ R_4$,而且 $R_N = R_P$。利用"虚短"的特点和基尔霍夫电流定律,可以得到其运算关系。

列 P 点的结点电流方程为

$$\frac{u_{I1} - u_P}{R_1} + \frac{u_{I2} - u_P}{R_2} + \frac{u_{I3} - u_P}{R_3} = \frac{u_P}{R_4}$$

整理后可得

$$\frac{u_{I1}}{R_1}+\frac{u_{I2}}{R_2}+\frac{u_{I3}}{R_3}=u_P\left(\frac{1}{R_1}+\frac{1}{R_2}+\frac{1}{R_3}+\frac{1}{R_4}\right)=\frac{u_P}{R_P}$$

$$u_P=R_P\left(\frac{u_{I1}}{R_1}+\frac{u_{I2}}{R_2}+\frac{u_{I3}}{R_3}\right)$$

所以

$$u_O=\left(1+\frac{R_f}{R}\right)R_P\left(\frac{u_{I1}}{R_1}+\frac{u_{I2}}{R_2}+\frac{u_{I3}}{R_3}\right) \tag{5.29}$$

将上式变换可得

$$u_O=\frac{R+R_f}{RR_f}R_fR_P\left(\frac{u_{I1}}{R_1}+\frac{u_{I2}}{R_2}+\frac{u_{I3}}{R_3}\right)=\frac{R_fR_P}{R_N}\left(\frac{u_{I1}}{R_1}+\frac{u_{I2}}{R_2}+\frac{u_{I3}}{R_3}\right) \tag{5.30}$$

通常要保持电路平衡，即 $R_N=R_P$，所以

$$u_O=R_f\left(\frac{u_{I1}}{R_1}+\frac{u_{I2}}{R_2}+\frac{u_{I3}}{R_3}\right) \tag{5.31}$$

式(5.31)表明，各输入电压可以以不同的比例相加，所以该电路也称为同相比例运算电路。若 $R_N\neq R_P$，则应采用式(5.29)来进行运算。

例 5.3.4 求解图 5.9 所示电路的运算关系。

解 图 5.9 所示电路是运算放大器的串级应用，在这种电路中，由于前级电路的输出电阻均为零，其输出电压仅受控于它自己的输入电压，因而后级电路并不影响前级电路的运算关系。所以，分析整个电路的运算关系时，每一级电路的分析方法与没有级联时相同，逐级将前级电路的输出电压作为后级电路的输入电压代入后级电路的运算关系式，就可以得出整个电路的输出电压与输入电压的运算关系式。

在图 5.10 所示电路中，前级电路为反相比例运算电路，后级电路为反相加法运算电路。因此

$$u_{O1}=-\frac{R_{f1}}{R_1}u_{I1}=-\frac{100}{10}u_{I1}=-10u_{I1}$$

$$u_{O2}=-\left(\frac{R_{f2}}{R_3}u_{I2}+\frac{R_{f2}}{R_4}u_{I3}+\frac{R_{f2}}{R_5}u_{O1}\right)$$

$$=-\left(\frac{100}{20}u_{I2}+\frac{100}{50}u_{I3}+\frac{100}{100}u_{O1}\right)=-(5u_{I2}+2u_{I3}+u_{O1})$$

将 u_{O1} 代入 u_{O2} 的表达式，得出图 5.9 所示电路的运算关系式为

$$u_{O2}=10u_{I1}-5u_{I2}-2u_{I3}$$

可见，利用两级运放电路实现了 u_{I1}、u_{I2} 和 u_{I3} 的加、减运算。

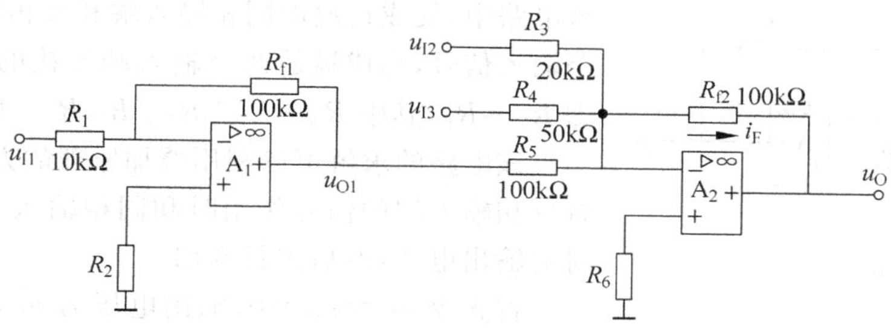

图 5.9 例 5.3.4 电路图

5.3.3 减法运算电路

由前面的分析可以看到,当输入正信号加到同相输入端时,输出为正;当输入正信号加到反相输入端时,输出为负。因此,当信号分别加到同相端和反相端时,便可实现减法运算。

1. 减法运算电路

图5.10所示是减法运算电路。图中,输入电压 u_{I1} 和 u_{I2} 分别加在集成运放的反相输入端和同相输入端,u_O 通过反馈电阻 R_f 接回到反相输入端。外接电路参数具有对称性,$R_N=R_1/\!/R_f=R_P=R_2/\!/R_3$。利用叠加原理可以求出该电路的运算关系。

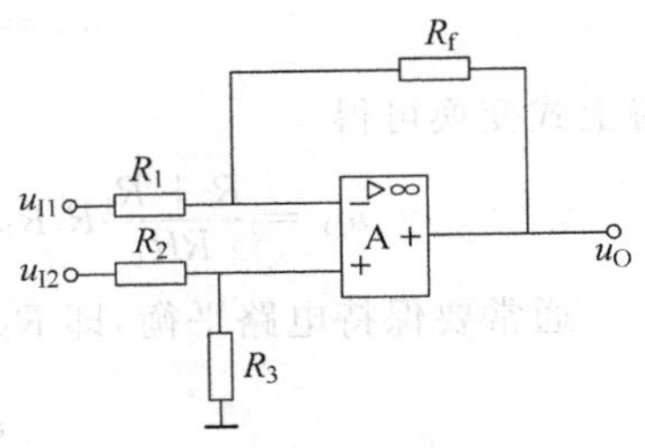

图5.10 减法运算电路

首先令 $u_{I2}=0$,u_{I1} 单独作用,成为反相比例运算电路,输出电压为

$$u'_O=-\frac{R_f}{R_1}u_{I1}$$

其次令 $u_{I1}=0$,u_{I2} 单独作用,成为同相比例运算电路,输出电压为

$$u''_O=\left(1+\frac{R_f}{R_1}\right)\frac{R_3}{R_2+R_3}u_{I2}$$

所以电路的运算关系为

$$u_O=u'_O+u''_O=\left(1+\frac{R_f}{R_1}\right)\frac{R_3}{R_2+R_3}u_{I2}-\frac{R_f}{R_1}u_{I1} \tag{5.32}$$

可见,这一电路可以用来进行减法运算。

在该电路中,当 $R_1=R_2$ 和 $R_f=R_3$ 时,式(5.32)变为

$$u_O=\frac{R_f}{R_1}(u_{I2}-u_{I1}) \tag{5.33}$$

即输出电压 u_O 对 u_{I1} 和 u_{I2} 的差值进行比例运算,比例系数为 R_f/R_1,所以减法运算电路也称为差动比例运算电路。

减法运算电路的差模输入电阻为

$$R_{id}=R_1+R_2$$

2. 加、减运算电路

综合前面介绍的加法和减法运算电路,可以得到加、减运算电路,如图5.11所示。在该电路中,集成运放的同相输入端和反相输入端各加多个输入信号,集成运放两个输入端外接的电阻应对称,即 $R_N=R_P$,其中 $R_N=R_1/\!/R_2/\!/R_f$,$R_P=R_3/\!/R_4/\!/R_5$。

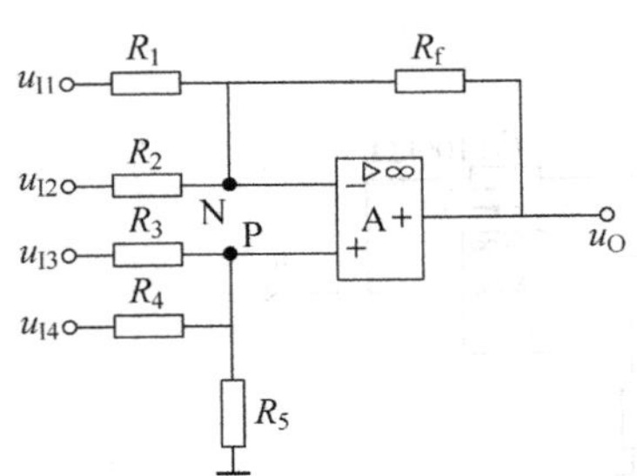

图5.11 加、减运算电路

该电路的求解可以利用叠加原理的方法,即分别求解反相输入端的信号作用时和同相输入端的信号作用时的输出电压,然后进行叠加。

首先令 $u_{I3}=u_{I4}=0$,输出电压为 u'_O,此时,该电路为一个反相求和电路,即

$$u'_O = -\left(\frac{R_f}{R_1}u_{I1} + \frac{R_f}{R_2}u_{I2}\right)$$

然后令 $u_{I1}=u_{I2}=0$，输出电压为 u''_O。此时，该电路为一个同相求和电路，即

$$u''_O = \frac{R_f}{R_3}u_{I3} + \frac{R_f}{R_4}u_{I4}$$

应用叠加原理，输出电压 u_O 为 u'_O 与 u''_O 之和，即

$$u_O = \frac{R_f}{R_3}u_{I3} + \frac{R_f}{R_4}u_{I4} - \frac{R_f}{R_1}u_{I1} - \frac{R_f}{R_2}u_{I2} \tag{5.34}$$

在实际应用中，若集成运放两个输入端所接的电阻难以匹配，而要求运算精度高，可采用两级电路来实现加、减运算电路，如例 5.3.4 所示。下面再举一个例子加以说明。

例 5.3.5 试用集成运放实现以下运算关系：

$$u_O = 0.4u_{I1} - 10u_{I2} + 1.3u_{I3}$$

解 在给定的运算关系中既有加法，又有减法，可以利用两个集成运放达到要求。采用如图 5.12 所示的电路图，首先将 u_{I1} 与 u_{I3} 通过集成运放 A_1 进行反相加法运算，使得

$$u_{O1} = -(0.4u_{I1} + 1.3u_{I3})$$

然后将 A_1 的输出与 u_{I2} 通过 A_2 进行反相加法运算，可得

$$u_O = -(u_{O1} + 10u_{I2}) = 0.4u_{I1} - 10u_{I2} + 1.3u_{I3}$$

将以上两个表达式分别与式(5.27)对比，可得

$$\frac{R_{f1}}{R_1} = 0.4, \quad \frac{R_{f1}}{R_3} = 1.3, \quad \frac{R_{f2}}{R_4} = 1, \quad \frac{R_{f2}}{R_2} = 10$$

可选 $R_{f1}=20\text{k}\Omega$，得

$$R_1 = \frac{R_{f1}}{0.4} = \frac{20}{0.4} = 50\text{k}\Omega$$

$$R_3 = \frac{R_{f1}}{1.3} = \frac{20}{1.3} = 15.4\text{k}\Omega$$

若选 $R_{f2}=100\text{k}\Omega$，则

$$R_4 = \frac{R_{f2}}{1} = \frac{100}{1} = 100\text{k}\Omega$$

$$R_2 = \frac{R_{f2}}{10} = \frac{100}{10} = 10\text{k}\Omega$$

还可求得

$$R'_1 = R_1 // R_3 // R_{f1} = 7.4\text{k}\Omega$$

$$R'_2 = R_2 // R_4 // R_{f2} = 8.3\text{k}\Omega$$

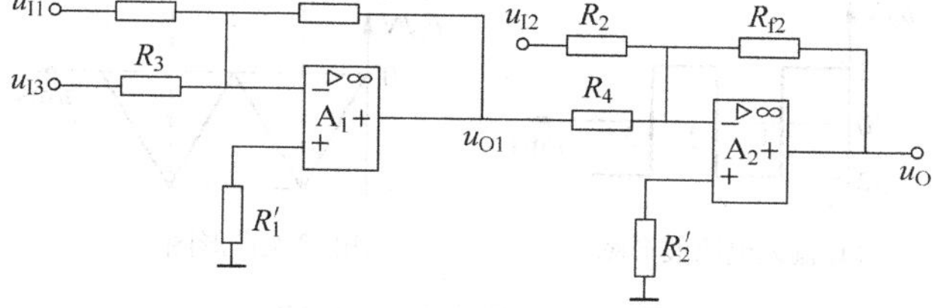

图 5.12 例 5.3.5 电路图

5.3.4 积分运算电路

积分运算电路是一种应用比较广泛的模拟信号运算电路。在自动控制系统中，常用积分电路作为调节环节。此外，积分运算电路还可以应用于延时、定时以及各种波形的产生或变换。

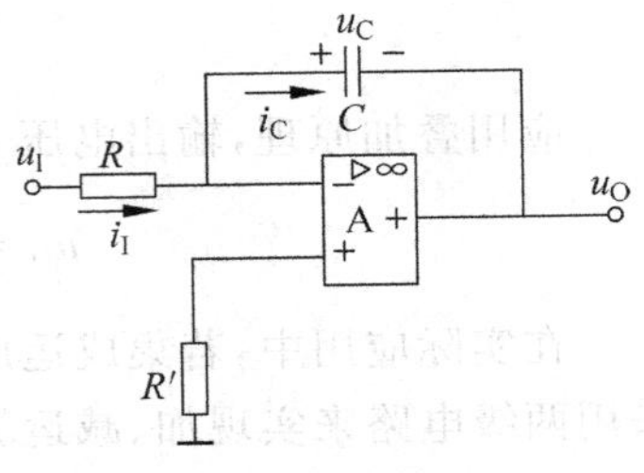

图 5.13 积分运算电路

1. 电路组成

图 5.13 所示为积分运算电路，输入电压通过电阻 R 加在集成运放的反相输入端，在输出端和反相输入端之间通过电容 C 引回一个深度负反馈。为使集成运放两个输入端对地的电路平衡，通常使同相输入端的电阻为 $R=R'$。

2. 输入、输出关系

可以看出，这种反相输入积分电路实际上是在反相比例电路的基础上将反馈回路中的电阻 R_f 改为电容 C 而得到的。

根据反相集成运放的"虚短"、"虚地"的特点和电容器的电流、电压关系，有

$$u_C=-u_O,\quad i_I=i_C,\quad u_I=i_IR=i_CR,\quad i_C=C\frac{\mathrm{d}u_C}{\mathrm{d}t}$$

整理可得

$$u_O=-u_C=-\frac{1}{C}\int i_C\mathrm{d}t=-\frac{1}{RC}\int u_I\mathrm{d}t \tag{5.35}$$

在式(5.35)中，电阻与电容的乘积称为积分时间常数，通常用符号 τ 表示，即 $\tau=RC$。式(5.35)说明输出电压与输入电压之间存在着积分关系，故称这种电路为积分电路。

利用积分运算电路能够将输入的正弦电压变换为余弦电压，实现了函数的变换；能够将输入的方波电压变换为三角波电压，实现了波形的变换；由于积分运算电路对低频信号增益大，对高频信号增益小，当信号频率趋于无穷大时增益为零，从而实现滤波功能。可见，利用积分运算电路可以实现多方面的功能。

例 5.3.6 电路如图 5.13 所示，已知 $R=100\text{k}\Omega$，$C=0.01\mu\text{F}$。$t=0$ 时，电容两端的电压为 0，即 $u_O(0)=0$；输入电压 u_I 为方波，幅值为 ±2V，频率为 500Hz，如图 5.14(a)所示。试画出输出电压 u_O 的波形。

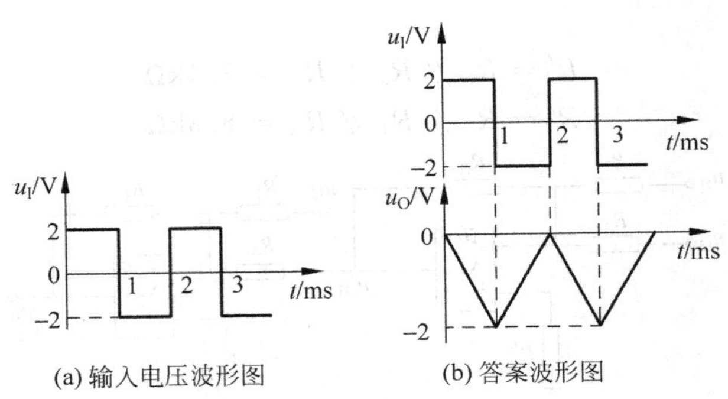

(a) 输入电压波形图　(b) 答案波形图

图 5.14 例 5.3.6 波形图

解 因为输入电压为方波，频率为500Hz，所以在一个周期内，$u_I=2\text{V}$ 和 $u_I=-2\text{V}$ 的时间相等，均为1ms。从 $t_0=0$ 到 $t_1=1\text{ms}$，由于 $u_I=2\text{V}$，所以 u_O 线性下降，其终值为

$$u_O=-\frac{1}{RC}\int_{t_0}^{t_1}u_I\mathrm{d}t+u_O(0)=-\frac{1}{100\times10^3\times0.01\times10^{-6}}\times2\times(1-0)\times10^{-3}+0$$
$$=-2\text{V}$$

从 $t_1=1\text{ms}$ 到 $t_2=2\text{ms}$，由于 $u_I=-2\text{V}$，所以 u_O 线性上升；由于 $t_2-t_1=t_1-t_0$，所以当 $t=t_2$ 时，$u_O=0$。因此，u_O 的波形如图5.14(b)所示。

例5.3.7 试分析如图5.15所示电路的输出电压 u_O 与输入电压 u_I 的关系式。

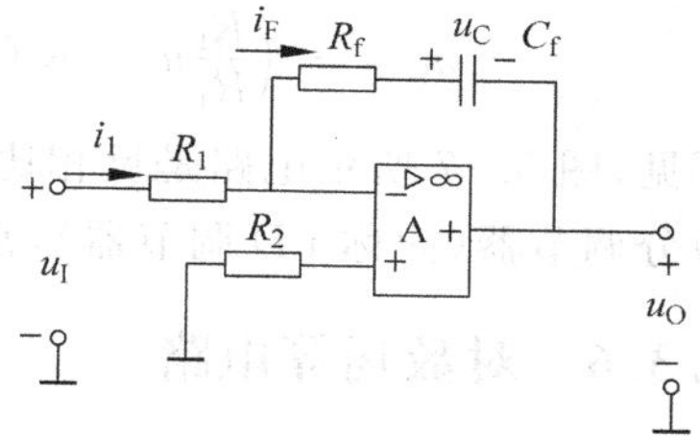

图5.15 例5.3.7电路图

解 由图5.15可得

$$u_O-u_N=-R_fi_F-u_C=-R_fi_F-\frac{1}{C_f}\int i_F\mathrm{d}t$$

$$i_1=\frac{u_I-u_N}{R_1}$$

因 $u_N\approx u_P=0$，$i_F=i_1$，故得

$$u_O=-\left(\frac{R_f}{R_1}u_I+\frac{1}{R_1C_f}\int u_I\mathrm{d}t\right)$$

可见，图5.15所示的电路是把反相比例运算电路和积分运算电路两者结合起来的，所以称它为比例—积分调节器(简称PI调节器)，它常应用在控制系统中，以保证控制的稳定性和控制的精度。

5.3.5 微分运算电路

微分运算电路的应用也很广泛，除了在线性系统中作微分运算外，在脉冲数字电路中，常用来作波形变换。

1. 电路结构

微分运算是积分运算的逆运算，只需将积分电路中反相输入端的电阻和反馈电容的位置互换，就成为微分运算电路，如图5.16所示。

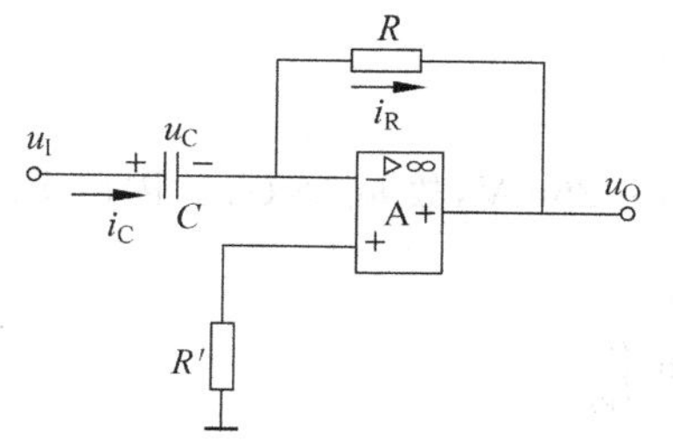

图5.16 微分运算电路

2. 输入、输出关系

类似于积分电路的分析，根据反相集成运放的“虚短”、“虚地”的特点和电容器电流、电压之间的关系可得

$$i_R=i_C=C\frac{\mathrm{d}u_C}{\mathrm{d}t}=C\frac{\mathrm{d}u_I}{\mathrm{d}t} \tag{5.36}$$

$$u_O=-i_RR=-RC\frac{\mathrm{d}u_I}{\mathrm{d}t} \tag{5.37}$$

在微分电路的输入端，若加正弦电压，则输出为负的余弦波，实现了函数的变换；若加矩形波，则输出为尖脉冲，从理论上讲，若输入矩形波的上升沿和下降沿所用的时间为零，则尖脉冲波的幅值会趋于无穷大，但实际上，由于集成运放工作到非线性区后限制了输出电压的幅值。

例 5.3.8 试求图 5.17 所示电路的输出电压 u_O 与输入电压 u_I 的关系式。

解 由图 5.17 可得

$$u_O = -R_f i_F$$

$$i_F = i_R + i_C = \frac{u_I}{R_1} + C_1 \frac{du_I}{dt}$$

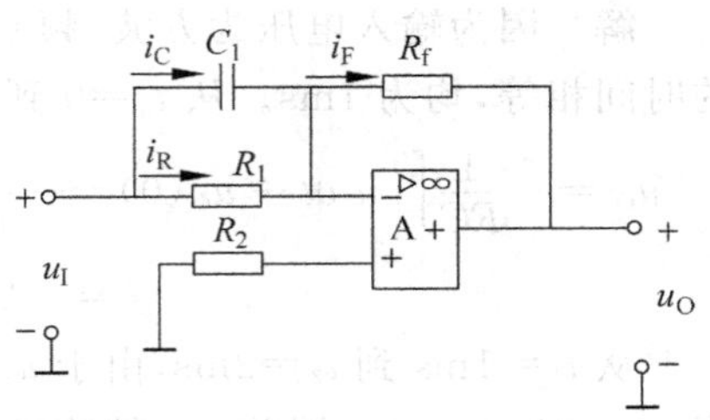

图 5.17 例 5.3.8 电路图

故得

$$u_O = -\left(\frac{R_f}{R_1} u_I + R_f C_1 \frac{du_I}{dt}\right)$$

可见,图 5.17 所示电路是反相比例运算和微分运算两者结合起来的,所以称它为比例—微分调节器(简称 PD 调节器),常用于控制系统中,对调节过程起加速作用。

5.3.6 对数运算电路

对数运算电路能对输入信号进行对数运算,它是一种十分有用的非线性函数运算电路。

1. 电路结构

利用半导体 PN 结的指数伏安特性,可以实现对数运算。在实际应用中,若使三极管的 $u_{CB}>0$,$u_{BE}>0$,则在一个相当宽的范围内,集电极电流 i_C 与 u_{BE}之间有较为精确的对数关系。图 5.18 所示是对数运算电路,与积分电路相比,唯一的区别是将积分电容换成了三极管。

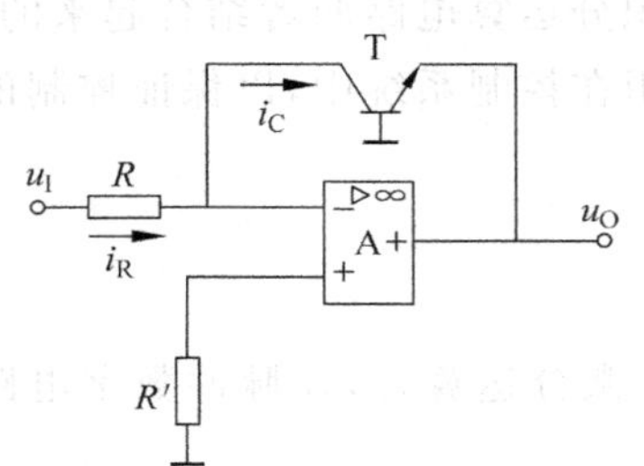

图 5.18 对数运算电路

2. 输入、输出关系

根据反相集成运放的"虚短"、"虚地"的特点和电路结构,有以下关系

$$i_C = i_R = \frac{u_I}{R}, \quad u_O = -u_{BE}$$

而三极管的集电极电流 i_C 与电压 u_{BE}之间的关系为

$$i_C = I_{ES}(e^{\frac{u_{BE}}{U_T}} - 1)$$

其中 I_{ES}为三极管发射结的反向饱和电流。在常温下,$U_T=26mV$,故 $u_{BE} \gg U_T$。因此上式可近似为

$$i_C = I_{ES} e^{\frac{u_{BE}}{U_T}}, \quad u_{BE} = U_T \ln \frac{i_C}{I_{ES}}$$

故由 i_C 和 u_O 的表达式可得

$$u_O = -u_{BE} = -U_T \ln \frac{i_C}{I_{ES}} = -U_T \ln \frac{u_I}{I_{ES} R} \tag{5.38}$$

由式(5.38)可见,输出电压与输入电压的对数成线性关系。必须注意的是,只有当 $u_I>0$ 时,电路才能正常工作,因而它的运算是单极性的。另外,由于半导体三极管的特性与温度有关,具体地说,就是 U_T 和 I_{ES}随温度而变,因而对数运算将出现误差。为了克服这个缺点,可以采用各种温度补偿电路以提高运算精度。

5.3.7　指数运算电路

与对数运算电路一样，指数运算电路也是一种十分有用的非线性函数运算电路。把它与对数电路适当组合，可以完成不同功能的非线性运算电路(如乘法、除法运算)。

1. 电路结构

将对数运算电路图中的 R 与三极管 T 的位置互换，便得到图 5.19 所示的指数运算电路。

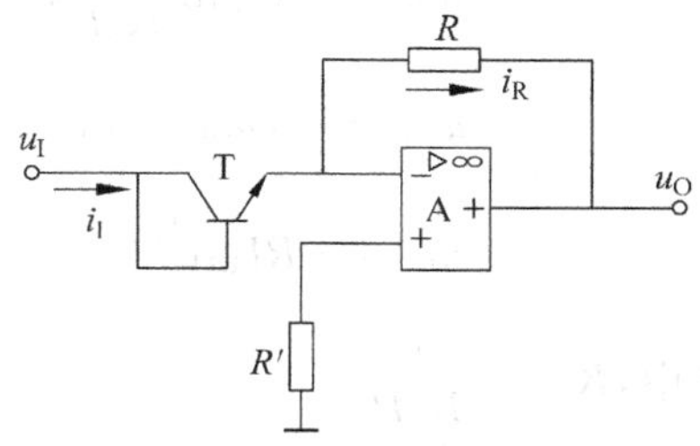

图 5.19　指数运算电路

2. 输入、输出关系

同样利用"虚地"的概念和半导体三极管 i_C 与 u_{BE} 之间的关系，可得

$$u_{BE}=u_I,\quad i_R=i_I$$

$$i_I=I_{ES}e^{\frac{u_{BE}}{U_T}}=I_{ES}e^{\frac{u_I}{U_T}},\quad u_O=-i_RR=-RI_{ES}e^{\frac{u_I}{U_T}} \tag{5.39}$$

由此可见，输出电压与输入电压成指数关系。指数运算也存在运算结果受温度影响的问题，解决的办法与对数运算的类似。目前已有现成的集成对数与指数运算电路。

5.3.8　模拟乘法器

模拟乘法器是实现两个模拟信号乘法运算的非线性电子器件，其性能优越，使用方便，价格低廉，是模拟集成电路的重要分支之一。

1. 电路结构

利用对数、求和以及指数运算电路的组合，可以实现两个模拟信号的乘法运算。模拟乘法器的方框图如图 5.20 所示。

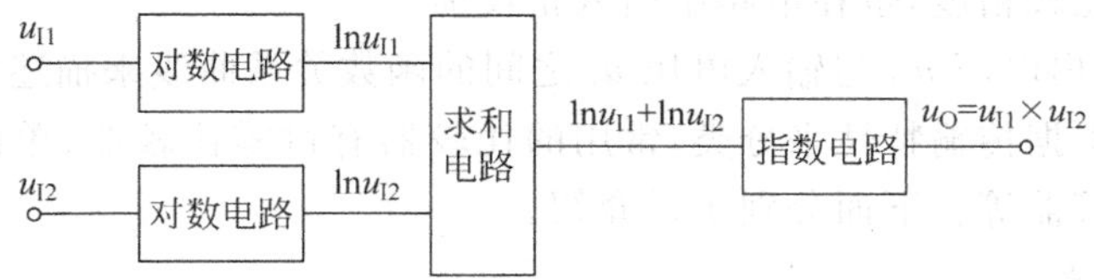

图 5.20　乘法器电路的方框图

由图 5.20 可知，利用对数电路、求和电路和指数电路，可以共同完成乘法运算，实际电路如图 5.21 所示。其中，A_1、A_2 为对数电路，A_3 为加法电路，A_4 为指数电路。

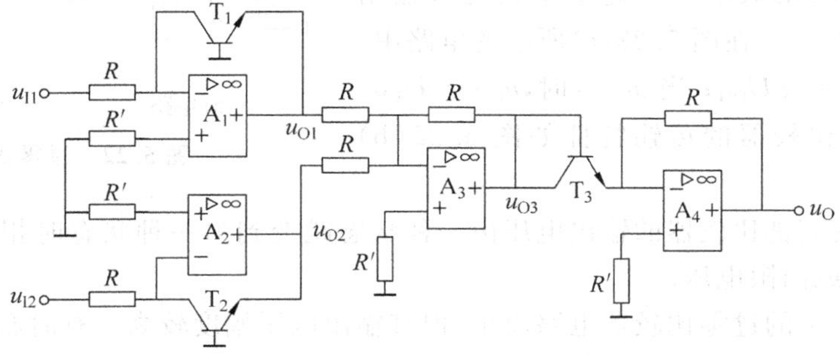

图 5.21　乘法电路

2. 输入、输出关系

在图 5.21 中,取 $I_{ES1}=I_{ES2}=I_{ES3}=I_{ES}$,可得

$$u_{O1}=-U_T\ln\frac{u_{I1}}{I_{ES}R},\quad u_{O2}=-U_T\ln\frac{u_{I2}}{I_{ES}R}$$

$$u_{O3}=-(u_{O1}+u_{O2})=U_T\ln\frac{u_{I1}}{I_{ES}R}+U_T\ln\frac{u_{I2}}{I_{ES}R}=U_T\ln\frac{u_{I1}u_{I2}}{(I_{ES}R)^2}$$

$$u_O=-RI_{ES}e^{\frac{u_{O3}}{U_T}}=-\frac{1}{I_{ES}R}u_{I1}u_{I2}=Ku_{I1}u_{I2}\tag{5.40}$$

其中,$K=-\dfrac{1}{I_{ES}R}$。

如把图 5.21 中的 A_3 改为减法电路,即可实现除法运算电路。

注意,若将有关基本运算电路组合在一起,可以实现各种代数运算。

5.4 其他应用电路

5.4.1 电压比较器

电压比较器是一种常用的模拟信号处理电路,它将一个模拟量输入电压与一个参考电压进行比较,并输出比较结果,其输出只有两种可能的状态:高电平或低电平。在自动控制及电子测量等系统中,常常将比较器应用于越限报警、模/数转换以及各种非正弦波形的产生和变换等。

由于比较器的输出只有高电平和低电平两种状态,所以集成运放常常工作在非线性区。从电路结构上看,运放经常处于开环状态,有时为了使输入、输出特性在状态转换时更加快速以提高比较精度,也在电路中引入正反馈。

通常,利用输出电压 u_O 与输入电压 u_I 之间的函数关系曲线来描述电压比较器,称为电压传输特性。根据传输特性来分类,常用的比较器有过零比较器、单限比较器、滞回比较器以及双限比较器等。下面分别予以介绍。

1. 过零比较器

所谓过零比较器,就是参考电压为零的比较器。将集成运放的一个输入端接“地”,另一个输入端接输入信号,就构成了过零比较器,其电路和电压传输特性如图 5.22 所示。电路的输出高电平和输出低电平决定于集成运放输出电压的幅值 $\pm U_{OM}$。在图 5.22(a)所示的电路中,当 $u_I<0$ 时,$u_O=+U_{OM}$;当 $u_I>0$ 时,$u_O=-U_{OM}$。可画出此过零比较器的传输特性如图 5.22(b)所示。

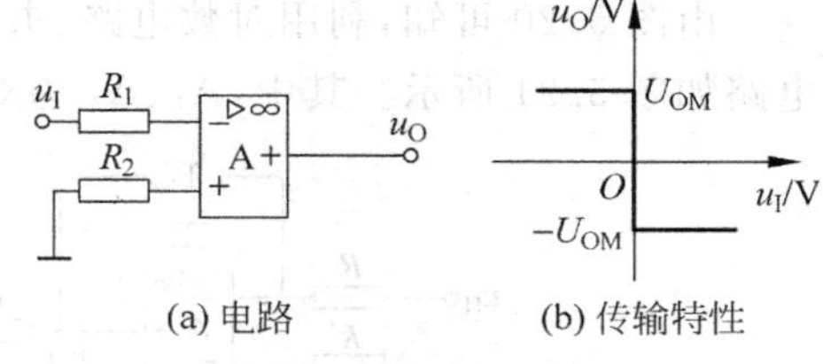

图 5.22 过零比较器

习惯上,我们把比较器的输出电压由一种状态跳变到另一种状态时相应的输入电压称为阈值电压或门限电压。

图 5.22 所示的过零比较器电路简单,但其输出电压幅度较高。有时希望比较器的输出幅度限制在一定的范围内,例如要求与 TTL 数字电路的逻辑电平兼容,此时需要一些

限幅措施。

利用两个背靠背的稳压管 D_Z 实现限幅的过零比较器如图 5.23(a)所示，此时的输出电压被限制在 $\pm U_Z$，而且 $U_Z < U_{OM}$，其电压传输特性如图 5.23(b)所示。图 5.23(c)所示是另一种限幅过零比较器，其限幅功能是由接在集成运放输出端的一个电阻和两个稳压管来实现的，其电压传输特性与图 5.23(a)所示完全相同。这两个电路的不同之处在于图 5.23(a)中，稳压管接在反馈电路中，在稳压管反向击穿时引入一个深度负反馈，从而工作在线性区；而图 5.23(c)所示电路中的集成运放处于开环状态，所以工作在非线性区。

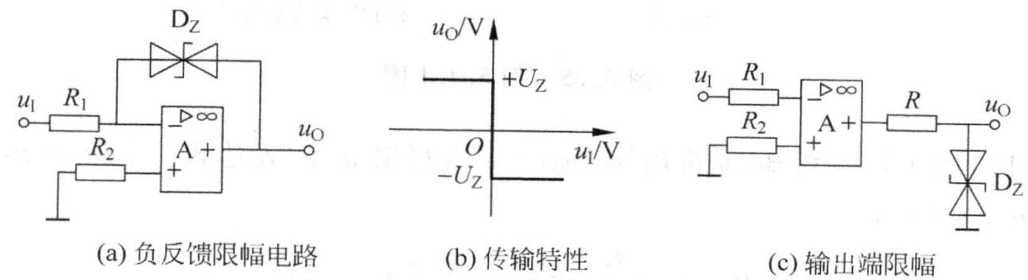

图 5.23 利用稳压管限幅的过零比较器

2. 单限比较器

所谓单限比较器，是指只有一个门限电平的比较器，当输入电压达到此门限电平时，输出端的状态立即发生跳变。单限比较器可用于检测输入的模拟信号是否达到某一给定的电平。可以看出，过零比较器是单限比较器的一个特例。

图 5.24(a)所示电路为一般的单限比较器，其中增加了参考电压 U_{REF}，实现了阈值电压的调整。根据叠加原理，可以求得集成运放反相输入端电位为

$$u_N = \frac{R_1}{R_1 + R_2}u_I + \frac{R_2}{R_1 + R_2}U_{REF}$$

当 $u_N = u_P = 0$ 时，输出电压发生跳变，这时所对应的输入电压即为阈值电压 U_T，所以

$$U_T = u_I\big|_{u_N=0} = -\frac{R_2}{R_1}U_{REF} \tag{5.41}$$

当 $u_I > U_T$ 时，$u_O = -U_{OM}$；当 $u_I < U_T$ 时，$u_O = +U_{OM}$，据此可得到图 5.24(b)所示的电压传输特性。只要改变参考电压 U_{REF} 的极性和电阻 R_1、R_2 的大小，就能改变阈值电压的大小和极性。若要改变 u_I 过 U_T 时 u_O 的跳变方向，应将反相输入端接地，同相输入端接电阻 R_1、R_2。这样，当 $u_I > U_T$ 时，$u_O = +U_{OM}$；当 $u_I < U_T$ 时，$u_O = -U_{OM}$。

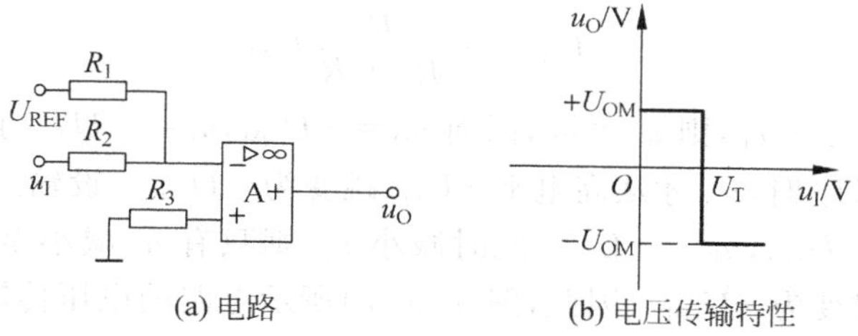

图 5.24 一般单限比较器

单限比较器还可以有其他电路形式。例如，将输入电压 u_I 和参考电压 U_{REF} 分别接到开环工作状态的集成运放的两个输入端，也可组成单限比较器。

例 5.4.1 电路如图 5.25 所示,集成运放的最大输出电压 $\pm U_{OM}=\pm 12V$,$R_1=R_2$。试求:(1)电位器调到最大时电路的电压传输特性;(2)电位器调到最小值时的阈值电压。

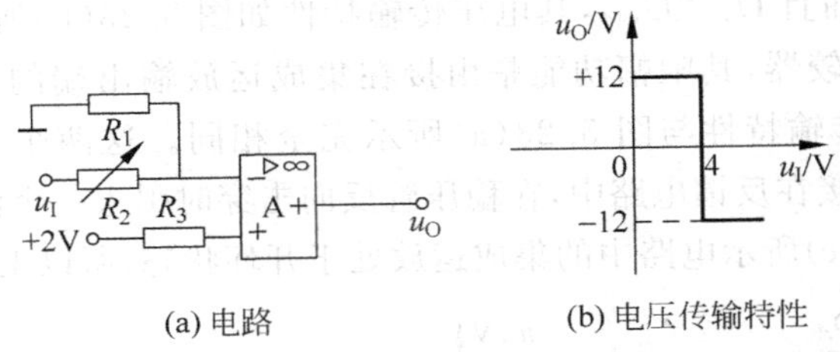

(a) 电路　　(b) 电压传输特性

图 5.25　例 5.4.1 图

解　(1) 由图 5.25 可知,基准电压 $U_{REF}=2V$,写出 u_P 的表达式。令 $u_P=u_N=U_{REF}=2V$,求出 u_I,就是 U_T。

$$u_P=\frac{R_1}{R_1+R_2}u_I=0.5u_I=2V$$

所以 $U_T=4V$。从集成运放的输出电压可知,$U_{OL}=-12V$,$U_{OH}=+12V$。由于输入信号作用于集成运放的反相输入端,因而 $u_I<4V$ 时,$u_O=U_{OL}=+12V$;当 $u_I>4V$ 时,$u_O=U_{OH}=-12V$。所以,传输特性如图 5.25(b)所示。

(2) 当电位器调到最小值时,u_I 直接作用于集成运放的同相输入端,故阈值电压 $U_T=2V$。

3. 滞回比较器

单限比较器具有电路简单,灵敏度高等优点,但存在的主要问题是抗干扰能力差。如果输入电压受到干扰或噪声的影响,在门限电平上下波动,则输出电压将在两个电平之间反复跳变。如在控制系统中发生这种情况,将对执行机构产生不利的影响。为了解决以上问题,可以采用具有滞回传输特性的比较器。

反相输入滞回比较器电路如图 5.26(a)所示,输入电压 u_I 加在集成运放的反相输入端,输出电压通过电阻 R_2 引回到同相输入端,即电路引入了正反馈,$u_O=\pm U_{OM}$。反相输入端电位 $u_N=u_I$,同相输入端电位为

$$u_P=\frac{R_1}{R_1+R_2}u_O=\pm\frac{R_1}{R_1+R_2}U_{OM}$$

令 $u_N=u_P$,可得阈值电压为

$$\pm U_T=\pm\frac{R_1}{R_1+R_2}U_{OM} \tag{5.42}$$

设输入电压 $u_I<-U_T$,则 $u_N<u_P$,因而 $u_O=+U_{OM}$,$u_P=+U_T$。此时增大 u_I,则只有 u_I 增大至略大于 $+U_T$ 时,u_O 才从高电平 $+U_{OM}$ 跳变为 $-U_{OM}$。设输入电压 $u_I>+U_T$,则 $u_N>u_P$,因而 $u_O=-U_{OM}$,$u_P=-U_T$。此时减小 u_I,则只有 u_I 减小至略小于 $-U_T$ 时,u_O 才从低电平 $-U_{OM}$ 跳变为 $+U_{OM}$。因此,图 5.26(a)所示电路的电压传输特性如图 5.26(b)所示。从传输特性上看,当 $-U_T<u_I<+U_T$ 时,u_O 可能为高电平,也可能为低电平,这取决于 u_I 是从小于 $-U_T$ 变化而来的,还是从大于 $+U_T$ 变化而来的,即传输特性具有方向性,图中的箭头表明了变化的方向。这种 u_I 变化方向不同,阈值电压不同的特性称为滞回特性,两个阈值电压之差 $\Delta U=|U_{T1}-U_{T2}|=2U_T$ 称为回差电压(或称为门限宽度)。

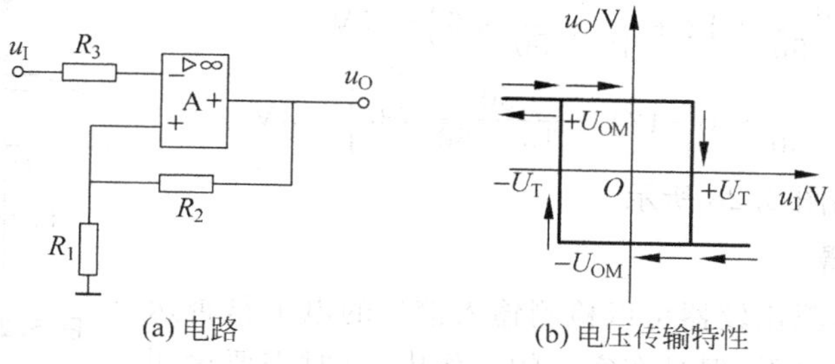

(a) 电路　　(b) 电压传输特性

图 5.26　反相输入滞回比较器

图 5.26(b)所示滞回比较器的电压传输特性是轴对称的，为使电压传输特性曲线横向平移，可在 R_1 的接地端改接外加基准电压 U_{REF}，如图 5.27 所示。

此时，电位

$$u_P = \frac{R_1}{R_1 + R_2}(\pm U_{OM}) + \frac{R_2}{R_1 + R_2}U_{REF}$$

因为 $u_N = u_P$，求得阈值电压为

$$U_{T1} = + \frac{R_1}{R_1 + R_2}U_{OM} + \frac{R_2}{R_1 + R_2}U_{REF} \tag{5.43}$$

$$U_{T2} = - \frac{R_1}{R_1 + R_2}U_{OM} + \frac{R_2}{R_1 + R_2}U_{REF} \tag{5.44}$$

若 U_{REF} 为正且足够大，可使两个阈值电压均大于零，此时的电压传输特性如图 5.27(b)所示。

为了改变电压传输特性的跳变方向，可将图 5.26(a)所示电路的输入端和 R_1 的接地端互换，构成同相输入滞回比较器，其电压传输特性请读者自行分析。

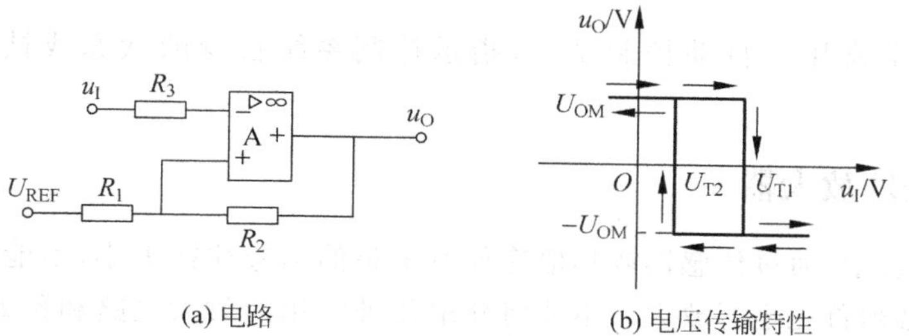

(a) 电路　　(b) 电压传输特性

图 5.27　横向平移电压传输特性的方法

例 5.4.2　电路如图 5.27(a)所示，已知 $R_1 = 10\text{k}\Omega$，$R_2 = 50\text{k}\Omega$，$\pm U_{OM} = \pm 12\text{V}$，$U_{REF} = 6\text{V}$。试画出其电压传输特性。

解　输出高、低电平为

$$U_{OH} = U_{OM} = +12\text{V}, \quad U_{OL} = -U_{OM} = -12\text{V}$$

而

$$u_P = \pm \frac{R_1}{R_1 + R_2}U_{OM} + \frac{R_2}{R_1 + R_2}U_{REF}$$

根据 $u_N = u_P$，并将 $u_N = u_I$，$u_O = \pm U_Z = \pm 12\text{V}$，$U_{REF} = 6\text{V}$ 代入上式，得出阈值电压为

$$U_{T1}=\left(\frac{10}{10+50}\times 12+\frac{50}{10+50}\times 6\right)=7\text{V}$$

$$U_{T2}=\left[\frac{10}{10+50}\times(-12)+\frac{50}{10+50}\times 6\right]=3\text{V}$$

其电压传输特性如图 5.28 所示。

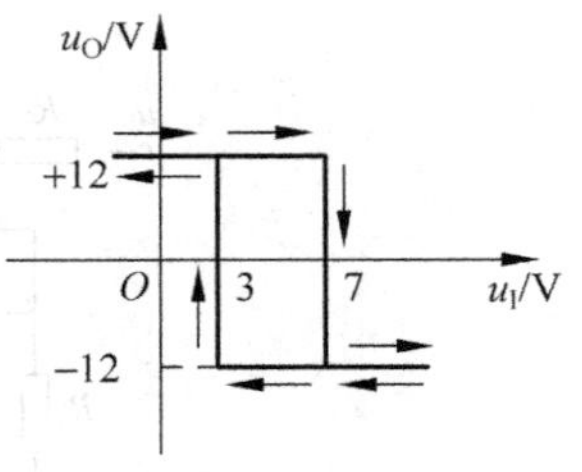

图 5.28 例 5.4.2 的图

4. 双限比较器

前面介绍的单限比较器可以检测输入信号的电平是否达到某一给定的门限电平,但是在实际的工作中,有时需要检测输入模拟信号的电平是否处在给定的两个门限电平之间,这就要求比较器有两个门限电平。这种比较器称为双限比较器。

图 5.29(a)所示是一种典型的双限比较器电路。该电路在例 3.1.6 中已详细描述。设 A_1 和 A_2 的输出高电平为 U_{OM},输出低电平为零,若输入某信号 u_I,则对应的输出为 u_O,如图 5.29(b)所示。

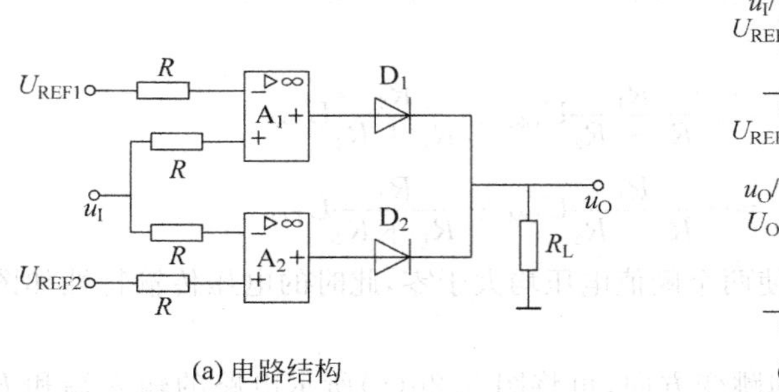

(a) 电路结构　　(b) u_I与u_O的关系举例

图 5.29 双限比较器

双限比较器常用于自动控制系统,指示控制系统自身的状态或被控参数的大致范围。

5.4.2 预处理放大器

在电子系统中,通过传感器或其他途径所采集的信号往往很小,不能直接进行运算、滤波等处理,必须首先进行放大。本节将介绍几种常用的放大电路和预处理中的一些实际问题。

1. 测量放大器

测量放大器是一种具有较高共模抑制比,适用于弱信号检测的专用运算放大器。通用的运算放大器对单纯的微弱信号可以进行信号放大,并具有一定的抗干扰能力。但对于通常处于恶劣环境下的传感器,不仅输出信号微弱,输出端还常常受到较大噪声的干扰,而且这种噪声通常以共模噪声的形式出现。因此,在这种情况下,一般是由一组运算放大器构成测量放大器来对传感器信号进行放大,传感器的输出信号直接接到测量放大器的同相输入端和反相输入端上,如图 5.30 所示。测量放大器因其同相输入端和反相输入端直接与信号源相接,故有较高的抗共模干扰能力。放大倍数在 1~1000 之间,由外接电阻 R_g 进行增益调节,R_s 用于增益微调。

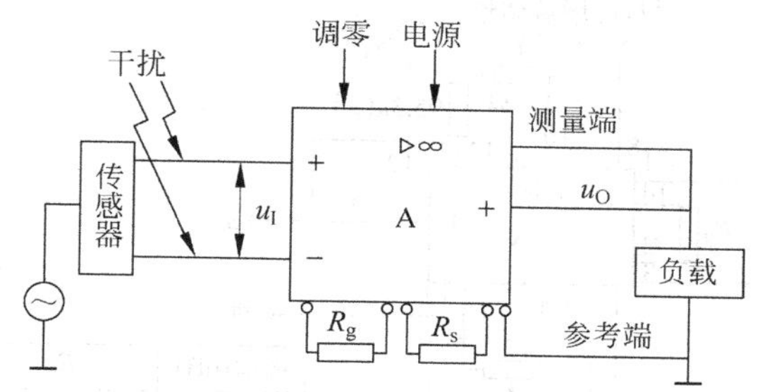

图 5.30 测量放大器结构

测量放大器主要有 3 种功能：

① 信号放大：提供高增益，可用外接电阻或软件编程进行调节。

② 输入缓冲：为信号源提供一个很高的输入阻抗。

③ 共模抑制：用于差动输入时，具有很高的共模抑制比。

测量放大器又称仪用放大器，或数据放大器。常见的测量放大器由 3 个运算放大器构成。如图 5.31 所示，A_1、A_2 组成同相并联差动放大器，且共模增益均为 0dB，与 R_g 和 R_1 的数值无关。A_3 是起减法作用的差动放大器。设 A_1 与 A_2 对称，而且 $R_2=R_5=R$，则测量放大器的理想差动输入闭环放大倍数由式(5.45)确定：

$$K=-\left(1+\frac{2R_1}{R_g}\right) \tag{5.45}$$

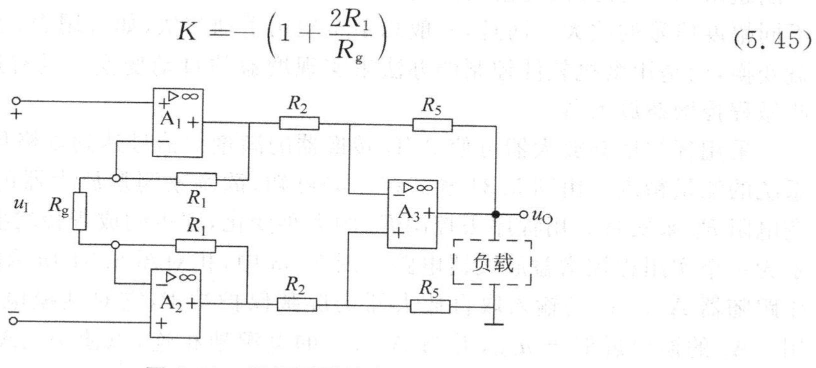

图 5.31 通用测量放大器

常用的集成测量放大器芯片有 AD521、AD522 等。下面就 AD521 作一简单介绍。

AD521 是 AD 公司的第二代放大器，具有高输入阻抗、低失调电流、高共模抑制比等特点，增益可调范围为－20～60dB，增益的调整不需要精密的外接电阻，有较强的过载能力，其使用温度范围为－25～＋85℃。

图 5.32 所示为 AD521 使用时的一种典型接法。放大器的 4、6 两脚接 10kΩ 电位器，用于零点调整；放大倍数由 R_s 与 R_g 之比决定。其中，10 脚和 13 脚为外接反馈电阻，一般为 100kΩ±15%；14 脚和 2 脚为外接增益电阻。需要注意的是，在使用 AD521 时，必须给其偏置电流提供返回通路。具体做法是将放大器两个输入端之一与电源的地线相连构成回路，可以直接相连，也可以通过电阻相连。如果没有这一回路，偏流就会对杂散电容充电，使输出电压漂移得不到控制或处于饱和。因此，如果应用场合不能为偏置电路提供直流通路，就需要改用隔离放大器。

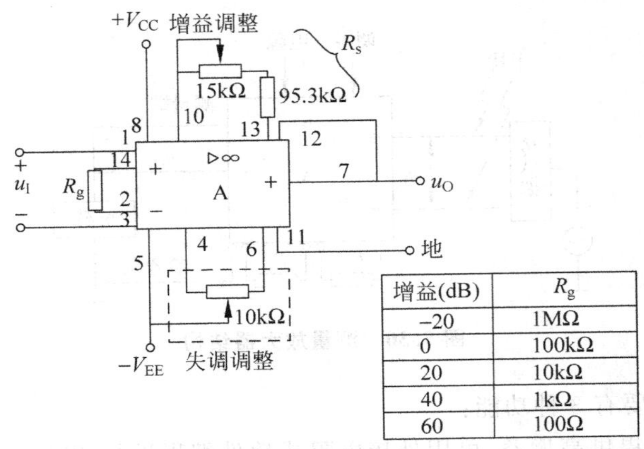

增益(dB)	R_g
−20	1MΩ
0	100kΩ
20	10kΩ
40	1kΩ
60	100Ω

图 5.32　AD521 典型接线图

2. 程控增益放大器

在微机测控系统中,对测量放大器除了要求共模抑制能力强、高增益、低零漂、宽频带之外,还要求放大器具有增益可调的功能。当多路输入信号源电平相差较大时,用同一增益的放大器去放大高电平和低电平信号,就有可能使低电平信号测量精度降低,高电平则可能超出 A/D 转换器的输入范围。因此,工程上常采用改变放大器增益的方法,来实现不同幅度信号的放大。而且,一般总不希望用手动方法(如万用表、示波器那样)来实现增益变换,而是用微机软件控制的办法来实现增益的自动变换。具有这种功能的放大器就叫做程控增益放大器。

采用程控增益放大器可使 A/D 转换器的满量程信号达到规格化,因而可以大大提高系统的测量精度。由图 5.31 和式(5.45)可知,欲调整测量放大器的放大倍数,可通过改变电阻 R_g 来实现。用程序去控制 R_g 的大小变化,即可构成程控增益放大器。图 5.33 所示为一个实用程控增益放大器电路。图 5.33 中,相对图 5.31 所示的电路增加了一个电压跟随器 A_4。A_4 的输入取自放大器的屏蔽保护端 P,它对共模电压 u_{CM} 也起着抑制作用。A_4 的输出近似于 u_{CM},并与 A_1、A_2 的电源地相连,以使 A_1、A_2 的电源电压波动与 u_{CM} 相同,从而大大削弱共模干扰的影响。

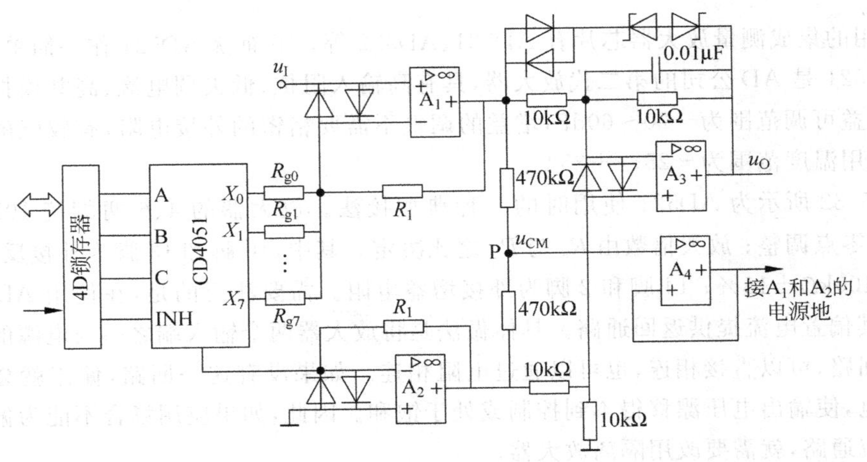

图 5.33　实用程控增益放大电路

该电路中的 8 个电阻($R_{g0} \sim R_{g7}$)分别等效于图 5.31 中的 R_g,它们的阻值可以根据不同放大倍数的要求,按式(5.45)来选取。多路开关 CD4051 选通哪一路电阻,可以由 CPU 通过程序进行控制。

程控增益放大器集成芯片有多种类型,下面就实际应用中常见的 AD612/614 程控增益放大器作一介绍。

图 5.34 所示为 AD612/614 程控增益测量放大器结构框图。这是一个典型的三运放结构,其增益控制有两种不同的方式:一种是程控增益,通过选择片内精密电阻网络来获得;另一种是外接电阻可调增益。

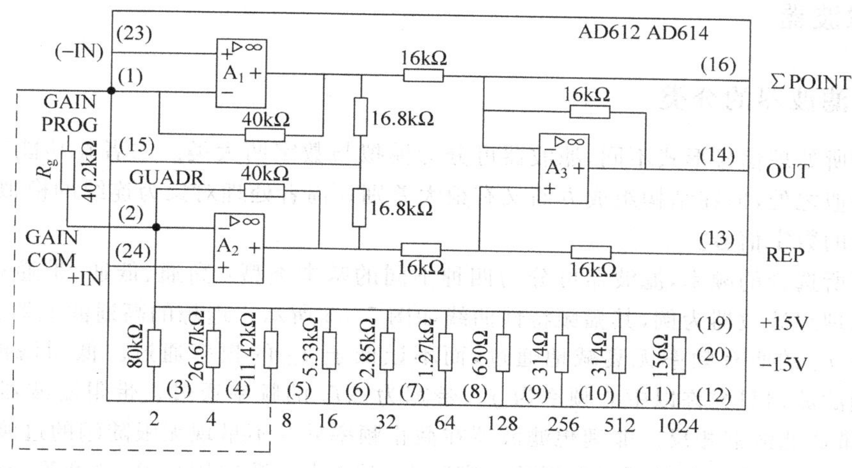

图 5.34 AD612/614 程控增益测量放大器

① 程控增益

当片内精密电阻网络引出端 3～10 分别与 1 端相连时,按二进制关系建立增益,增益范围为 $2^1 \sim 2^8$;10、11 端与 1 端相连时,增益为 2^9;10、11、12 端均与 1 端相连时,增益为 2^{10};当电阻网络 3～12 端均不与 1 端相连时,增益为 1。因此,只要在 1 端和 2～12 端之间加一个多路开关,就可方便地进行增益程控。

② 外接电阻可调增益

将一个可调电阻 R_g 跨接在 1、2 两端,则增益为 $K_f = 1 + \dfrac{80\text{k}\Omega}{R_g}$;如要求 $K_f = 10$,则 $R_g = \dfrac{80\text{k}\Omega}{9} = 8.89\text{k}\Omega$。

该程控放大器还有一个特点,其 15 端为"输入保护"点,该点取自 A_1、A_2 输出端的中点,为保护电位点。当该点通过跟随器与输入电缆的屏蔽层相连后,可屏蔽输入共模电压,提高共模抑制比,降低输入噪声。

3. 隔离放大器

测量放大器因必须对输入偏流提供一条返回通路,因而在使用上受到限制。在有强电或强电磁干扰的环境中,为了防止电网电压损坏测量回路,其信号输入通道常采用隔离措施。在医疗仪器上,为防止漏电流、高电压等对人体的意外伤害,也常采用隔离放大技术,以确保人身安全。此外,在许多其他必须使输入电路和输出电路彼此隔离的场合,都必须使用隔离放大器。

隔离放大器采用的耦合方式有变压器耦合和光电耦合两种。变压器耦合方式的隔离放大器一般由高性能输入运放、调制解调器、信号耦合变压器、输出运放和电源等几个部分组成。利用变压器耦合实现载波调制，具有较高的线性度和隔离性能，但带宽一般都在1kHz以下。光耦合隔离放大器具有体积小、偏移电压低、漂移小、频带宽、漏电流极小、成本低等特点，广泛适用于各种输入电路和其他需要隔离的场合。隔离放大器的具体电路及工作原理可参见其他文献。

5.5 滤波器

5.5.1 滤波器的分类

按照所处理信号形式不同，滤波器可分为模拟与数字两大类。二者在功能特性方面有许多相似之处，但在结构组成方面又有很大差别。前者处理对象为连续的模拟信号，后者为离散的数字信号。

按照所选择的频率，滤波器可分为四种不同的基本类型：高通、低通、带通和带阻滤波器。以理想滤波器为例，其幅频特性曲线如图5.35所示。理想的高通滤波器允许高于截止频率 f_X 的所有频率无衰减地通过，而不让低于 f_X 的频率通过。低通滤波器则相反。带通滤波器只允许以中心频率为 f_0、带宽为 Δf_0 的频率通过。带阻滤波器(或陷波器)则与带通滤波器相反。非理想滤波器在截止频率处并不呈现无限陡峭的过渡特性，但近于理想的实际滤波器是可以做到的。实际上，对于大多数应用来说，宽度等于或大于十倍频程的过渡带完全够了。

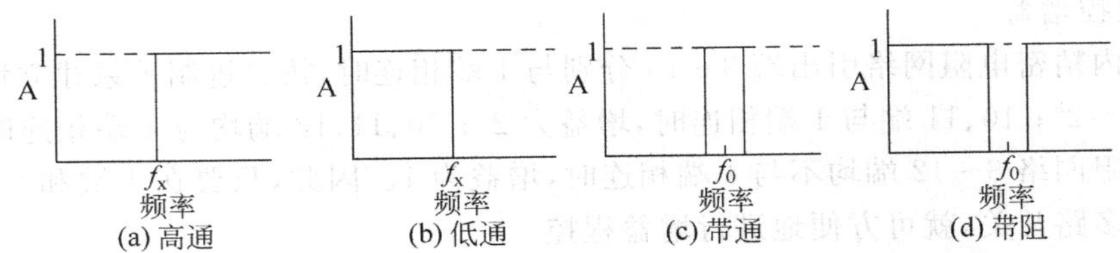

图5.35 理想滤波器的频率响应

此外还有一种全通滤波器，各种频率的信号都能通过，但不同频率信号的相位有不同变化，它实际上是一种移相器。所有的实际滤波器都有相移。根据网络理论，无源滤波器增益响应(对数-对数刻度)的斜率与滤波器相移(弧度)的关系为

$$\psi = \frac{\pi}{2}\frac{\mathrm{d}(\log|A|)}{\mathrm{d}(\log f)} \tag{5.46}$$

式中，$|A|$是滤波器响应的幅值，即$|u_0|/|u_i|$。如果滤波器(或任意网络)的频响已知，就可以导出其相移。在确定控制系统或其他反馈网络的稳定性时，相位响应是重要的，但因为在很多仪器应用中，只对信号幅度感兴趣，所以通常不考虑相位响应。

按照电路组成滤波器又可以分为以下几种。

1. *LC* 无源滤波器

由电感 L、电容 C 组成的无源电抗网络具有良好的频率选择特性，并且因其信号能量

损耗小、噪声低、灵敏度低，曾广泛应用于通信及电子测量仪器领域。其主要缺点是电感元件体积大，在低频及超低频频带范围品质因数低(即频率选择性差)，不便于集成化，现在一般测试系统中应用不多。如图 5.36(a)所示，当高频信号通过 LC 滤波电路时，电感的感抗增加，电容的容抗减小，使负载两端得到的电压幅值下降，高频信号被衰减；当低频信号通过该电路时，感抗很小，容抗很大，输入信号通过该电路时损失很小，因此，该电路是一个低通滤波电路。但是，当通带的截止频率很低时，高于截止频率附近的信号频率并不高，为了能滤掉这些信号，增强滤波效果，必须加大电感量，使得线性电感的体积和重量比较大，不但成本高，也不便于集成化。若采用 RC 滤波电路，可以克服这个缺点，将图 5.36(a)中 LC 滤波电路中的电感换成电阻，就构成了 RC 低通滤波电路，如图 5.36(b)所示。如将图 5.36(b)中 RC 滤波电路中的电阻和电容互换就构成了 RC 高通滤波电路，如图 5.36(c)所示，当低频信号通过 RC 滤波电路时，电容的容抗很大，低频信号被衰减；当高频信号通过该电路时，容抗很小，输入信号通过该电路时损失很小，因此，该电路是一个高通滤波电路。

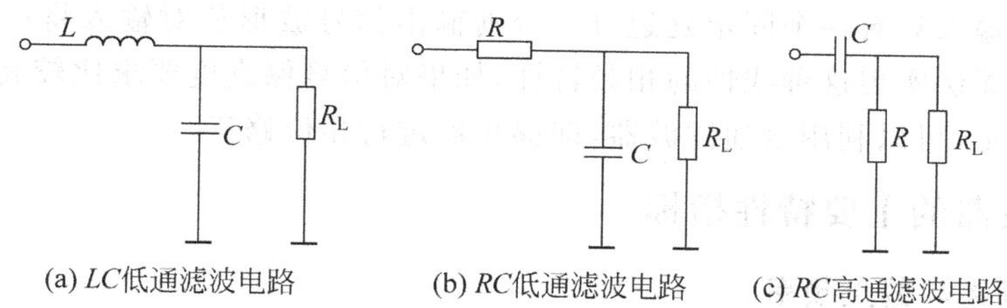

图 5.36 无源滤波电路

2. RC 无源滤波器

由于电感元件有很多不足，人们自然希望实现无感滤波。由电阻 R、电容 C 构成的无源网络，其中的电阻不但消耗不需要信号的电能，也消耗有用信号的电能，使有用信号在输出端被衰减，其频率选择特性较差，带负载能力也很弱，一般只用作低性能滤波器。

3. 由特殊元件构成的无源滤波器

这类滤波器主要有机械滤波器、压电陶瓷滤波器、晶体滤波器、声表面波滤波器等。其工作原理一般是通过电能与机械能、分子振动能的相互转换，并与器件固有频率谐振实现频率选择，多用作频率选择性能很高的带通或带阻滤波器，其品质因数可达数千至数万，并且稳定性也很高，具有许多其他种类滤波器无法实现的特性。由于其品种系列有限，调整不便，一般仅应用于某些特殊场合。

4. RC 有源滤波器

RC 无源滤波器特性不够理想的根本原因是电阻元件对信号功率的消耗，如在电路中引入具有能量放大作用的有源器件(如电子管、晶体管、运算放大器等)，补偿损失的能量，可使 RC 网络像 LC 网络一样，获得良好的频率选择特性，称为 RC 有源滤波器。

RC 有源滤波器体积小、质量轻、信号选择性好，尤其是集成放大器可加电压串联负反馈，使电路输入阻抗高，输出阻抗低，输入与输出之间具有良好的隔离，便于实现高阶滤波。它的缺点是在大信号作用下，容易产生饱和或截止失真，使输出电流受到限制。

滤波器还可以按照许多其他的特征分类。

可用三种方式来描述滤波器的响应：在时域中用微分方程描述；在频域中用频率响应描述；在s域中用拉普拉斯变换或传递函数描述，传递函数是输出与输入信号电压(或电流)拉普拉斯变换之比。

5.5.2 模拟滤波器的频率特性

在单位信号输入情况下的输出信号随频率变化的关系，称为滤波器的频率特性函数，简称频率特性。频率特性 $H(\mathrm{j}\omega)$ 是一个复函数，它的幅值 $A(\omega)=|H(\mathrm{j}\omega)|$ 称为幅频特性，滤波器的频率选择特性主要由其幅频特性决定。对于理想滤波器通带内信号应完全通过，即 $A(\omega)$ 在通带内应为常数，在阻带内应为零，没有过渡带。实际滤波器不可能具有理想特性，只能通过选择适当的电路阶数和零、极点分布位置向理想滤波器逼近。

频率特性复函数 $H(\mathrm{j}\omega)$ 的幅角表示输出信号的相位相对于输入信号相位的变化，称为相频特性 $\phi(\omega)=\arctan H(\mathrm{j}\omega)$。对于理想滤波器，为使信号无失真地通过，即输出信号与输入信号具有同样波形，$\phi(\omega)$ 应为 ω 的线性函数，即 $\phi(\omega)=\omega T_0$，这样输出信号中各种谐波成分相对输入只有一个固定延迟 T_0，否则输出信号波形相对输入将产生相位失真。实际滤波器也无法实现这种线性的相频特性，如果对信号保真度要求比较高，或滤波器相位失真比较严重，可以利用全通滤波器，即移相器进行相位修正。

5.5.3 滤波器的主要特性指标

1. 谐振频率与截止频率

一个没有衰减损耗的滤波器，谐振频率就是它自身的固有频率。截止频率也称为转折频率，它是频率特性下降3dB那一点所对应的频率。

2. 通带增益

通带增益是指选通的频率中，滤波器的电压放大倍数。

3. 频带宽度

频带宽度是指滤波器频率特性的通带增益下降3dB的频率范围，这是指低通和带通而言。高通和带阻滤波器的频带宽度，是指阻带宽度。

4. 品质因数与阻尼系数

这是衡量滤波器选择性的一个指标。品质因数 Q 定义为谐振频率与带宽之比。阻尼系数定义为 $\xi=\frac{1}{2}Q^{-1}$。

5. 滤波器参数对元件变化的灵敏度

滤波器中某无源元件 x 变化、必然会引起滤波器某 y 参数的变化。则 y 对 x 变化的灵敏度定义为

$$S_x^y=\frac{\mathrm{d}y/y}{\mathrm{d}x/x} \tag{5.47}$$

在滤波器设计的工具书中，给出了各类滤波器各种灵敏度的具体表达式。灵敏度是电路设计中的一个重要参数，可以用来分析电路元件实际值偏离设计值时电路实际性能与设计性能的偏离；也可以用来估计在使用过程中元件参数值变化时电路性能变化情况。该灵敏度与测量仪器或电路系统灵敏度不是一个概念，该灵敏度越小，标志着电路容

错能力越强,稳定性也越高。

6. **群时延函数**

当滤波器幅频特性满足设计要求时,为保证输出信号失真度不超过允许范围,对其相频特性 $\phi(\omega)$ 也应提出一定要求。在滤波器设计中,常用群时延函数

$$\tau(\omega)=\frac{\mathrm{d}\phi(\omega)}{\mathrm{d}\omega} \tag{5.48}$$

评价信号经滤波后相位失真程度。$\tau(\omega)$ 越接近常数,信号相位失真越小。

5.5.4 二阶滤波器

目前由各种形式一阶与二阶有源滤波电路构成的滤波器应用最为广泛,它们结构简单,调整方便,也易于集成化。实用电路多采用运算放大器作有源器件,几乎没有负载效应,利用这些简单的一阶与二阶电路级联,也很容易实现复杂的高阶传递函数,在信号处理领域得到广泛应用。由于一阶电路比较简单,也可由 RC 无源网络实现,性能不够完善,应用不多,常用的有压控电压源型、无限增益多路反馈型与双二阶环型。

压控电压源型结构是把运算放大器构成一闭环反馈放大器,无源元件均接在放大器的同相输入端,使用元件数目较少,对有源器件特性理想程度要求较低,结构简单,调整方便,对于一般应用场合性能比较优良,应用十分普遍。但它利用正反馈补偿 RC 网络中能量损耗,反馈量过强将降低电路稳定性,导致电路自激振荡。此外这种电路灵敏度较高,如果电路在临界稳定条件下工作,还会导致自激振荡,如图 5.37(a)所示。由运算放大器与电阻 R_1 和 R_f 构成的同相放大器称为压控电压源,压控电压源也可由任何增益有限的电压放大器实现,如使用理想运算放大器,压控增益 $A_f=1+R_f/R_1$,该电路传递函数为

$$\frac{U_o(p)}{U_i(p)}=\frac{A_f y_1 y_4}{y_5(y_1+y_2+y_3+y_4)+[y_1+(1-A_f)y_2+y_3]y_4} \tag{5.49}$$

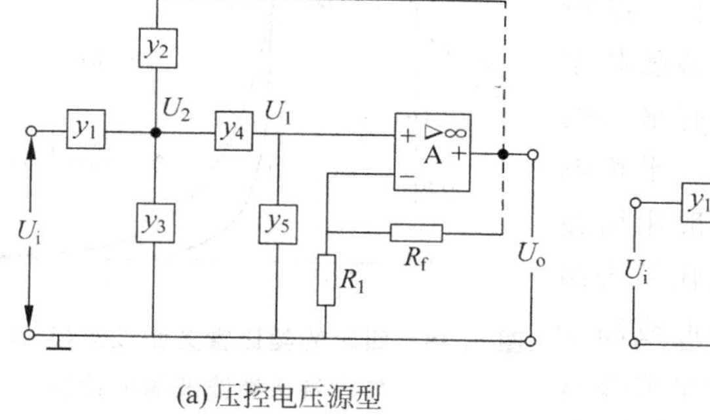

(a) 压控电压源型

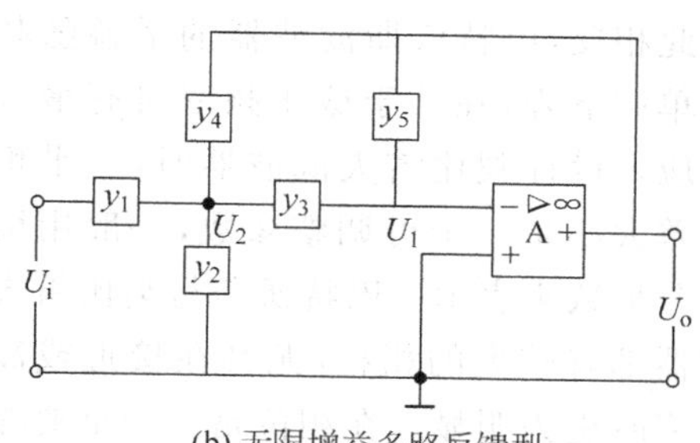

(b) 无限增益多路反馈型

图 5.37　二阶滤波电路

图 5.37 中 $y_1 \sim y_5$ 分别表示所在位置的无源元件的导纳。$y_1 \sim y_5$ 中有任意两个是电容,其他是电阻。选用适当的电阻、电容元件,该电路可构成低通、高通、带通与带阻四种二阶有源滤波电路。

无限增益多路反馈型滤波电路是由一个理论上具有无限增益运算放大器赋以多路反馈构成的滤波电路,其中无源元件是接在运算放大器的反相输入端。由于没有正反馈,故稳定性较高,其不足之处是对有源器件特性要求较高,而且调整不如压控电压源型滤波电

路方便。此外这种电路要求的 Q 值一般不超过 10。该电路传递函数为

$$\frac{U_o(p)}{U_i(p)}=\frac{-y_1y_2}{y_5(y_1+y_2+y_3+y_4)+y_3\cdot y_4} \tag{5.50}$$

如图 5.37(b)所示,$y_1\sim y_5$ 中,有任意两个是电容,其他是电阻。选用适当的电阻、电容元件,该电路可构成低通、高通和带通三种二阶有源滤波电路,但不能构成带阻滤波电路。

双二阶环电路利用两个以上由加法器、积分器等组成的运算放大电路,使用元件数目稍多。根据所要求的传递函数,引入适当的反馈构成滤波电路。其突出特点是电路灵敏度低,因而特性非常稳定,并可实现多种滤波功能,经过适当改进还可将运算放大器数目减少到两个。高性能有源滤波器及许多集成的有源滤波器,多以双二阶环电路为原型。

5.5.5 契比雪夫及其他有源滤波器

理想滤波器要求幅频特性在通带内为一常数,在阻带内为零,没有过渡带,还要求群时延函数在通带内为一常量,这在物理上是无法实现的。理论上可以通过增加电路阶数,以及选择适当的分子分母系数,即选择电路元件参数值,使其频率特性向理想滤波器逼近。如果单纯增加电路阶数,不仅增加了电路的复杂性,而且也难以全面达到理想要求。实践中往往侧重于滤波器某一方面性能要求与应用特点,选择适当逼近方法,实现对理想滤波器的最佳逼近。原则上对低通滤波器传递函数进行频率变换可以得到高通、带通与带阻滤波器的传递函数。

有一种有源滤波器即契比雪夫滤波器,与巴特沃斯滤波器相似,只是契比雪夫滤波器在给定阶数时有较好的锐截止特性。这种滤波器也可以用串联的二次滤波器构成。契比雪夫滤波器的缺点是在低于截止频率时增益出现最大值和最小值,即增益呈脉动状,如图 5.38 所示。与此相反,巴特沃斯滤波器的增益随频率的增加单调下降,在低于截止频率时有最大的平坦响应。设计契比雪夫滤波器时,与平坦响应的偏差大小是一个可调整参数,一般用增益起伏的分贝数来表示。巴特沃斯与契比雪夫两种滤波器都有较大的相移,尤其在接近或高于截止频率时更为明显。在相位是一个重要参数的应用场合,最好使用有最小相移的滤波器(如贝塞尔滤波器),虽然其频率截止特性不很尖锐。某些滤波器,尤其是全通滤波器,只是专用来进行相移而允许所有的信号频率通过。三种滤波器比较如下。

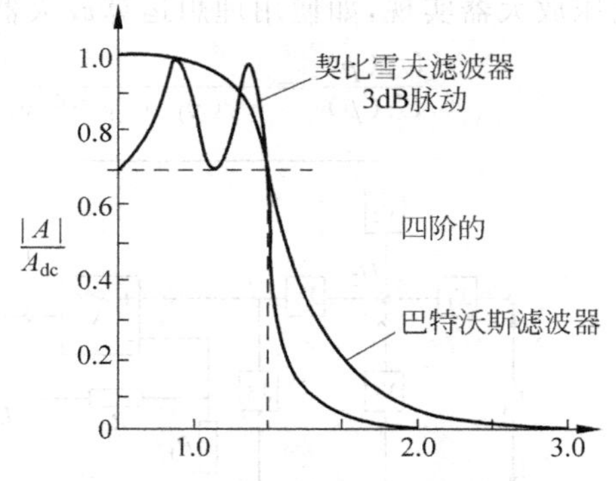

图 5.38 四阶的契比雪夫滤波器(3dB 脉动)与巴特沃斯滤波器的比较

(1) 巴特沃斯逼近的原则是使滤波器的幅频特性在通带内最为平坦,并且单调变化。但这种滤波器在阻带的衰减较为缓慢,选择性较差。巴特沃斯滤波器的相频特性是非线性的,如图 5.38 所示。所以,不同频率的信号通过滤波器后会有不同的相移,而且随着电路阶数的增加,相频特性的非线性逐渐增加,相频特性变坏。

(2) 契比雪夫逼近的原则是允许滤波器的幅频特性在通带内有一定的波动量,所以

在电路阶数一定的情况下，其幅频特性更接近理想的矩形。契比雪夫滤波器的幅频特性在阻带内具有较陡的衰减特性，选择性好，且波动越大，选择性越好。由于契比雪夫滤波器的幅频特性在通带内存在纹波，所以又称为纹波型滤波器。

(3) 与前两种不同，贝赛尔逼近的原则是使滤波器的相频特性在通带内具有最高的线性度。群时沿函数最接近于常量，从而使因滤波器的相频特性引起的失真最小。这种滤波器通常用于要求信号失真小、信号频率较高的场合。

5.6 有源滤波器的分析

5.6.1 有源一阶高通、低通滤波器

任何复杂的滤波网络，可由若干简单的一阶与二阶滤波电路级联构成。一阶滤波电路只能构成低通和高通滤波器，而不能构成带通和带阻滤波器。

1. 单级高通与低通电路

在电子仪器中有很多单级的 RC 高通与低通滤波器(如图 5.39 所示)。这种滤波器可以使高频分量与低频或直流分量分开。如果输出不接负载，这种电路的分析并不复杂。图 5.39(a)中，对低频成分，电容 C 所呈现的容抗较大，所示信号能通过；对高频成分，电容 C 的容抗较小，信号的消耗较大，不易通过。同理，可对图 5.39(b)进行类似分析。在这两种电路中，输入电流都是 $i=u_i/(R+1/\mathrm{j}\omega C)$，低通滤波器的输出电压是 $i/\mathrm{j}\omega c$，高通滤波器的输出电压则为 iR，其增益($A=u_o/u_i$)为

$$|A_L|=\frac{1}{\sqrt{1+(\omega/\omega_x)^2}}(低通) \tag{5.51}$$

$$|A_H|=\frac{1}{\sqrt{1+(\omega_x/\omega)^2}}(高通) \tag{5.52}$$

式中，$\omega_x=\dfrac{1}{RC}$或 $f_x=\dfrac{1}{2\pi RC}$。

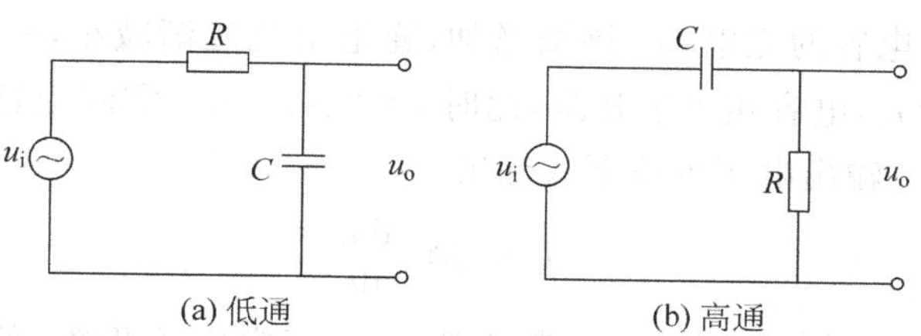

图 5.39 单级 *RC* 滤波器

单级 RC 高通与低通滤波器的频率响应如图 5.40 所示，从曲线上来看，截止频率 f_x 的意义是很明显的。

高通电路通常用于交流放大器的级间耦合，如图 5.41 所示。因为级间耦合隔断了直流通路，这就不需要补偿直流偏置。在该例中，各级增益均为 10，两级高通滤波器的截止频率都是 17Hz。

高通和低通的另一种解释分别为积分网络和微分网络，在脉冲应用中尤其如此。积

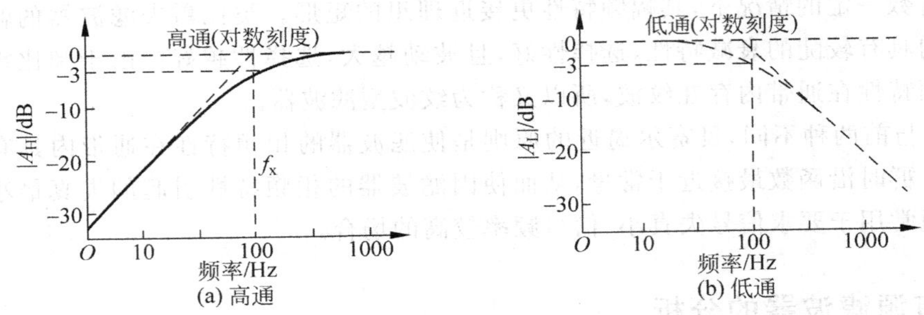

图 5.40　高通与低通滤波器的频率响应

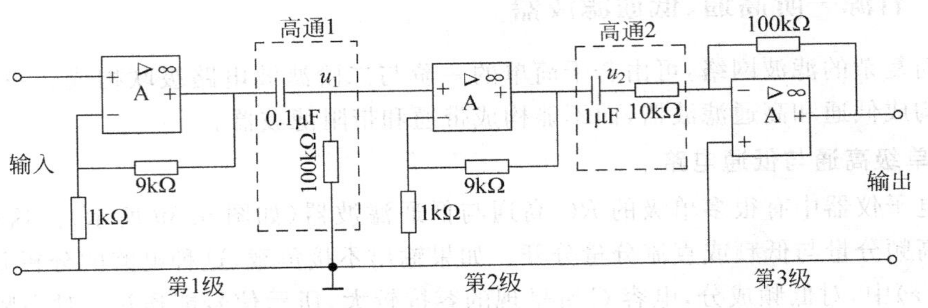

图 5.41　级间耦合的高通滤波器

分电路会在一个时间周期内,将被测量连续累加起来。当输入恒定时,其输出波形与输入波形的时间间隔成正比。在图 5.42(a)中,输出信号取自电容器的两端,电容器两端电压的建立时间取决于 RC 时间常数。由于电容器的充电电流逐渐减小,电容器两端的电压以指数形式上升,表现为弯曲的波形,即

$$u_o = u_i(1 - e^{-\frac{t}{RC}}) \tag{5.53}$$

在图 5.42(b)中,电阻 R 通过电容 C 接入电压信号(或阶跃信号)。在突然接上信号的瞬间,$t=t_0$,电容电压 $u_C=0$,电容相当于短路,充电电流最大,输出电压几乎等于输入电压,$u_R=u_i$。随着电容的充电,u_C 逐渐增加,充电电流逐渐减小,u_R 也逐渐减小。当达到稳定状态时,$u_C=u_i$,电容相当于开路,此时 $i=0$、$u_R=0$。实际上这个过程反映了电路中电流的变化过程。输出电压可按下式标出

$$u_o = RC\frac{du_i}{dt} \tag{5.54}$$

当单级高通电路用做微分网络时,截止频率 f_x 通常这样设置:使时间常数 $\tau=RC$ 小于脉冲宽度 t_X,如图 5.42 所示。在这种情况下,只有脉冲的前后沿能通过。当单级低通电路作为积分网络工作时,时间常数 $\tau=RC$ 要远大于脉冲宽度。

实际上,单级低通电路中,只在充电曲线的起始部分,输出电压与输入波形的时间间隔成线性关系。随着时间的增加,积分误差将逐步增大。为了实现比较理想的积分运算,就需要使电容两端电压在增长时,流过它的电流仍基本维持恒定。为了获得理想的微分关系,电阻 R 的数值要取得较小,但这样就会使输出的幅度变小。可以采用运算放大器和微、积分网络解决上述问题。

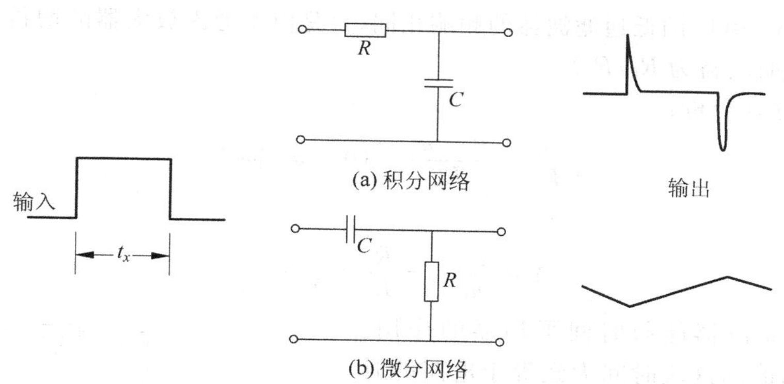

图 5.42　用做微分、积分器的单级高、低通滤波器

2. 有源一阶高通、低通电路

(1) 一阶低通有源滤波电路

由一个 RC 低通滤波电路与一个同相放大器可以组成简单一阶低通有源滤波电路，不仅可以使低频信号通过，还可以使该信号得到放大，电路如图 5.43(a)所示。

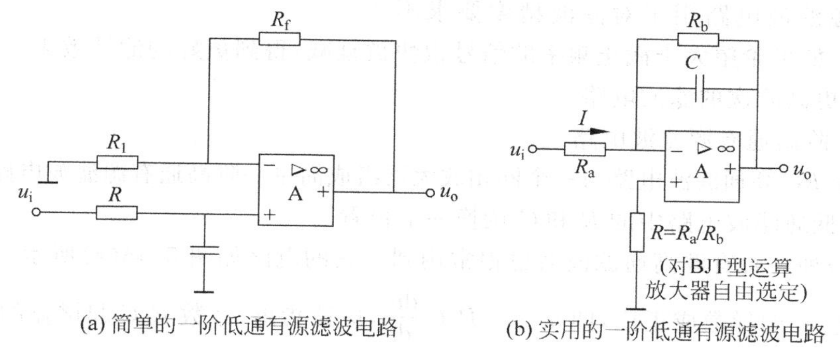

图 5.43　一阶低通有源滤波电路

一阶有源低通滤波器的实用电路如图 5.43(b)所示。这个电路与简单的积分电路相同，只是多加了一个数值较大的电阻 R_b。这个电阻可以想象为一个时间常数很大的复位机构。该电路可以在足够低的频率或直流上作为放大器，分析如下。

$$i=\frac{u_i}{R_a}=\frac{-u_o}{R_b}-\frac{Cdu_o}{dt} \tag{5.55}$$

$$I(s)=\frac{u_i(s)}{R_a}=\frac{-(1+sCR_b)}{R_b}u_o(s) \tag{5.56}$$

在这种情况下，如果输入为正弦波，且不考虑相移，则其增益为

$$A=\frac{|u_o|}{|u_i|}=\frac{R_b/R_a}{\sqrt{1+(f/f_x)^2}} \tag{5.57}$$

对应的传递函数 $H(s)$ 为

$$H(s)=\frac{u_o(s)}{u_i(s)}=\frac{-1/R_aC}{s+1/R_bC} \tag{5.58}$$

从式(5.58)可以看出，这个电路的作用相当于一个反相放大器与低通滤波器的串联。

其频响与图 5.40(b)的低通滤波器的频响相同,只是由于考虑放大器的增益,需要移动增益轴(在直流时增益为 R_b/R_a)。

也可以这样分析:

$$\frac{u_i}{R_a}=\frac{0-u_o}{R_b}+(0-u_o)\mathrm{j}\omega C \tag{5.59}$$

则

$$A=\frac{u_o}{u_i}=-\frac{R_b}{R_a}\times\frac{1}{1+\mathrm{j}\omega C} \tag{5.60}$$

该低通滤波器能起时间平均器的作用。在此,取平均值的这段时间大致等于电路的时间常数 R_bC。而一个积分器理想地能在无限长的时间内取平均值。

显然,这种频率特性的形状与理想的矩形(图 5.35(b))相差很远,超过截止频率的信号衰减的速度比较慢(−20dB/十倍频),使得在截止频率附近的信号滤波效果不够好,一般一阶低通有源滤波电路用于对滤波精度要求不高的场合。如果希望大于截止频率的信号很快被衰减,得到更好的滤波效果,一般采用二阶、三阶或更高阶次的滤波电路。

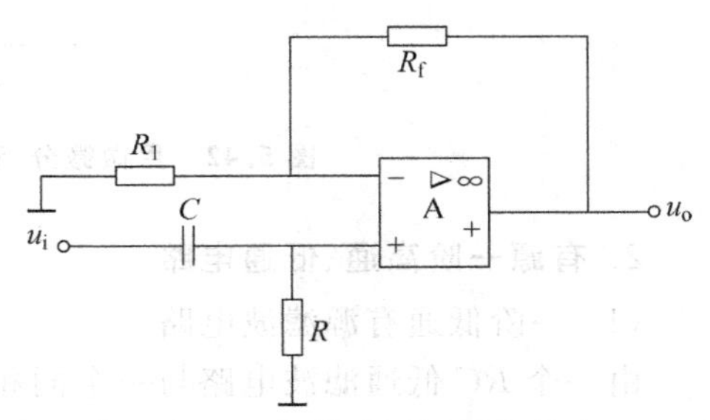

图 5.44 简单一阶高通有源滤波电路

(2) 一阶高通有源滤波电路

由一个 RC 高通滤波电路与一个同相放大器组成简单一阶高通有源滤波电路如图 5.44 所示,即将低通滤波电路中的 R 和 C 调换一下位置。

还有一种一阶有源高通滤波器也很常用到。它的电路如图 5.45(a)所示。其输出 u_o 与输入信号 u_i 的导数成正比,即 $u_o=-R_bC\dfrac{\mathrm{d}u_i}{\mathrm{d}t}$,应该指出,系数 R_bC 起增益的作用,其输出被反相。

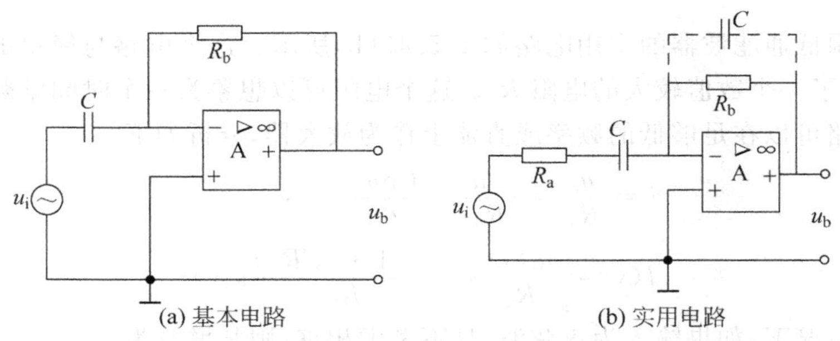

图 5.45 微分器或有源高通滤波器

如果 u_i 是正弦量($u_i\sin\omega t$),其输出与 ωu_i 成正比,即增益随频率的提高而线性增加。从信号质量来看,输入信号中往往存在高频噪声,它将被大大地放大,也许会淹没有用信号。为了使噪声最小,这个电路的实际形式是附加一个串联输入电阻 R_a,以便将高频增益限制为 $-R_b/R_a$。有时,也可如图 5.45(b)所示的那样加一个小电容 C',以进一步降低

高频增益。其频率响应如图 5.46 所示。与处理有源滤波器一样，对于正弦输入信号进行增益分析(没有 C')可以得到

$$|A| = \frac{|u_o|}{|u_i|} = \frac{2\pi f C R_b}{\sqrt{1+(f/f_x)^2}}\left(f_x = \frac{1}{2\pi R_a C}\right) \tag{5.61}$$

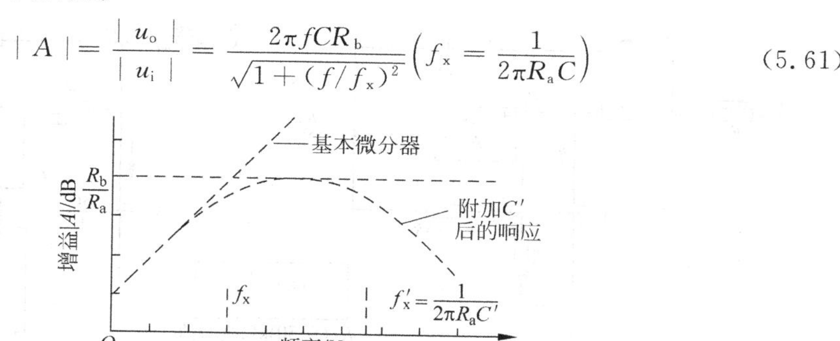

图 5.46　微分器频率响应

用传递函数表示，这个式子变为

$$H(s) = -\frac{R_b C_s}{1+R_a C_s} \tag{5.62}$$

5.6.2　有源高通、低通、带通和带阻滤波器

1. 有源高、低通滤波电路

设计滤波器时，一般都希望大于截止频率的信号能被很快衰减，使所设计的滤波器更接近理想滤波器。由巴特沃斯设计的多阶有源滤波器是一种比简单滤波器的特性更陡峭的高通或低通滤波器。一般来说，特性的截止陡度随滤波器阶数的增加而趋于理想特性(如图 5.44 所示)。为了简便，这里的讨论仅限于某些通用的偶数阶的巴特沃斯滤波器。

(1) 二阶巴特沃斯低通滤波器

在图 5.47(a)中，由流入结点的电流等于流出结点的电流可得

$$\frac{u_2-u_i}{R}+\frac{u_2-u_3}{R}+(u_2-u_o)sC = 0 \tag{5.63}$$

$$\frac{u_3-u_2}{R}+u_3 sC = 0 \tag{5.64}$$

$$u_o = u_3 K = (3-b)u_3 \tag{5.65}$$

式中，$s=\mathrm{j}\omega$，$K=3-b$。从以上 3 个等式中，可以得出二阶低通有源滤波器同相接法的传递函数

$$H(s) = \frac{u_o(s)}{u_i(s)} = \frac{3-b}{1+b(s/\omega_x)+(s/\omega_x)^2} \tag{5.66}$$

式中，$\omega_x = \frac{1}{RC}$。

在图 5.47(b)中，有

$$\frac{u_2-u_i}{R}+\frac{u_2-u_o}{R}+\frac{u_2 3sC}{b}+\frac{u_2}{R} = 0 \tag{5.67}$$

$$-\frac{u_2}{R}-\frac{u_o bsC}{3}=0 \tag{5.68}$$

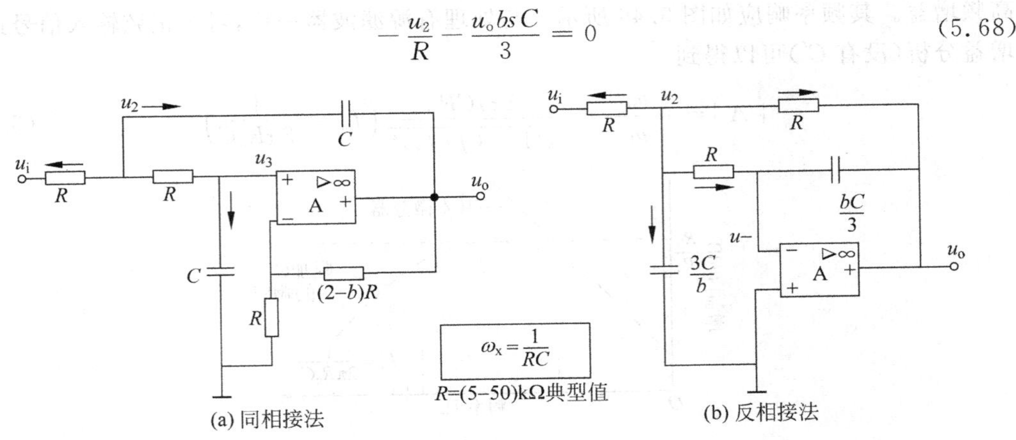

图 5.47　二阶低通有源滤波器

从以上两个等式中,可以得出二阶低通有源滤波器反相接法的传递函数

$$H(s)=\frac{u_o(s)}{u_i(s)}=\frac{-1}{1+bs/\omega_x+(s/\omega_x)^2} \tag{5.69}$$

式中,$\omega_x=\frac{1}{RC}$。

在图 5.47(a)和(b)中,当参数 $b=\sqrt{2}$ 时,此时的滤波器叫做二阶巴特沃斯低通滤波器。为了得到传递函数的幅值,利用关系式 $|A|^2=AA^*$,首先求出其模的平方 $|A|^2$,这里 A^* 是 A 的共轭复数。

$$|A|^2=AA^*=\frac{1}{1-(\omega/\omega_x)^2+\mathrm{j}b(\omega/\omega_x)}\times\frac{1}{1-(\omega/\omega_x)^2+ib(\omega/\omega_x)} \tag{5.70}$$

$$|A|^2=\frac{1}{[1-(\omega/\omega_x)^2]^2+b^2(\omega/\omega_x)^2} \tag{5.71}$$

将上式展开,令 $b=\sqrt{2}$,合并同类项,取其平方根,就得到下式。

$$|A|=\frac{1}{\sqrt{1+(\omega/\omega_x)^4}} \tag{5.72}$$

在设计中,参数 ω_x 和 b 是独立进行调整的。因为电容器只能在有限的范围内取值,因此通常是先选择电容器的值,然后再根据 $R=1/\omega_x C$ 计算出 R 值,R 典型值为 5~50kΩ。一般来说需要高精度的元件,因为滤波器的特性和稳定性完全取决于每个元件的精度。

高阶的巴特沃斯滤波器由两个或多个二阶滤波器串联组成,如图 5.48 所示。尽管每个滤波器的形式相同,ω_x 相等,但它们的 b 值不同。总的增益函数变为

$$A=\frac{1}{1+\mathrm{j}b_1\omega/\omega_x-(\omega/\omega_x)^2}\times\frac{1}{1+\mathrm{j}b_2\omega/\omega_x-(\omega/\omega_x)^2}\cdots \tag{5.73}$$

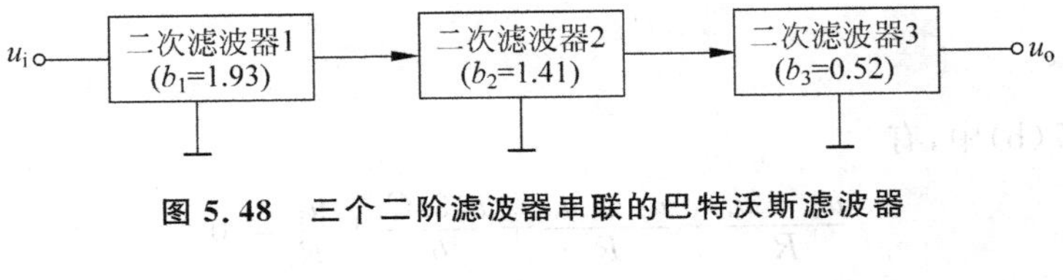

u_i → 二次滤波器1 (b_1=1.93) → 二次滤波器2 (b_2=1.41) → 二次滤波器3 (b_3=0.52) → u_o

图 5.48　三个二阶滤波器串联的巴特沃斯滤波器

如果根据表 5.1 来选择 b 值。增益(数值)可表示为

$$|A| = \frac{1}{\sqrt{1 + (\omega/\omega_x)^{4n}}} \tag{5.74}$$

式中,n 是二阶滤波器的数目,$2n$ 是巴特沃斯滤波器的阶数。尽管步骤冗长,但对任何偶数阶的巴特沃斯滤波器都可将公式代入 $|A|^2 = AA^*$ 中,以导出其 b 值,b 的解就是这一多项式的根。因为滤波器的陡度要求通常不超过六阶,或者最多不超过十阶,因而表 5.1 的数据足够用了。图 5.49 为不同阶数的巴特沃斯低通滤波器的频率响应,一个二次滤波器的频响与一个二阶巴特沃斯滤波器的特性相同。

表 5.1 巴特沃斯滤波器常数表

阶 数	b_1	b_2	b_3	b_4	b_5
2	1.414				
4	1.845	0.7654			
6	1.932	1.414	0.5176		
8	1.962	1.663	1.111	0.3896	
10	1.976	1.783	1.414	0.9081	0.3128

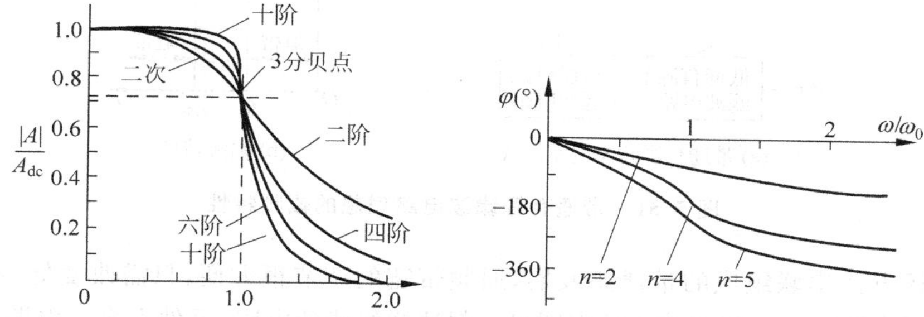

图 5.49 不同阶数的巴特沃斯低通滤波器的频率响应(A_{dc} 为直流增益)

(2) 二阶巴特沃斯高通滤波器

利用同样的设计规范,也可以设计出高通巴特沃斯滤波器,只是把变量 ω/ω_x 颠倒,也就是说,在表示 A 的公式中用 ω_x/ω 代替 ω/ω_x。表 5.1 中的 b 值仍然适用。当然,高通滤波器的电路连接不同,如图 5.50 所示。第一个电路的高频增益大于 1,第二个电路的增益为 1,但其缺点是在高频时的输入阻抗低。

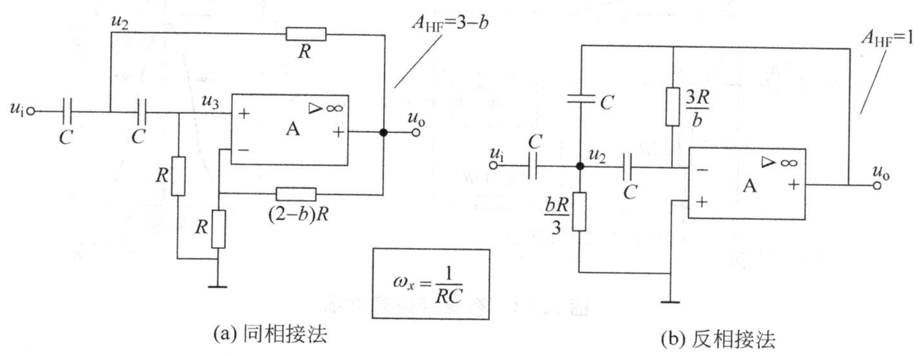

(a) 同相接法

(b) 反相接法

图 5.50 二阶高通有源滤波器

2. 带通滤波器

电感—电容谐振电路组成的带通滤波器广泛应用于高频通信电路。在频率较低时，*LC* 网络是不令人满意的，因而不常使用。主要是因为在低频时需要带铁芯的大电感，形体笨重，成本高且为非线性。因此，关于 *LC* 网络的讨论将从简，主要分析由 *RC* 组成的带通有源滤波电路。它可以由一个低通有源滤波电路和一个高通有源滤波电路串联组成，并且，低通有源滤波电路的截止频率 f_{PH} 要求比高通有源滤波电路的截止频率 f_{PL} 大，如图 5.51 所示。

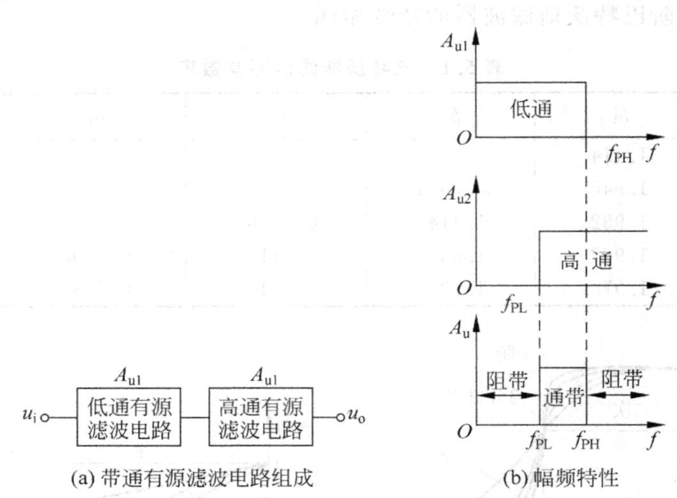

(a) 带通有源滤波电路组成　　(b) 幅频特性

图 5.51　带通有源滤波电路理想的幅频特性

用上述方法串联组成的带通滤波器，通频带宽的调节很方便，只需改变低通有源滤波电路和高通有源滤波电路的截止频率即可。但这样组成的电路，元件太多。电路如图 5.52 所示的是几种良好的有源带通滤波器中的一种。为了调整到所规定的频率 f_0 上，首先需要选择(数值相等的)电容器，然后根据所给的关系式计算出电阻 *R* 及其他电阻。通常，*C* 要选择合适的标称值，以避免 *R* 过大或过小。为避免振荡，需要高精度的元件。为了获得所要求的 *Q* 值，应该正确选择放大器的增益 *K*。在峰点($f=f_0$)上，级增益为 A_r，见表 5.2。

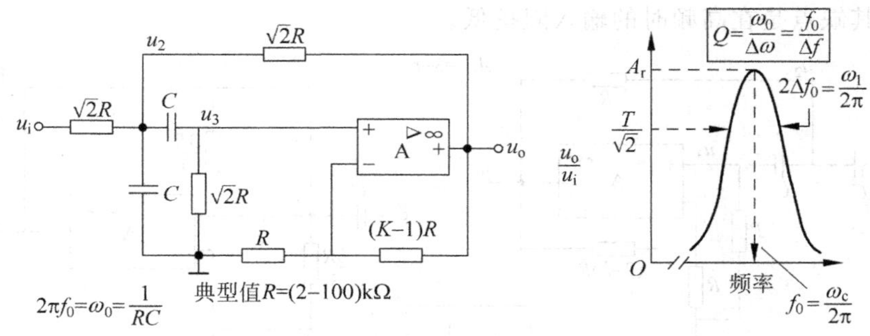

图 5.52　有源带通滤波器

表 5.2 有源带通滤波器的带宽 $2\Delta f/f_0$、级增益 A_R 与放大器增益 K 的函数关系

K	$2\Delta f/f_0$	Q	A_R
2.00		0.7	1.0
3.00	0.71	1.4	3.0
3.50	0.35	2.8	7.0
3.70	0.21	4.7	12.3
3.80	0.14	7.1	19.0
3.85	0.12	9.4	25.7
3.90	0.07	14.1	39.0

在图 5.52 中的带通滤波器可以认为是由一个 RC 网络和一个增益为 K 的同相放大器构成。利用结点分析法解这个电路，由流入结点的电流等于流出结点的电流可得

$$u_2 sC + \frac{u_2 - u_i}{\sqrt{2}R} + \frac{u_2 - u_o}{\sqrt{2}R} + (u_2 - u_3)sC = 0 \tag{5.75}$$

$$(u_3 - u_2)sC + \frac{u_3}{\sqrt{2}R} = 0 \tag{5.76}$$

$$u_o = Ku_3 \tag{5.77}$$

由此可以得到传递函数

$$H(s) = \frac{u_o(s)}{u_i(s)} = \frac{s\tau K/\sqrt{2}}{1 + (s\tau)^2 + s\tau(4-K)/\sqrt{2}} \tag{5.78}$$

式中，$\tau=RC$，用 $A(\omega)$表示为

$$A(\omega) = \frac{u_o(\omega)}{u_i(\omega)} = \frac{\mathrm{j}\omega\tau K/\sqrt{2}}{1 - (\omega\tau)^2 \mathrm{j}\omega\tau(4-K)/\sqrt{2}} \tag{5.79}$$

谐振时($\omega=\omega_0=1/\tau$)

$$A(\omega_0) \equiv A_R = \frac{K}{4-K} \tag{5.80}$$

A_R 是谐振的增益，在接近谐振时($\omega=\omega_0+\Delta\omega$)增益近似为

$$A(\omega) = \frac{A_R}{1 - \mathrm{j}\sqrt{2}y/(4-K)\omega C} \tag{5.81}$$

$$\approx \frac{A_R}{1 - \mathrm{j}2\sqrt{2}R\dfrac{(\Delta\omega)}{(\omega_0)}/(4-K)} \tag{5.82}$$

式中，$y=1-(\omega RC)^2$。若 $\Delta\omega=\omega_b/2$，相对带宽(两个半功率点之间)是

$$\frac{\omega_b}{\omega_0} \equiv \frac{1}{Q} \approx \frac{4-K}{\sqrt{2}} \tag{5.83}$$

式中，ω_b 是通带的整个宽度(在 $\omega_0-\omega_b/2$ 与 $\omega_0+\omega_b/2$ 处的 -3dB 点之间)。Q 值越大，通频带宽越窄，信号的选择性越好。

3. 带阻有源滤波器

带阻有源滤波电路的作用与带通滤波电路相反，它是阻止某一频段的信号通过，而让该频段之外的所有信号通过，常用于抗干扰的设备中。

带阻滤波电路可以由一个低通滤波电路和一个高通滤波电路并联组成,并且,低通有源滤波电路的截止频率 f_{pH} 要求比高通有源滤波电路的截止频率 f_{pL} 小,如图 5.53 所示。

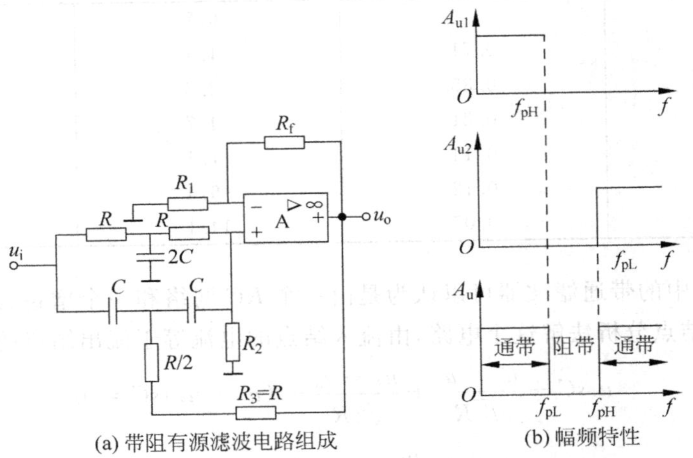

图 5.53 带阻有源滤波电路理想的幅频特性

由图 5.53(b)可知,低于 f_{pH} 频率的信号由低通有源滤波电路通过,高于 f_{pL} 频率的信号由高通有源滤波电路通过,在 f_{pH} 与 f_{pL} 之间的信号同时为低通有源滤波电路和高通有源滤波电路的阻带,带阻有源滤波电路的阻带宽度为($f_{pL}-f_{pH}$),除了这一频段的信号不能通过滤波电路,其他信号都能通过,所以带阻有源滤波电路又称为陷波器。

图 5.53(a)中,两个 R 和 $2C$ 组成低通有源滤波电路,两个 C 和 $R/2$ 组成高通有源滤波电路,其中,$R/2$ 接输出端,引入适当的正反馈,由于低通有源滤波电路和高通有源滤波电路都接成 T 字型,所以该电路又叫双 T 型网络带阻滤波电路,双 T 陷波滤波器是在低频应用中首先考虑用来代替 LC 网络的 RC 网络。图 5.54 为中心频率 $f_0=100\text{Hz}$,$Q=4$,C 选定为 $0.05\mu\text{F}$ 时的陷波器的幅频特性曲线。在图中,通带增益 A_f 是同相放大器的电压放大倍数,即 $A_f=1+\dfrac{R_f}{R_1}$,A 为输出电压与输入电压之比。

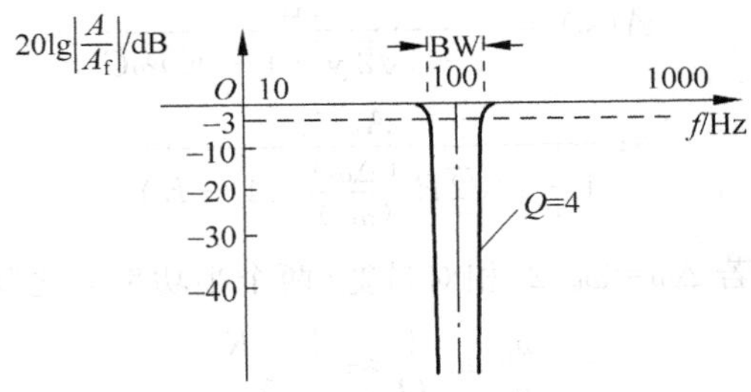

图 5.54 陷波器的幅频特性

除此之外,双 T 陷波滤波器还常可以见到另一种接法,这种滤波器的响应如图 5.55 所示。必须仔细调整元件,使其数值与图中标注相符。这种网络必须由低阻信号源驱动,其输出端必须接高输入阻抗放大器,如增益为 1 的放大器。如果不满足这些条件,在谐振点 f_0 处,增益 $|A|$ 就不为零。若电容与电阻有 1% 的调整量,在 f_0 处的 $|A|$ 将低于 0.01。

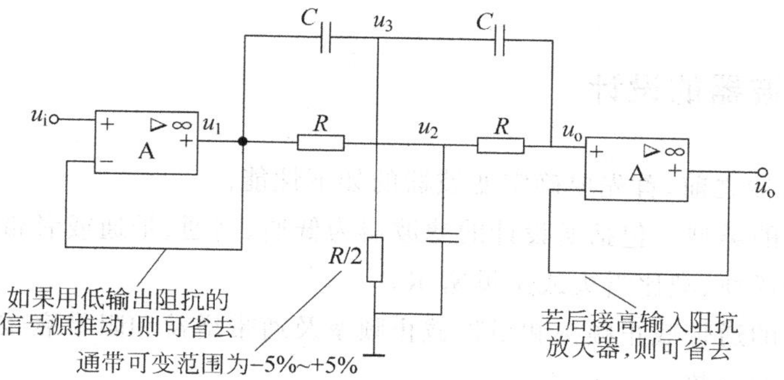

图 5.55 双 T 型陷波器

由流入结点的电流等于流出结点的电流可得

$$sC(u_3-u_i)+sC(u_3-u_o)+\frac{2u_3}{R}=0 \tag{5.84}$$

$$\frac{(u_3-u_i)}{R}+\frac{(u_2-u_o)}{R}+2sCu_2=0 \tag{5.85}$$

$$sC(u_o-u_3)+\frac{u_o-u_3}{R}=0 \tag{5.86}$$

可以得出该滤波器的传递函数为

$$H(s)=\frac{u_o(s)}{u_i(s)}=\frac{1+(sCR)^2}{1+(sCR)^2+4sC} \tag{5.87}$$

也可用 ω（设 $s=j\omega$）表示

$$|A(\omega)|=\frac{|y|}{\sqrt{y^2+(4\omega RC)^2}} \tag{5.88}$$

式中，$y=1-(\omega RC)^2$。

应当注意，在陷波频率上，$y=0$。

在使用 RC 元件的陷波器中，用文氏电桥组成的电路也许是最容易调整的，它的电路如图 5.56 所示。在陷波频率 f_0 处，串联阻抗 Z_s 等于（数值和相位）并联分支阻抗 Z_p 的两倍，于是 $u_2=u_i/3$。在反相端的电阻应该这样选择：使得反相端与同相端的增益（在 f_0）配合适当，使输出电压 u_o 为零，元件的精度要高，但数值并不要求太准确，因为在 RC 臂中加了个电阻，可以对陷波频率进行辅助性调整。改变接在反相端上的任一电阻，可以使在陷波频率上的输出非常接近于零。

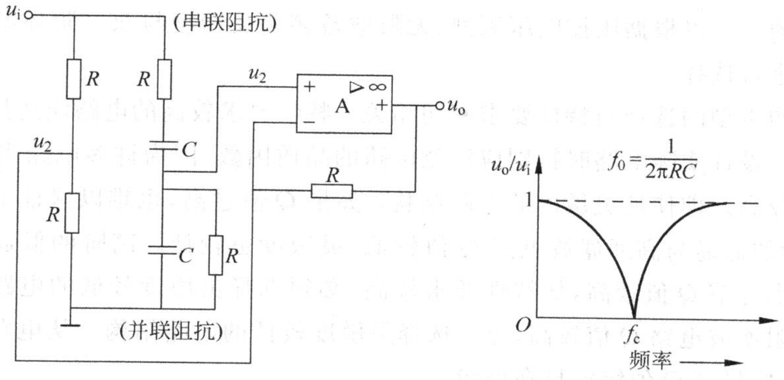

图 5.56 文氏电桥陷波滤波器

5.7 有源滤波器的设计

在设计滤波器之前，首先要确定滤波器的如下性能。

(1) 滤波器的类型。包括所设计的滤波器为低通、高通、带通或者带阻和滤波器的逼近函数：是巴特沃斯、契比雪夫或是贝塞尔。

(2) 滤波器的通带截止频率和阻带截止频率及通带增益和阻带衰减。

(3) 滤波器的阶数。

(4) 滤波器的其他要求，如通带纹波、线性相频特性等。

由于高阶的滤波器可以由若干二阶或三阶有源滤波电路构成，而用一个运算放大器专门构成一个一阶的滤波器不划算(在同相或反相放大器中加一个电容就可实现具有一定增益的一阶滤波器，或者说放大器和滤波器合二为一)。因此，在设计时主要考虑二阶、三阶或以上的有源滤波电路的设计。

有源滤波器的设计方法通常有公式法、(归一化)图表法、计算机辅助设计法和类比法。公式法概念清晰明确；图表法简单易行；计算机辅助设计法可以反复优化，直到获得满意的滤波器为止；类比法经常在实际工作中采用。下面主要介绍公式法。

有源滤波器的公式法设计主要包括确定传递函数、选择电路结构、选择有源器件与计算无源元件参数四个过程。

1. 传递函数的确定

确定电路传递函数应首先按照应用特点，选择一种逼近方法。在电路复杂性一定的条件下，各方面特性难以兼顾。在一般电路中，巴特沃斯逼近与契比雪夫逼近的应用比贝塞尔逼近更多。当阶数一定时，契比雪夫逼近过渡带最为陡峭，阻带衰耗比巴特沃斯逼近高大约 $6(n-1)$dB，但信号失真较严重，对元件准确度要求也更高。

电路阶数一般可根据经验确定，对通带增益与阻带衰耗有一定要求时，应根据给定的通带截止频率、阻带截止频率、通带增益变化量来确定电路阶数。对于巴特沃斯高低通滤波器可以直接利用公式。

2. 电路结构选择

同一类型的电路，特性基本相近，因此掌握各种基本电路性能特点对于滤波电路设计是十分重要的。可以根据压控电压源型、无限增益多路反馈型与双二阶环型滤波电路的具体特点而进行选择。

电路结构类型的选择与特性要求密切相关。特性要求较高的电路应选择灵敏度较低的电路结构。设计实际电路时特别应注意电路的品质因数，因为许多电路当 Q 值较高时灵敏度也比较高。即使低灵敏度的电路结构，如果 Q 值过高，也难以保证电路稳定。一般来说，低阶的低通与高通滤波电路 Q 值较低，灵敏度也较低。高阶的低通与高通滤波电路某些基本环节 Q 值较高，如特性要求较高，必须选择灵敏度较低的电路结构。窄带的带通与带阻滤波电路 Q 值较高，也应选择灵敏度较低的电路结构。从电路布局方面考虑，多级级联应将高 Q 值级安排在前级。

3. 有源器件的选择

有源器件是有源滤波电路的核心，其性能对滤波器特性有很大影响。上述电路均采用运算放大器做有源器件，被认为具有无限大的增益，其开环增益在传递函数中没有体现。实际应用时应考虑以下两个方面：器件特性不够理想，如单位增益带宽太窄，开环增益过低或不稳定，这些将会改变其传递函数性质，一般情况下会限制有用信号频率上限；有源器件不可避免会引入噪声，降低信噪比，从而限制有用信号幅值下限。有时还应考虑运放的输入/输出阻抗。

目前受有源器件自身带宽的限制，有源滤波器只能应用于较低的频率范围，但对于多数实用的电子系统，基本能够满足使用要求。随着集成电路制造工艺的进步，这些限制也会不断得到改善。

4. 无源元件参数计算

当所选有源器件特性足够理想时，滤波电路特性主要由 R、C 元件值决定。由传递函数可知，电路元件数目总是大于滤波器特性参数的数目，因而具有较大的选择余地，但实际设计计算时往往非常复杂。传统上，滤波器设计计算一般基于图表法，即由图决定电路结构，由表决定元件值。虽然现在可利用计算机进行优化设计，但在一般电路设计中，利用图表仍不失为一种方便实用的方法。

例 5.7.1　设计一个通带增益为 2，截止频率 $f=650\text{Hz}$ 的无限增益多路反馈二阶低通滤波器，画出电路图并计算相关元件参数。

首先在给定的 f 条件下，参考表 5.3 选择电容 C_1。设计其他各种二阶滤波器时，也可参考表 5.3。

表 5.3　二阶有源滤波器设计电容选择用表

f/Hz	<100	100～1000	$(1\sim10)\times10^3$	$(10\sim100)\times10^3$	$>100\times10^3$
$C_1/\mu\text{F}$	10～0.1	0.1～0.01	0.01～0.001	$(1000\sim100)\times10^{-6}$	$(100\sim10)\times10^{-6}$

其次根据所选择电容 C_1 的实际值，按照下式计算电阻换标系数 K

$$K=\frac{100}{fC_1} \tag{5.89}$$

再次按表 5.4 确定电容 C_2 与归一化电阻值 $r_1\sim r_3$，最后将归一化电阻值乘以换标系数 K，$R_i=Kr_i(i=1,2,3)$，即可得到各电阻实际值。设计过程非常简单。

表 5.4　二阶无限增益多路反馈低通滤波器设计用表

A_f	1	2	6	10
$r_1/\text{k}\Omega$	3.111	2.565	1.697	1.625
$r_2/\text{k}\Omega$	4.072	3.292	4.977	4.723
$r_3/\text{k}\Omega$	3.111	5.130	10.180	16.252
C_2/C_1	0.2	0.15	0.05	0.033

电路如图 5.57 所示。取 $C_1=0.01\mu F$,即 103,电阻换标系数 $K=\frac{100}{fC_1}=\frac{100}{650\times 0.01}=15.38$,对归一化电阻值 $r_1=2.565k\Omega$,$r_2=3.292k\Omega$,$r_3=5.130k\Omega$ 分别乘以电阻换标系数可以得到实际电阻值 $R_1=39.46k\Omega$,$R_2=50.65k\Omega$,$R_3=78.92k\Omega$,C_2 为 1500pF。在实际电路中,R_1、R_2 与 R_3 可选用容差为 5%的金属膜电阻,即选用标称值为 39kΩ、51kΩ、82kΩ 的电阻;C_1 和 C_2 分别选用标称值为 0.01μF 和 1500pF,容差为 5%的电容。

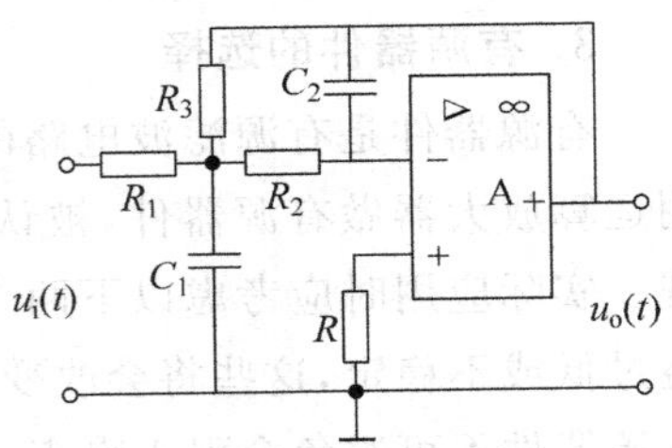

图 5.57 二阶无限增益多路反馈低通滤波器

实际设计中,电阻、电容设计值很可能与标称系列值不一致,而且标称值与实际值也会存在差异。对灵敏度较低的低阶电路,元件参数相对设计值误差不超过 5%一般可以满足设计要求;对五阶或六阶电路,元件误差应不超过 2%;对于七阶或八阶电路,元件误差应不超过 1%。如对滤波器特性要求较高或滤波器灵敏度较高,对元件参数精度要求还应进一步提高。

例 5.7.2 设计一个通带增益为 1 或 10,截止频率为 1kHz 的四阶低通巴特沃斯滤波器,画出电路图并计算相关元件参数($b_1=1.845$,$b_2=0.7654$)。

电路如图 5.58 所示。当开关闭合时 $A_3=\frac{R_{f1}}{R_1}=1$;当开关打开时,$A_3=\frac{R_{f1}+R_{f2}}{R_1}=10$。

$$A_1A_2A_3=(3-b_1)(3-b_2)A_3=(3-1.845)(3-0.7654)A_3=2.58A_3$$

当总增益=1 时,$A_3=1/2.58\approx 0.4=R_{f1}/R_1$,令 $R_1=1k\Omega$ 则 $R_{f1}=0.4k\Omega$。

当总增益=10 时,$G_3=10/2.58\approx 4=(R_{f1}+R_{f2})/R_1$。

令 $R_1=1k\Omega$ 则 $R_{f2}=3.6k\Omega$。

$f=\frac{1}{2\pi RC}=1k\Omega$,则 $RC=\frac{1}{2\pi}k\Omega\cdot\mu F=0.16k\Omega\cdot\mu F$。

可取 $C=0.01\mu F$ 即 103,$R=16k\Omega$。

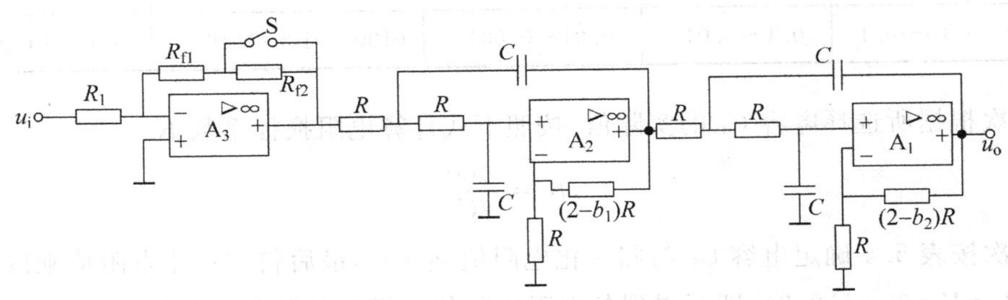

图 5.58 四阶低通巴特沃斯滤波器

例 5.7.3 设计一个带通滤波器,能通过频率为 2kHz 的信号且增益为 1(−3dB 点在 1.6~2.4kHz)。画出电路图并计算相关元件参数。

电路如图 5.59 所示。

$$f_0=2kHz,\quad f_L=1.6kHz,\quad f_H=2.4kHz$$

$$\Delta f=f_H-f_L$$

$$Q=\frac{\sqrt{2}}{4-k}=\frac{f_0}{\Delta f}=\frac{2}{0.8}=2.5$$

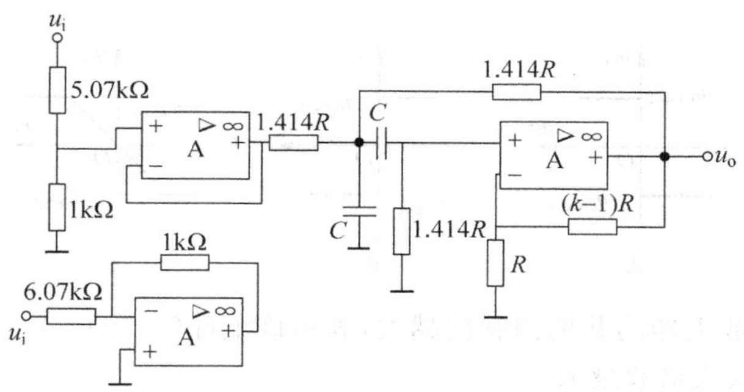

图 5.59 带通滤波器的设计

所以

$$k = 3.43$$

$A_r=\frac{k}{4-k}=6.07$，在第一级加上增益为$\frac{1}{6.07}$的放大器即可实现总增益为 1。

$$RC = \frac{1}{2\pi f_0} = 0.08\text{k}\Omega \cdot \mu\text{F}$$

可取 $R=8\text{k}\Omega$，$C=0.01\mu\text{F}$。

必须认识到，多阶或高阶 RC 滤波器的设计有很大的灵活性。为使锐截止特性的滤波器设计条件最小，有多种电路接法，元件值也有多种组合。有经验的设计人员很重视并利用这种灵活性，但对那些不熟练的设计者来说，很可能被多个设计条件搞糊涂。设计时，首先要确定某些条件（任意选择），以便简化滤波器的设计过程，尽管这样会使所得结果对于某种特殊应用不是最佳的。通常所选择的参数是截止频率和截止的锐度。锐度决定于滤波器的级数和与某种频响条件有关的参数。在满足了这些主要条件之后，仍然存在一些灵活性，要附加一些次要条件，如相等的电阻值、取标称的电容值或级增益为 1 等。但并不是所有这些次要条件都能同时得到满足。

习题

5.1 选择题

(1) 集成运算放大器是(　　)。

A. 直接耦合多级放大器

B. 阻容耦合多级放大器

C. 变压器耦合多级放大器

(2) 集成运算放大器对输入级的主要要求是(　　)。

A. 尽可能高的电压放大倍数

B. 尽可能大的带负载能力

C. 尽可能高的输入电阻，尽可能小的零点漂移

(3) 集成运算放大器输出级的主要特点是(　　)。

A. 输出电阻低，带负载能力强

B. 能完成抑制零点漂移

C. 电压放大倍数非常高

(4) 开环工作的理想运算放大器，同相输入时的电压传输特性为(　　)。

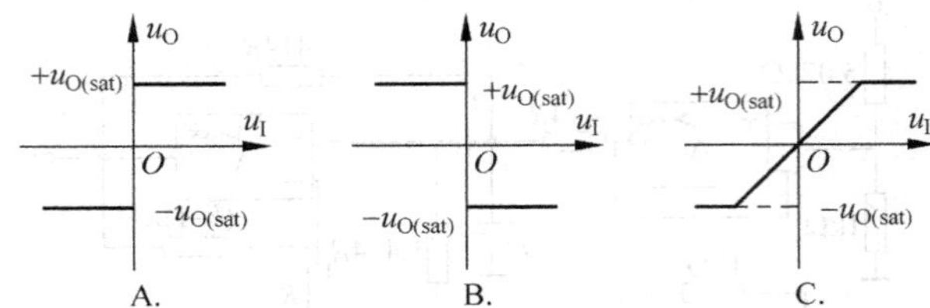

(5) 集成运算放大器的共模抑制比越大,表示该组件(　　)。

A. 差模信号放大倍数越大

B. 带负载能力越强

C. 抑制零点漂移的能力越强

(6) 集成运算放大器的运算精度与开环电压放大倍数 A_{u_o} 的关系是(　　)。

A. A_{u_o} 越高运算精度越高

B. A_{u_o} 越高运算精度越低

C. 运算精度与 A_{u_o} 无关

(7) 集成运算放大器的失调电压 u_{iD}是指(　　)。

A. 输入电压 $u_i=0$ 时的输出电压 u_o

B. 输入电压 $u_i=0$ 时的输出电压 u_o 折算到输入端的电压

C. 输入电压 $u_i\neq0$ 时的输出电压 u_o

(8) 理想运算放大器的共模抑制比为(　)。

A. 零　　　　B. 约 120dB　　　　C. 无穷大

(9) 理想运算放大器的两个输入端的输入电流等于零,其原因是(　　)。

A. 同相端和反相端的输入电流相等而相位相反

B. 运放的差模输入电阻接近无穷大

C. 运放的开环电压放大倍数接近无穷大

(10) 一个由理想运算放大器组成的同相比例运算电路,其输入输出电阻是(　　)。

A. 输入电阻高,输出电阻低

B. 输入、输出电阻均很高

C. 输入、输出电阻均很低

D. 输入电阻低,输出电阻高

(11) 电路如图 5.60 所示,已知稳压管的反向击穿电压为 U_Z,则输出电压 u_O 的调节范围为(　　)。

A. $U_Z\cdot R_2/(R_2+R_P)\sim U_Z$

B. $U_Z\cdot R_W/(R_2+R_W)\sim U_Z$

C. $U_Z\cdot(R_2+R_W)/R_2\sim U_Z$

(12) 电路如图 5.61 所示,运算放大器的饱和电压为±15V,二极管 D 为理想元件,当 $u_i=1$V 时,输出电压 u_o 等于(　　)。

A. 15V　　　　B. −15V　　　　C. 0

(13) 如图 5.62 所示电路中,稳压管 D_Z 的稳定电压为 $\pm U_Z$,且 U_Z 值小于运放的饱和电压值 $U_{o(sat)}$,当 u_O 由 $+U_Z$ 翻转到 $-U_Z$ 时,所对应的输入电压门限值为(　　)。

A. 0　　　　B. $\frac{R_1}{R_1+R_2}U_Z$　　　　C. $-\frac{R_1}{R_1+R_2}U_Z$

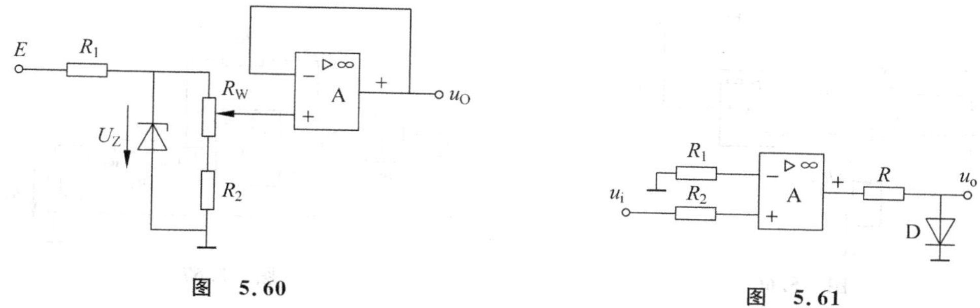

图 5.60

图 5.61

(14) 电路如图 5.63 所示，运算放大器的饱和电压为±12V，晶体管 T 的 $\beta=50$，为了使灯 HL 亮，则输入电压 u_i 应满足(　　)。

A. $u_i>0$　　B. $u_i=0$　　C. $u_i<0$

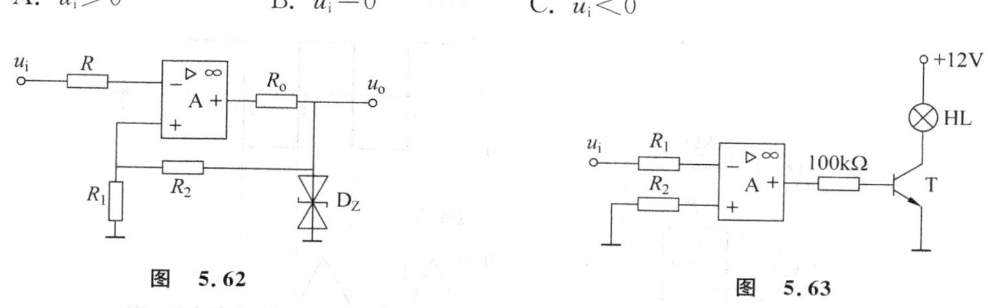

图 5.62

图 5.63

5.2 电路如图 5.64 所示，输入电压 $u_I=1V$，运算大器的输出电压饱和值为±12V，电阻 $R_1=R_F$，试求：

(1) 开关 S_1，S_2 均打开时，输出电压 u_O；

(2) 开关 S_1 打开，S_2 合上时，输出电压 u_O；

(3) 开关 S_1，S_2 均合上时，输出电压 u_O。

5.3 电路如图 5.65 所示，试求：

(1) 开关 S_1，S_3 闭合，S_2 打开时，写出 u_O 与 u_I 的关系式；

(2) 开关 S_1，S_2 闭合，S_3 打开时，写出 u_O 与 u_I 的关系式。

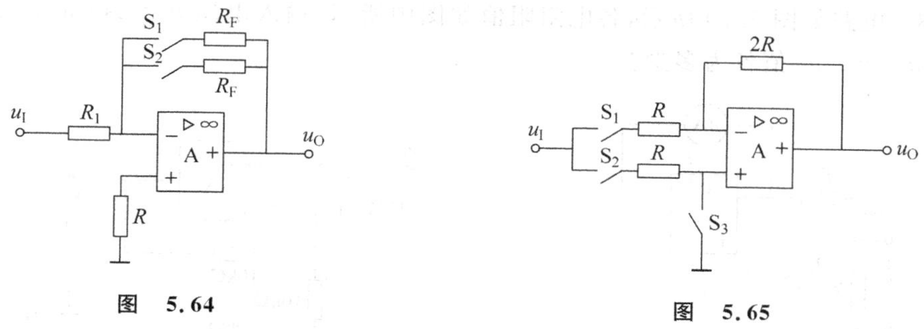

图 5.64

图 5.65

5.4 电路如图 5.66 所示，输入电压 $u_I=1V$，电阻 $R_1=10k\Omega$，$R_F=50k\Omega$，$R_2=10k\Omega$，电位器 R_w 的变化范围为 0～10kΩ，试求：当电位器 R_w 的阻值在 0～10kΩ 变化时，输出电压 u_O 的变化范围。

5.5 电路如图 5.67 所示，试写出输出电流 i_O 与输入电流 i_S 之间关系的表达式。

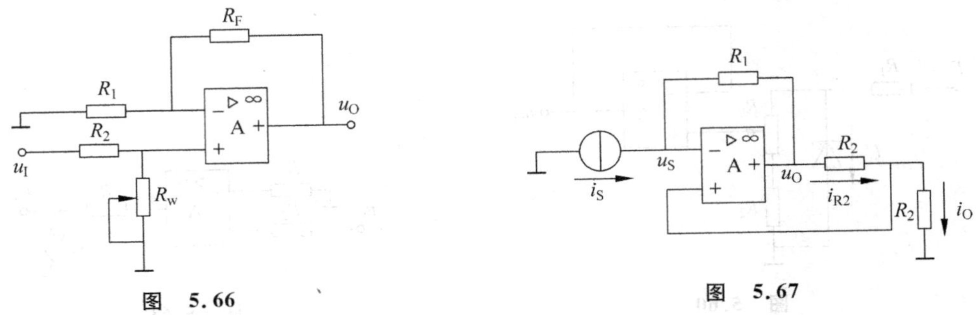

图 5.66　　　　图 5.67

5.6　电路如图 5.68(a)所示,其输入电压 u_{I1}, u_{I2} 的波形如图 5.68(b)所示。试画出输出电压 u_O 的波形。

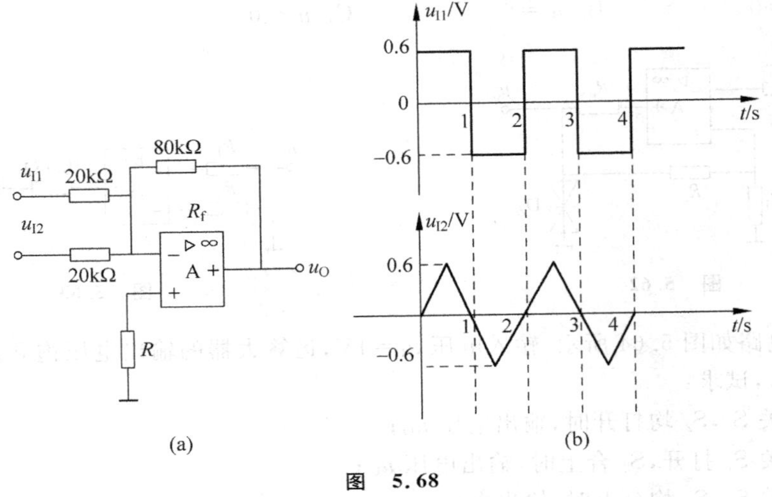

图 5.68

5.7　运算放大器组成的电压表电路如图 5.69 所示,当转换开关 S 合至位置"1"时,电压表量程为 100mV,合至位置"2"时为 1V 量程,合至位置"3"时为 10V 量程。微安表头的最大量程为 50μA,电压表的内阻为 10MΩ,试确定 R_1, R_2, R_3, R_4 的阻值。

5.8　电路如图 5.70 所示,各电阻阻值如图中所示,输入电压 $u_i = 2\sin\omega t$ V,试求:输出电压 u_{o1}、u_{o2}、u_o 值各为多少?

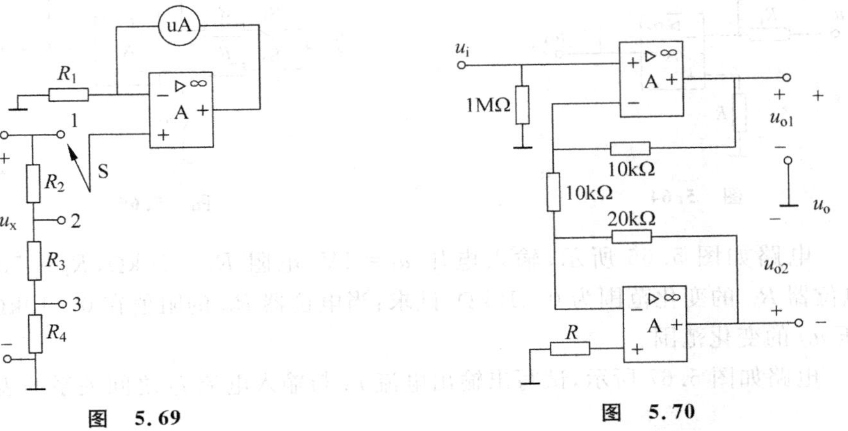

图 5.69　　　　图 5.70

5.9 电路如图 5.71 所示，$R_1=10\text{k}\Omega$，$R_{f1}=20\text{k}\Omega$，$R_2=20\text{k}\Omega$，$R_{f2}=100\text{k}\Omega$，$R_3=10\text{k}\Omega$，$R_4=90\text{k}\Omega$，$u_I=2\text{V}$，求输出电压 u_O。

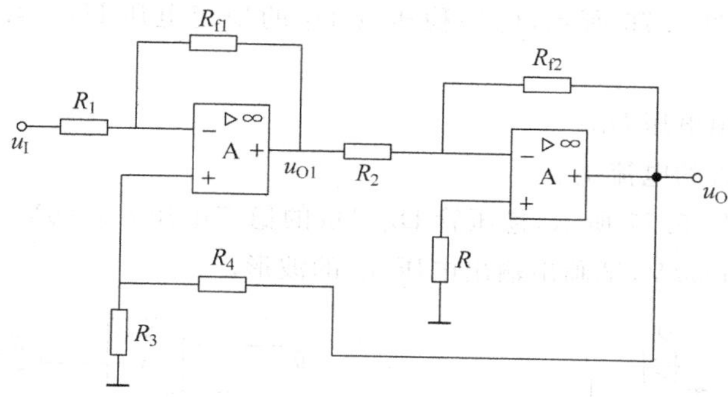

图 5.71

5.10 图 5.72 是应用运算放大器测量电压的原理电路，共有 0.5V，1V，5V，10V，50V 五种量程，输出端接满量程 5V，500μA 的电压表，试计算电阻 $R_{11}\sim R_{15}$ 的阻值。

5.11 图 5.73 是应用运算放大器测量电阻的原理电路，输出端接的电压表同上题。当电压表指示 5V 时，试计算被测电阻 R_f 的阻值。

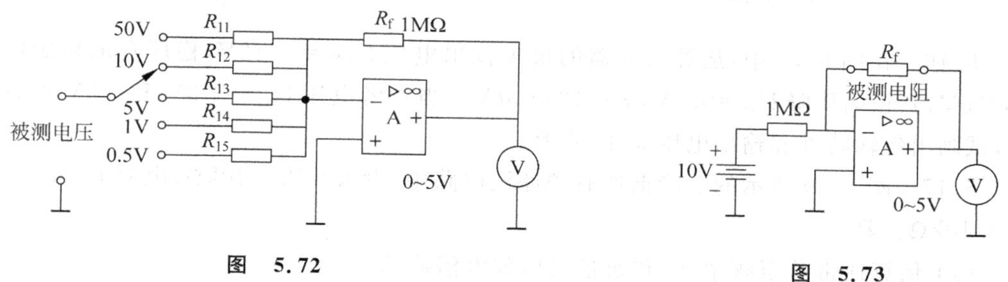

图 5.72　　　　图 5.73

5.12 电路如图 5.74 所示，电阻 $R_1=R_2=5\text{k}\Omega$，$R_3=10\text{k}\Omega$，输入电压 $u_{I1}=3\text{V}$，$u_{I2}=4\sin\omega t\ \text{V}$，稳压管的稳压值为 6V，其正向压降可忽略不计。试求：输出电压的幅值，并在输出端标出该幅值的极性。

5.13 电路如图 5.75 所示，R'为可变电阻，电压 $U=9\text{V}$，试求：

(1) 当 $R'=R$ 时，u_O 的值；

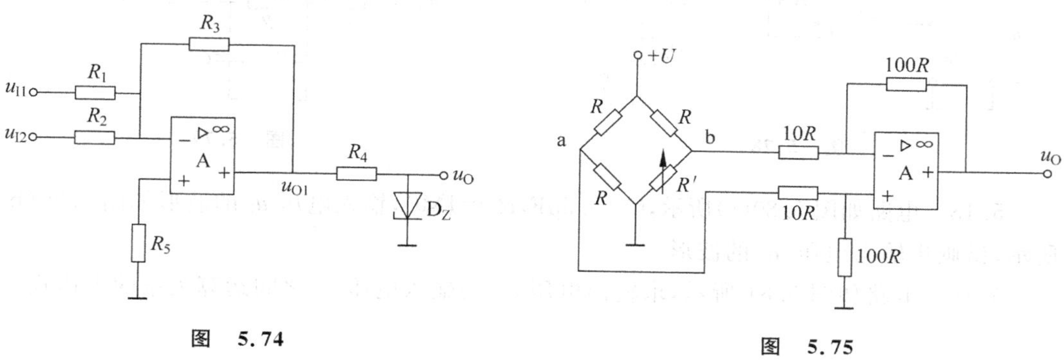

图 5.74　　　　图 5.75

(2) 当 $R'=0.8R$ 时，u_O 的值；

(3) 当 $R'=1.2R$ 时，u_O 的值。

5.14 电路如图 5.76 所示，已知稳压管 D_Z 的稳定电压 $U_Z=4.5V$，$R_2/R_3=1.5$，$R_1=1k\Omega$，试求：

(1) 运放的输出电压 U_O；

(2) 通过稳压管的电流 I_Z。

5.15 电路如图 5.77 所示，稳压管 D_{Z1}，D_{Z2} 的稳定电压 $U_Z=6V$，正向降压为 0.7V，当输入电压 $u_I=6\sin\omega t$ V，试画出输出电压 u_O 的波形。

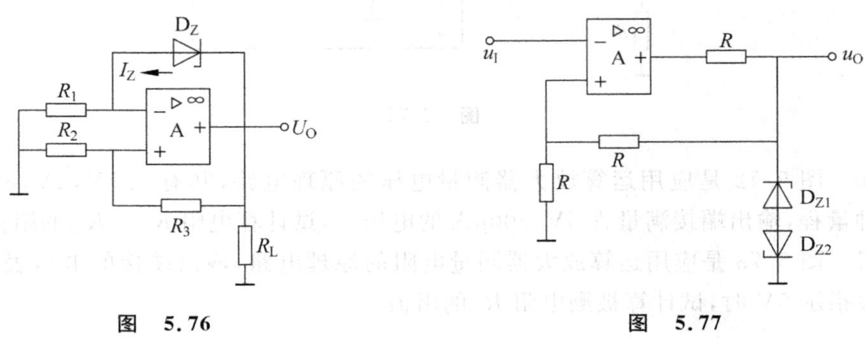

图 5.76　　　　图 5.77

5.16 在图 5.78 中，运算放大器的最大输出电压 $U_{OM}=\pm12V$，稳压管的稳定电压 $U_Z=6V$，其正向压降 $U_D=0.7V$，$u_i=12\sin\omega t$ V。当参考电压 $U_R=+3V$ 和 $-3V$ 两种情况，试画出传输特性和输出电压 u_o 的波形。

5.17 图 5.79 所示的二阶低通有源滤波电路中，设 $R=R_1=10k\Omega$，电容 $C=0.1\mu F$，$R_f=10k\Omega$。要求：

(1) 估算通带截至频率 f_0 和通带电压放大倍数 A_{up}；

(2) 画出滤波电路的对数幅频特性；

(3) 如将 R_f 增大到 100kΩ，是否可改善滤波特性。

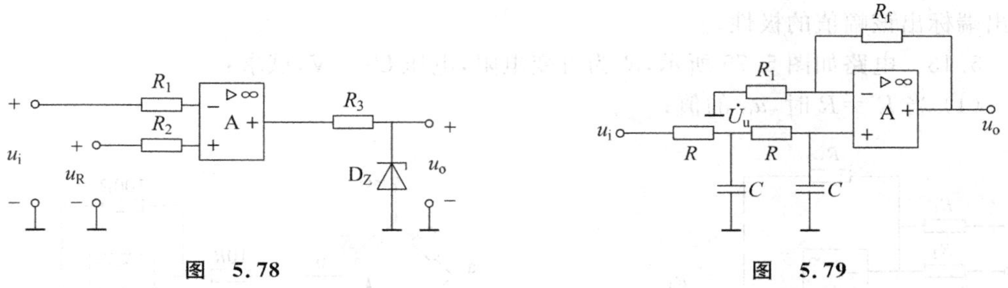

图 5.78　　　　图 5.79

5.18 电路如图 5.80(a)所示，$C=0.5\mu F$，$R_1=1M\Omega$，输入电压 u_I 的波形如图 5.80(b)所示，试画出输出电压 u_O 的波形。

5.19 电路如图 5.81 所示，求输出电压 u_O 与输入电压 u_I 之间运算关系的表达式。

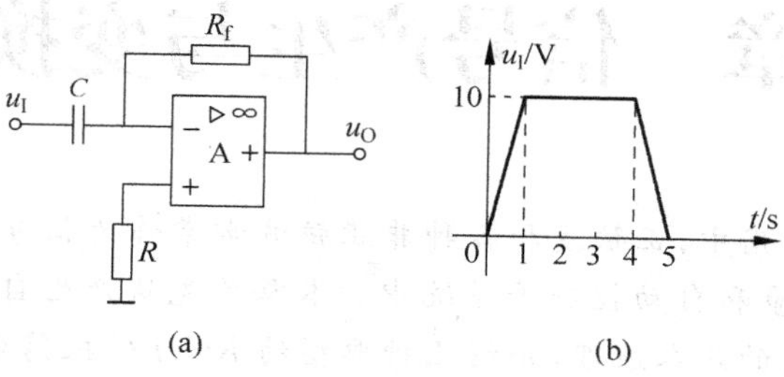

图　5.80

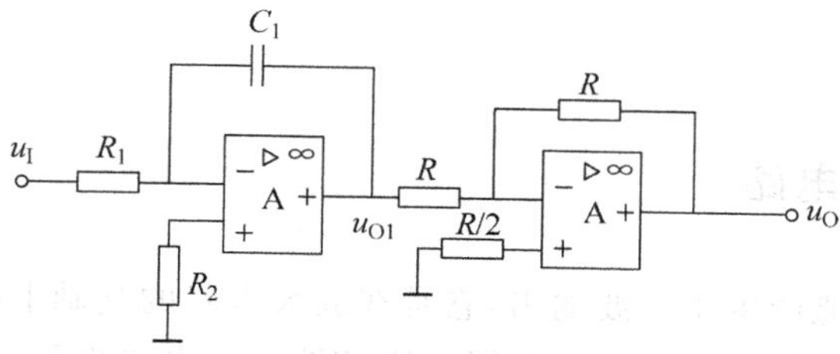

图　5.81

第6章 信号产生与变换电路

引言 在实际应用中，正弦波和各种非正弦波常常作为信号源，被广泛地应用于无线电通信、自动测量和自动控制等系统中。本章首先从产生自激振荡的条件出发，讨论正弦波振荡电路的基本原理，介绍几种典型的RC、LC振荡电路和由石英晶体组成的正弦波振荡电路；然后讨论非正弦波的产生电路，如方波发生电路、三角波发生电路和锯齿波发生电路；最后介绍波形的转换电路。

6.1 正弦波产生电路

正弦波发生电路能产生正弦波输出，它是在放大电路的基础上加上正反馈而形成的，它是各类波形发生器和信号源的核心电路。正弦波发生电路也称为正弦波振荡电路或正弦波振荡器。

6.1.1 概述

1. 自激振荡条件

放大电路通常在有信号输入的情况下，输出端才有信号输出。如果在它的输入端不外接信号的情况下，在输出端仍有一定频率和幅度的信号输出，这种现象称为放大电路中的自激振荡。自激振荡在放大电路中并非好事，它将使放大电路不能正常工作，因此要采用消振电路来破坏产生自激振荡的条件。在波形产生电路中则不然，它正是利用自激振荡而工作的，在一般情况下，电路输入端不外加信号，但有一定的信号输出，这样的电路常称为自激振荡电路。那么，振荡电路不外接信号源，它的输入信号从何而来？所以，我们首先要讨论振荡电路产生自激振荡的条件。

图6.1所示是一个带有反馈的放大电路框图，其中，$\dot{A}$是放大电路，$\dot{F}$是反馈电路。当将开关K合在位置“2”时，就是一般的交流放大电路，输入信号电压为$\dot{U}_i$（设为正弦量），输出电压为$\dot{U}_o$。输出信号通过反馈电路反馈到输入端，反馈电压为$\dot{U}_f$。此时，将开关K从“2”置于“1”位置，如果调节反馈环节$\dot{F}$，使$\dot{U}_f=\dot{U}_i$，即两者大小相等，相位相同，那么反馈电压就可以替代外加输入信号电压。此时，输出电压仍保持不变。这样，放大电路不需要外加输入电压信号，而通过反馈维持一定的输出，形成了自激振荡。自激振荡电路的输入信号是由输出信号经反馈环节提供的。

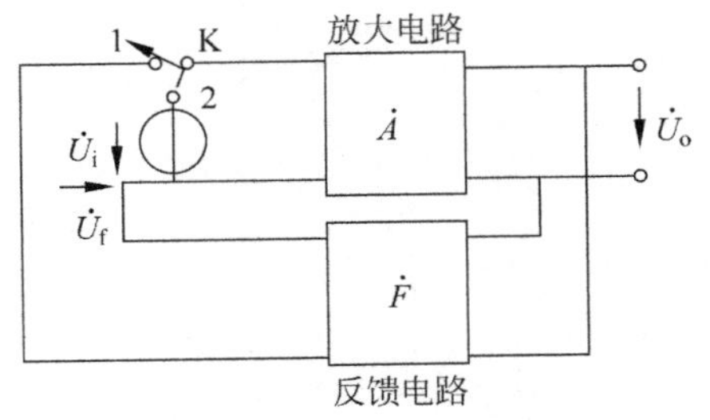

图6.1 产生自激振荡的条件

因为放大电路的开环电压放大倍数为

$$\dot{A}=\frac{\dot{U}_{o}}{\dot{U}_{i}} \tag{6.1}$$

反馈电路的反馈系数为

$$\dot{F}=\frac{\dot{U}_{f}}{\dot{U}_{o}} \tag{6.2}$$

当$\dot{U}_{f}=\dot{U}_{i}$时，$\dot{A}\dot{F}=1$。因此，电路自激振荡的条件如下：

(1) 相位条件

反馈电压$\dot{U}_{f}$和输入电压$\dot{U}_{i}$要同相，也就是说，电路必须构成正反馈，才能满足相位平衡条件，电路才可能自激振荡。设$\dot{A}=A\angle\varphi_{A}$，$\dot{F}=F\angle\varphi_{F}$，可得相位条件为

$$\varphi=\varphi_{A}+\varphi_{F}=\pm 2n\pi,\quad n=0,1,2,3,\cdots \tag{6.3}$$

(2) 幅度条件

要有足够的反馈量，使反馈电压信号与输入电压信号在数值上相等，才能维持振荡，即幅度条件为

$$|\dot{A}\dot{F}|=AF=1 \tag{6.4}$$

相位条件和幅值条件是产生自激振荡缺一不可的两个条件。

注意，在实际的振荡电路中，并不是通过开关起振的。从以下分析将看到，为保证电路的起振，幅度条件必须调整为$|\dot{A}\dot{F}|=AF>1$。

2. 自激振荡的建立和幅值的稳定

实际应用中的自激振荡电路并没有前述电路中的外加信号源$\dot{U}_{i}$，而是依靠振荡电路中存在的干扰来引起自激的。如振荡电路与电源接通的瞬间，电路中电量的波动以及噪声等，都会引起一个微小的反馈信号加到输入端，此时，只要电路中存在$|\dot{A}\dot{F}|>1$及反馈为正反馈的条件，就能建立稳定的振荡。

图6.2描述了自激振荡的建立和稳定过程。图中的振幅特性是放大电路部分输出电压与输入电压(也是反馈电压)之间的关系曲线。由曲线上得知，当反馈电压$\dot{U}_{f}$较小时，因三极管工作在放大区，输出电压$\dot{U}_{o}$与反馈电压$\dot{U}_{f}$近似于正比，特性基本上是线性关系。随着$\dot{U}_{f}$的增大，三极管进入饱和区或截止区工作，三极管电流放大系数β和电路电压放大倍数A逐渐减小，振幅特性曲线表现为向右弯曲。

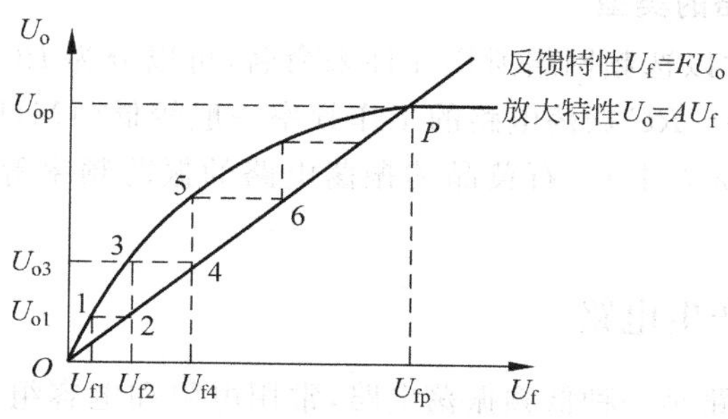

图6.2　自激振荡的建立和稳定过程

图 6.2 中的反馈特性是输出电压 U_o 与反馈电压 U_f 之间的关系曲线。因反馈网络一般由线性元件组成,因此,反馈曲线是一条直线。在振荡电路的电源接通,电路起振时,电路中产生的微弱起振信号 U_{f1} 加到输入端,经放大电路放大后输出,此时的输出电压可从振幅特性曲线上的点 1 处对应求出为 U_{o1}。U_{o1} 又经反馈环节反馈,在反馈特性曲线上点 2 处对应求出为 U_{f2}。因电路中满足 $AF>1$ 的关系,则 $U_{f2}>U_{f1}$。这样,经过不断的反馈→放大→再反馈→再放大→…的循环。输出电压的幅值从小到大不断增大,一直到达图中两条特性曲线的交点 P 处时,振幅不再继续增大,在 P 点处稳定下来。其原因是在 P 点时,输出电压与反馈电压之间既能满足幅度特性,又能满足反馈特性。

自激振荡电路是依靠足够的正反馈量来建立和维持自激振荡的。在建立振荡的过程中,反馈电压应逐渐增加才能使振荡幅度逐次增大至稳定工作状态。若反馈量逐次减少,振荡幅度就会逐步减小,直到停止振荡。

3. 正弦波的形成

自激振荡是依靠电路中激起的电压或电流的冲击来形成的,这些电压或电流的冲击信号多属非正弦量,含有各种频率的谐波分量。为获得单一频率的正弦波输出信号,自激振荡电路必须具有使所需频率的谐波分量满足自激振荡的条件,而对其他谐波分量进行抑制,削弱它们的影响,这项工作是由正弦波振荡电路中的选频环节来完成的。因此,产生单一频率正弦波的振荡电路中还应具有选频环节。

自激振荡一旦建立起来,它的振幅最终要受到放大电路中非线性因素(饱和)的限制。一般在正弦波振荡电路中都设有稳幅电路,使振荡幅度稳定在一定的大小。

综上所述,正弦波发生电路一般应包括以下几个基本组成部分:放大电路、反馈网络、选频网络和稳幅电路。判断一个电路是否是正弦波振荡器,就看其组成是否含有上述 4 个部分。选频网络可设在放大电路中,也可设置在反馈网络中。在很多正弦波振荡电路中,反馈网络和选频网络实际上是同一个网络。因此,振荡电路仅对某一频率成分的信号满足振荡的相位条件和幅度条件,该信号的频率就是该振荡电路的振荡频率。

分析一个正弦振荡电路时,首先要判断它是否振荡,一般方法是:

(1) 观察电路是否存在放大电路、反馈网络、选频网络和稳幅环节等 4 个重要组成部分。

(2) 放大电路的结构是否合理,有无放大能力,静态工作点是否合适。

(3) 是否满足相位条件,即电路是否正反馈,只有满足相位条件才有可能振荡。

(4) 判断电路能否具有起振的幅值条件。

4. 正弦波振荡电路的类型

正弦波振荡电路常以选频网络所用元件来命名,可以分为 RC 振荡电路、LC 振荡电路和石英晶体振荡电路。RC 振荡电路的工作频率一般较低(1MHz 以下),LC 振荡电路的工作频率较高(1MHz 以上)。石英晶体振荡电路的振荡频率等于石英晶体的固有频率,非常稳定。

6.1.2 *RC* 正弦波产生电路

RC 正弦波振荡电路是一种低频振荡电路,常用电阻和电容组成选频回路,故这种结构的振荡电路称为 *RC* 振荡器。

1. RC 桥式振荡电路的组成

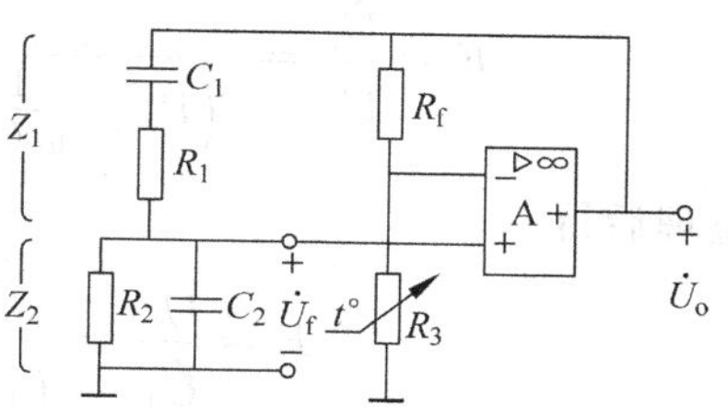

图 6.3　RC 串、并联网络正弦波振荡电路

常见的 RC 正弦波振荡电路是 RC 串、并联式正弦波振荡电路，又称为文氏桥正弦波振荡电路，其电路如图 6.3 所示。电路由放大电路和 RC 串、并联网络两部分组成，放大电路部分由同相比例放大电路组成，放大电路的输出电压与输入电压同相，输入信号放大后，再经正反馈电路送到输入端。电路中的 C_1、C_2、R_1 和 R_2 等 4 个元件串、并联组成电路的选频环节和正反馈环节。自激反馈信号取自于 C_2 和 R_2 并联电路的两端。R_3 为正温度系数的热敏电阻，起温度补偿作用。

2. RC 串、并联选频电路的选频作用

RC 串、并联选频电路如图 6.4(a)所示。电路中的电阻、电容参数为固定值。输入电压$\dot{U}_1$ 取自放大电路的输出端，输出电压$\dot{U}_2$ 由 C_2 和 R_2 并联的两端提供。其选频特性可定性分析如下：

当输入电压$\dot{U}_1$ 的频率较低时，有 $1/(\omega C_1) \gg R_1$，$1/(\omega C_2) \gg R_2$。此时，电阻 R_1 串联的分压作用很小，C_2 并联的分流作用也小。在两者忽略不计、低频率的情况下，电路可等效为 C_1 和 R_2 串联，如图 6.4(b)所示。它是一个超前网络，即输出电压$\dot{U}_2$ 的相位超前输入$\dot{U}_1$。显然，频率 f 愈低，由 R_2 两端获得的输出电压$\dot{U}_2$ 愈小，当频率 $f \to 0$ 时，$\dot{U}_2$ 的数值趋近于零，$\dot{U}_2$ 的相位超前$\dot{U}_1$ 的相位趋近 90°。

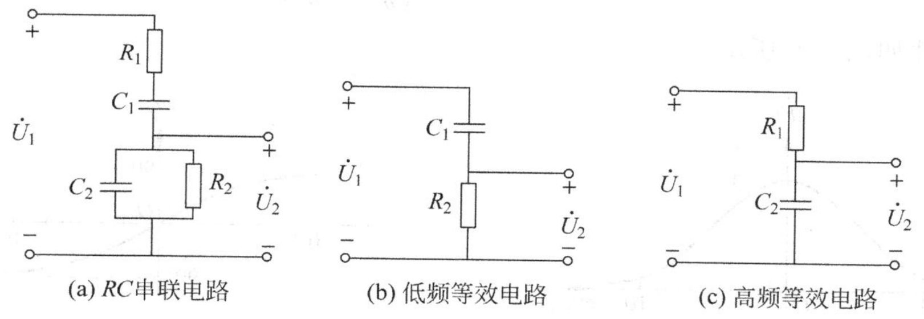

图 6.4　RC 串联网络及其低、高频等效电路

同理，当输入电压$\dot{U}_1$ 的频率 f 较高时，有 $1/(\omega C_1) \ll R_1$，$1/(\omega C_2) \ll R_2$。忽略 C_1 和 R_2 的作用，在高频情况下，电路可等效为 R_1 和 C_2 串联，如图 6.4(c)所示。它是一个滞后网络，即输出电压$\dot{U}_2$ 的相位滞后输入$\dot{U}_1$。显然，当频率 $f \to \infty$时，$\dot{U}_2$ 的数值趋近于零，$\dot{U}_2$ 的相位滞后$\dot{U}_1$ 的相位趋近 90°。

因此可以断定，在上述的电阻、电容参数为固定值的情况下，在高频与低频之间存在一个频率 f_0，其相位关系既不是超前也不是滞后，输出电压$\dot{U}_2$ 与输入电压$\dot{U}_1$ 相位一致。这就是 RC 串、并联网络的选频特性。

根据电路可推导出它的频率特性。由图 6.4(a)可得

$$\dot{F}=\frac{\dot{U}_2}{\dot{U}_1}=\frac{R_2 /\!/ \frac{1}{\mathrm{j}\omega C_2}}{\left(R_1+\frac{1}{\mathrm{j}\omega C_1}\right)+R_2 /\!/ \frac{1}{\mathrm{j}\omega C_2}}=\frac{\frac{R_2}{1+\mathrm{j}\omega R_2 C_2}}{R_1+\frac{1}{\mathrm{j}\omega C_1}+\frac{R_2}{\mathrm{j}\omega R_2 C_2}}$$

整理后得

$$\dot{F}=\frac{\dot{U}_2}{\dot{U}_1}=\frac{1}{\left(1+\frac{C_2}{C_1}+\frac{R_1}{R_2}\right)+\mathrm{j}\left(\omega R_1 C_2-\frac{1}{\omega R_2 C_1}\right)} \tag{6.5}$$

通常取 $R_1=R_2=R, C_1=C_2=C$，则

$$\dot{F}=\frac{\dot{U}_2}{\dot{U}_1}=\frac{1}{3+\mathrm{j}\left(\frac{\omega}{\omega_0}-\frac{\omega_0}{\omega}\right)} \tag{6.6}$$

式中，$\omega_0=\frac{1}{RC}$，即

$$f_0=\frac{1}{2\pi RC} \tag{6.7}$$

式(6.6)所代表的幅频特性为

$$|\dot{F}|=\left|\frac{\dot{U}_2}{\dot{U}_1}\right|=\frac{1}{\sqrt{3^2+\left(\frac{\omega}{\omega_0}-\frac{\omega_0}{\omega}\right)^2}} \tag{6.8}$$

相频特性为

$$\varphi_F=-\arctan\frac{1}{3}\left(\frac{\omega}{\omega_0}-\frac{\omega_0}{\omega}\right) \tag{6.9}$$

其频率特性如图 6.5 所示。

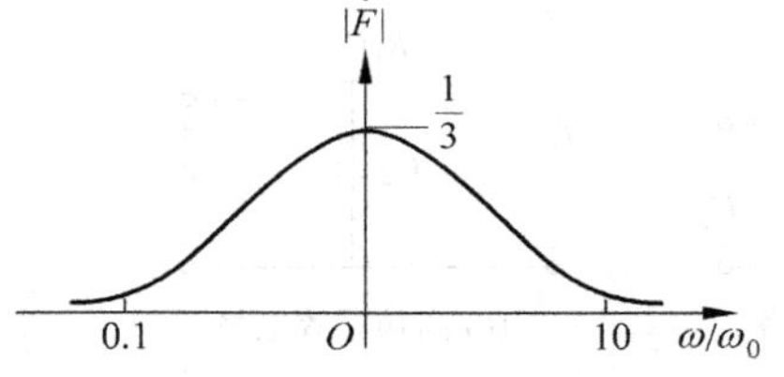

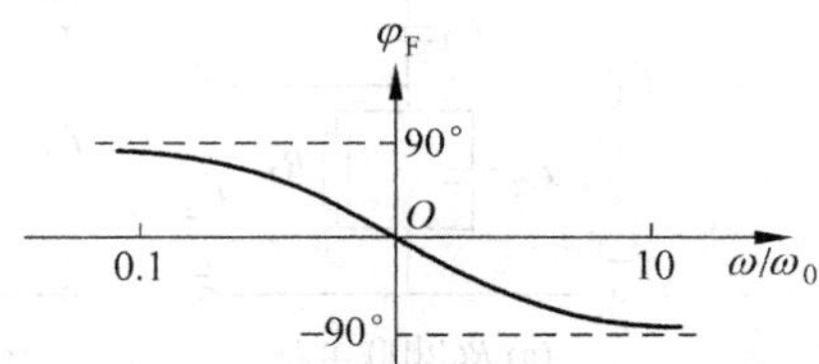

图 6.5 *RC* 串、并联网络的频率特性

可见，当 $\omega=\omega_0=\frac{1}{RC}$ 时，$\left|\frac{\dot{U}_2}{\dot{U}_1}\right|$ 达到最大值，等于 $\frac{1}{3}$，而相移 $\varphi_F=0°$。

3. RC 串、并联网络振荡电路

由前面的分析知道，产生振荡的相位条件是 $\varphi=\varphi_A+\varphi_F=\pm 2n\pi$，而 RC 串、并联网络在 $f=f_0$ 时，$\varphi_F=0$，所以由 RC 串、并联网络构成的振荡电路必须是 $\varphi_A=\pm 2n\pi$，即振荡电路中基本放大电路部分的输出与输入电压必须是同相位的，才能使电路满足振荡的相位条件。

对于图 6.3 所示 RC 串、并联网络振荡电路，其基本放大电路是同相比例运算电路，因此有 $\varphi_A=\pm 2n\pi$，即基本放大电路的输出与输入电压同相位，而 RC 串、并联网络为反馈

网络，在 $f=f_0$ 时，$\varphi_F=0$ 时，有 $\varphi_A+\varphi_F=\pm 2n\pi$，故振荡电路满足产生自激振荡的相位条件。

为了使电路能振荡，还应满足起振条件，即要求 $|\dot{A}\dot{F}|>1$。振荡电路的反馈系数就是 RC 串、并联网络的传输函数，如式(6.10)所示：

$$\dot{F}=\frac{\dot{U}_f}{\dot{U}_o}=\frac{1}{3+j\left(\frac{\omega}{\omega_0}-\frac{\omega_0}{\omega}\right)} \tag{6.10}$$

放大电路的放大倍数为

$$|\dot{A}|=A=1+\frac{R_f}{R_3} \tag{6.11}$$

当时 $\omega=\omega_0$，$F=1/3$，故按起振条件式，要求 $|\dot{A}|=\left(1+\frac{R_f}{R_3}\right)>3$，即 $R_f>2R_3$。

电路的振荡频率为

$$f=\frac{1}{2\pi RC}$$

图 6.3 所示 RC 正弦波振荡电路在振荡以后，振荡器的振幅会不断增加，直至受到运放最大输出电压的限制，使输出波形 U_o 产生非线性失真。为此，振荡电路需加稳幅措施，来稳定输出电压的幅值。

通常可以利用二极管和稳压管的非线性特性、场效应管的可变电阻特性以及热敏电阻等元件的非线性特性，来自动地稳定振荡器输出的幅度。

最简单的稳幅措施是选择负温度系数的热敏电阻作为反馈电阻 R_f，当 U_o 的幅值增加使 R_f 的功耗增大时，它的温度上升，则 R_f 的阻值下降，使放大倍数下降，输出电压 U_o 也随之下降。如果参数选择合适，可使输出电压的幅值基本稳定，且波形失真较小。

图 6.6(a)所示电路是在 R_f 两端并联两个二极管 D_1、D_2，用来稳定振荡器的输出 U_o 的幅值。D_1、D_2 并联后的伏安特性如图 6.6(b)所示，当振荡幅值较小时，流过二极管的电流较小，设相应的工作点为 A、B，此时与直线 AB 斜率相对应的二极管等效电阻 R_D 增大。同理，当振荡幅度增大时，流过二极管的电流增加，其等效电阻 R_D 减小，如图中直线 CD 所示。这样，$R_f'=R_f /\!/ R_D$ 随之而变，改变放大倍数，从而达到稳幅的目的。

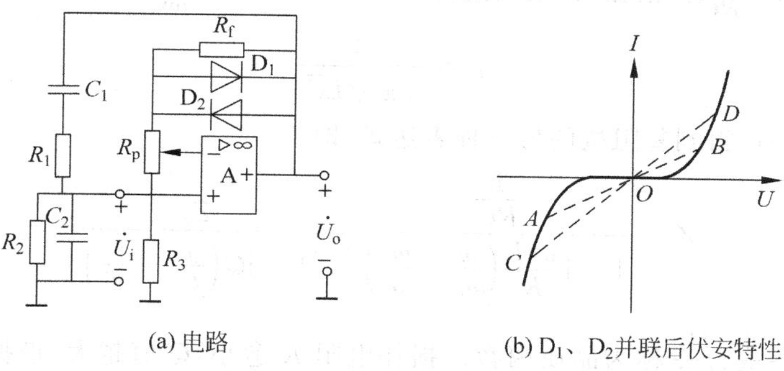

(a) 电路　　(b) D_1、D_2并联后伏安特性

图 6.6　二极管稳幅电路的 *RC* 串、并联网络振荡电路

RC 振荡电路，除串、并联网络振荡电路外，还有移相式和双 T 网络式等类型，但用得最多的是 RC 串、并联振荡电路。

RC振荡电路的振荡频率取决于RC乘积，当要求振荡频率较高时，RC值必然很小。由于RC网络是放大电路的负载之一，所以RC的减少加重了放大电路的负载，且由于电路存在分布电容，所以电容减小不能超过一定的限度，否则振荡频率将受寄生电容的影响而不稳定。此外，普通集成运放的带宽较窄，也限制了振荡频率的提高。因此，RC振荡器通常只作为低频振荡器用。如果需要产生更高频率的正弦信号，可采用下面介绍的LC正弦波振荡电路。

6.1.3 *LC*正弦波发生电路

LC正弦波振荡电路可产生频率较高的正弦波信号。由于普通集成运放的频率较窄，而高速集成运放价格较贵，所以LC正弦波振荡电路一般用分立元件组成。

常见的LC正弦波振荡电路有变压器反馈式、电感三点式和电容三点式3种。它们的共同特点是用LC并联谐振回路作为选频网络。

1. *LC*并联回路的选频特性

图6.7所示电路是一个LC并联回路，只包含一个电感和一个电容，图中R代表回路自身的和回路所带负载的总损耗等效电阻。电路复阻抗为

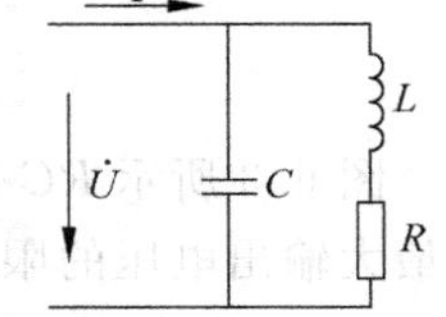

图6.7 *LC*并联回路

$$Z=\frac{(R+\mathrm{j}\omega L)\left(-\mathrm{j}\frac{1}{\omega C}\right)}{R+\mathrm{j}\left(\omega L-\frac{1}{\omega C}\right)}$$

在$R\ll\omega L$时，可忽略上式分子中的R，则有

$$Z=\frac{\frac{L}{C}}{R+\mathrm{j}\left(\omega L-\frac{1}{\omega C}\right)} \tag{6.12}$$

由式(6.12)可知，当$\omega L-\frac{1}{\omega C}=0$时，并联回路处于谐振状态，并联谐振时的阻抗最大，$Z=Z_0=Z_{\max}=\frac{L}{RC}$。谐振时，电路是纯阻性的。由$\omega L-\frac{1}{\omega C}=0$，可得谐振频率为

$$f=\frac{1}{2\pi\sqrt{LC}} \tag{6.13}$$

由式(6.13)可得到复阻抗的另一种表达式，即

$$Z=\frac{\frac{L}{RC}}{1+\mathrm{j}\frac{\omega_0 L}{R}\left(\frac{\omega}{\omega_0}-\frac{\omega_0}{\omega}\right)}=\frac{Z_0}{1+\mathrm{j}Q\left(\frac{f}{f_0}-\frac{f_0}{f}\right)} \tag{6.14}$$

式中，$Q=\frac{\omega_0 L}{R}=\frac{1}{R}\sqrt{\frac{L}{C}}$称为品质因数。损耗电阻$R$愈小，$Q$值越大，谐振时的阻抗值也愈大。

由式(6.14)可得

$$|Z|=\frac{Z_0}{\sqrt{1+Q^2\left(\frac{f}{f_0}-\frac{f_0}{f}\right)^2}} \tag{6.15}$$

$$\varphi_Z=-\arctan\left[Q\left(\frac{f}{f_0}-\frac{f_0}{f}\right)\right] \tag{6.16}$$

根据式(6.15)和式(6.16)可以画出图6.8所示的LC并联回路阻抗Z的频率特性。由图6.8可以看出，在谐振频率$f=f_0$处，并联电路阻抗Z的幅值最大，且相移为零。而且Q值愈大，谐振时的阻抗Z_0愈大，Z的幅频特性曲线愈尖锐。在$f=f_0$附近，相频特性变化快，选频性能好。对相同的$\Delta\varphi_z$来说，Q值越大，对应的频率变化Δf越小，因此频率的稳定性越高。

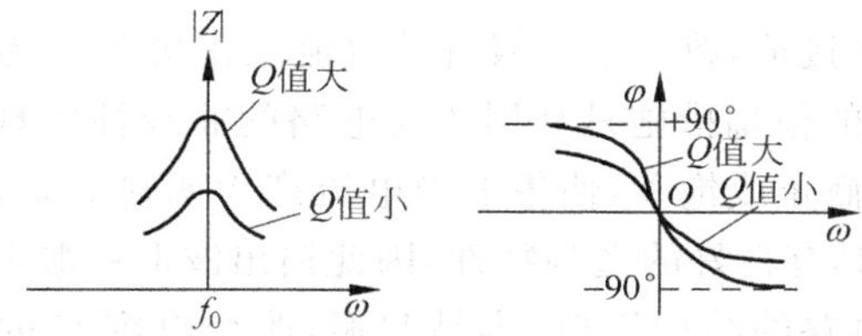

图6.8　LC并联回路阻抗$|Z|$的频率特性

对于由LC并联谐振回路组成的振荡器，其选频网络通常就是放大器的负载，所以放大电路的增益具有选频特性。由于在谐振时，LC电路呈现纯电阻性，所以对放大电路相移的分析与电阻负载时相同。

2. 变压器反馈式振荡电路

图6.9所示是一个变压器反馈式振荡电路，图中并联回路L_1和C作为三极管T的集电极负载，是振荡电路的选频网络。T_r是变压器，从变压器的二次侧绕组L_2引回反馈电压加到放大电路的输入端。图6.9所示电路具有振荡电路的几个基本组成部分。电路的静态工作点由分压式偏置电路确定。

对反馈极性的判别仍采用瞬时极性法。首先在反馈信号的引入处假设一个输入信号的极性，然后依次判别出电路中各处的电压极性。如反馈电压u_f的极性与假设的输入信号极性一致，则为正反馈，满足相位条件的要求。如不满足，通过改变变压器同名端的连接，可十分方便地改变u_f极性，使之满足振荡器的相位条件。

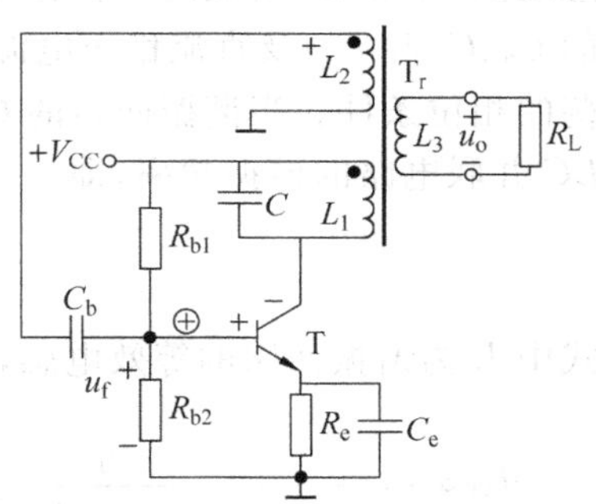

图6.9　变压器反馈式振荡电路

由图6.9可以看出，电路接成共射组态，集电极输出信号与基极输入信号相位差为180°，可以通过变压器的适当连接，使之从L_2两端引回的反馈电压又产生180°的相移，所以图6.9所示电路满足产生振荡的相位条件。例如，在放大电路输入端加上频率为f_0且对"地"为正的信号，则在三极管的集电极得到对"地"为负的信号，即L_1和C并联回路两端的信号为上正下负，而L_1的上端与L_2的上端为同极性端点，所以这时L_2线圈感应的信号为上正下负，负端接"地"，正端通过耦合电容C_b又加到了输入端。可见，图6.9所示的电路是正反馈，满足振荡的相位条件。若电路振荡的幅值条件不满足，可以改变变压器的变比,通过增加 L_2 线圈的匝数解决。

设变压器反馈式振荡电路的振荡频率为 f_0,当 Q 值较高时,就等于 LC 并联回路的谐振频率,即

$$f_0 \approx \frac{1}{2\pi\sqrt{LC}} \tag{6.17}$$

在分析 LC 振荡电路时,要注意把与振荡频率有关的谐振回路的电容(如图 6.9 中的电容 C)和作为耦合与旁路的电容(如图 6.9 所示电路中的 C_b、C_e)分开。两种电容在数值上相差很大,考虑交流通路时,应将 C_b、C_e 短路。

振荡电路中的三极管应有合适的静态工作点。因此,要注意耦合电容和旁路电容的作用,在如图 6.9 所示电路中,电容 C_b 的作用是耦合、隔直,如无 C_b 而直接相连,三极管基极通过变压器次级直接接地,改变了三极管的直流工作状态,无法实现放大及振荡。

LC 正弦波振荡电路的稳幅措施是利用放大电路的非线性实现的。当振幅大到一定程度时,虽然三极管进入截止或饱和,使集电极电流产生明显失真,但是由于集电极的负载是 LC 并联谐振电路,具有良好的选频特性,因此输出波形一般失真不大。

变压器反馈式振荡电路的结构简单、容易起振,改变电容 C 的大小可以方便地调节频率。但由于变压器分布参数的影响,振荡频率不能很高,振荡频率一般可以做到几兆赫,而且由于输出电压与反馈电压靠磁路耦合,损耗较大,并且振荡频率的稳定性不高。

3. 电感反馈式振荡电路

图 6.10 所示是一个电感反馈式振荡电路。图 6.10(a)中的放大电路为共基极组态,图 6.10(b)中的放大电路为共射极组态。这种电路的特点是把谐振回路分成 L_1 和 L_2 两部分,利用 L_2 上的电压直接作为反馈信号。并联选频网络是由 C 及具有中间抽头的电感线圈 L_1 和 L_2 组成的。在分析电路的信号通路时,可以把耦合电容和旁路电容(如图中的 C_b、C_c 和 C_e)及直流稳压电源视为短路。用瞬时极性法不难判断,两个电路均满足振荡的相位条件。当谐振回路的 Q 值很高时,电感反馈式振荡电路的振荡频率基本上等于 LC 并联电路的谐振频率,即

$$f \approx \frac{1}{2\pi\sqrt{LC}} \tag{6.18}$$

式中 L 为谐振回路的等效电感,$L=L_1+L_2+2M$。M 为 L_1 和 L_2 之间的互感。

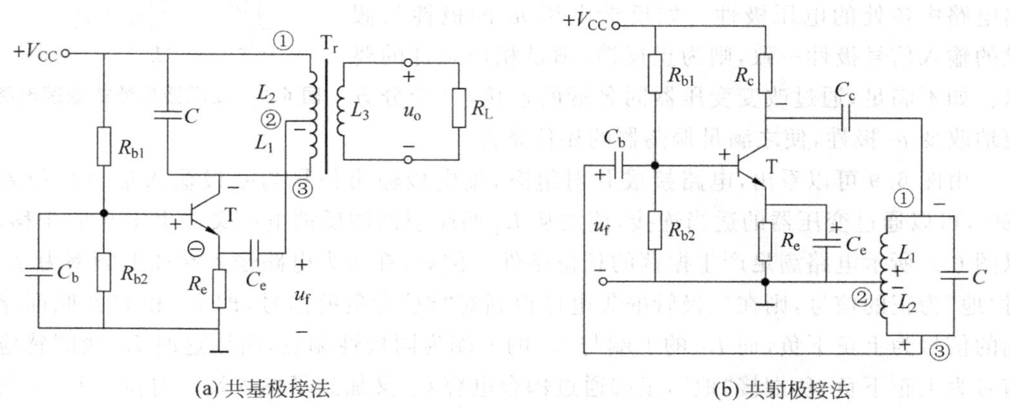

(a) 共基极接法　　(b) 共射极接法

图 6.10　电感反馈式振荡电路

图 6.10 所示的电路是由电感线圈引回反馈电压，所以称为电感反馈式振荡电路。而且在并联选频网络中，电感线圈的①、②、③端分别将振荡信号与放大电路的输出和输入相连，故该电路又称为电感三点式振荡电路。

在电感三点式振荡电路中，由于 L_1 和 L_2 之间的耦合紧密，所以极易起振。但由于反馈电压取自于电感，它对高次谐波的电抗较大，因而输出波形中往往含有高次谐波，使得波形较差。

4. 电容反馈式振荡电路

图 6.11 所示为电容反馈式振荡电路。图中，由 C_1、C_2 和 L 组成选频网络，其电路特点是用 C_1 和 C_2 两个电容作为谐振回路电容，利用电容 C_2 上的电压直接作为反馈信号。与电感三点式相似，图 6.11(a)所示放大电路是共基极接法，图 6.11(b)所示放大电路是共发射极接法。同样用瞬时极性法判断，它们也满足振荡的相位条件。电路的振荡频率为

$$f \approx \frac{1}{2\pi\sqrt{LC}} \tag{6.19}$$

式中 C 为谐振回路的等效电容，有

$$C = \frac{C_1 C_2}{C_1 + C_2} \tag{6.20}$$

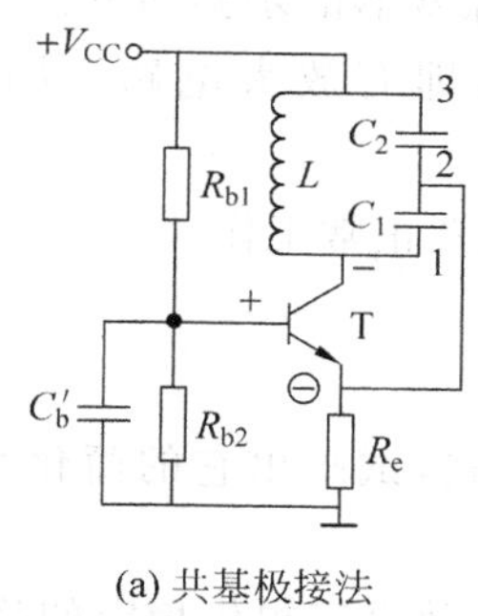

(a) 共基极接法

(b) 共射极接法

图 6.11　电容反馈式 LC 振荡电路

由于电容 C_2 上的电压是反馈电压，所以称为电容反馈式振荡电路。又由于在选频网络中，电容 C_1 和 C_2 的 3 个端点分别与放大电路的输出和输入相连，故又称为电容三点式正弦波振荡电路。由于反馈电压取自电容 C_2，电容短路了高次谐波，反馈电压中的谐波分量小，故输出正弦波形较好。而且电容 C_1、C_2 的容量可以选得较小，并可将管子的极间电容计算到 C_1、C_2 中去，所以振荡频率可达 100MHz 以上。但管子的极间电容随温度等因素变化，对振荡频率有一定的影响，为了减少这种影响，使电路调节频率方便，并提高振荡频率的稳定性，在电感 L 支路中串接电容 C，使谐振频率主要由 L 和 C 决定，C_1 和 C_2 只起分压作用。电路如图 6.12 所示。

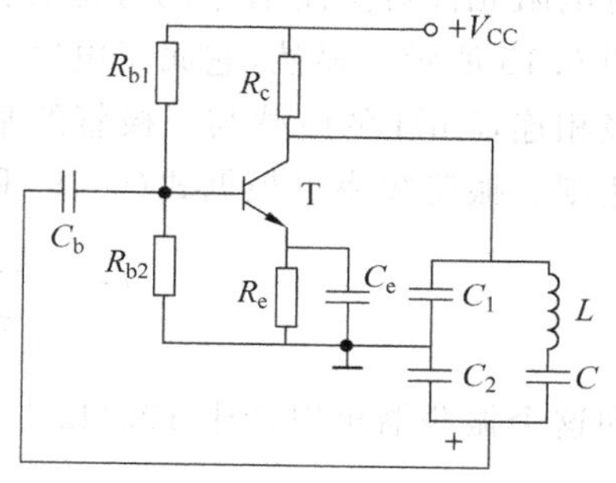

图 6.12　电容三点式改进型振荡电路

该电路的等效电容 C 可由式(6.21)得到

$$\frac{1}{C'}=\frac{1}{C_1}+\frac{1}{C_2}+\frac{1}{C} \tag{6.21}$$

在选取电容参数时,可使 $C\ll C_1$,$C\ll C_2$,所以 $C'\approx C$。

因而电路的振荡频率为

$$f\approx\frac{1}{2\pi\sqrt{LC}} \tag{6.22}$$

即 f 取决于电感 L 和电容 C,与 C_1、C_2 和管子的极间电容关系很小,因此振荡频率的稳定性较高,其频率稳定度 $\Delta f/f_0$ 的值可小于 0.01%。

5. 三点式振荡器相位条件的一般判断法则

在选频元件与三极管连接上,电路具有这样的特点:与三极管发射极相连的两个元件的电抗性质相同,即两个元件都是电感或都是电容;另一个与三极管基极和集电极相连的元件,其电抗性质与上述二元件相反。三点式振荡器具有这种结构特点,就能满足相位平衡条件。由此,可得三点式振荡器相位条件的一般判断法则:如图 6.13 所示,X_1 和 X_2 的电抗性质相同,X_3 与 X_1、X_2 的电抗性质相反。

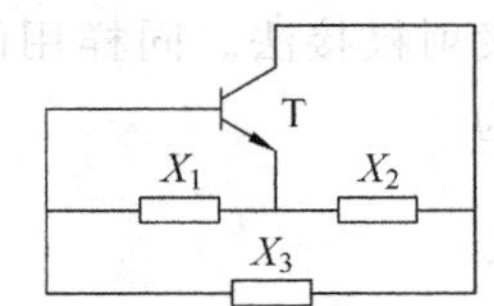

图 6.13　三点式振荡器通用交流等效电路

通过对 3 种 LC 正弦振荡器的分析,归纳出分析振荡器的步骤如下:

(1) 检查电路是否具备正弦振荡的组成部分,即有放大电路、反馈网络和选频网络。

(2) 检查放大电路的静态工作点是否能保证放大器正常工作。

(3) 分析是否满足振荡的相位条件和振幅条件。

(4) 求振荡频率和起振条件。

例 6.1.1　图 6.14 所示为一个实际的振荡器电路,试画出它的简化交流等效电路,指出它属于哪种类型的振荡器,并计算振荡频率 f_0。

解　在图 6.14 所示电路中,电阻 R_{b1}、R_{b2} 及 R_e 给放大管提供稳定的静态工作点。三极管基极的 10μF 电容是隔直电容。由于电感是直流信号的通路,即电感上的直流压降甚小,所以如没有隔直电容,三极管集电极和基极将处于直流短路状态,这时放大器将因没有适当的偏置而停止工作。10μF 电容和旁路电容 C_e 可视为交流短路。

根据以上对电路结构的分析,可以画出它的简化交流等效电路。所谓简化,是忽略所有电阻元件对交流信号的分流作用。这样做的目的是为了分析方便。交流等效电路如图 6.15 所示。显然,它属于电容三点式振荡器。因此,两个 0.1μF 的电容与三极管的射极相连,5mH 的电感与三极管的基极和集电极相连,满足三点式振荡器相位条件的一般法则。振荡频率可根据式(6.19)和式(6.20)求出,为

$$f_0=\frac{1}{2\pi\sqrt{L\dfrac{CC}{C+C}}}\approx 10\times 10^3\,\text{Hz}$$

即这个振荡器可以产生 10kHz 左右的正弦振荡信号。

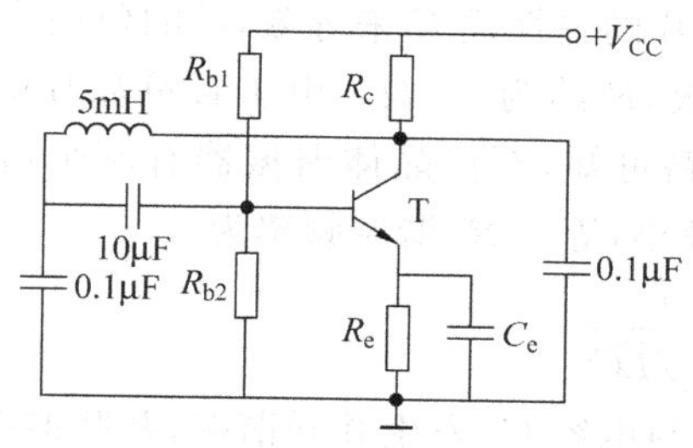

图 6.14 实际振荡器原理电路

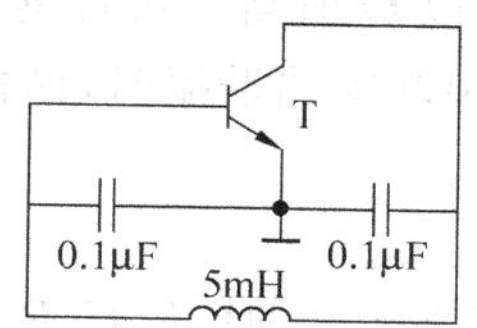

图 6.15 交流等效电路

6.1.4 石英晶体正弦波发生电路

在实际应用中，往往要求正弦波振荡器的振荡频率有一定的稳定度(频率稳定度通常用 $\Delta f/f_0$ 表示)，LC 振荡器振荡频率的稳定度与 L、C、R 参数有关。L/C 值愈大，其品质因数 Q 值愈高，频率稳定性愈好。一般 LC 振荡电路的 Q 值只有几百，其振荡频率的稳定度很难突破 10^{-5}。而石英晶体谐振器具有 L/C 高的特点，它的 Q 值可达 $10^4 \sim 10^6$。因此，用石英晶体组成的振荡电路，其频率稳定度一般为 $10^{-6} \sim 10^{-8}$，高的可达 10^{-10} 以上的数量级。所以，石英晶体振荡电路目前广泛应用于要求频率稳定度较高的场合。

1. 石英晶体的特性、符号及等效电路

(1) 压电效应

石英在自然界中是六棱形结晶体，石英的化学成分是 SiO_2，硬度仅次于金刚石，在外加温度和压力的影响下，体积和密度都很少变化。由于它的参数受外界条件变化的影响很小，因此它具有稳定的物理化学性能，其压电效应可以使机械振动和电磁振荡互相转换。石英是各向异性的结晶体，从石英晶体中切割的石英片，经加工可以制成石英晶体谐振器。

当石英晶片受力产生变形时，在石英晶片相对两面的两个电极(由人工喷涂安装而成)上，产生极性相反、数量相等的电荷，其电荷量值与变形大小成正比。电荷的极性取决于变形的形式(压缩或伸长)。当在石英晶片的两个电极加上直流电压时，石英晶片产生变形；如果改变直流电压的极性，石英晶片会产生膨胀变形。晶体变形的大小与外加电场强度成正比，变形的形式与外电场的极性有关。石英晶体的上述特性称为石英晶体的压电效应。

若在石英晶片的两个电极上加上交变电压，石英晶片将交替出现压缩和膨胀，从而产生机械振动，同时产生交变电场，这种机械振动的幅度一般较小，伴随产生的交变电场也较弱。当外加交变电压的频率等于石英晶片的固有频率时，机械振动的幅度和伴随产生的交变电场的强度急剧增大，比其他频率下的振幅大得多，这种现象称为压电谐振。它与 LC 回路的谐振现象十分相似。石英晶体振荡器就是利用了这种压电谐振的特性。上述特定的频率称为晶体的固有频率或谐振频率。

(2) 符号及等效电路

石英晶体谐振器的符号如图 6.16(a)所示，其等效电路如图 6.16(b)所示。图 6.16(b)中的 C_0 用作等效石英晶体不振动时的静态电容，C_0 一般为几皮法到几十皮法；L 用来模拟机械振动的惯性,L 一般为 $10^{-3}\sim10^{2}$ H;晶片的弹性用 C 来等效,C 的值很小,一般为 $10^{-3}\sim10^{-1}$ pF;振动过程中的损耗用 R 来等效,R 约为 $10^{2}\Omega$。由于石英晶片的 L 大,C 小,R 小,所以 Q 值高。从石英晶体的等效电路可知,石英晶体谐振器有两个谐振频率,当 L、C、R 串联支路谐振时,谐振电路的阻抗最小,等于 R,谐振频率为

$$f_s=\frac{1}{2\pi\sqrt{LC}} \tag{6.23}$$

当频率高于 f_s 时,L、C、R 支路呈感性,可与电容 C_0 发生并联谐振,并联谐振频率为

$$f_p\approx\frac{1}{2\pi\sqrt{L\dfrac{CC_0}{C+C_0}}}=f_s\sqrt{1+\frac{C}{C_0}} \tag{6.24}$$

式(6.24)中,由于 $C\ll C_0$,因此 f_s 和 f_p 非常接近。

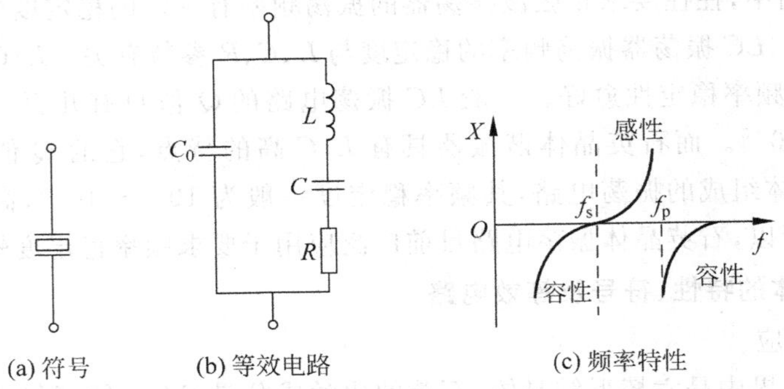

图 6.16　石英晶体谐振器

根据石英晶体的等效电路,可定性画出忽略 R 以后的电抗—频率特性,如图 6.16(c)所示。由图可见,当频率 f 在 $f_s\sim f_p$ 之间时,等效电路呈电感性;频率 f 在 f_s 和 f_p 时,等效电路呈电阻性;其余频率下的等效电路呈容性。

从式(6.24)中可看出,若增大 C_0,可使 f_p 更接近 f_s,因此可在石英晶体两端并联一个电容器 C_L,通过调节 C_L 的大小实现频率微调。但 C_L 的容量不能过大,否则 Q 值太小。一般石英晶体谐振器的产品外壳上所标的频率是指并联负载电容(例如 $C_L=30$pF)时的并联谐振频率。

2. 石英晶体振荡电路

石英晶体振荡电路的基本形式有两类:一类是并联型晶体振荡电路,它是利用晶体作为一个高 Q 值的电感组成振荡电路;另一类是串联型晶体振荡电路,它是利用晶体工作在 f_s 时阻抗最小的特点组成振荡电路。

(1) 并联型晶体振荡电路

利用石英晶体的电感区,将其等效为电感,采用电容反馈式电路,就构成石英晶体并联型晶体振荡电路,如图 6.17 所示。由于外接电容 C_1 和 C_2 并联在石英晶体的 C_0 上,总电容为

$$C_0'=C_0+\frac{C_1C_2}{C_1+C_2} \tag{6.25}$$

振荡频率为

$$f_0 \approx \frac{1}{2\pi\sqrt{L\dfrac{CC_0'}{C+C_0'}}} \tag{6.26}$$

将式(6.25)和式(6.26)与式(6.23)和式(6.24)相比较可知，振荡频率在石英晶体的串联谐振频率 f_s 和并联谐振频率 f_p 之间。由于 $C_0' \gg C$，可以认为 $f_0 \approx f_p \approx f_s$。

(2) 串联型晶体振荡电路

利用石英晶体作为选频网络和正反馈网络，就可构成串联型晶体振荡电路，如图 6.18 所示。图中 C_1 为旁路电容，对交流信号可看作短路。电路的第一级为共基放大电路，第二级为共集电极放大电路。若断开反馈，给放大电路加输入电压，极性上"＋"下"－"，则 T_1 管的集电极动态电位为"＋"，T_2 管的发射极动态电位也为"＋"。只有在石英晶体呈纯阻性，即产生串联谐振时，反馈电压才与输入电压同相，电路才满足正弦波振荡的相位平衡条件。所以，电路的振荡频率为石英晶体的串联谐振频率 f_s。调整 R_f 的阻值，可使电路满足正弦波振荡的幅值平衡条件。

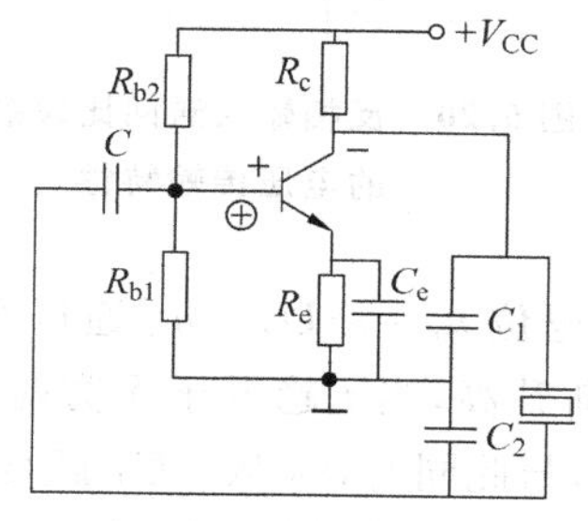

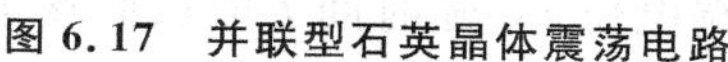
图 6.17　并联型石英晶体震荡电路

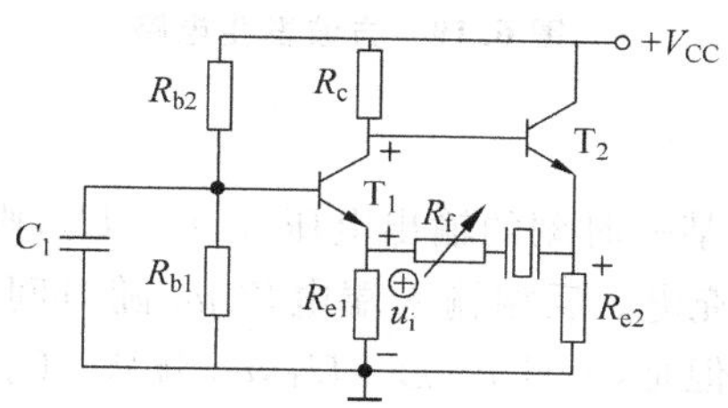

图 6.18　串联型石英晶体震荡电路

石英晶体的固有频率与温度有关，在频率稳定度要求高于 $10^{-6} \sim 10^{-7}$ 或工作环境温度变化范围很宽的场合，应该选用高精度和高稳定度的晶体，并把它们放在恒温槽中。

由于石英晶体特性好，而且仅有两根引线，安装方便，调试方便，容易起振，所以石英晶体在正弦波振荡电路和方波发生电路中获得了广泛的应用。

6.2　非正弦波发生电路

在实用模拟电路中，除了常见的正弦波发生电路外，还有矩形波、三角波、锯齿波等非正弦波发生电路。本节主要介绍这些非正弦波形的电路组成、工作原理、波形分析和主要参数。

6.2.1　矩形波发生电路

矩形波发生电路常作为数字电路的信号源或模拟电子开关的控制信号，它也是其他非正弦波发生电路的基础。

矩形波发生电路只有两个暂态，即输出不是高电平就是低电平，而且两个暂态自动地相互转换，从而产生自激振荡。通常，电压比较器是矩形波发生电路的重要组成部分。为了使输出的高、低电平产生周期性变化，电路中用延迟环节来确定暂态的维持时间，而且引入反馈环节来实现高、低电平转换的控制。

1. **方波发生电路**

图 6.19 所示为方波发生电路，它由反相输入的滞回比较器和 RC 电路组成。RC 回路既作为延迟环节，又作为反馈网络。通过 RC 充放电，实现输出状态的自动转换。

图中，滞回比较器的输出电压 $u_O=\pm U_Z$，阈值电压为

$$\pm U_T=\pm\frac{R_1}{R_1+R_2}U_Z \tag{6.27}$$

因而电压传输特性如图 6.20 所示。

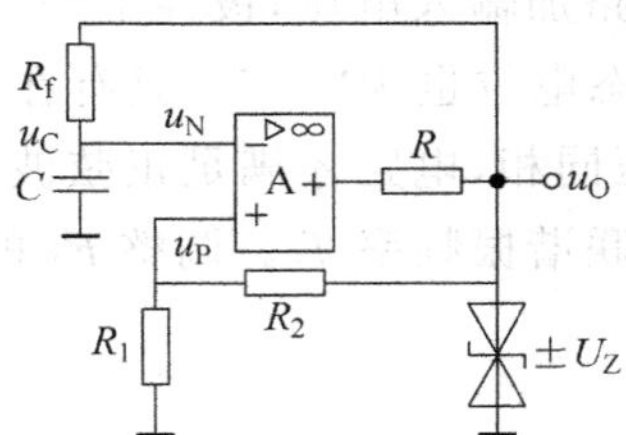

图 6.19　方波发生电路

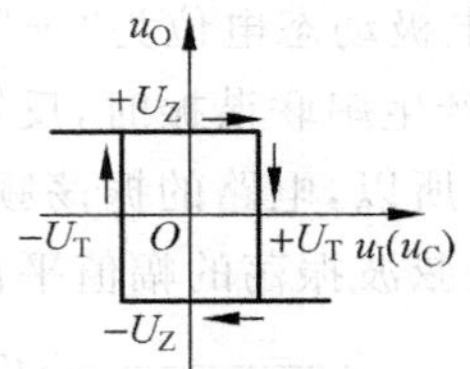

图 6.20　反相输入滞回比较器的电压传输特性

设某一时刻的输出电压 $u_O=+U_Z$，则同相输入端电位 $u_P=+U_T$。u_O 通过 R_f 对电容 C 正向充电。反相输入端电位 u_N 随时间 t 增长而逐渐升高，当 t 趋近于无穷时，u_N 趋于 $+U_Z$；但是，一旦 u_N 过 $+U_T$，u_O 就从 $+U_Z$ 跃变为 $-U_Z$，与此同时，u_P 从 $+U_T$ 跃变为 $-U_T$。随后，u_O 又通过 R_f 对电容 C 反相充电。反相输入端电位 u_N 随时间 t 增长而逐渐降低，当 t 趋近于无穷时，u_N 趋于 $-U_Z$；但是，一旦 u_N 过 $-U_T$，u_O 就从 $-U_Z$ 跃变为 $+U_Z$，与此同时，u_P 从 $-U_T$ 跃变为 $+U_T$，电容又开始正向充电。上述过程周而复始，电路产生了自激振荡。

由于在图 6.19 所示电路中，电容正向充电与反向充电的时间常数均为 RC，而且充电的总幅值也相等，因而在一个周期内，$u_O=+U_Z$ 的时间与 $u_O=-U_Z$ 的时间相等，u_O 为方波。电容上的电压 u_C（即集成运放反相输入端电位 u_N）和电路输出电压 u_O 的波形如图 6.21 所示。矩形波的宽度 T_1 与周期 T 之比称为占空比，方波的占空比为 50%。

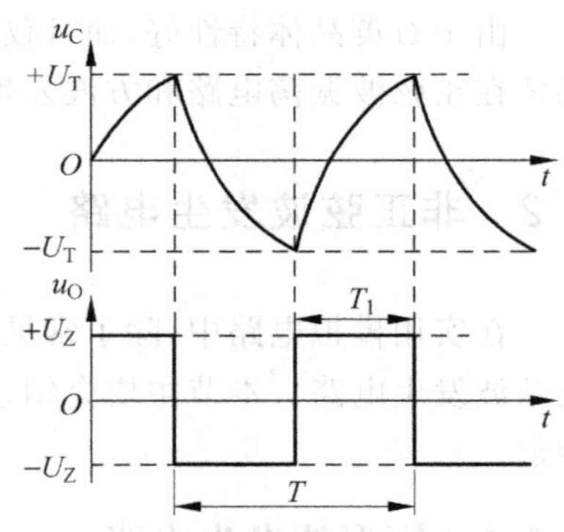

图 6.21　方波发生电路的波形

根据电容上的电压波形可知，在二分之一周期内，电容充电的起始值为 $-U_T$，终了值为 $+U_T$，时间常数为 R_fC；时间 t 趋于无穷时，u_C 趋于 $+U_Z$。利用一阶 RC 电路的三要素法可列出方程

$$+U_T=(U_Z+U_T)\left(1-e^{\frac{-T/2}{R_fC}}\right)+(-U_T)$$

将式(6.27)代入上式，即可求出振荡周期为

$$T=2R_fC\ln\left(1+\frac{2R_1}{R_2}\right) \tag{6.28}$$

振荡频率 $f=\frac{1}{T}$。

通过以上分析可知，调整电阻 R_1、R_2、R_f 和电容 C 的数值可以改变电路的振荡频率。另外，调整电压比较器的电路参数 R_1、R_2 和稳压管的稳压值 U_Z 可以改变方波发生电路的振荡幅值。

2. 矩形波发生电路

在方形波发生电路中，若能采取措施改变输出波形的占空比，使之小于或大于 50%，则电路就变成矩形波发生电路。利用二极管的单向导电性使电容正向和反向充电的通路不同，从而使它们的时间常数不同，即可改变输出电压的占空比，如图 6.22 所示。

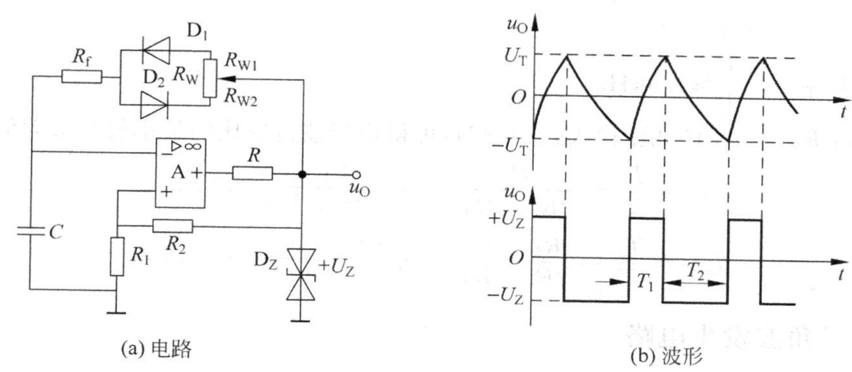

图 6.22　矩形波发生电路及其波形

在图 6.22(a)中，电位器 R_W 的滑动将 R_W 分成 R_{W1} 和 R_{W2} 两部分，若忽略二极管 D_1 和 D_2 的导通电阻，则电容 C 充电回路的电阻为(R_f+R_{W1})，而放电回路的电阻为(R_f+R_{W2})。如果 $R_{W1}<R_{W2}$，则充电快而放电慢，即电容 C 的充电时间 T_1 小于放电时间 T_2，如图 6.22(b)所示。如果反向调节 R_W 的滑动端，则情况正好相反。利用一阶 RC 电路的三要素法可以求出输出电压处于高电平的时间(即电容充电的时间)为

$$T_1=(R_f+R_{W1})C\ln\left(1+\frac{2R_1}{R_2}\right) \tag{6.29}$$

输出电压处于低电平的时间(即电容放电的时间)为

$$T_2=(R_f+R_{W2})C\ln\left(1+\frac{2R_1}{R_2}\right) \tag{6.30}$$

因而振荡周期为

$$\begin{aligned}T&=T_1+T_2=(2R_f+R_{W1}+R_{W2})C\ln\left(1+\frac{2R_1}{R_2}\right)\\&=(2R_f+R_W)C\ln\left(1+\frac{2R_1}{R_2}\right)\end{aligned} \tag{6.31}$$

矩形波的占空比为

$$\delta=\frac{T_1}{T}=\frac{R_f+R_{W1}}{2R_f+R_W} \tag{6.32}$$

由式(6.31)和式(6.32)可知，改变电位器 R_W 滑动端的位置可以调节矩形波的占空比，但振荡周期始终不变。

例 6.2.1 在图 6.22(a)所示电路中,已知 $R_1=10\text{k}\Omega, R_2=50\text{k}\Omega, R_f=10\text{k}\Omega, R_W=100\text{k}\Omega, C=0.01\mu\text{F}, \pm U_Z=\pm 6\text{V}$。试求:

(1) 输出电压的幅值和振荡频率约为多少?

(2) 占空比的调节范围约为多少?

解 (1) 输出电压 $u_O=\pm 6\text{V}$。

振荡周期为

$$\begin{aligned}T &\approx (R_W+2R_f)C\ln\left(1+\frac{2R_1}{R_2}\right)\\ &=\left[(100+20)\times 10^3\times 0.01\times 10^{-6}\times \ln\left(1+\frac{2\times 10\times 10^3}{50\times 10^3}\right)\right]\\ &\approx 0.40\times 10^{-3}\text{s}\end{aligned}$$

振荡频率 $f=\frac{1}{T}\approx 2.5\text{kHz}$。

(2) 将 $R_{W1}=0\sim 100\text{k}\Omega$ 代入式(6.32),可得矩形波占空比的最小值和最大值分别为

$$\delta_{\min}=\frac{T_1}{T}=\frac{R_f}{2R_f+R_W}=\frac{10}{2\times 10+100}\approx 8.33\%$$

$$\delta_{\max}=\frac{T_1}{T}=\frac{R_f+R_W}{2R_f+R_W}=\frac{10+100}{2\times 10+100}\approx 91.7\%$$

6.2.2 三角波发生电路

1. 电路的组成

若将方波发生电路的输出作为积分运算电路的输入,在积分运算电路的输出就可以得到三角波形。实用三角波发生电路如图 6.23 所示,其中,积分运算电路一方面进行波形变换,另一方面取代方波发生电路的 RC 回路,起延迟作用。

在图 6.23 所示电路中,A_1 为同相输入的滞回比较器,A_2 为积分运算电路。同相滞回比较器的输出高、低电平分别为

$$U_{OH}=+U_Z,\quad U_{OL}=-U_Z \tag{6.33}$$

A_1 同相输入端的电位为

$$u_{P1}=\frac{R_1}{R_1+R_2}u_{O1}+\frac{R_2}{R_1+R_2}u_O \tag{6.34}$$

令 $u_{P1}=u_{N1}=0$,并将 $u_{O1}=\pm U_Z$ 代入,可得阈值电压为

$$\pm U_T=\pm\frac{R_1}{R_2}U_Z \tag{6.35}$$

因而电压传输特性如图 6.24 所示。

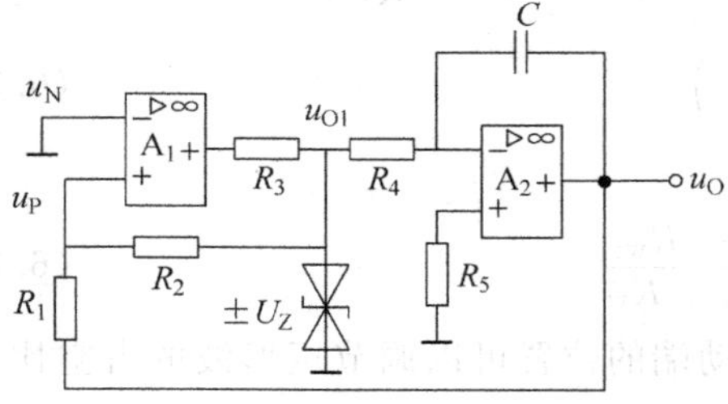

图 6.23 三角波发生电路

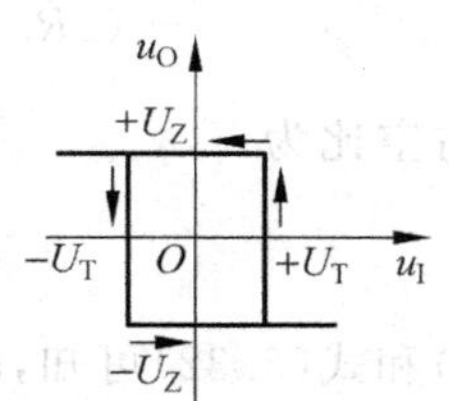

图 6.24 同相滞回比较器的电压传输特性

以滞回比较器的输出电压 u_{O1} 作为输入，积分电路的输出电压表达式为

$$u_O = -\frac{1}{R_4 C}\int u_{O1}\,dt \tag{6.36}$$

若在 $t_0 \sim t_1$，$u_{O1} = +U_Z$，则式(6.36)变换为

$$u_O = -\frac{1}{R_4 C}U_Z(t - t_0) + u_O(t_0) \tag{6.37}$$

若在 t_1 时刻 u_{O1} 跃为 $-U_Z$，且保持至 t_2，则式(6.36)变换为

$$u_O = -\frac{1}{R_4 C}U_Z(t - t_1) + u_O(t_1) \tag{6.38}$$

2. **工作原理**

图 6.24 所示电压传输特性和式(6.37)、式(6.38)准确地描述了图 6.23 中两部分电路的关系，以此为依据可得电路的振荡原理。设滞回比较器输出电压 u_{O1} 在 t_0 时刻由 $-U_Z$ 跃变为 $+U_Z$(称为第一暂态)，根据式(6.37)，积分电路反向积分，输出电压 u_O 按线性规律下降，当 u_O 下降到滞回比较器的阈值电压 $-U_T$ 时(t_1)，滞回比较器的输出电压 u_{O1} 从 $+U_Z$ 跃变到 $-U_Z$(称为第二暂态)。此后，积分电路正向积分，根据式(6.38)，u_O 按线性规律上升，当 u_O 上升到滞回比较器的阈值电压 $+U_T$ 时(t_2)，u_{O1} 从 $-U_Z$ 又跃变回到 $+U_Z$，即返回第一暂态，电路又开始反向积分。如此周而复始，产生振荡。

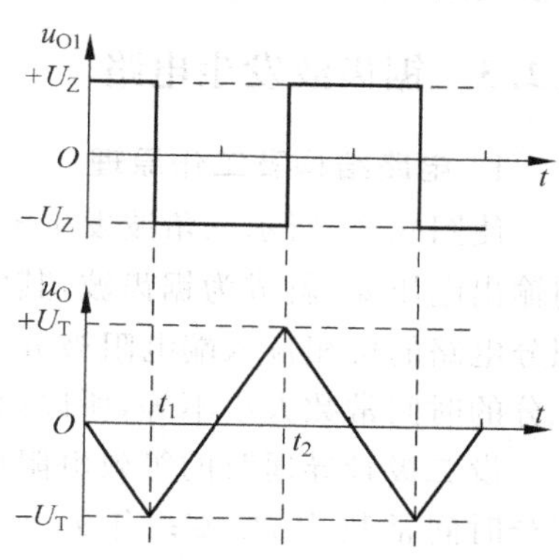

图 6.25　三角波发生电路的波形图

由于积分电路反向积分和正向积分的电流大小均为 u_{O1}/R_4，使得 u_O 在一个周期内的下降时间和上升时间相等，且斜率的绝对值也相等，因此 u_O 是三角波，u_{O1} 是方波，波形如图 6.25 所示。故也称图 6.23 所示电路为三角波—方波发生电路。

3. **主要参数的估算**

(1) 振荡幅值

在图 6.23 所示三角波—方波发生电路中，因为积分电路的输出电压 u_O 就是同相滞回比较器的输入电压，所以三角波的正、负幅值为

$$\pm U_{OM} = \pm U_T = \pm \frac{R_1}{R_2}U_Z \tag{6.39}$$

因为方波的幅值决定于由稳压管组成的限幅电路，所以其高、低电平分别为

$$U_{OH} = +U_Z,\quad U_{OL} = -U_Z \tag{6.40}$$

(2) 振荡周期

在图 6.23 所示三角波发生电路中，在振荡的二分之一周期内，起始值为 $-U_T$，终了值为 $+U_T$，将它们代入式(6.38)，得

$$U_T = \frac{1}{R_4 C}U_Z\,\frac{T}{2} + (-U_T)$$

将 $U_T = \frac{R_1}{R_2}U_Z$ 代入上式，整理可得振荡周期为

$$T = \frac{4R_1R_4C}{R_2} \tag{6.41}$$

根据式(6.39)和式(6.41),在调试电路时,应先调整电阻 R_1 和 R_2,使输出幅度达到设计值;再调整 R_4 和 C,使振荡周期满足要求。

例 6.2.2 在图 6.23 所示电路中,已知 $R_2=10\text{k}\Omega$,$\pm U_Z=\pm 6\text{V}$,$C=0.1\mu\text{F}$;输出三角波电压 u_O 的幅值为 6V,频率为 500Hz。试求 R_1 和 R_4 的值。

解 输出电压 u_O 为三角波,根据式(6.39),其幅值为

$$\pm U_{OM}=\pm\frac{R_1}{R_2}U_Z=\pm\left(\frac{R_1}{10}\times 6\right)=6\text{V}$$

因而电阻 $R_1=R_2=10\text{k}\Omega$。

u_O 的周期 $T=\dfrac{1}{f}=2\text{ms}$,根据式(6.41)可得

$$T=\frac{4R_1R_4C}{R_2}=\frac{4\times 10\times 10^3\times R_4\times 0.1\times 10^{-6}}{10\times 10^3}$$

$$=0.4\times R_4\times 10^{-6}=2\times 10^{-3}\text{s}$$

所以电阻 $R_4=5\text{k}\Omega$。

6.2.3 锯齿波发生电路

1. 电路结构及工作原理

使图 6.23 所示三角波发生电路中的积分电路的反向积分速度远大于正向积分速度,则输出电压 u_O 就成为锯齿波,其电路如图 6.26 所示。它与三角波发生器基本相同,只是积分电路的反相输入端电阻被分为两路,用二极管 D_1、D_2 和电位器 R_W 代替,使正、负向积分的时间常数大小不等,所以两者积分的速率不等。

设二极管导通时的等效电阻可忽略不计,当 $u_{O1}=U_Z$ 时,二极管 D_1 导通而 D_2 截止,积分时间常数为 $R_{W1}C$;当 $u_{O1}=-U_Z$ 时,二极管 D_2 导通而 D_1 截止,积分时间常数为 $R_{W2}C$;通过调整 R_W 滑动端的位置,使 $R_{W1}C$ 不等于 $R_{W2}C$,可以形成图 6.27 所示的锯齿波电压。

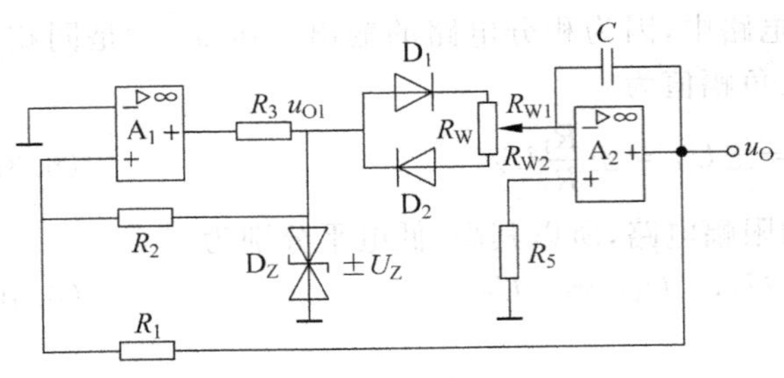

图 6.26 锯齿波发生电路

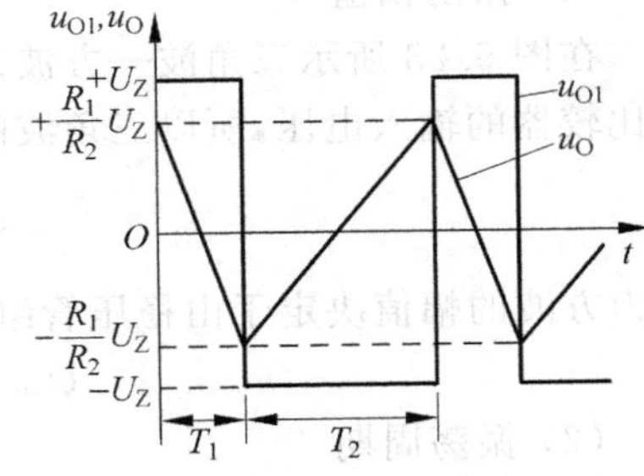

图 6.27 锯齿波形图

2. 输出幅度和振荡周期

与三角波发生器的输出幅度相同,锯齿波发生器的输出电压幅度为

$$\pm U_{OM}=\pm U_T=\pm\frac{R_1}{R_2}U_Z \tag{6.42}$$

正、反向积分时间为

$$T_1=\frac{2R_1R_{W1}C}{R_2},\quad T_2=\frac{2R_1R_{W2}C}{R_2}$$

因此振荡周期 T 为

$$T=T_1+T_2=\frac{2R_1R_WC}{R_2} \tag{6.43}$$

调整 R_1 和 R_2 的阻值,可以改变锯齿波的幅值;调整 R_1、R_2 和 R_W 的阻值以及 C 的容量,可以改变振荡周期;调整电位器滑动端的位置,可以改变 u_{O1} 的占空比,以及锯齿波上升和下降的斜率。

6.3 波形变换电路

利用集成运放所组成的基本应用电路,可以将已有的周期性电压信号进行波形变换,以满足不同场合的需要。例如,利用积分运算电路可以将方波变为三角波,用微分运算电路可以将三角波变为方波,用乘方运算电路将正弦波二倍频,用过零比较器将正弦波变为方波等。本节将介绍三角波变锯齿波、三角波变正弦波、精密整流等几种特殊的波形变换方法。

6.3.1 三角波变锯齿波电路

若将三角波电压作为比例系数可控的比例运算电路的输入信号 u_I,且在三角波上升的半个周期内比例系数为1,使输出电压 u_O 与 u_I 同相,即 $u_O=u_I$;在三角波下降的半个周期内比例系数为−1;使输出电压 u_O 与 u_I 反相,即 $u_O=-u_I$,则 u_O 就变成了锯齿波,且频率是三角波的2倍,如图6.28所示。

为了改变比例系数,需在比例运算电路中加电子开关,并用控制电压 u_C 的高、低电平控制开关的状态,输入电压和控制电压的关系以及三角波变锯齿波电路如图6.29所示。控制电压为低电平时,开关断开,因而

$$u_N=u_P=\frac{R_5}{R_3+R_4+R_5}u_I=\frac{u_I}{2}$$

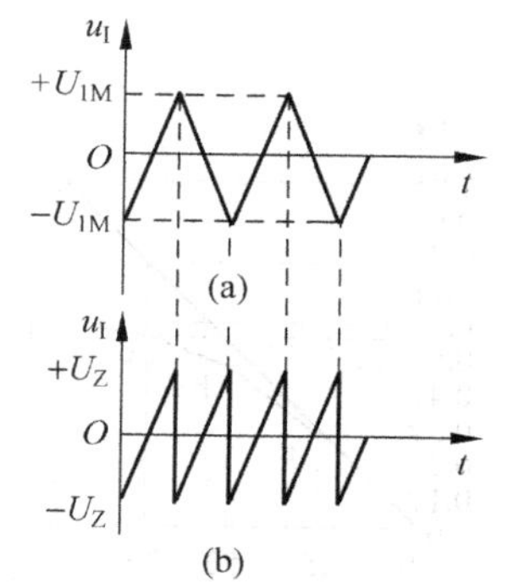

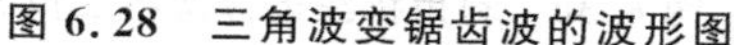
图6.28 三角波变锯齿波的波形图

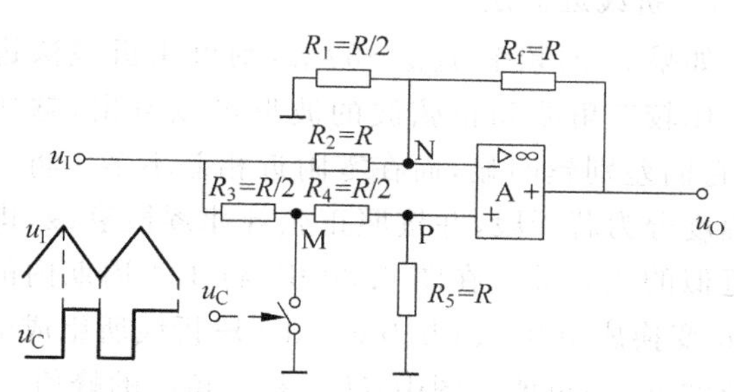

图6.29 三角波变锯齿波电路

反馈电阻 R_f 中的电流为

$$i_F=i_{R_1}+i_{R_2}=\frac{-u_N}{R_1}+\frac{u_I-u_N}{R_2}=-\frac{u_I/2}{R/2}+\frac{u_I-u_I/2}{R}=-\frac{u_I}{2R}$$

输出电压为

$$u_O = -i_F R_f + u_N = \frac{u_I}{2R}R + \frac{u_I}{2} = u_I \tag{6.44}$$

控制电压为低电平时,开关闭合,因而 $u_N = u_P = 0$,为虚地。R_1 中电流为零,电路为反相比例运算电路,输出电压为

$$u_O = -\frac{R_f}{R_2}u_I = -u_I \tag{6.45}$$

式(6.44)和式(6.45)正好满足图 6.28 所示波形变换的要求。

在实用电路中,可利用场效应管或三极管作为电子开关,且为了使 u_I 和 u_C 相互配合,可用三角波 u_I 经微分运算电路变为方波作为 u_C。

6.3.2 三角波变正弦波电路

将三角波电压变换为正弦波电压,经常采用滤波法和折线近似法来实现。下面分别加以介绍。

1. 滤波法

按傅里叶级数可将三角波电压 $u(\omega t)$ 展开成

$$u(\omega t) = \frac{8}{\pi^2}U_M\left(\sin\omega t - \frac{1}{9}\sin 3\omega t + \frac{1}{25}\sin 5\omega t - \cdots\right) \tag{6.46}$$

其中,U_M 是三角波的峰值。式(6.46)表明,三角波的基波频率就是其原频率,所含谐波的最低频率是三次波。因此,若输入三角波电压 u_I 的最低频率为 f_{min},则只要其最高频率 f_{max} 小于 $3f_{min}$,就可利用低通滤波器或带通滤波器将三角波变换为正弦波,称之为滤波法。

注意,使用滤波法的前提条件是 u_I 的频率 $f_{max} < 3f_{min}$,若不满足该条件,输出波形会有严重失真。例如,若输入三角波电压 u_I 的频率范围为 100~400Hz,则所用低通滤波器的通带截止频率应略大于 400Hz。这样,在 u_I 频率为 100Hz 时,电路的输出电压 u_O 不仅含有 100Hz 的基波,还含有三次谐波,即 300Hz 的正弦波,因而 u_O 的波形产生了严重的失真。

2. 折线近似法

如果 u_I 的频率 $f_{max} > 3f_{min}$,则可用折线法进行变换。比较三角波和正弦波的波形可以看出,越接近峰值,它们差别越明显,而在零附近相差不多。将三角波的幅度分为若干段,并按照正弦规律逐段衰减,即可获得近似的正弦波。在图 6.30 中,将 1/4 周期内的三角波 u_I 变换成由 0-a、a-b、b-c、c-d 4 段折线所组成的近似正弦波 u_O 的负值。图中,U_{Imax} 是三角波的峰值。

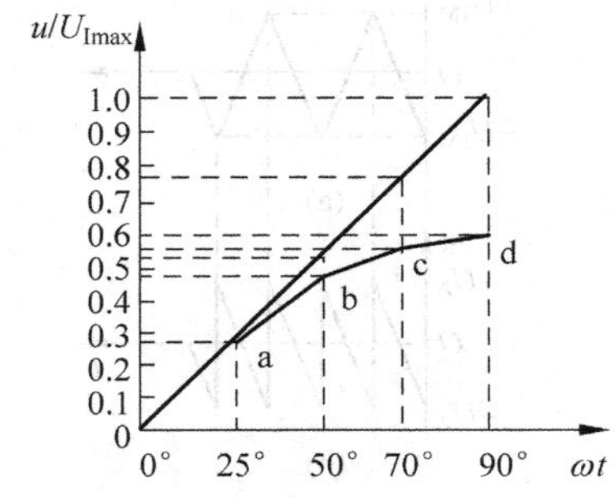

图 6.30 利用折线近似法将三角波变为正弦波示意图

利用折线近似法将三角波变为正弦波的电路如图 6.31 所示。整个电路是反相比例运算电路,负反馈网络除了电阻 R_f 以外,还并联了两组由二极管和电阻组成的网络。输出电压 u_O 和正、负电源通过电阻网络的分压在各二极管右端分别得到电压 u_1、u_2、u_3、u_1'、u_2' 和 u_3'。

当输入的三角波信号由 0 线性上升使 u_O 线性下降时，u_1、u_2 和 u_3 将依次下降到小于 0，使二极管 D_1、D_2 和 D_3 随之依次由截止变为导通，进而使得电路的电压放大倍数逐次下降，所以输出电压 u_O 的斜率依次逐渐减小，接近于正弦波的变化规律。通过类似的分析可知，当 u_i 由 0 逐渐下降时，u_O 将由 0 逐渐上升，u_1'、u_2'和 u_3'上升到大于 0，使二极管 D_1'、D_2'和 D_3'依次由截止变为导通，使 u_O 下降的斜率依次逐渐减小，接近于正弦波的变化规律。只要图中的各电阻值选择合适，就可以将三角波变换成符合要求的正弦波。

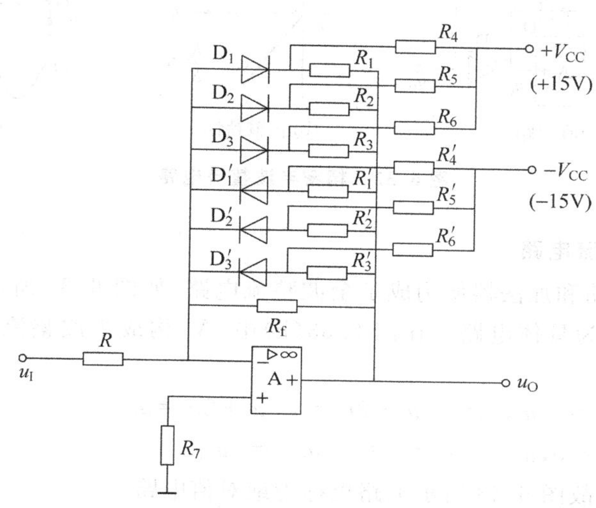

图 6.31　利用折线近似法将三角波变为正弦波电路

6.3.3　精密整流电路

将交流电压转换成脉动的直流电压，称为整流。整流有半波整流电路和全波整流电路之分。整流功能的实现可以通过二极管的单向导电性得到，但二极管元件导通时，存在死区电压，使得当输入信号较小时，二极管不导通，一般要求输入电压大于 0.7V，才能够正常起到整流作用。利用运算放大器可以消除这种现象，使得整流达到十分精密的程度，即精密整流电路能够对微弱信号整流。

1. 精密半波整流电路

图 6.32(a)所示为半波精密整流电路。由图可见，当$|u_o|\leqslant 0.7$V 时，二极管 D_1 及 D_2 均不导通，运放处于开环工作状态，其开环放大倍数极大(如 10^5)；而当$|u_o|\geqslant 0.7$V 时，其中总有一个二极管导通，电路进入正常的限幅状态。而要使$|u_o|\geqslant 0.7$V，只需 $0.7\text{V}/10^5=7\mu\text{V}$。可见，只要输入电压 u_i 使集成运放的净输入电压产生非常微小的变化，就可以改变 D_1 和 D_2 的工作状态，消除由二极管死区电压引起的限幅模糊现象，从而达到精密整流的目的。该电路的工作原理具体说明如下：

当 $u_i>0$ 时，必然使集成运放的输出 $u_o'<0$，导致二极管 D_2 导通，D_1 截止，电路实现反相比例运算，输出电压为

$$u_o = -\frac{R_2}{R_1}u_i \tag{6.47}$$

当 $u_i<0$ 时,必然使集成运放的输出 $u_o'>0$,导致二极管 D_1 导通,D_2 截止,R_f 中电流为零,因此输出电压 $u_o=0$。该电路的传输特性及输出波形如图 6.32(b)、图 6.32(c)所示。

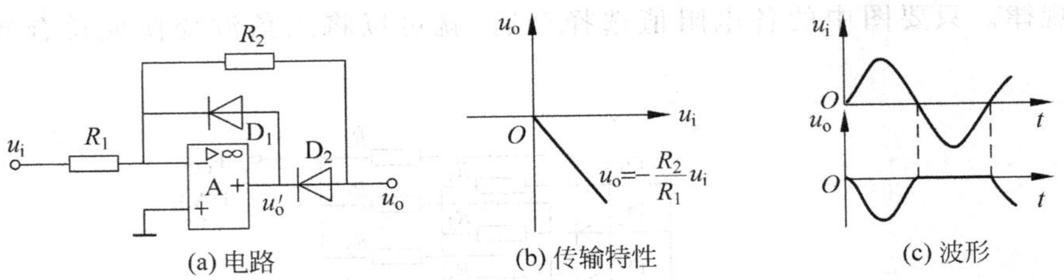

图 6.32 精密半波整流电路

2. 精密全波整流电路

用半波整流电路和加法器便构成了全波整流电路,如图 6.33 所示,其中图 6.33(a)为框图,图 6.33(b)为具体电路。在图 6.33(b)中,A_1 构成半波整流电路,A_2 构成加法器,其工作原理为:

当 $u_i>0$ 时,$u_{o1}=-u_i$,$u_o=-u_i-2u_{o1}=-u_i+2u_i=u_i$

当 $u_i<0$ 时,$u_{o1}=0$,$u_o=-u_i=-(-|u_i|)=|u_i|$

所以 $u_o=|u_i|$,故图 6.33 所示电路也称为绝对值电路。

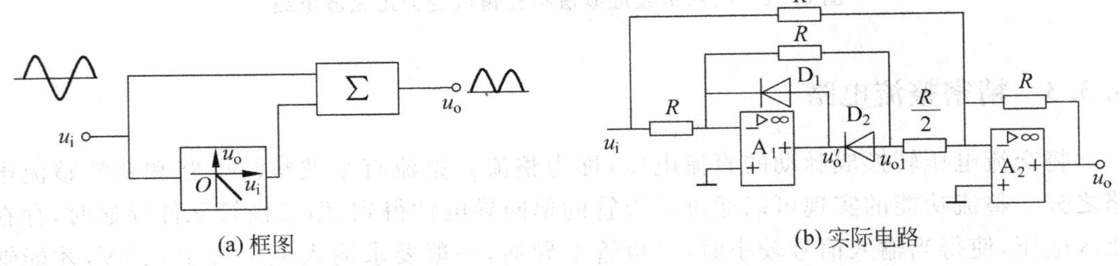

图 6.33 精密全波整流电路

精密全波整流电路的传输特性及输出波形如图 6.34 所示。

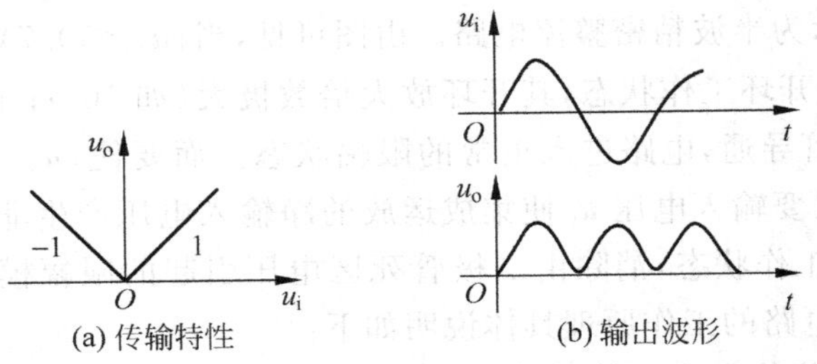

图 6.34 精密全波整流电路的传输特性及输出波形

例 6.3.1 已知方框图如图 6.35 所示,输入信号为正弦波。试定性画出每个方框输出的波形。

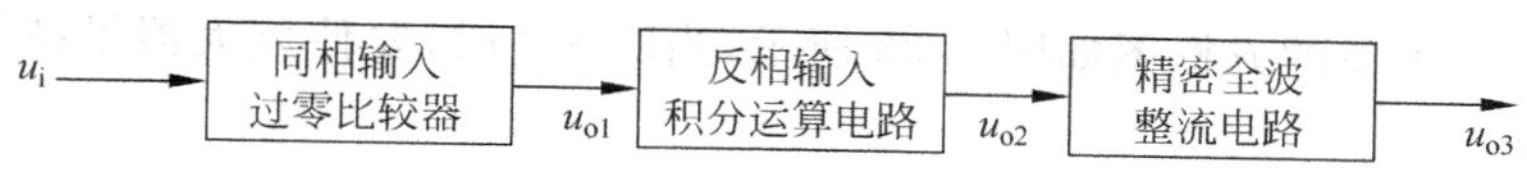

图 6.35 例 6.3.1 方框图

解 正弦波电压经同相输入的过零比较器后变成方波,再经反向输入的积分运算电路变为三角波,最后经精密整流电路变为二倍频的三角波,如图 6.36 所示。

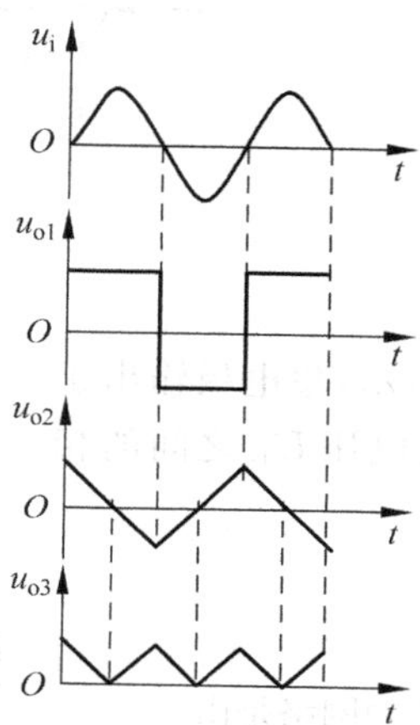

图 6.36 例 6.3.1 波形图

习题

6.1 选择题

(1) 振荡器之所以能获得单一频率的正弦波输出电压,是依靠了振荡器中的(　　)。

A. 选频环节　　B. 正反馈环节　　C. 基本放大电路环节

(2) 一个振荡器要能够产生正弦波振荡,电路的组成必须包含(　　)。

A. 放大电路、负反馈电路

B. 负反馈电路、选频电路

C. 放大电路、正反馈电路、选频电路

(3) 一个正弦波振荡器的开环电压放大倍数为 A_u,反馈系数为 F,该振荡器要能自行建立振荡,其幅值条件必须满足(　　)。

A. $|A_uF|=1$　　B. $|A_uF|<1$　　C. $|A_uF|>1$

(4) 一个正弦波振荡器的反馈系数 $F=\frac{1}{5}\angle 180°$,若该振荡器能够维持稳定振荡,则开环电压放大倍数 A_u 必须等于(　　)。

A. $\frac{1}{5}\angle 360°$　　B. $\frac{1}{5}\angle 0°$　　C. $5\angle -180°$

(5) 振荡电路的幅度特性和反馈特性如图 6.37 所示,通常振荡幅度应稳定在(　　)。

A. O 点　　B. A 点　　C. B 点　　D. C 点

(6) 反馈放大器的方框图如图 6.38 所示,当$\dot{U}_i=0$ 时,要使放大器维持等幅振荡,其幅度条件是(　　)。

A. 反馈电压 U_f 要大于所需的输入电压 U_{be}

B. 反馈电压 U_f 要等于所需的输入电压 U_{be}

C. 反馈电压 U_f 要小于所需的输入电压 U_{be}

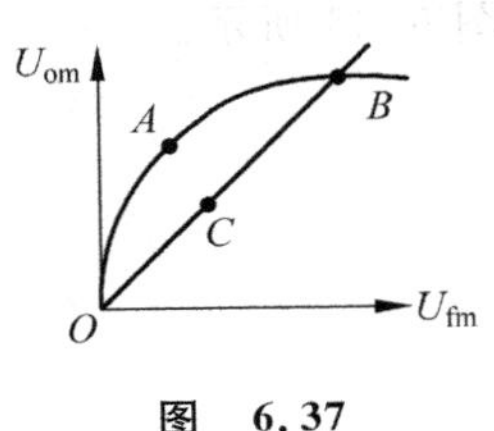

图 6.37

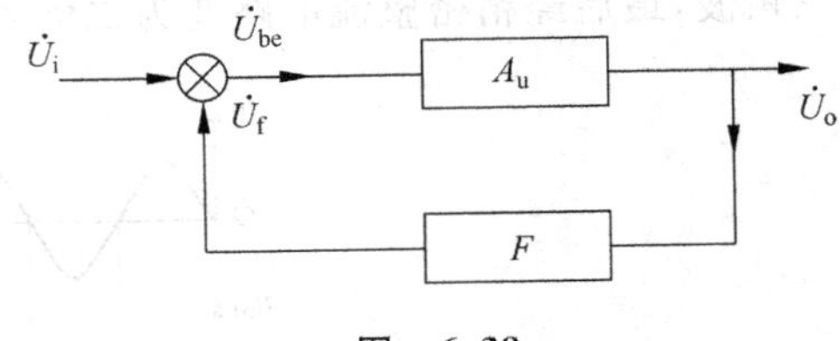

图 6.38

(7) LC 振荡电路如图 6.39 所示,集电极输出正弦 U_{ce}电压与放大电路的正弦输入电压 U_{be}之间的相位差应为(　　)。

A. 0°　　B. 90°

C. 180°

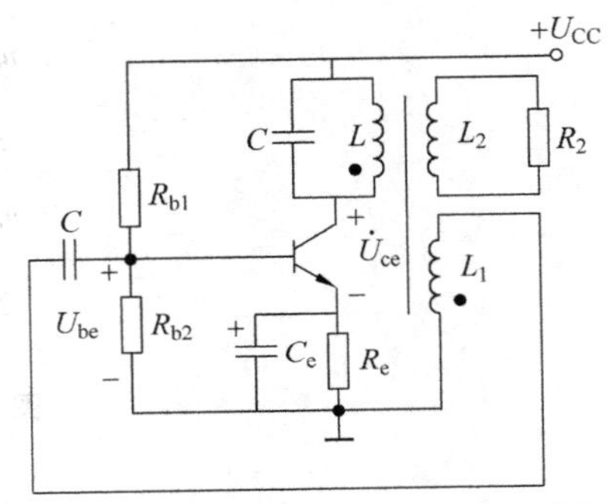

图 6.39

(8) 振荡电路如图 6.40 所示,选频网络是由(　　)。

A. L_1、C_1 组成的电路

B. L、C 组成的电路

C. L_2、R_2 组成的电路

(9) LC 振荡电路如图 6.41 所示,其振荡频率为(　　)。

A. $f_0\approx\dfrac{1}{2\pi\sqrt{LC}}$　　B. $f_0\approx\dfrac{1}{\pi\sqrt{LC}}$　　C. $f_0\approx\dfrac{1}{\sqrt{LC}}$

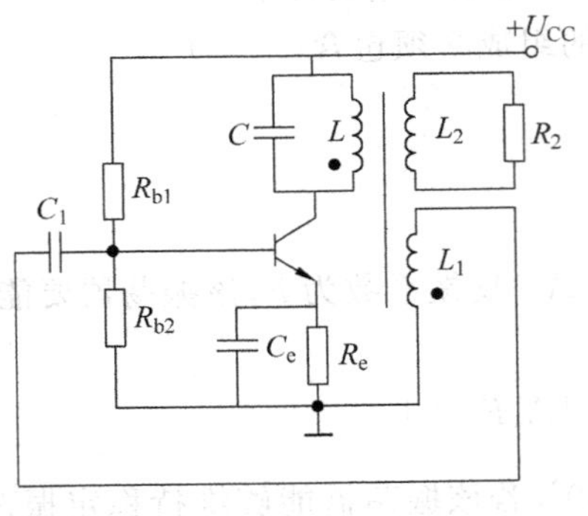

图 6.40

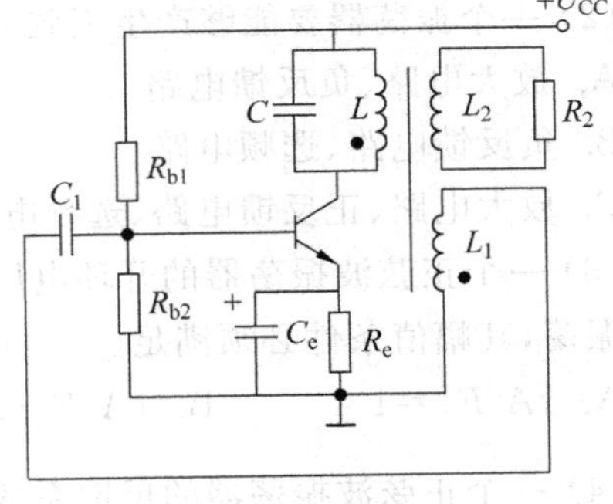

图 6.41

(10) 几种类型的 LC 振荡电路如图 6.42 所示,电感三点式振荡电路是指下列图中(　　)。

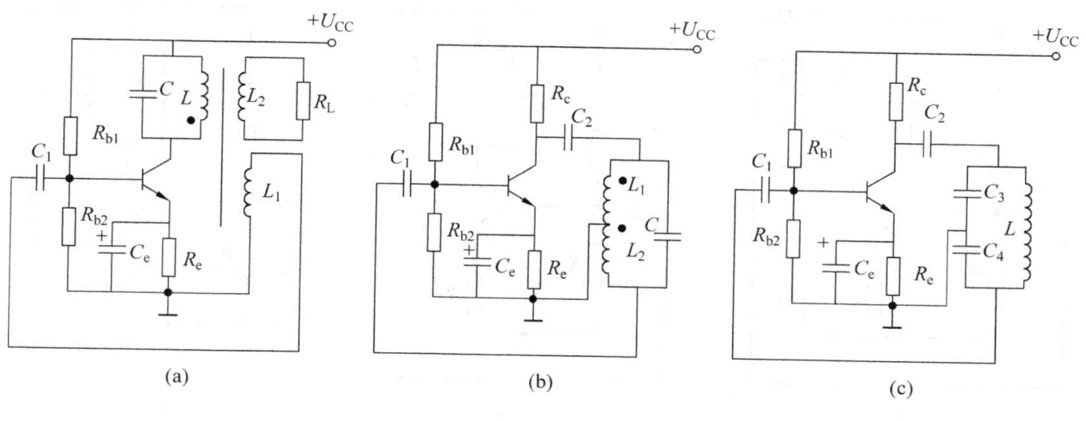

图　6.42

(11) 电感三点式振荡电路如图 6.43 所示,其振荡频率为(　　)。

A. $f_0 \approx \frac{1}{\sqrt{(L_1+L_2+2M)C}}$　　B. $f_0 \approx \frac{1}{\pi\sqrt{(L_1+L_2+2M)C}}$

C. $f_0 \approx \frac{1}{2\pi\sqrt{(L_1+L_2+2M)C}}$

(12) 电容三点式振荡电路如图 6.44 所示,其振荡频率为(　　)。

A. $f_0 \approx \frac{1}{2\pi\sqrt{L\left(\frac{C_1+C_2}{C_1C_2}\right)}}$　　B. $f_0 \approx \frac{1}{2\pi\sqrt{L\left(\frac{C_1C_2}{C_1+C_2}\right)}}$

C. $f_0 \approx \frac{1}{\sqrt{L\left(\frac{C_1C_2}{C_1+C_2}\right)}}$

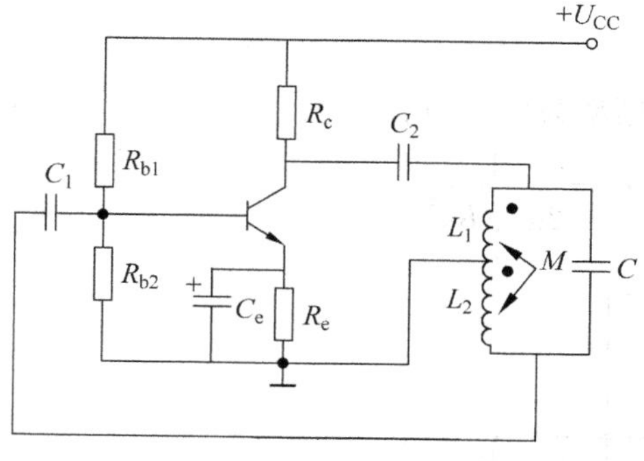

图　6.43

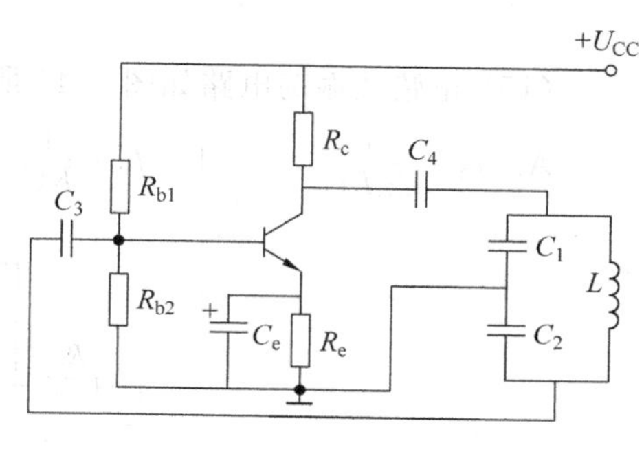

图　6.44

(13) 电路如图 6.45 所示,电容 C_2 远大于 C_1 和 C,其中满足自激振荡相位条件的是图中(　　)。

(14) 电路如图 6.46 所示,电容 C 远大于 C_1 和 C_2 其满足自激振荡相位条件的是图中(　　)。

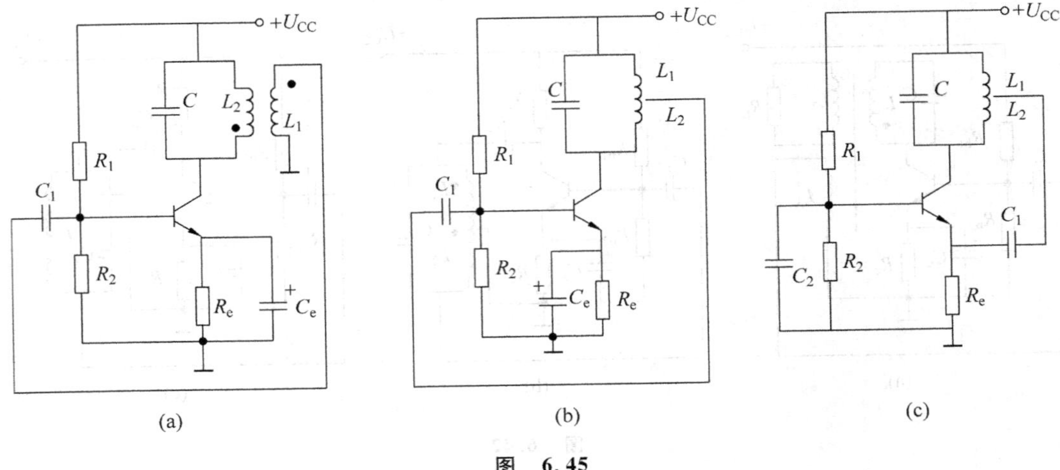

图 6.45

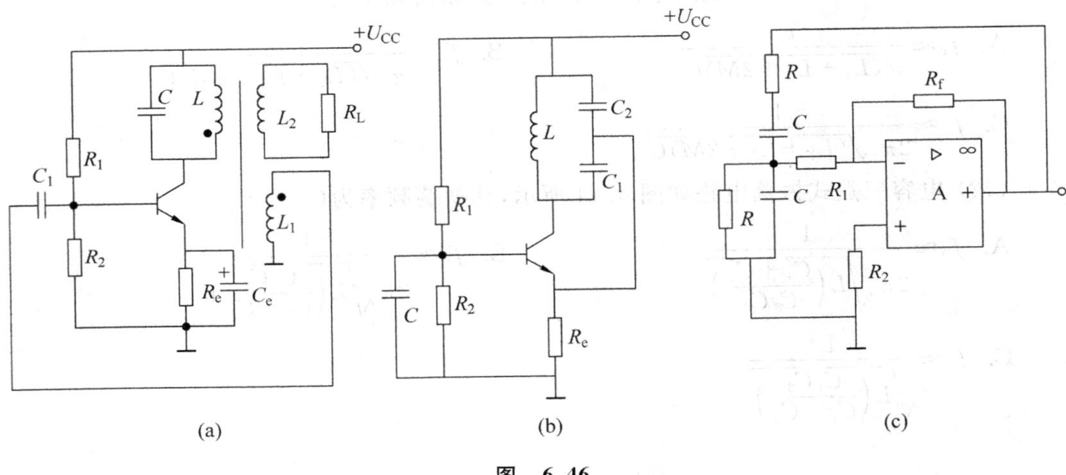

图 6.46

(15) 正弦波振荡电路如图 6.47 所示,其振荡频率为(　　)。

A. $f_0=\dfrac{1}{2\pi RC}$　　B. $f_0=\dfrac{1}{RC}$　　C. $f_0=\dfrac{1}{2\pi\sqrt{RC}}$

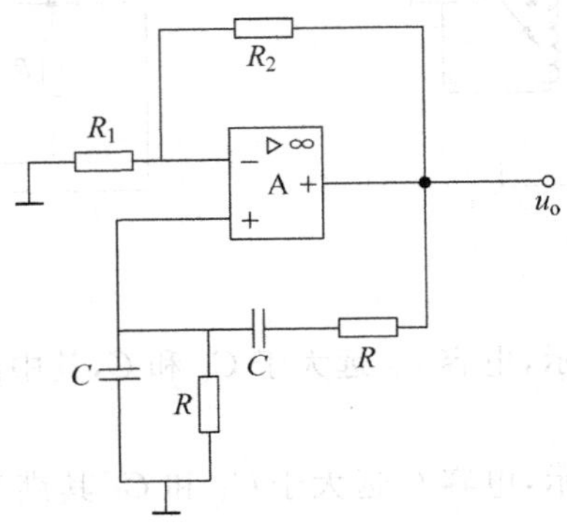

图 6.47

(16) 桥式 RC 正弦波振荡器的振荡频率取决于(　　)。

A. 放大器的开环电压放大倍数的大小

B. 反馈电路中的反馈系数 F 的大小

C. 选频电路中 RC 的大小

(17) 由运算放大器组成的几种电路如图 6.48 所示，其中 RC 振荡电路是图(　　)。

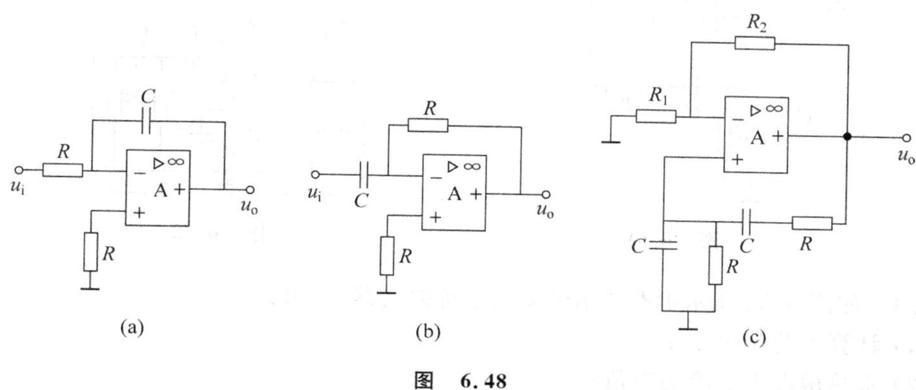

图　6.48

(18) 正弦波振荡电路如图 6.49 所示，正反馈支路的反馈系数 F 的角度 φ_F 应等于(　　)。

A. 90°　　　　B. 180°　　　　C. 0°

(19) 正弦波振荡电路如图 6.50 所示，若该电路能持续稳定的振荡，则同相输入的运算放大器的电压放大倍数应等于(　　)。

A. 2　　　　B. 3　　　　C. 1

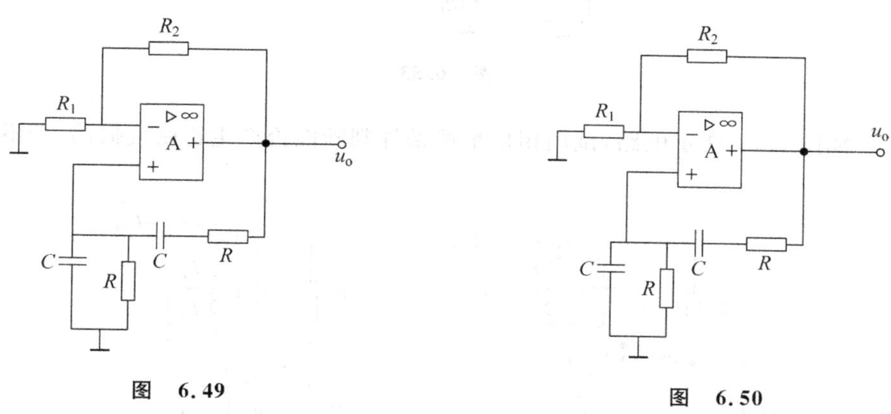

图　6.49　　　　图　6.50

(20) 正弦波振荡器如图 6.51 所示，为了获得频率可调的输出电压，则应该调节的电阻是(　　)。

A. R_1　　　　B. R_f　　　　C. R

6.2　若石英晶片的参数为：$L_q=4\text{H}$，$C_q=9\times10^{-2}\text{pF}$，$C_o=3\text{pF}$，$R_q=100\Omega$，求：

(1) 串联谐振频率 f_s；

(2) 并联谐振频率 f_p。

6.3　试用相位平衡条件说明如图6.52所示电路产生自激振荡的原理(该电路属于RC移相式振荡器)。

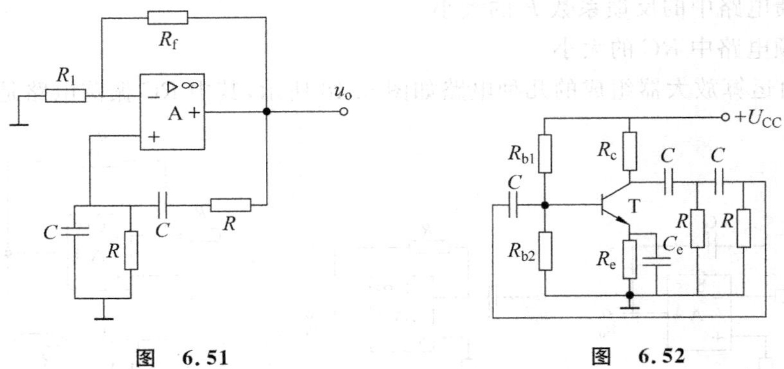

图　6.51　　　　图　6.52

6.4　如图6.53所示电路为RC文氏电桥振荡器,要求:

(1) 计算振荡频率f_0;

(2) 求热敏电阻的冷态阻值;

(3) R_t应具有怎样的温度特性。

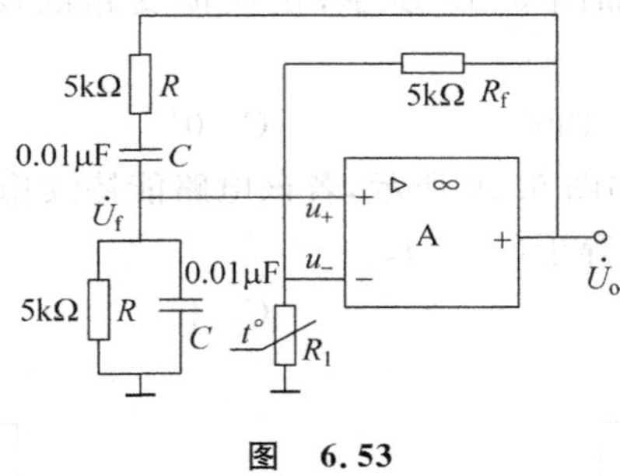

图　6.53

6.5　如图6.54所示电路,试用相位平衡条件判断能否产生正弦波振荡,若不能应如何改。

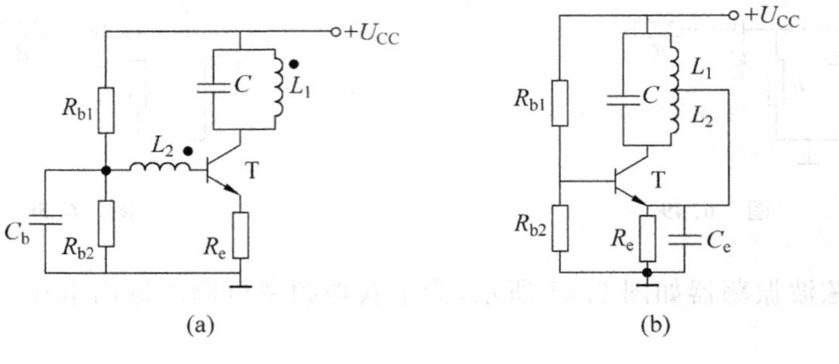

图　6.54

6.6　如图6.55所示电路,试用相位平衡条件判断能否产生正弦波振荡,若不能应如何改。

6.7 电路如图 6.56 所示，试求：(1)R'_W的下限值；(2)振荡频率的调节范围。

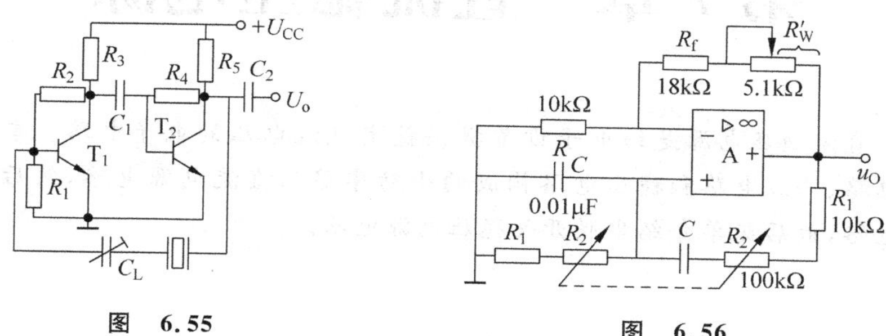

图 6.55　　　　图 6.56

6.8 图 6.57 所示电路中，已知 $R_1=10\text{k}\Omega$，$R_2=20\text{k}\Omega$，$C=0.01\mu\text{F}$，集成运放的最大输出电压幅值为$\pm12\text{V}$，二极管的动态电阻可忽略不计。(1)求出电路的振荡周期；(2)画出u_O和u_C的波形。

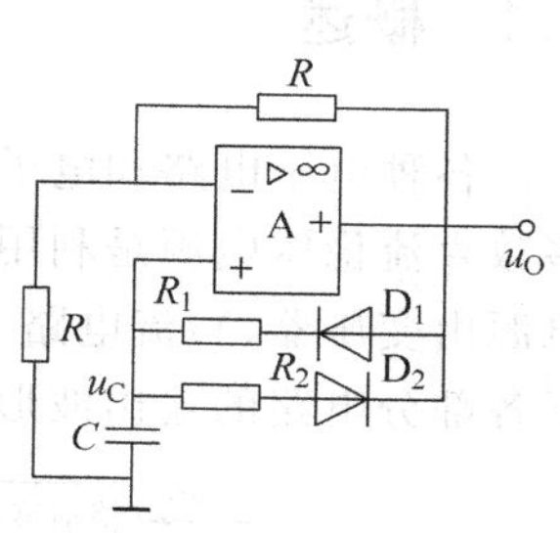

图 6.57

6.9 电路如图 6.58 所示，已知集成运放的最大输出电压幅值为$\pm12\text{V}$，u_I的数值在 u_{O1} 的峰-峰值之间。

(1) 求解 u_{O3} 的占空比与 u_I 的关系式；

(2) 设 $u_I=2.5\text{V}$，画出 u_{O1}、u_{O2} 和 u_{O3} 的波形。

6.10 如图 6.59 所示电路为某同学所接的方波发生电路，试找出图中的 3 个错误，并改正。

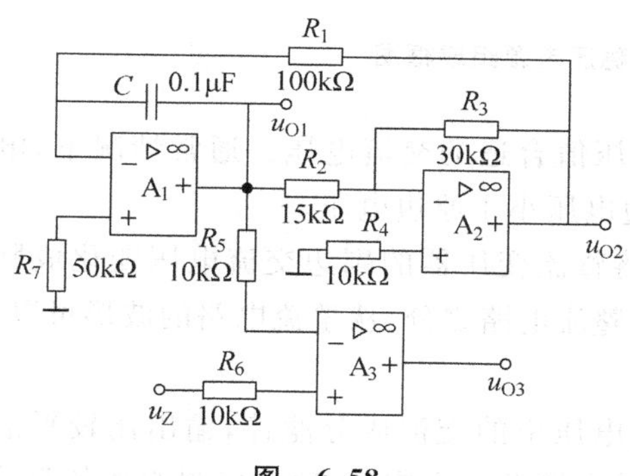

图 6.58

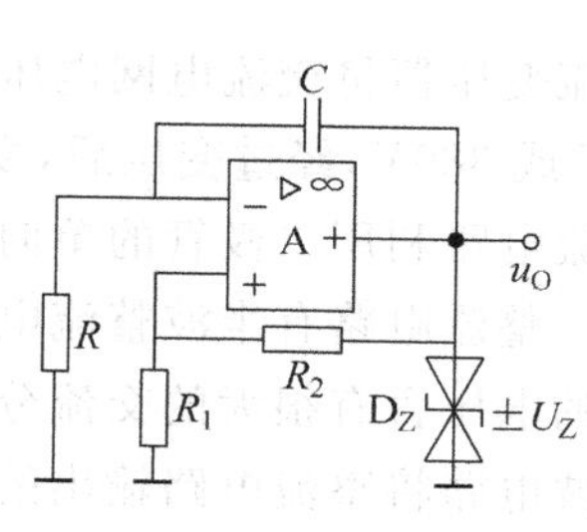

图 6.59

第 7 章　直流稳压电源

引言　直流稳压电源是给电子设备提供稳定直流电压的电子电路。本章首先介绍由整流电路、滤波电路和稳压电路构成的小功率稳压直流电源电路，然后介绍三端集成稳压电路，最后简单介绍串联开关稳压电源电路。

7.1　概述

各种电子电路和电子设备的正常工作都需要直流稳压电源提供稳定的直流电压。大多数直流稳压电源是利用电网供给的交流电源经过转换而得到。常用的小功率直流稳压电源由变压器、整流电路、滤波电路和稳压电路等四部分组成，如图 7.1 所示，图中还给出了各部分电路的输出波形。

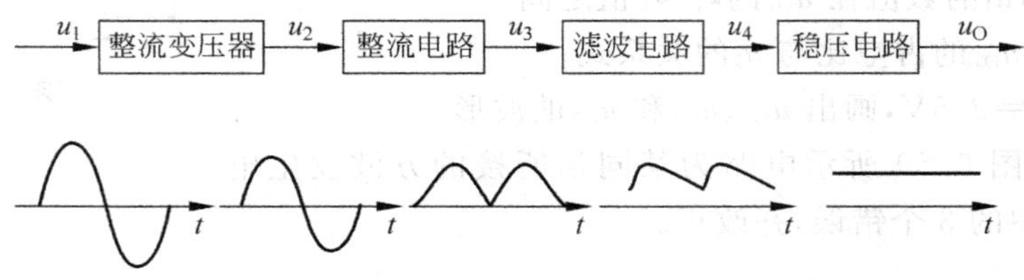

图 7.1　直流稳压电源组成框图

整流变压器将交流电网电压变化为电压值合适的交流电压。通常情况下，电网电压为 220V 或 380V，经过变压后，变压器副边电压小于原边电压。

整流电路利用二极管的单向导电性，将整流变压器的副边交流电压变化成脉动的直流电压。整流电路有半波整流电路和全波整流电路之分，从整流电路的波形可以看出，整流以后的电压含有很大的交流分量。

滤波电路将整流电路输出的脉动直流电压中的交流成分滤掉，输出比较平滑的直流电压。滤波电路有电容滤波电路、电感滤波电路及由电容、电感和电阻组成的复式滤波电路等。滤波以后，电压的交流分量大大减少，可以作为某些电子电路的直流电源。

稳压电路利用自动调整原理，使得输出电压在电网电压波动和负载变化时保持稳定，从而应用于那些对电源稳定性要求较高的电子设备中。

当负载要求功率大、效率高时，常采用开关稳压电源或直流变换型稳压电源，它们的工作原理与上述电路略有不同。

7.2　整流电路

整流电路的作用是将交流电变换成直流电，利用半导体二极管的单向导电性可以组成各种整流电路。单相小功率整流电路有半波、全波、桥式和倍压整流等形式。下面就实际应用中较为常见的单相半波和桥式整流电路作一介绍。

7.2.1 半波整流电路

图 7.2 所示是单相半波整流电路，它由整流变压器、整流二极管 D 组成，负载为电阻 R_L。为简便起见，在下面的分析中均将整流二极管作为理想二极管。

1. 工作原理

变压器将电网电压 u_1 变换为合适的交流电压 u_2。当 u_2 为正半周时，二极管正向导通，电流经二极管流向负载，在负载 R_L 上得到一个极性为上正下负的电压；而当 u_2 为负半周时，二极管 D 反向截止，电流为零，因而 R_L 上的电压为也为零。所以，在负载两端得到的输出电压 u_O 是单相脉动电压，如图 7.2(b)所示。

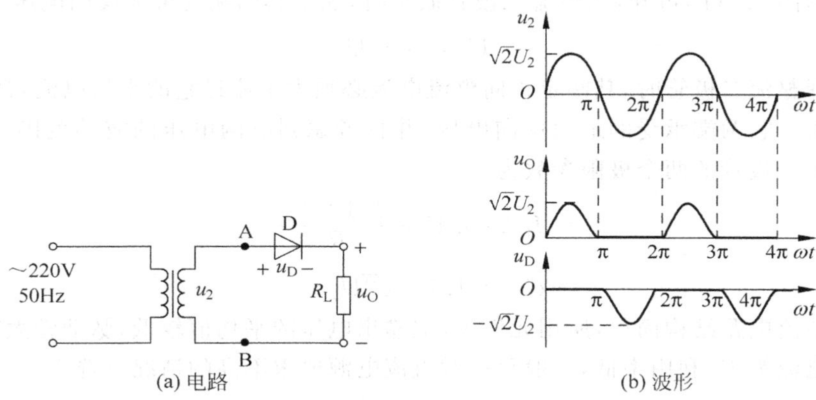

图 7.2 单相半波整流电路

2. 电路的性能指标

设变压器的次级电压 $u_2=\sqrt{2}U_2\sin\omega t$，式中 U_2 为变压器副边有效值，则半波整流输出直流脉动电压 u_O 在一个周期内的平均值 $U_{O(AV)}$ 为

$$U_{O(AV)}=\frac{1}{2\pi}\int_0^{2\pi}u_O\,d(\omega t) \tag{7.1}$$

若整流二极管 D 为理想二极管，正向导通电阻为 0，反向电阻为无穷大，并忽略变压器的内阻，可得

$$u_O=\begin{cases}\sqrt{2}U_2\sin\omega t, & (0\leqslant\omega t\leqslant\pi)\\ 0, & (\pi\leqslant\omega t\leqslant 2\pi)\end{cases}$$

代入式(7.1)可得

$$U_{O(AV)}=\frac{1}{2\pi}\int_0^{\pi}\sqrt{2}U_2\sin\omega t\,d(\omega t)=\frac{\sqrt{2}}{\pi}U_2\approx 0.45U_2 \tag{7.2}$$

流过负载的电流平均值为

$$I_{O(AV)}=\frac{U_{O(AV)}}{R_L}\approx 0.45\times\frac{U_2}{R_L} \tag{7.3}$$

为了反映输出电压中纹波的大小，常引入纹波系数 K_γ 来衡量输出直流电压的平滑

程度,它定义为谐波电压总的有效值 $U_{O\gamma}$ 与平均直流电压 U_O 之比,即

$$K_\gamma = \frac{U_{O\gamma}}{U_O} = \frac{\sqrt{U_2^2 - U_O^2}}{U_O} \tag{7.4}$$

为了得到平滑的直流电压,需用相应的电路去除这些纹波电压。

3. 整流二极管的选择

在整流电路中,应根据极限参数最大整流平均电流 I_F 和最高反向工作电压 U_R 来选择二极管。

在半波整流电路中,流过整流二极管的平均电流与流过负载的平均电流相等,即

$$I_{D(AV)} = I_{O(AV)} \approx \frac{0.45U_2}{R_L} \tag{7.5}$$

从波形图 7.2(b)可知,当整流二极管截止时,加于其两端的最大反向电压为

$$U_{RM} = \sqrt{2}U_2 \tag{7.6}$$

因此在选择整流二极管时,其额定正向整流电流必须大于流过它的平均电流,其反向击穿电压必须大于它两端承受的最大反向电压,并且考虑到电网电压的波动范围为10%,则应选择整流二极管的两个极限参数为

$$I_F > 0.45 \times \frac{1.1 \times U_2}{R_L} \tag{7.7}$$

$$U_R > 1.1 \times \sqrt{2}U_2 \tag{7.8}$$

半波整流电路结构简单,所用元件少,但输出电压的平均值较低,脉动较大,变压器有半个周期电流为零,利用率低,一般只在对直流电源要求不高的情况下选用。

7.2.2 桥式整流电路

在小功率电源中,应用最多的是单相桥式整流电路。该电路可以提高变压器的利用率,减少输出电压的脉动。整流电路如图 7.3(a)所示,图 7.3(b)所示是其简化电路。

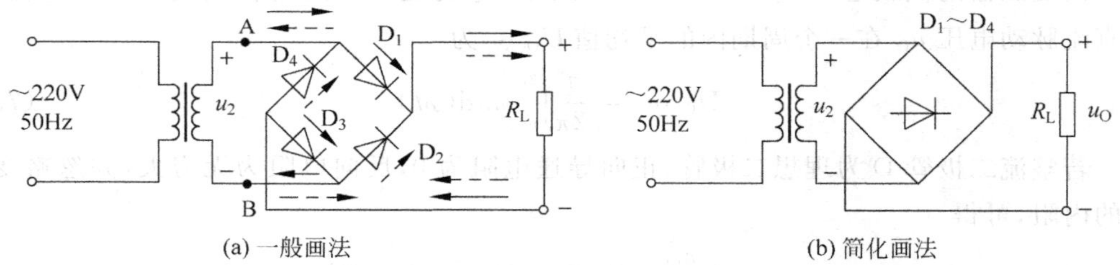

图 7.3 桥式整流电路

1. 工作原理

设图 7.3 中所有的二极管均为理想二极管,即其正向导通电压为0,反向电流为0。

当 u_2 为正半周,即 A 为"+"、B 为"−"时,D_1、D_3 因正偏而导通,D_2、D_4 因反偏而截止。电流经 $D_1 \rightarrow R_L \rightarrow D_3$ 形成回路,R_L 上的输出电压波形与 u_2 的正半周波形相同,电流方向如图中实线所示。

当 u_2 为负半周,即 A 为"−"、B 为"+"时,D_1、D_3 因反偏而截止,D_2、D_4 因正偏而导通,电流经 $D_2 \rightarrow R_L \rightarrow D_4$ 形成回路,R_L 上的输出电压波形是 u_2 的负半周波形的倒相,电流

方向如图中虚线所示。

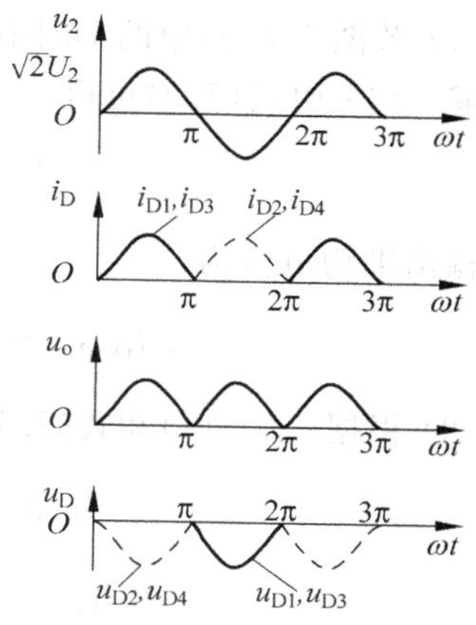

图 7.4 单相桥式整流电路输出波形

所以无论 u_2 为正半周还是负半周，流过 R_L 的电流方向是一致的。在 u_2 的整个周期内，4 只整流二极管两两交替导通，负载上得到的波形为脉动的直流电压，称为全波整流波形。单相桥式整流的变压器副边电压 u_2、二极管电流 i_D、输出电压 u_o、二极管电压 u_D 波形如图 7.4 所示。

2. 电路的性能指标

桥式整流电路输出电压平均值 $U_{O(AV)}$ 为

$$U_{O(AV)} = \frac{2\sqrt{2}}{\pi}U_2 \approx 0.9U_2 \tag{7.9}$$

输出电流平均值为

$$I_{O(AV)} = \frac{U_{O(AV)}}{R_L} \approx 0.9\frac{U_2}{R_L} \tag{7.10}$$

3. 二极管的选择

由于桥式整流电路的每个整流二极管只在半个周期导通，因而流过二极管的平均电流仅为输出平均电流的一半，即

$$I_{D(AV)} = \frac{I_{O(AV)}}{2} = \frac{U_{O(AV)}}{2R_L} \approx 0.45\frac{U_2}{R_L} \tag{7.11}$$

从波形图 7.4 可见，在桥式整流电路中，截止二极管所承受的最大反向电压是变压器副边电压的最大值，即

$$U_{RM} = \sqrt{2}U_2 \tag{7.12}$$

与半波整流电路一样，在选择整流二极管时，其额定正向整流电流必须大于流过它的平均电流，其反向击穿电压必须大于它两端承受的最大反向电压，并且考虑到电网电压的波动范围为 10%，则应选择整流二极管的两个极限参数为

$$I_F > 0.45 \times \frac{1.1 \times U_2}{R_L} \tag{7.13}$$

$$U_R > 1.1 \times \sqrt{2}U_2 \tag{7.14}$$

可以看出，该两式与半波整流电路的极限参数相同，即在桥式整流电路中，二极管极限参数的选定原则与半波整流电路相同。

与半波整流电路相比，桥式整流电路的输出直流电压较高，脉动系数较小，同时电源变压器在正、负半周都得到了充分的利用，所以桥式整流电路在电子设备的电源电路中得到了广泛的应用。目前常用的集成桥式整流电路常称为“整流堆”。

例 7.2.1 已知电网电压为 220V，某电子设备要求 30V 的直流电压，负载电阻为 100Ω。若选用单相桥式整流电路，试问：

（1）整流变压器的副边电压有效值 U_2 为多少？

（2）整流二极管的正向平均电流 $I_{D(AV)}$ 和最大反向电压 U_{RM} 各为多少？

（3）若电网电压的波动范围为 10%，则最大整流平均电流 I_F 和最高反向工作电压 U_R 分别应选为多少？

(4) 若图 7.3(a)中的 D_1 因故开路,则输出电压平均值将变为多少?

解 (1) 由式(7.9)可得

$$U_2 \approx \frac{U_{O(AV)}}{0.9} = \frac{30}{0.9} \approx 33.3V$$

输出平均电流为

$$I_{O(AV)} = \frac{U_{O(AV)}}{R_L} = \frac{30}{100} = 0.3A = 300mA$$

(2) 根据式(7.11)和式(7.12)可得

$$I_{D(AV)} = \frac{I_{O(AV)}}{2} = \frac{300}{2} = 150mA$$

$$U_{RM} = \sqrt{2}U_2 \approx \sqrt{2} \times 33.3 \approx 47.1V$$

(3) 根据式(7.13)和式(7.14),以及上面的求解结果可得

$$I_F = 1.1I_{D(AV)} = 1.1 \times 150 = 165mA$$

$$U_R = 1.1U_{RM} \approx 1.1 \times 47.1 \approx 51.8V$$

(4) 若图 7.3(a)中的 D_1 因故开路,则在 U_2 的正半周,另外的 3 只二极管均截止,即负载上仅得到半周电压,电路成为半波整流电路。因此,输出电压仅为正常时的一半,即 $U_{O(AV)}=15V$。

7.3 滤波电路

整流电路虽然已将交流电压变为直流电压,但输出电压中含有较大的交流分量,一般不能直接作为电子电路的直流电源。利用电容和电感对交流分量具有一定的阻碍作用,可滤除整流电路输出电压中的交流成分,保留其直流成分,使波形变得平滑。常见的滤波电路有电容滤波、电感滤波和复式滤波等。

7.3.1 电容滤波电路

1. 工作原理

在整流电路的输出端,即负载电阻 R_L 两端并联一个电容量较大的电容 C,就构成了电容滤波电路,图 7.5 所示为桥式整流电容滤波电路。当电路已进入稳态工作时,输出电压波形如图 7.5(b)中实线所示,图中的虚线是未加滤波电路时输出电压的波形。

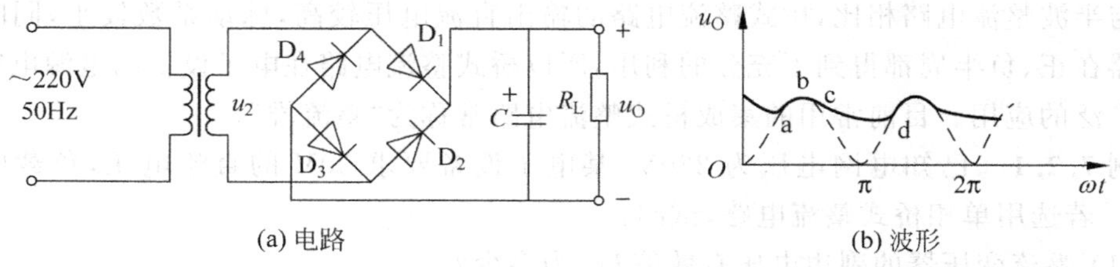

图 7.5 桥式整流电容滤波电路

从图 7.5 可以看出,在一对二极管导通时,一方面供电给负载,另一方面对电容器充电。在忽略二极管正向压降的情况下,充电电压与电源电压一致。而且由电路图 7.5(a)

可知，只有当电容电压小于变压器副边电压时，才有一对二极管导通，给电容充电。

当 u_2 为正半周时，u_2 通过 D_1、D_3 向电容器 C 充电；u_2 为负半周时，u_2 通过 D_2、D_4 向电容器 C 充电，充电时间常数为

$$\tau_C = R_d C \tag{7.15}$$

其中，R_d 包括二极管的正向电阻和变压器次级绕组的直流电阻。由于 R_d 一般很小，C 充电速度很快，当 u_2 达到最大值时，电容器 C 上的充电电压 u_C 也接近$\sqrt{2}U_2$。此后，u_2 开始下降，当 u_2 小于 u_C 时，二极管截止，电容器 C 经负载 R_L 放电，放电时间常数为

$$\tau_d = R_L C \tag{7.16}$$

通常 $R_L \gg R_d$，故电容器 C 的放电速度很慢。当 u_C 下降不多时，u_2 已开始下一个上升周期，u_2 大于 u_C 时，二极管再次正向导通，电容器 C 又很快被充电至接近$\sqrt{2}U_2$；其后，u_2 又开始下降，当 u_2 小于 u_C 时，二极管再次截止，电容器 C 又通过 R_L 放电。如此周而复始，负载上便得到如图 7.5(b)所示的锯齿电压波形，与整流输出的脉动直流相比，经过滤波后的输出电压平滑多了。

2. 电容滤波电路的特点

根据以上分析，可以得出电容滤波电路的特点如下：

(1) 滤波后的输出电压中，直流分量提高了，交流分量降低了。

(2) 电容滤波适用于负载电流较小的场合。

(3) 存在浪涌电流。可在整流二极管两端并接一只 0.01μF 的电容器来防止浪涌电流烧坏整流二极管。

(4) 负载电阻 R_L 和滤波电容 C 值的改变可以影响输出直流电压的大小。R_L 开路时，输出 U_O 约为 $1.4U_2$；C 开路时，输出电压 U_O 约为 $0.9U_2$；通常情况下，电容滤波电路输出电压的取值为

$$U_{O(AV)} \approx 1.2U_2 \tag{7.17}$$

若滤波电容 C 的容量减小，输出电压 U_O 将下降。

3. 滤波电容的选择

从理论上讲，滤波电容越大，放电时间常数越大，放电过程越慢，输出电压越平滑，平均值也越高。但实际上，电容的容量越大，不但电容的体积越大，而且会使整流二极管流过的冲击电流加大。因此，对于全波整流电路，通常滤波电容的容量应满足

$$R_L C \geqslant (3 \sim 5)\frac{T}{2} \tag{7.18}$$

式中，T 为电网交流电压的周期。

考虑到电网电压的波动范围为 10%，所以其耐压值应大于 $1.1\sqrt{2}U_2$，一般选择几十微法至几千微法的电解电容，并且按电容的正、负极性将其接入电路。

例 7.3.1 有一个单相桥式整流、电容滤波电路如图 7.5(a)所示。已知交流电源频率 $f=50$Hz，负载电阻 $R_L=200\Omega$。要求直流输出电压 $U_O=30$V，试选择整流二极管及滤波电容器。

解 (1) 选择整流二极管

流过二极管的电流为

$$I_D = \frac{1}{2}I_O = \frac{1}{2}\times\frac{U_{O(AV)}}{R_L} = \frac{1}{2}\times\frac{30}{200} = 0.075\text{A} = 75\text{mA}$$

根据式(7.17),取 $U_O=1.2U_2$,所以变压器的副边电压有效值为

$$U_2 = \frac{U_{O(AV)}}{1.2} = \frac{30}{1.2} = 25\text{V}$$

二极管所承受的最高反向电压为

$$U_{DRM} = \sqrt{2}U_2 = \sqrt{2}\times 25 = 35\text{V}$$

因此可选用二极管 2CP11,其最大整流电流为 100mA,反向工作峰值电压为 50V。

(2) 选择滤波电容器

根据式(7.18),取 $R_LC=5\times\frac{T}{2}$,所以

$$R_LC = 5\times\frac{1/50}{2} = 0.05\text{s}$$

已知 $R_L=200\Omega$,所以

$$C = \frac{0.05}{R_L} = \frac{0.05}{200} = 250\times 10^{-6}\text{F} = 250\mu\text{F}$$

即选用 $C=250\mu$F,耐压为 50V 的电解电容器。

7.3.2 其他滤波电路

1. 电感滤波电路

在整流电路和负载电阻 R_L 之间串入一个电感器 L,就构成了电感滤波电路。图 7.6 所示为桥式整流电感滤波电路。

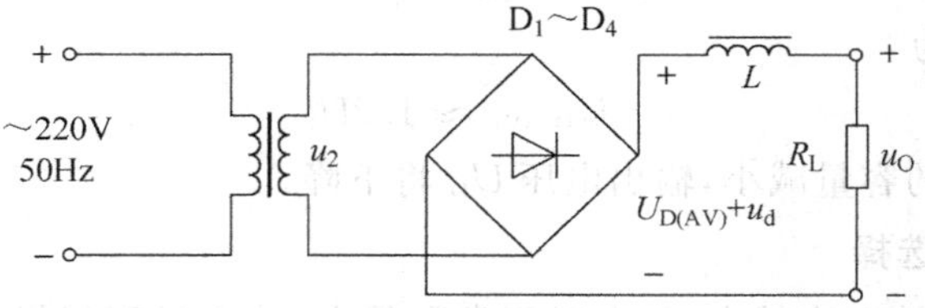

图 7.6 桥式整流电感滤波电路

由于电感对于直流分量的电抗近似为零,这样,整流输出中的直流分量几乎全部降落在负载 R_L 上;而对于交流分量,电感器 L 呈现出很大的感抗 X_L,故交流分量大部分降落在电感 L 上,从而在输出端得到比较平滑的直流电压。

整流电路的输出可以分为直流分量 $U_{D(AV)}$ 和交流分量 u_d 两部分,此时电路输出电压的直流分量为

$$U_{O(AV)} = \frac{R_L}{R+R_L}\times U_{D(AV)} \approx \frac{R_L}{R+R_L}\times 0.9U_2 \tag{7.19}$$

式中,R 为电感器 L 的直流电阻。当忽略 R 时,负载上输出的直流电压约为 $0.9U_2$,输出电压的交流分量为

$$u_o = \frac{R_L}{\sqrt{(\omega L)^2+R_L^2}}\times u_d \approx \frac{R_L}{\omega L}\times u_d \tag{7.20}$$

以上两式表明，在忽略电感线圈电阻的情况下，电感滤波电路的输出电压平均值近似等于整流电路的输出电压，即 $U_{O(AV)}\approx 0.9U_2$。只有在 ωL 远远大于 R_L 时，才能获得较好的滤波效果。而且 R_L 越小，输出电压的交流分量越小，滤波效果越好。可见，电感滤波电路适用于大负载电流的场合。但电感铁芯笨重，体积大，容易引起电磁干扰，故在一般小功率直流电源中使用不多。

2. 复式滤波电路

为了进一步减小负载电压中的纹波，可在上述滤波电路的基础上构成复式滤波电路，如图 7.7 所示。

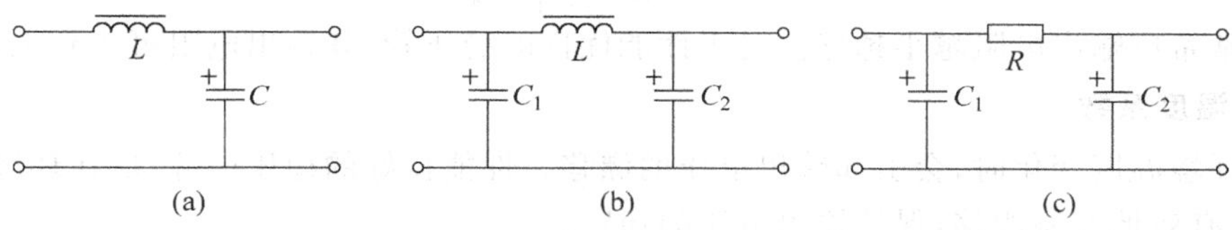

图 7.7　复式滤波电路

图 7.7(a)所示是在电感器后面接一个电容器而构成的倒“L”型或称“Γ”型滤波电路，利用串联电感器和并联电容器的双重滤波作用，可以使输出电压中的交流成分大为减少。

图 7.7(b)所示是电容滤波和 Γ 型滤波组合而成的 LC-Ⅱ滤波电路，有时也称为 π 型滤波器。整流以后的信号首先经 C_1 滤波后，经过 L 和 C_2 构成的“Γ”型滤波电路，因而滤波效果更好。但图 7.7(a)和(b)所示电路中，因电感线圈体积大、成本高，故该滤波电路只在负载电流大、对滤波要求较高的情况下使用。

图 7.7(c)所示是 RC-Ⅱ型滤波电路，它用功率适当的电阻 R 取代了电感器 L。电阻对于交、直流电流都具有同样的降压作用，但是当它和电容配合之后，就使脉动电压的交流分量较多地降落在电阻两端(因为电容 C_2 的交流阻抗甚小)，而较少地降落在负载上，起到滤波作用。R 越大，C_2 越大，滤波效果越好。但因 R 上有直流电压的损失，其外特性较差，该滤波电路主要用于负载电流较小的场合。

7.4　并联型稳压电路

经整流和滤波后的电压往往会随交流电源电压的波动和负载的变化而变化。电压的不稳定有时会产生测量和计算的误差，引起控制装置的工作不稳定，甚至根本无法正常工作。特别是精密电子测量仪器、自动控制、计算装置及晶闸管的触发电路等都要求有很稳定的直流电压供电，所以在滤波电路之后要接入稳压电路。

7.4.1　稳压电路的主要性能指标

稳压电源的性能指标主要分为两类：一类是表示电源规格的特性指标，如输出电压、输出电流及电压调节范围等；另一类是表示稳压性能的质量指标，包括稳压系数、输出电阻、温度系数和纹波电压等。这里主要讨论质量指标。

1. 稳压系数 S_r

稳压系数 S_r 是用来描述稳压电路在输入电压变化时，输出电压稳定性的参数。它是

在负载电阻 R_L 不变的情况下,稳压电路输出电压 U_O 与输入电压 U_I 相对变化量之比,即

$$S_r = \left.\frac{\Delta U_O/U_O}{\Delta U_I/U_I}\right|_{R_L=\text{常量}} = \left.\frac{\Delta U_O}{\Delta U_I}\frac{U_I}{U_O}\right|_{R_L=\text{常量}} \tag{7.21}$$

通常希望稳压系数越小越好。一般稳压电路的稳压系数 S_r 的值约为 $10^{-2}\sim10^{-4}$。

2. **输出电阻**

输出电阻用来反映稳压电路受负载变化的影响,定义为输入电压固定时,输出电压 U_O 的变化量和输出电流 I_O 的变化量之比,即

$$R_O = \left.\frac{\Delta U_O}{\Delta I_O}\right|_{U_I=\text{常量}} \tag{7.22}$$

通常希望输出电阻越小越好。对于性能优良的稳压管,其输出电阻可小到 1Ω 以下。

3. **温度系数**

当环境温度变化时,会引起输出电压的漂移。性能良好的稳压电源,应在环境温度变化时,能有效地抑制漂移,保持输出电压的稳定。

温度系数用来反映温度的变化对输出电压的影响,其定义为电网电压和负载电阻都不变时,温度每升高 1℃输出电压的变化量,即

$$S_T = \left.\frac{\Delta U_O}{\Delta T}\right|_{\substack{\Delta U_I=0\\ \Delta I_O=0}} \tag{7.23}$$

温度系数越小,输出电压越稳定。

4. **纹波电压**

纹波电压是指稳压电路输出端交流分量的有效值。它反映了输出电压的脉动程度,通常为毫伏数量级。一般来说,稳压系数小的稳压电路,输出的纹波电压也小。

7.4.2 并联型稳压电路

1. **基本电路**

并联型稳压电路如图 7.8 所示,即用一个稳压管和一个与之相匹配的限流电阻 R 就可构成最简单的稳压电路。其输入电压 U_I 为桥式整流滤波电路的输出,稳压管的端电压为输出电压 U_O,负载电阻 R_L 与稳压管并联。设稳压管的电流为 I_Z,电压为 U_Z,R 的电流为 I_R,电压为 U_R;R_L 的电流为 I_O,则在结点 A 上有

$$I_R = I_Z + I_O \tag{7.24}$$

且

$$U_I = U_R + U_O \tag{7.25}$$

$$U_O = U_Z \tag{7.26}$$

说明只要稳压管端电压稳定,负载电阻上的电压就稳定。

2. **稳压原理**

引起电压不稳定的原因是交流电源电压的波动和负载电流的变化。下面分析在两种情况下稳压电路的作用。

在图 7.8 所示电路中,设负载电阻 R_L 不变,当电网电压升高使输入电压 U_I 增大时,负载电压 U_O 也要增加,即稳压管的端电压 U_Z 增大。当 U_Z 稍有增加时,稳压管的电流 I_Z 就显著增加,因此电阻 R 上的压降增加,以抵偿 U_I 的增加,从而使输出电压 U_O 保持近

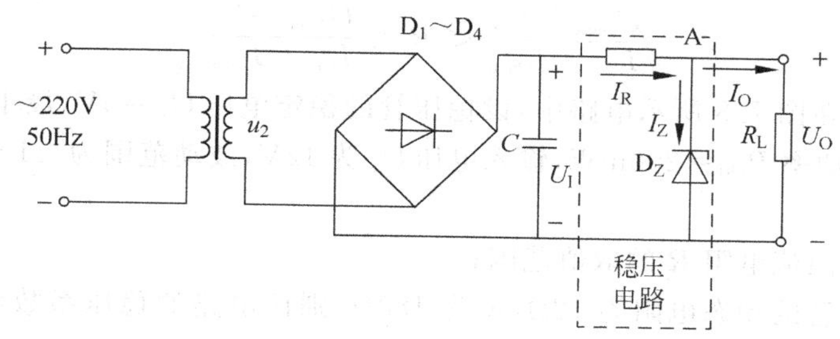

图 7.8 并联型直流稳压电路

似不变。相反，如果交流电源电压减低而使 U_I 减低时，输出电压 U_O 也要降低，因而稳压管的电流 I_Z 显著减小，电阻 R 上的压降也减小，仍然能够保持输出电压 U_O 近似不变。

同理，当电源电压保持不变而是负载电流变化引起负载电压 U_O 改变时，上述稳压电路仍能起到稳压作用。当负载电流增大时，电阻 R 上的压降增大，输出电压 U_O 因而下降。只要 U_O 下降一点，稳压管电流 I_Z 就显著减小，通过电阻 R 的电流和电阻上的压降保持近似不变，因此输出电压 U_O 也就近似稳定不变。当负载电流减小时，稳压过程相反。

3. 限流电阻的选择

由以上分析可知，在图 7.8 所示的稳压管稳压电路中，限流电阻 R 在稳压过程中起着重要作用。而且，其阻值太大，稳压管会因电流过小而不工作在稳压状态；阻值太小，稳压管会因电流过大而损坏。即只有合理地选择限流电阻的阻值范围，稳压管稳压电路才能正常工作。根据图 7.8 和式(7.24)可知，稳压管的电流为

$$I_Z = I_R - I_O = \frac{U_I - U_O}{R} - I_O \tag{7.27}$$

当输入电压 U_I 最高且负载电流 I_O 最小时，稳压管的电流 I_Z 最大，此时若 I_Z 小于稳压管的最大稳定电流 I_{ZM}，则稳压管在 U_I 和 I_O 变化的其他情况下都不会损坏。因此，R 的取值应满足

$$I_{Zmax} = \frac{U_{Imax} - U_Z}{R} - I_{Omin} < I_{ZM}$$

整理可得

$$R > \frac{U_{Imax} - U_Z}{I_{ZM} + I_{Omin}} \tag{7.28}$$

另一方面，当输入电压 U_I 最低且负载电流 I_O 最大的时候，稳压管的电流 I_Z 最小，此时若 I_Z 大于稳压管的最小稳定电流 I_{Zm}，则稳压管在 U_I 和 I_O 变化的其他情况下都始终工作在稳压状态。因此，R 的取值应满足

$$I_{Zmin} = \frac{U_{Imin} - U_Z}{R} - I_{Omax} > I_{Zm}$$

整理可得

$$R < \frac{U_{Imin} - U_Z}{I_{Zm} + I_{Omax}} \tag{7.29}$$

综上所述，电阻 R 的取值范围是

$$\frac{U_{\text{Imax}}-U_{\text{Z}}}{I_{\text{ZM}}+I_{\text{Omin}}}<R<\frac{U_{\text{Imin}}-U_{\text{Z}}}{I_{\text{Zm}}+I_{\text{Omax}}} \tag{7.30}$$

例 7.4.1 在图 7.8 所示电路中,设稳压管的稳定电压 $U_Z=5V$,最小稳定电流 $I_{Zm}=5mA$,最大耗散功率 $P_{ZM}=200mW$,输入电压 U_I 为 12V,波动范围为$\pm10\%$,负载电阻 R_L 为 200～500Ω。

(1) 试选择限流电阻 R 的取值范围;

(2) 若稳压管的动态电阻为 12Ω,R 为 180Ω,则该电路的稳压系数和输出电阻各为多少?

解 (1) 由给定条件可知稳压管的最大稳定电流 I_{ZM}、输入电压的最大值 U_{Imax} 和最小值 U_{Imin}、负载电流的最大值 I_{Omax} 和最小值 I_{Omin} 如下:

$$I_{ZM}=\frac{P_{ZM}}{U_Z}=\frac{0.2}{5}=0.04A=40mA$$

$$U_{\text{Imax}}=(1+10\%)\times12=13.2V$$

$$U_{\text{Imin}}=(1-10\%)\times12=10.8V$$

$$I_{\text{Omin}}=\frac{U_Z}{R_{\text{Lmax}}}=\frac{5}{500}=0.010A=10mA$$

$$I_{\text{Omax}}=\frac{U_Z}{R_{\text{Lmin}}}=\frac{5}{200}=0.025A=25mA$$

将上述参数代入式(7.30)可得

$$\frac{13.2-5}{0.04+0.01}<R<\frac{10.8-5}{0.005+0.025}$$

即 R 的取值范围为 $164\Omega<R<193\Omega$。

若取 R 为 180Ω,则电阻 R 上消耗的功率 P_R 为

$$P_R=\frac{(U_{\text{Imax}}-U_Z)^2}{R}=\frac{(13.2-5)^2}{180}\approx0.374W$$

这样,限流电阻 R 可选取 180Ω、0.5W 的碳膜电阻。

(2) 根据稳压管工作在稳压状态时的特性,对于动态电压,可等效成电阻 r_Z,因而图 7.8 所示稳压管稳压电路对于输入电压的变化量 ΔU_I 的等效电路如图 7.9 所示,称为并联稳压电路的交流等效电路。由图 7.9 可知

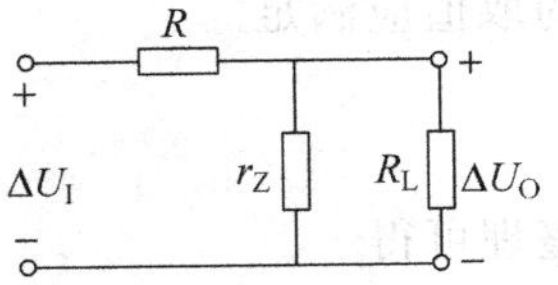

图 7.9 并联稳压电路的交流等效电路

$$\frac{\Delta U_O}{\Delta U_I}=\frac{r_Z\ /\!/\ R_L}{R+r_Z\ /\!/\ R_L}$$

因为 $r_Z\ll R_L$ 且 $r_Z\ll R$,因而上式可简化为

$$\frac{\Delta U_O}{\Delta U_I}\approx\frac{r_Z}{R}$$

所以

$$S_r\approx\frac{r_Z}{R}\frac{U_I}{U_O}=\frac{12}{180}\times\frac{12}{5}=0.16=16\%$$

输出电阻为

$$R_O=\frac{\Delta U_O}{\Delta I_O}=r_Z\ /\!/\ R\approx r_Z=12\Omega$$

并联型稳压电路结构简单，但受稳压管最大电流限制，又不能任意调节输出电压，所以只适用于输出电压不需调节，负载电流小，要求不甚高的场合。

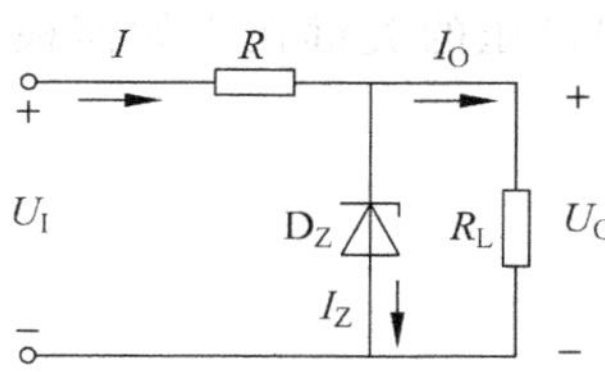

图 7.10　例 7.4.2 电路图

例 7.4.2　并联型硅稳压管稳压电路如图 7.10 所示。已知硅稳压管 D_Z 的稳定电压 $U_Z=10V$，动态电阻和反向饱和电流均可以忽略，限流电阻 $R=1k\Omega$，未经稳压的直流输入电压 $U_I=24V$。

（1）试求 U_O、I_O、I 及 I_Z；

（2）若负载电阻 R_L 的阻值减小为 $R=0.5k\Omega$，再求 U_O、I_O、I 及 I_Z。

解　计算硅稳压管稳压电路时，必须先判断硅稳压管的工作状态，是正向导通、反向击穿还是反向截止。

（1）$U_I\dfrac{R_L}{R+R_L}=24\times\dfrac{1}{1+1}V=12V>U_Z$。

故稳压管在电路中工作于反向击穿状态，电路能够稳定输出电压，则

$$U_O=U_Z=10V$$

$$I_O=\frac{U_O}{R_L}=\frac{10}{1}mA=10mA$$

$$I=\frac{U_I-U_O}{R}=\frac{24-10}{1}mA=14mA$$

$$I_Z=I-I_O=14mA-10mA=4mA$$

（2）$U_I\dfrac{R_L}{R+R_L}=24\times\dfrac{0.5}{1+0.5}V=8V<U_Z$。

故稳压管在电路中未被反向击穿，相当于开路。相应地，可求得 $I=I_O=16mA$，$I_Z=0$，$U_O=8V$。

7.5　串联型稳压电路

并联型稳压电路不适用负载电流较大且输出电压可调的场合，但是在它的基础上利用三极管的电流放大作用，就可获得较强的带负载能力；引入电压负反馈，就可使输出电压稳定；采用放大倍数可调的放大环节，就可使输出电压可调。本节将介绍根据上述原理构成的串联型稳压电路。

7.5.1　串联型稳压电路的基本原理

所谓串联型稳压电路，是指电压调整元件与负载串联，如图 7.11 中的可变电阻 R 起电压调节作用，其原理是：

若负载电阻 R_L 不变，当输入电压 U_I 增加时，可相应增加 R 的阻值，使 U_I 的增量全部降落在电阻 R 上，从而保持输出电压 U_O 不变。

若 U_I 不变，当 R_L 增大即负载电流 I_O 减小时，也可相应增加 R 的阻值，使 R 上的电压不变，从而保持输出电压 U_O 不变。

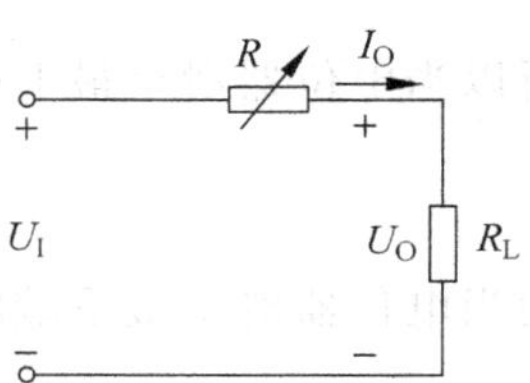

图 7.11　串联型稳压电路示意图

在实际的稳压电路中,上述可调电阻 R 的电压调节作用是利用工作在放大区的三极管,其集电极与发射极之间的电压 U_{CE} 可以随基极电流的大小而变化来实现的。当基极电流 I_B 增大时,U_{CE} 减小;而 I_B 减小时,U_{CE} 将增大,因此实现稳压的关键在于如何根据输出电压 U_O 的变化去控制管子的基极电流。

7.5.2 典型的串联反馈型稳压电路

1. 电路的构成

图 7.12 所示为典型的串联反馈型稳压电路,它由取样电阻、基准电压源、比较放大器和调整管 4 个环节组成。电阻 R_1、R_W 和 R_2 组成取样电路,将输出电压变化量的一部分取出来作为反馈控制信号,取样电压为

$$U_f = \frac{R_{W2} + R_2}{R_1 + R_W + R_2} \cdot U_O \qquad (7.31)$$

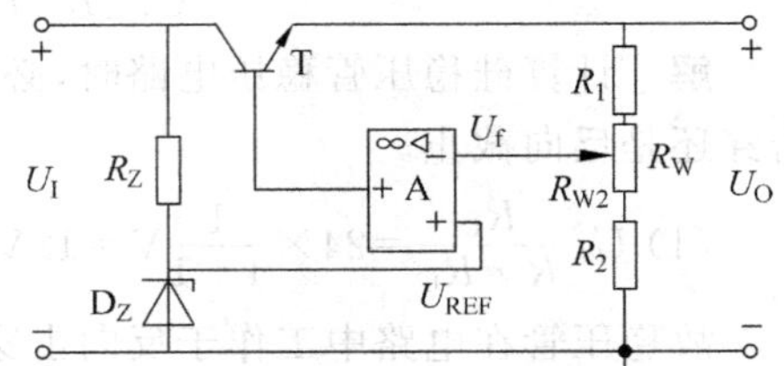

图 7.12 串联反馈型稳压电路

稳压管 D_Z 和限流电阻 R_Z 构成基准电压源,作为与取样信号进行对比的标准;运算放大器 A 将取样电压 U_f 与基准电压 U_{REF} 进行比较,并将比较后两者的误差信号加以放大;调整管 T 根据比较放大器送来的控制信号自动调节其集电极与发射极之间的电压 U_{CE},达到稳定输出电压的目的。

2. 稳压原理

根据图 7.12 所示电路,输出电压与输入电压的关系为

$$U_O = U_I - U_{CE}$$

当输入电压 U_I 增大(或负载电流 I_O 减小)时,输出电压 U_O 将增加,取样电压 U_f 随之增大,而基准电压 U_{REF} 不变,两者经比较放大后的误差电压使 U_B 和 I_B 减小。调整管 T 的极间电压 U_{CE} 增大,使 U_O 减小,从而维持输出电压 U_O 基本不变。当输入电压 U_I 减小(或负载电流 I_O 增大)时,同样的分析可知输出电压亦将基本保持不变。

从反馈的角度看,我们已经知道电压负反馈具有减小输出电阻、稳定输出电压的作用,上述稳压过程实质上就是通过引入很强的电压负反馈来使输出电压维持稳定的。

3. 输出电压的调节

调节电位器 R_W,可以改变取样电路的分压比,以调节输出电压的大小。由图 7.12 可知,输出电压 U_O 与基准电压 U_{REF} 之间有如下的关系:

$$U_O = \frac{R_1 + R_W + R_2}{R_{W2} + R_2} U_{REF} \qquad (7.32)$$

所以当电位器滑至最上端时,有

$$U_{Omin} = \frac{R_1 + R_W + R_2}{R_W + R_2} U_{REF} \qquad (7.33)$$

而当电位器滑至最下端时,有

$$U_{Omax} = \frac{R_1 + R_W + R_2}{R_2} U_{REF} \qquad (7.34)$$

即选择合适的取样电阻和稳压管,可得到所需输出电压的调节范围。由于串联型稳压电

路能够输出大电流和输出电压连续可调的特点，使其得到更广泛的应用。

7.6　集成线性稳压电路

随着半导体集成技术的发展，集成稳压器应运而生。目前，集成稳压器已达百余种，并且成为模拟集成电路的一个重要分支。因其具有输出电流大，输出电压高，体积小，安装调试方便，可靠性高等优点，在电子电路中应用十分广泛。集成稳压器有三端及多端两种外部结构形式，输出电压有可调和固定两种形式。固定式集成稳压器的输出电压为标准值，使用时不能再调节；可调式集成稳压器可通过外接元件，在较大范围内调节输出电压。此外，还有输出正电压和输出负电压的集成稳压器。稳压电源以小功率三端集成稳压器应用最为普遍。常用的型号有 W78××系列、W79××系列、W317 系列、W337 系列等。

7.6.1　固定输出的三端集成稳压器

1. 种类、外形和符号

固定输出的三端集成稳压器的三端是指输入端、输出端及公共端 3 个引出端，其外形及符号如图 7.13 所示。固定输出的三端集成稳压器 W78××系列和 W79××系列各有 7 个品种，输出电压分别为±5V、±6V、±9V、±12V、±15V、±18V 和±24V，W78××系列输出正电压，W79××系列输出负电压，最大输出电流可达 1.5A，公共端的静态电流为 8mA，型号后两位数字为输出电压值。在根据稳定电压值选择稳压器的型号时，要求经整流滤波后的电压高于三端集成稳压器的输出电压 2～3V(输出负电压时要低 2～3V)，但不宜过大。

2. 基本应用电路

固定输出的三端集成稳压器的基本应用电路如图 7.14 所示。图中，C_1 用以抑制过电压，抵消因输入线过长产生的电感效应并消除自激振荡；C_2 用以改善负载的瞬态响应，即瞬时增、减负载电流时不致引起输出电压有较大的波动。C_1、C_2 一般选涤纶电容，容量为 0.1μF 至几 μF。安装时，两个电容应直接与三端集成稳压器的引脚根部相连。

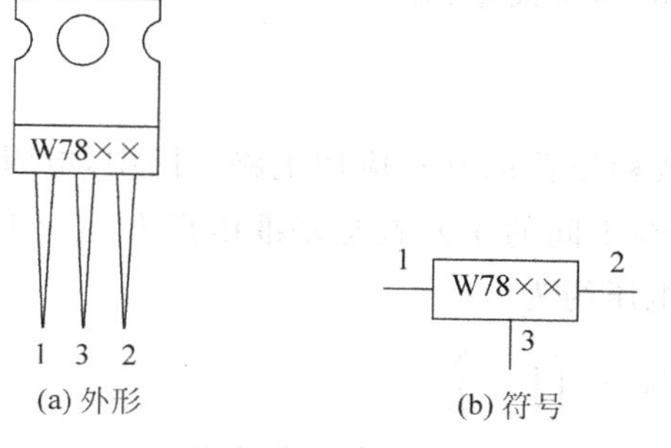

图 7.13　固定输出三端集成稳压器的外形及符号

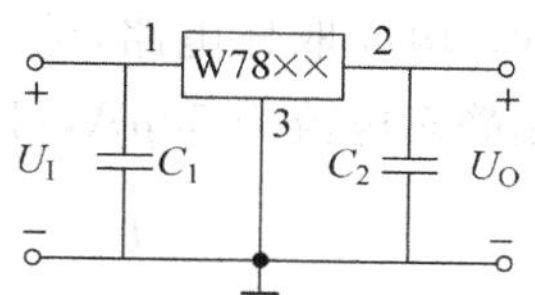

图 7.14　固定输出三端集成稳压器基本应用电路

3. 正、负电压同时输出的电路

前面各电路输出的都是正电压。如果要输出负电压,可选用 W79××系列组件,接法与 W78××系列相似。如果要输出正、负电压,例如 $U_{O1}=15V$,$U_{O2}=-15V$,可选 W7815 及 W7915,接法如图 7.15 所示。

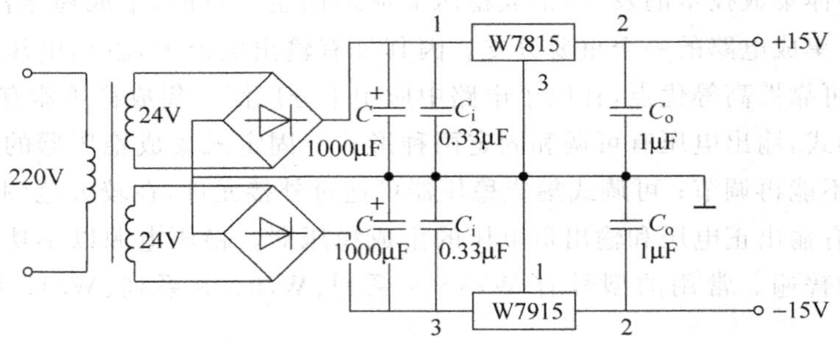

图 7.15 正、负电压同时输出的电路

7.6.2 可调输出的三端集成稳压器

1. 外形和符号

可调输出的三端集成稳压器 W317(正输出)、W337(负输出)是近几年较新的产品,其最大输入、输出电压差极限为 40V,输出电压 1.25~37V(或-1.25~-37V),连续可调,输出电流 0.5~1.5A,最小负载电流为 5mA,输出端与调整端之间的基准电压为 1.25V,调整端静态电流为 50μA。其外形及符号如图 7.16 所示。

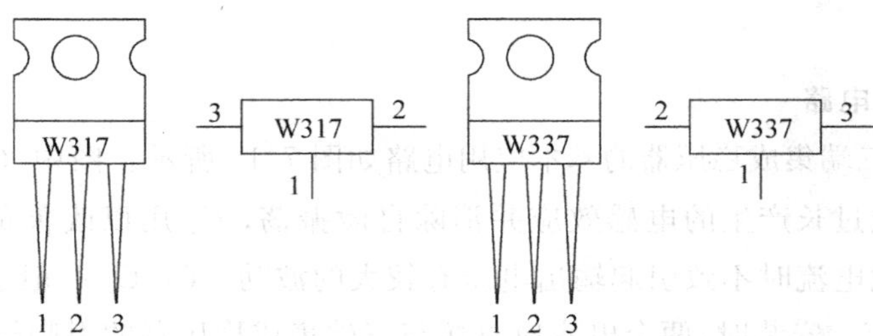

图 7.16 可调输出三端集成稳压器

2. 基本应用电路

图 7.17 所示是 W317 可调输出三端集成稳压器的基本应用电路。图中,电阻 R_1 与电位器 R_W 构成取样电路,输出端 2 与调整端 1 间的压差就是基准电压 $U_{REF}=1.25V$。因调整端静态电流为 50μA,可忽略,故输出电压约为

$$U_O \approx U_{REF} + \frac{U_{REF}}{R_1}R_W = \left(1+\frac{R_W}{R_1}\right)U_{REF} \tag{7.35}$$

图中,D_1 是为了防止输入短路、C_1 放电而损坏三端集成稳压器内部调整管发射结而接入的。如果输入不会短路、输出电压低于 7V,D_1 可不接。D_2 是为了防止输出短路时,C_2 放电损坏三端集成稳压器中的放大管发射结而接入的。如果 R_W 上的电压低于 7V,

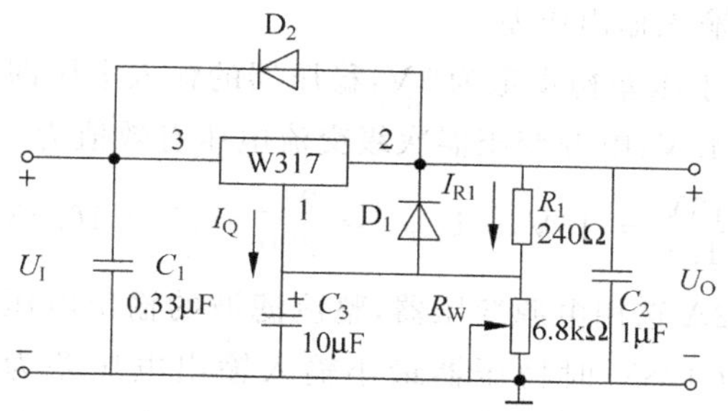

图 7.17 W317 基本应用电路

或 C_2 容量小于 1μF，D_2 也可省略不接。W317 是依靠外接电阻给定输出电压的，要求 R_W 的接地点应与负载电流返回点的接地点相同。同时，R_1、R_W 应选择同种材料做的电阻，精度尽量高一些。输出端电容 C_2 应采用钽电容或采用 33μF 的电解电容。

图 7.18 所示是 W337 可调负电压输出三端集成稳压器的应用电路。

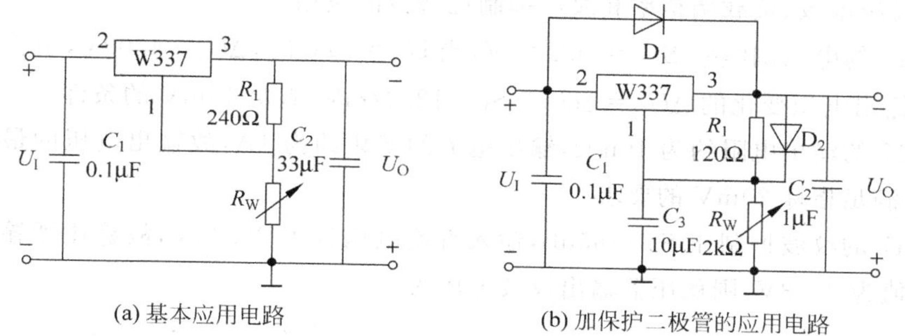

图 7.18 W337 可调负电压输出三端集成稳压器应用电路

7.7 线性稳压电源设计与应用

7.7.1 线性稳压电源的设计

设计线性稳压电源一般分为以下 3 个步骤：①根据稳压电源的技术要求正确地选择电源变压器、整流滤波电路和集成稳压器；②进行参数验算；③连接电路并进行指标测试。

例 7.7.1 设计一个线性稳压电源，输出电压 1.5～15V 范围内连续可调；输出电流最大值为 1A；当输出电流从 30mA 变到 1A 时，输出电压的变化小于 20mV；输入交流电压的变化是 220V±10%时，输出电压变化小于 15mV，输出纹波电压有效值不大于 0.5mV。

第一步：根据输出电路 1A，输出电压 1.5～15V 连续可调，稳压集成电路初步选用 LM117，整流滤波电路选用桥式整流电容滤波。

第二步：指标验算。

(1) 选择稳压器的输入输出压差。

稳压器输入输出最小压差初步定为3V,稳压器的输入电压即为18V。由于电网电压波动是10%,即198～242V,电源变压器次级交流电压有效值为

$$\frac{18\text{V}}{1.2}=15\text{V},\quad U_{2\max}=\frac{242}{220}\times 15=16.5\text{V}$$

按次级电压17V,电流2A选用电源变压器,整流滤波的输出电压的变化范围是18.36～22.44V,当电网电压为198V时稳压器最小输入输出电压差为3.6V。当电网电压为242V且稳压器输出电压为1.5V时,稳压器输入输出最大压差达到20.94V,上述压差的变化范围在LM117参数要求的范围内。

(2) 整流二极管选用1N4003,最大整流电流为3A。滤波电容估算如下

$$R_\text{L}\leqslant\frac{22\text{V}}{1\text{A}}=22\Omega,\quad C\geqslant(3\sim 5)\frac{T}{2R_\text{L}}=1363\sim 2272\mu\text{F}$$

滤波电容选用标称值3300μF/25V的电解电容器。

(3) 稳压系数、负载调整率和纹波抑制比参数的应用。

LM117的电压调整率$S_\text{V}=0.02\%/\text{V}$,当$U_\text{O}=15\text{V}$时,$\Delta U_\text{I}=4.09\text{V}$,由输入电压变化引起的输出电压变化的$\Delta U_\text{O}=\Delta U_\text{I}U_\text{O}S_\text{V}=12.27\text{mV}$,满足15mV的条件。

LM117的输出电阻约为10mΩ,输出电流的变化约为1A,故输出电压的最大变化量为10mV,满足指标20mV的要求。

LM117的纹波抑制比$S_\text{rip}=65\text{dB}$,输入直流电压约为22.44V,故稳压器输入纹波电压峰—峰值为3.03V,则稳压器输出纹波电压为

$$u_\text{rop-p}=u_\text{rip-p}\div 10^{\frac{S_\text{rip}}{20}}\approx 1.7\text{mV},\quad U_\text{ro}=\frac{u_\text{rop-p}}{2\sqrt{3}}=0.49\text{mV}$$

满足指标中有效值小于0.5mV的要求。

(4) 散热器和分压电阻的计算。

已知稳压器最大输入输出压差为20.94V,最大输出电流为1A,则稳压器实际耗散的最大功率为20.94W,如果采用TO-3封装的LM117,从结到外壳的热阻为2.3℃/W。稳压器到散热器不绝缘,并充以硅脂作为导热介质,其热阻为0.1℃/W,环境温度为25℃,工作结温取125℃为上限,则总热阻为

$$R_\text{T}=\frac{T_\text{j}-T_\text{a}}{P_\text{C}}\approx 4.78℃/\text{W}$$

扣除从结到散热器的热阻,留给散热器的热阻为2.38℃/W。散热器选用铝型材XC766系列,外形如图7.19(a)所示,铝型材散热器的热阻取决于它的包络体积$V=HLB$。然后根据图7.19(b)可以查出所需散热器包络体积V大约为200cm^3。

电路采用典型接法,如图7.20所示。R_1取240Ω,$R_{2\max}=2.64\text{k}\Omega$,选用2.7kΩ电位器。保护二极$\text{D}_1$、$\text{D}_2$管选用1N4001,$C_1$用0.1$\mu$F,$C_2$用10$\mu$F,$C_3$用100$\mu$F。

第三步:连接电路和指标测试。

电路连接时,输入、输出端的电容和分压电阻R_1要尽可能靠近稳压器引脚连接,印刷电路板线要尽可能粗。指标测试按定义进行,输出纹波电压需要用毫伏表来测试。

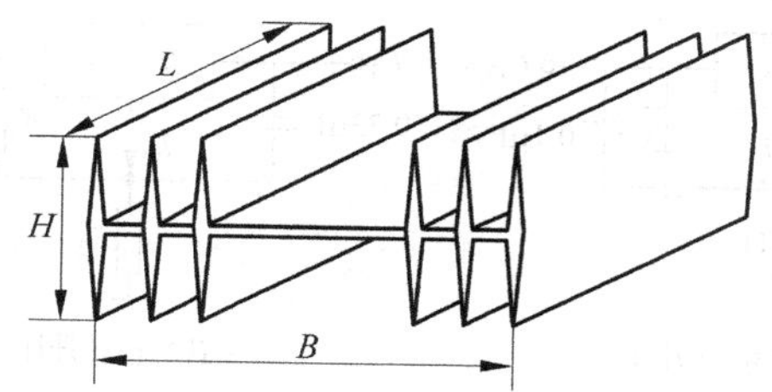

(a) 铝型材散热器外形与包络体积计算

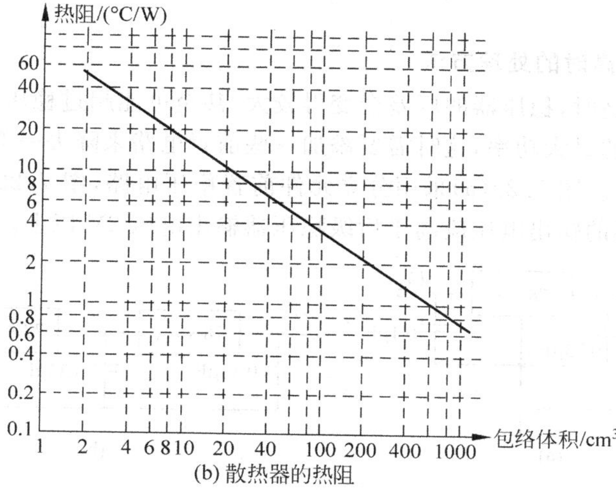

(b) 散热器的热阻

图 7.19　热阻与散热器面积的关系

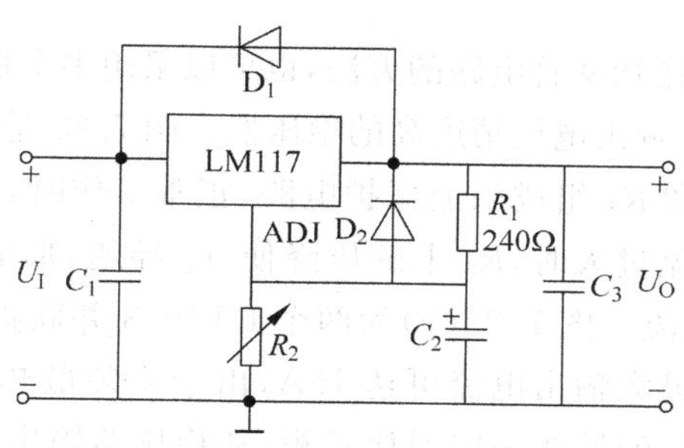

图 7.20　LM117 稳压电路

7.7.2　线性稳压器特殊应用电路

1. 提高输出电压电路

图 7.21 为固定输出电压稳压器提高输出电压的电路，图 7.21(a)采用稳压二极管提高输出电压，选择时要注意 I_Q 电流与稳压二极管的稳定电流相符合。图 7.21(b)采用电阻升压法提高输出电压的电路，输出电压为

$$U_O = \left(1 + \frac{R_2}{R_1}\right) U_{O\times\times} + I_Q R_2$$

其中 $U_{O\times\times}$ 为稳压器的固定输出电压。

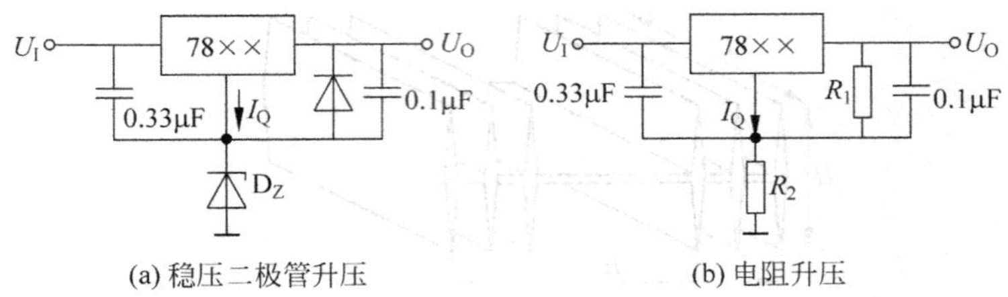

(a) 稳压二极管升压　　(b) 电阻升压

图 7.21　提高输出电压电路

2. 输入电压较高时的处理方法

当输入电压较高时,稳压器的压差会变得较大,甚至可能超过稳压器的最大压差或超过稳压器允许耗散的最大功率,这时需要添加一些前置电路来降去一部分电压,常用降压电路如图 7.22 所示。图 7.22(a)采用分立元件前置稳压电路,图 7.22(b)采用两级稳压器级联,前级稳压器的输出电压应高于后级稳压器输出电压 2V 以上。

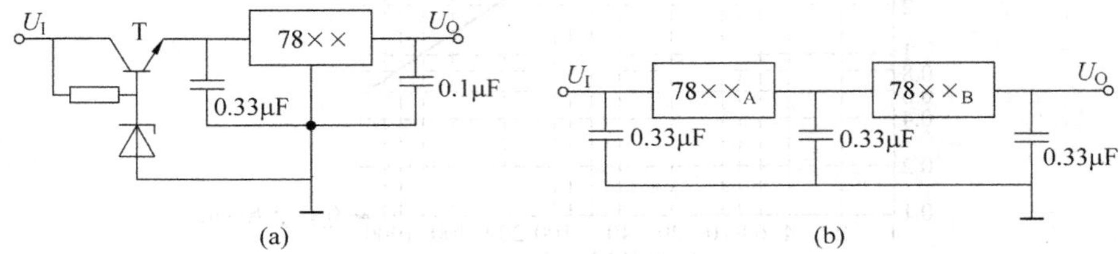

(a)　　(b)

图 7.22　常用降压电路

3. 扩流电路

扩流可以采用增添外接功率管电路的方法,也可以采用多个稳压器并联的方法,如果用多个稳压器并联,需要选用输出电压精度高的稳压器。图 7.23 是三个扩流实例,图 7.23(a)中 T_1 为扩流功率管,T_2 和 R_S 组成限流保护电路,正常工作时,R_S 上的电压为 T_2 提供导通所需的 U_{EB2},当输出电流过大时,R_S 上的压降使 T_2 导通,形成分流,同时 U_{EC2} 降低,使 U_{EB1} 降低,限制了 T_1 的电流。图 7.23(b)为两个 LT1083 并联扩流电路,该电路输出电压的1.25～15V 连续可调,最大输出电流可达 15A,由于安装散热器的缘故,两个稳压器不可能靠得很近,所以输出端的导线一定要比较粗,从稳压器输出到负载的导线电阻要低于 0.015Ω,图中箭头表示连接在 LT1083 的管壳上。图 7.23(c)是用三个 LM317 组成的输出电流 4.5A 的可调式稳压电源,R_4、R_5、R_6 用于平衡三个稳压器的输出电流,需要选择功率 1W 的电阻。

扩流电路一般要慎用,应尽可能选用电流符合要求的单片稳压器,如果所需电流太大,最好选用开关稳压电路。

4. 其他应用电路

图 7.24 是改变可调输出电压稳压器调节范围的电路,图 7.24(a)是从 0V 起连续可调的稳压电路,R_2 与 1.3V 稳压二极管 D_Z 构成简单稳压电路,提供－1.3V 电压,LM117 的可变电阻 R_P 不接地,而接－1.3V 电压,这样,稳压器的输出电压就能从低于零伏调起。图 7.24(b)也是从 0V 起调的稳压电路,该电路的关键部分是 D_1、D_2、C_1,在交流电

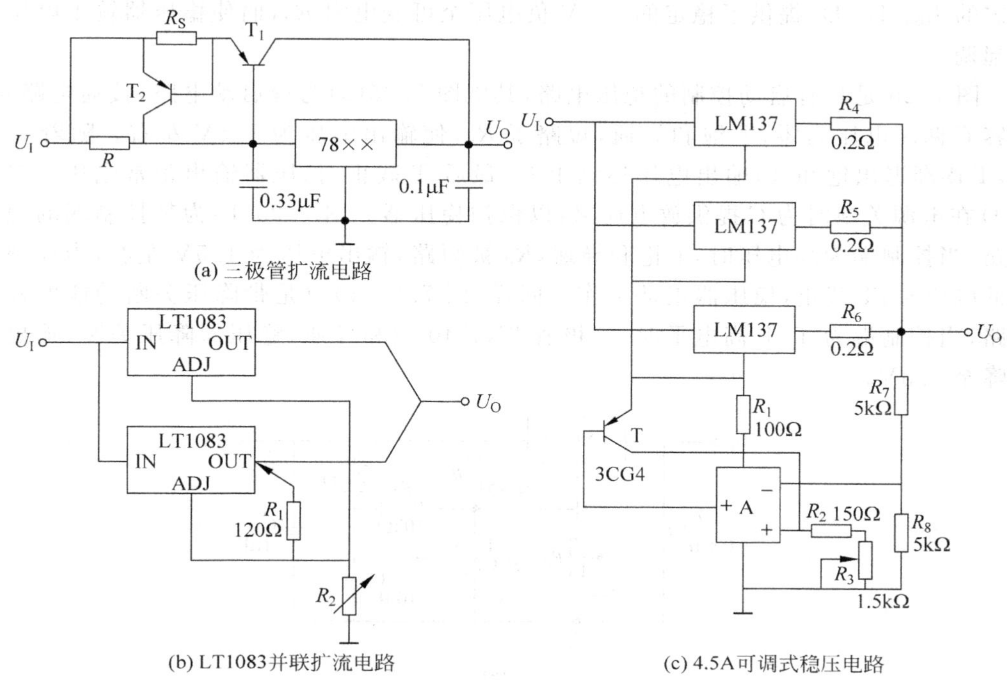

图 7.23　扩流电路

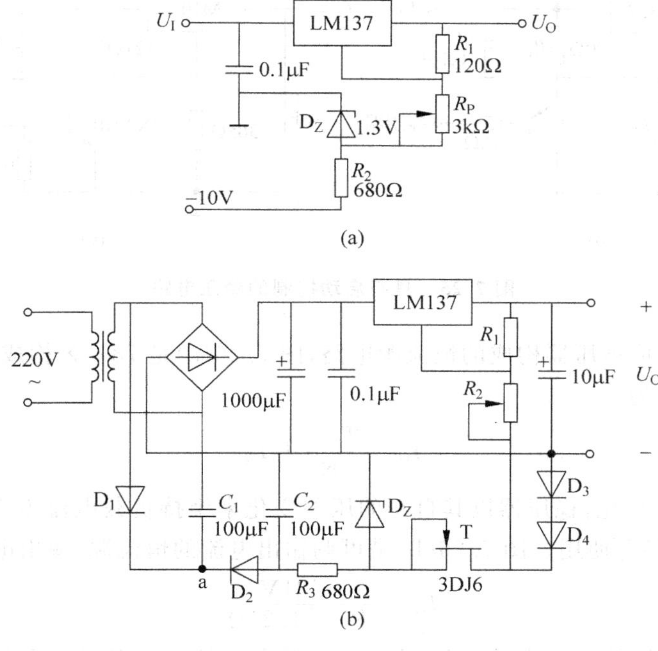

图 7.24　从零伏起调的稳压电路

压的负半周，D_1 导通，给 C_1 充电，使 a 点的电位低于地，D_2 导通，C_2 两端获得负电压（相对于地），再经过 D_Z 和 R_3 稳压，场效应管的 $U_{GS}=0V$，故流过 D_3、D_4 的电流为近似

恒定的 I_{DSS},D_3、D_4 提供了稳定的 1.4V 负电压至可变电阻 R_P,而使稳压器输出电压从零起调。

图 7.25 是具有启动控制的稳压电路,其中图 7.25(a)为慢启动电路,接通电路时,电容 C 两端电压为零,T 饱和导通,短路了 R_P,使输出电压为 1.5V 左右。随着 C 充电,T 逐渐退出饱和区,输出电压逐渐上升,最后 T 截止,稳压器输出正常电压。二极管 D 在电源关断时为 C 提供放电通路,以保护稳压器。图 7.25(b)为带控制端的稳压电路,当控制端为高电压时,T 饱和导通,R_P 被短路,输出电压为 1.5V 左右,当控制端为低电压时,T 截止,稳压器正常工作。同样,图 7.25(c)也是带降压关断功能的稳压电路,当控制端为 TTL 高电平时,三极管 2N3940 饱和导通,稳压器降压关断,输出电压降至 1.3V。

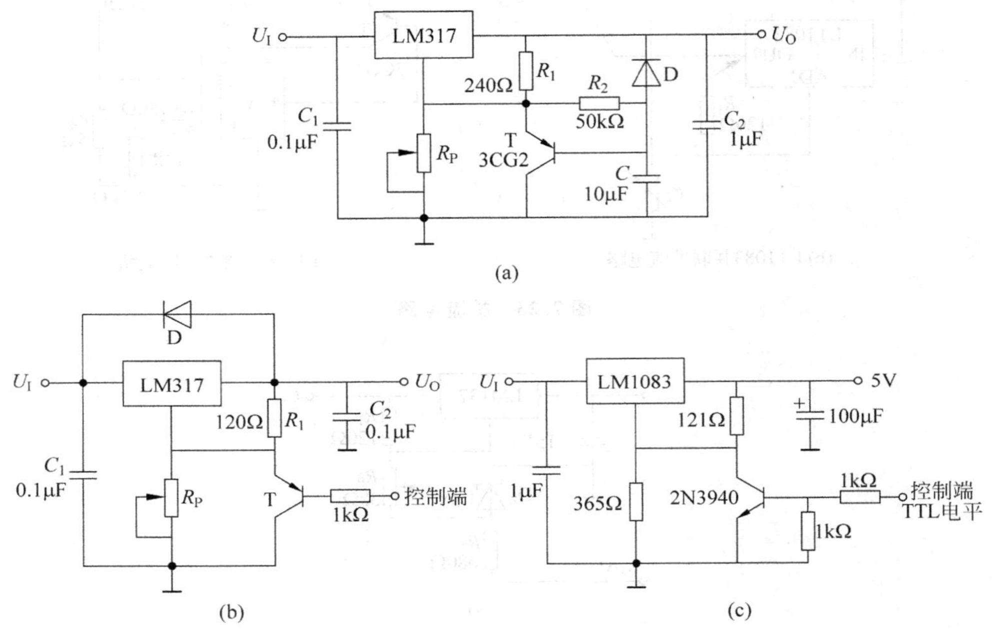

图 7.25　具有启动控制的稳压电路

图 7.26 为集成稳压器构成的恒流源电路,图 7.26(a)是 78××构成固定电流输出的恒流源,输出电流为

$$I_O = \frac{U_{\times\times}}{R} + I_Q$$

如果负载 R_L 发生变化,稳压器以其自身的压差变化来维持负载电流不变,该电路要求在输出电流较大的场合使用。图 7.26(b)是可调输出电流的恒流源,输出电流为

$$I_O = \frac{1.21\text{V}}{R_P + 1.21\Omega}$$

从 1mA 电源起调,最大电源为 1A。R_P 应选用多圈精密电位器,开关 S 为输出控制。图 7.26(c)是镍镉电池 50mA 恒流充电电路。

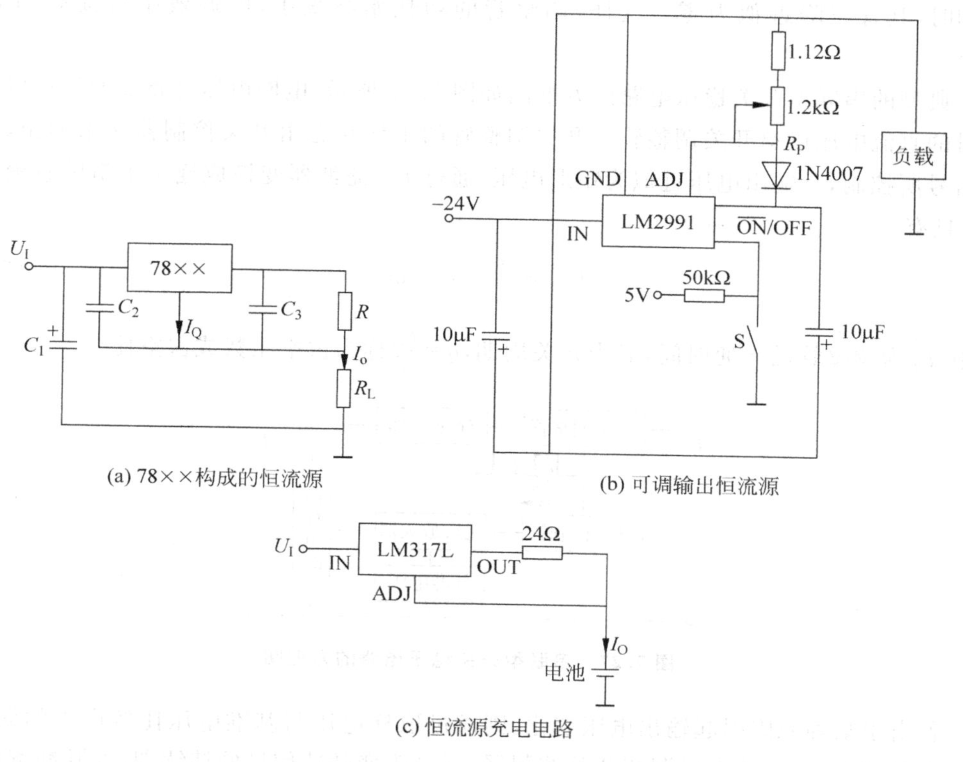

(a) 78××构成的恒流源

(b) 可调输出恒流源

(c) 恒流源充电电路

图 7.26　稳压器构成的恒流源电路

7.8　开关型稳压电路

前面讲述的串联型稳压电路，由于其调整管始终工作在线性放大状态，集电极与发射极之间有一定的电压。当负载电流较大时，调整管的集电极损耗很大，因此电源效率较低，一般为40%左右。为了克服这一缺点，可采用开关型稳压电路。

开关型稳压电路种类繁多，按开关信号产生的方式分类有自激式和它激式稳压电路。按开关电路与负载的连接方式分类有串联型和并联型。串联型开关稳压电路中，开关调整管与负载串联连接，输出端通过调整管及整流二极管与电网相连，电网隔离性差，且只有一路电压输出。并联型开关稳压电路中，输出端与电网间由开关变压器进行电气上的隔离，安全性好，通过开关变压器的次级可以做到多路电压输出，但电路复杂，对开关调整管要求高。按控制方式分类有脉宽调制电路和脉频调制电路。

由于开关稳压电路的输出功率一般较大，尽管开关调整管的相对功耗较小，但绝对功耗仍较大，因此实用中，必须加装散热片。

7.8.1　开关稳压电路的工作原理

开关电源的特点是调整管工作在开关状态，当调整管截止时，集电极电流近似为零；

饱和时,其管压降近似为零。这样,调整管的功耗始终很小,电源效率可提高到80%以上。

典型的串联型开关稳压电路的方框图如图7.27所示,电网电压经整流滤波后以比较平滑的直流电压供给开关调整管。开关调整管的工作状态由开关控制器送来的正、负脉冲信号所控制,其输出电压近似为矩形电压,通过 LC 滤波器变换成连续平滑的直流电压 U_O,且有

$$U_O \approx \frac{t_{on}}{T}U_I = qU_I \tag{7.36}$$

式中,t_{on} 为调整管的导通时间,T 为开关周期,$q=\frac{t_{on}}{T}$ 称为占空系数或占空比。

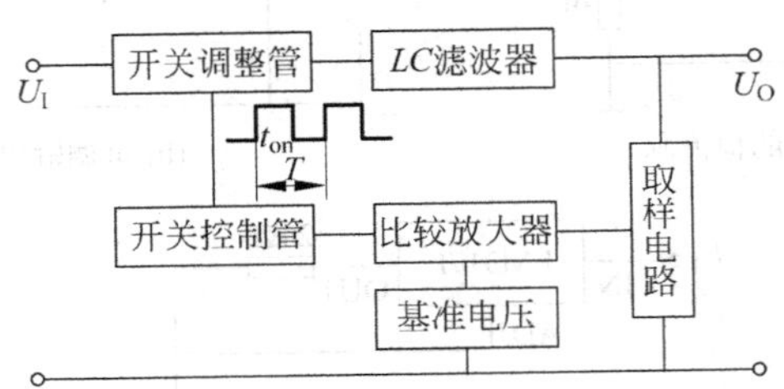

图7.27 串联型开关稳压电路的方框图

若由于某种原因引起输出电压变化,则通过取样电压与基准电压比较产生的误差电压也会随之变化,经放大后调节开关控制器,通过改变脉冲信号的持续期(即脉冲宽度)或改变脉冲信号的周期(即开关频率)来调节占空系数,使输出电压向相反方向变化,从而达到稳压的目的。

7.8.2 脉宽调制式串联型开关稳压电路

脉宽调制式串联型开关稳压电路是通过调节占空系数即脉冲的宽度来调节输出电压的,其基本电路如图7.28所示。

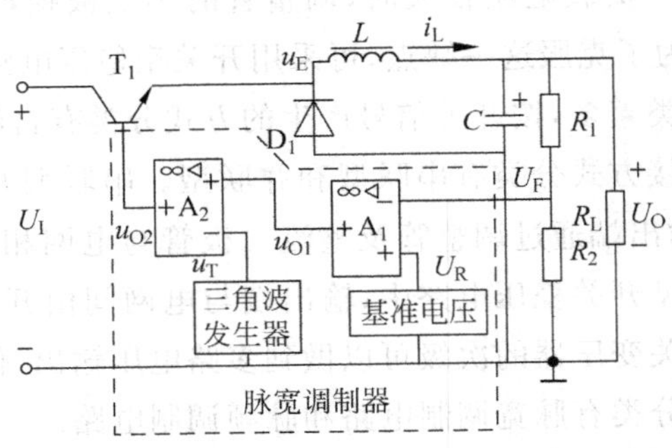

图7.28 脉宽调制式串联型开关稳压电路

1. 工作过程

由电压比较器的特点可知,当 $u_{O1}>u_T$ 时,$u_P>u_N$,u_{O2} 为高电平;反之,u_{O2} 为低电平。当 u_{O2} 为高电平时,调整管 T_1 饱和导通,输入电压 U_I 经滤波电感 L 加在滤波电容 C

和负载 R_L 两端。在此期间，i_L 增大，L 和 C 储存能量，D_1 因反偏而截止。当 u_{O2} 为低电平时，T_1 由饱和导通转为截止，由于电感电流 i_L 不能突变，i_L 经 R_L 和续流二极管衰减而释放能量。此时，滤波电容 C 也向 R_L 放电，因而 R_L 两端仍能获得连续的输出电压。当开关调整管在 u_{O2} 的作用下又进入饱和导通时，L、C 再一次充电，以后 T_1 又截止，L、C 又放电，如此循环往复。设调整管 T_1 的导通时间为 t_{on}，截止时间为 t_{off}，开关周期为 T，若忽略 L 的直流压降，则输出电压的平均值为

$$U_O = \frac{t_{on}}{T}(U_I - U_{CES}) + \frac{t_{off}}{T}(-U_D) \approx \frac{t_{on}}{T}U_I = qU_I \tag{7.37}$$

2. 稳压原理

当输入的交流电源电压波动或负载电流发生改变时，都将引起输出电压 U_O 的改变，由于负反馈作用，电路能自动调整，而使 U_O 基本上维持稳定不变。稳压过程如下：

若 $U_O\uparrow \rightarrow U_F\uparrow (U_F > U_R) \rightarrow u_{O1}$ 为负值 $\rightarrow u_{O2}$ 输出高电平变窄 $(t_{on}\downarrow) \rightarrow U_O\downarrow$，从而使输出电压基本不变。

反之，若 $U_O\downarrow \rightarrow U_F\downarrow (U_R > U_F) \rightarrow u_{O1}$ 为正值 $\rightarrow u_{O2}$ 输出高电平变宽 $(t_{on}\uparrow) \rightarrow U_O\uparrow$，同样使输出电压基本不变。

综上所述，调整管 T_1 处在开关工作状态，由于二极管 D_1 的续流作用和 L、C 的滤波作用，负载上可以得到比较平滑的直流电压，而且可以通过调节占空系数来调节输出电压 U_O，从而实现稳压。

习题

7.1 选择题

(1) 在单相半波整流电路中，所用整流二极管的数量是(　　)支。

A. 4　　B. 2　　C. 1

(2) 在整流电路中，二极管之所以能整流，是因为它具有(　　)。

A. 电流放大的特性　B. 单向导电的特性　C. 反向击穿的性能

(3) 整流电路如图 7.29 所示，变压器副边电压有效值为 U_2，二极管 D 所承受的最高反向电压是(　　)。

A. U_2　　B. $\sqrt{2}U_2$　　C. $2\sqrt{2}U_2$

(4) 整流电路图 7.30 所示，变压器副边电压有效值 U_2 为 10V，则输出电压的平均值 U_O 是(　　)V。

A. 9　　B. 4.5　　C. 14.1

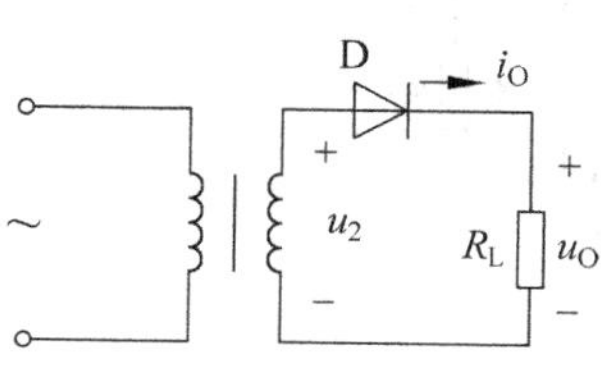

图 7.29

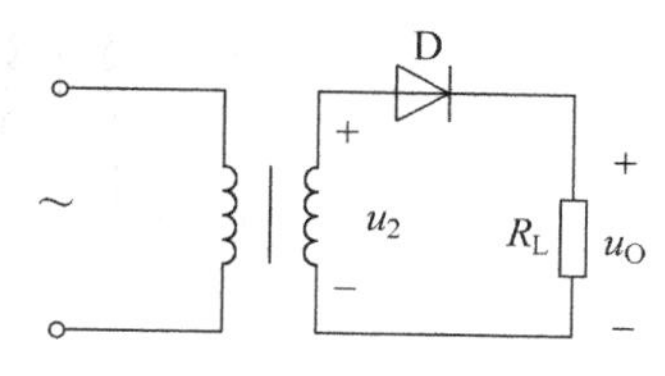

图 7.30

(5) 设整流变压器副边电压 $u_2=\sqrt{2}U_2\sin\omega t$,欲使负载上得到如图 7.31 所示整流电压的波形,则需要采用的整流电路是(　　)。

A. 单相桥式整流电路　　B. 单相全波整流电路

C. 单相半波整流电路

(6) 电路如图 7.32 所示,该电路的名称是(　　)。

A. 单相桥式整流电路　　B. 单相全波整流电路

C. 单相半波整流电路

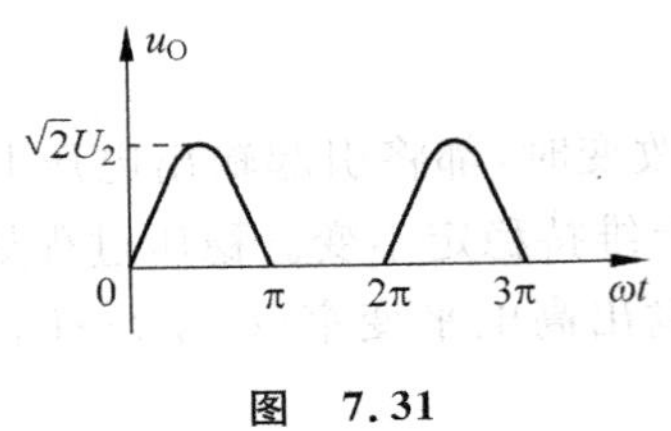

图　7.31

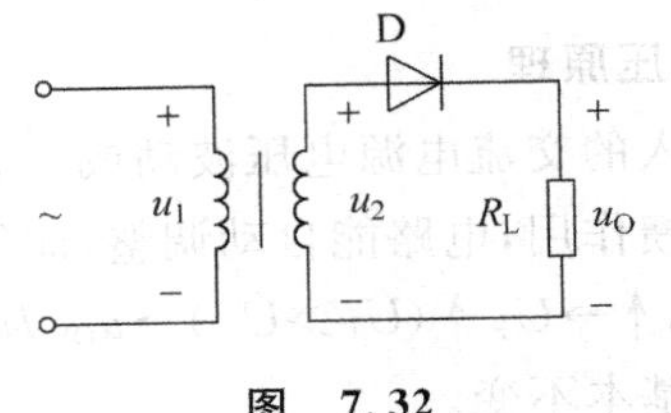

图　7.32

(7) 整流电路如图 7.33 所示,负载电阻 $R_{L1}=R_{L2}=100\text{k}\Omega$,变压器副边电压 u_2 的有效值 $U_2=100\text{V}$,直流电流表 A 的读数为(　　)mA。(设电流表的内阻为 0)

A. 0　　B. 0.9　　C. 0.45　　D. 1

(8) 整流电路如图 7.34 所示,输出电流平均值 $I_O=50\text{mA}$,则流过二极管的电流平均值 I_D 是(　　)mA。

A. 50　　B. 25　　C. 12.5

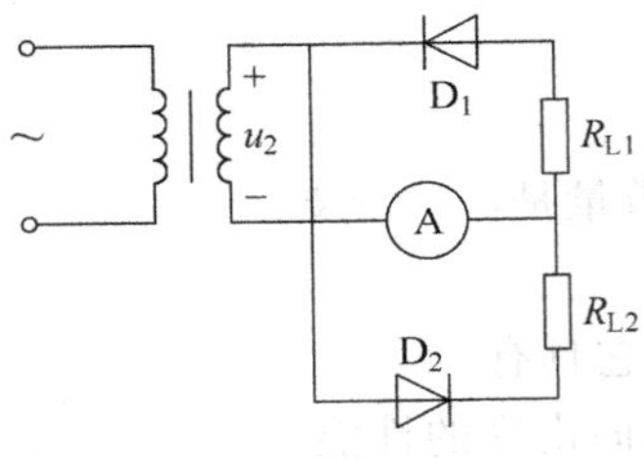

图　7.33

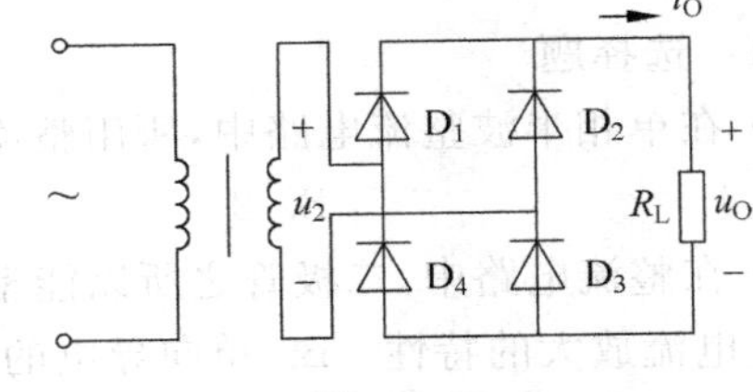

图　7.34

(9) 整流电路如图 7.35 所示,已知输出电压平均值 U_O 是 18V,则变压器副边电压有效值 U_2 是(　　)V。

A. 40　　B. 20　　C. 15　　D. 12.7

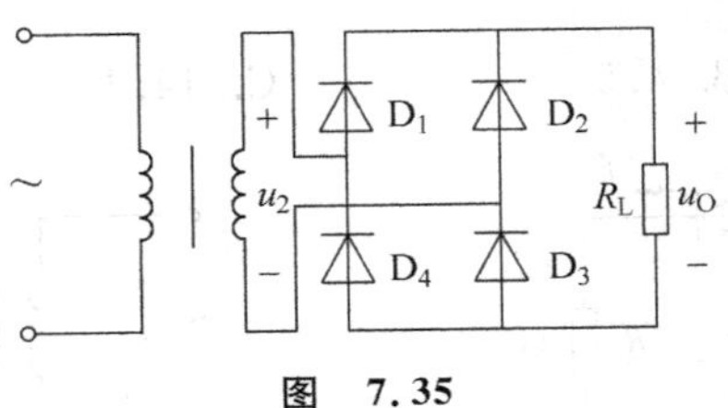

图　7.35

(10) 整流电路如图 7.36(a)所示,输入电压 $u=\sqrt{2}U\sin\omega t$,输出电压 u_O 的波形是图 7.36(b)中(　　)。

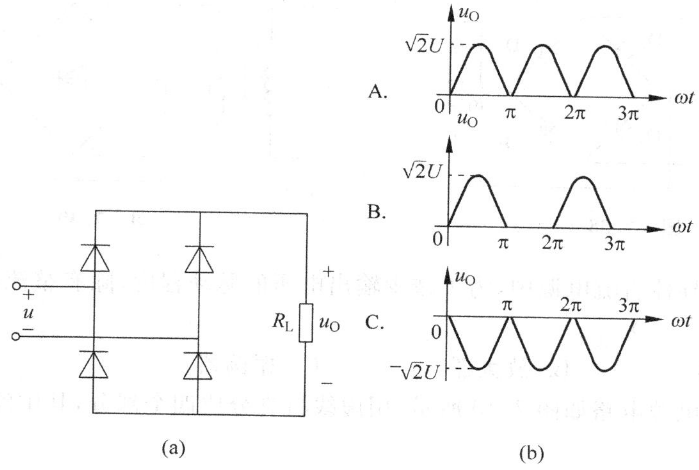

图　7.36

(11) 单相桥式整流电路如图 7.37(a)所示，变压器副边电压 u_2 的波形如图 7.37(b)所示，设四个二极管均为理想元件，则二极管 D_1 两端的电压 u_{D1} 的波形为图 7.37(c)中(　　)。

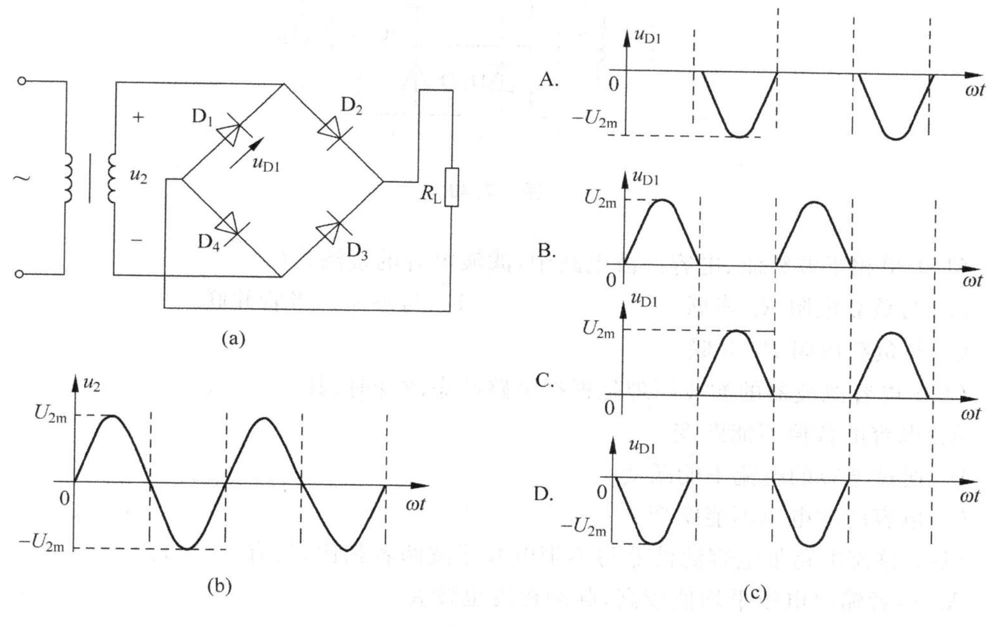

图　7.37

(12) 单相桥式整流电路如图 7.38 所示，二极管为理想元件，在一个周期内二极管的导通角为(　　)。

A. 360°　　B. 0°　　C. 180°　　D. 90°

(13) 整流电路如图 7.39 所示，流过负载电流的平均值为 I_O，忽略二极管的正向压降，则变压器副边电流的有效值为(　　)。

A. $0.79I_O$　　B. $1.11I_O$　　C. $1.57I_O$　　D. $0.82I_O$

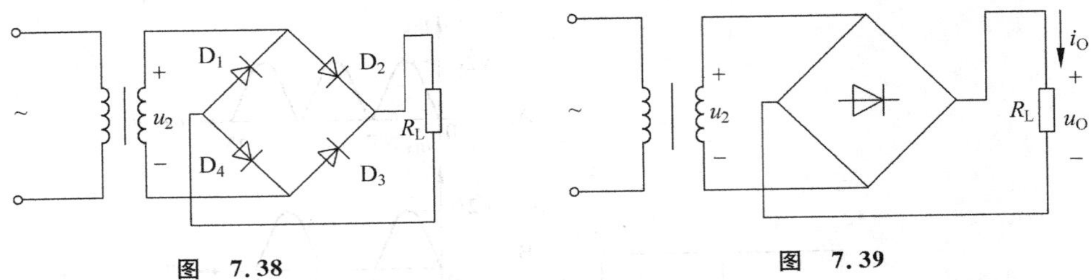

图 7.38　　　　图 7.39

(14) 在半导体直流电源中,为了减少输出电压的脉动程度,除有整流电路外,还需要增加的环节是(　　)。

A. 滤波器　　B. 放大器　　C. 振荡器

(15) 直流电源电路如图 7.40 所示,用虚线将它分成四个部分,其中滤波环节是指图中(　　)。

A. (1)　　B. (2)　　C. (3)　　D. (4)

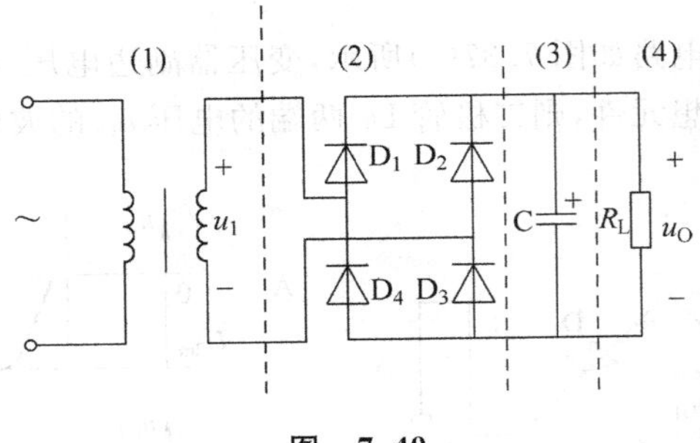

图 7.40

(16) 单相半波整流、电容滤波电路中,滤波电容的接法是(　　)。

A. 与负载电阻 R_L 串联　　B. 与整流二极管并联

C. 与负载电阻 R_L 并联

(17) 电容滤波器的滤波原理是根据电路状态改变时,其(　　)。

A. 电容的数值不能跃变

B. 通过电容的电流不能跃变

C. 电容的端电压不能跃变

(18) 整流电路带电容滤波器与不带电容滤波两者相比,具有(　　)。

A. 前者输出电压平均值较高,脉动程度也较大

B. 前者输出电压平均值较低,脉动程度也较小

C. 前者输出电压平均值较高,脉动程度也较小

(19) 单相半波整流、电容滤波电路中,设变压器副边电压有效值为 U_2,则通常取输出电压平均值 U_O 等于(　　)。

A. U_2　　B. $1.2U_2$　　C. $\sqrt{3}U_2$

(20) 在电感电容滤波电路中,欲使滤波效果好,则要求(　　)。

A. 电感大　　B. 电感小　　C. 电感为任意值

(21) 整流滤波电路如图 7.41 所示，当开关 S 断开时，在一个周期内二极管的导通角 θ 为(　　)。

A. 180°　　B. 360°　　C. 90°　　D. 0°

(22) 稳压管稳压电路如图 7.42 所示，电阻 R 的作用是(　　)。

A. 稳定输出电流　　B. 抑制输出电压的脉动

C. 调节电压和限制电流

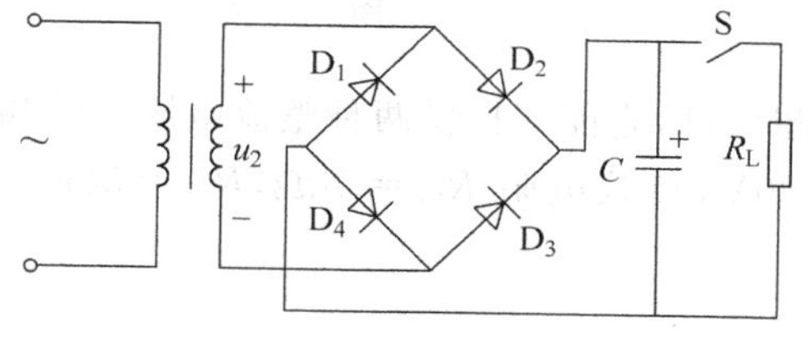

图　7.41

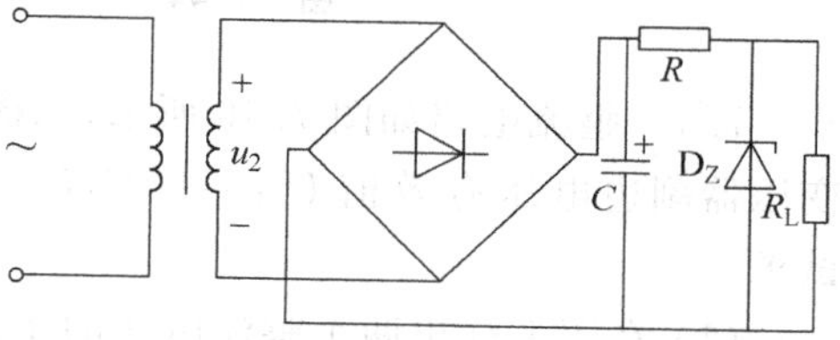

图　7.42

(23) W7815 型三端集成稳压器中的“15”是指(　　)。

A. 输入电压值　　B. 输出的稳定电压值

C. 最大输出电流值

(24) 三端集成稳压器的应用电路如图 7.43 所示，该电路可以输出(　　)V。

A. ±9　　B. ±5　　C. ±15

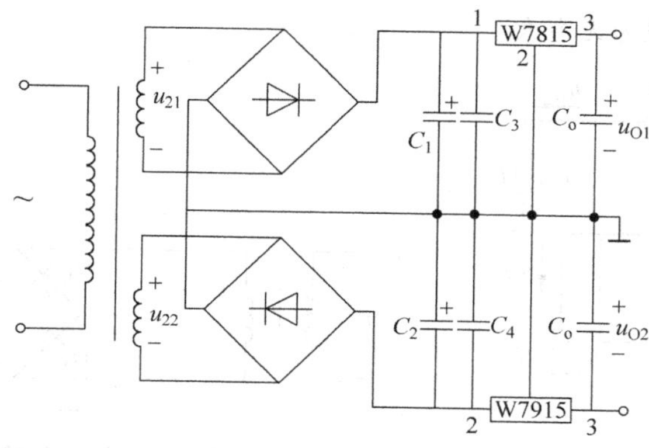

图　7.43

7.2　整流电路如图 7.44(a)所示，二极管为理想元件，变压器副边电压有效值 U_2 为 10V，负载电阻 $R_L=2\text{k}\Omega$，变压器变比 $k=N_1/N_2=10$。

(1) 求负载电阻 R_L 上电流的平均值 I_O；

(2) 求变压器原边电压有效值 U_1 和变压器副边电流的有效值 I_2；

(3) 变压器副边电压 u_2 的波形如图 7.44(b)所示，试定性画出 u_O 的波形。

7.3　电路如图 7.45 所示，二极管为理想元件，已知 $u_2=30\sin 314t\text{V}$。

(1) 试分析 u_{C1}、u_{C2} 的实际极性。

(2) 求 U_{C1} 和 U_{C2}。

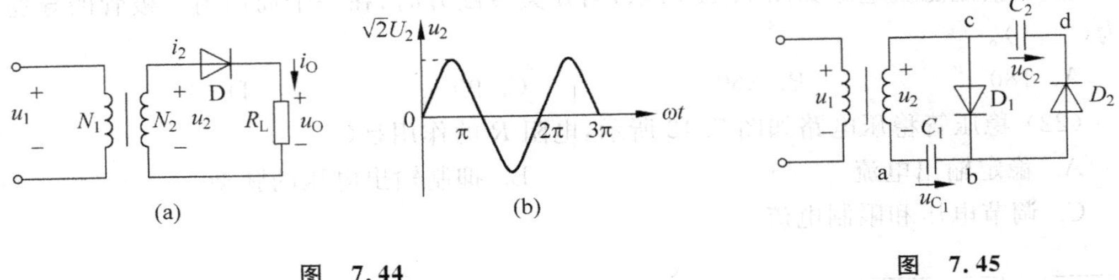

图 7.44

图 7.45

7.4 整流电路如图 7.46 所示,二极管为理想元件,它能够提供两种整流电压。已知变压器副边电压有效值 $U_{21}=80\text{V}$,$U_{22}=U_{23}=20\text{V}$,负载电阻 $R_{L1}=5\text{k}\Omega$,$R_{L2}=50\text{k}\Omega$。试求:

(1) 在图上标出两个整流电压的实际极性;

(2) 通过两个负载的平均电流 I_{O1} 和 I_{O2};

(3) 每个二极管承受的最高反向电压。

7.5 整流电路如图 7.47 所示,二极管为理想元件,已知直流电压表(V)的读数为 90V,负载电阻 $R_L=100\Omega$,要求:

(1) 直流电流表的读数;

(2) 整流电流的最大值;

(3) 若其中一个二极管损坏而造成断路,重新回答上面的问题。设电流表的内阻视为零,电压表的内阻视为无穷大。

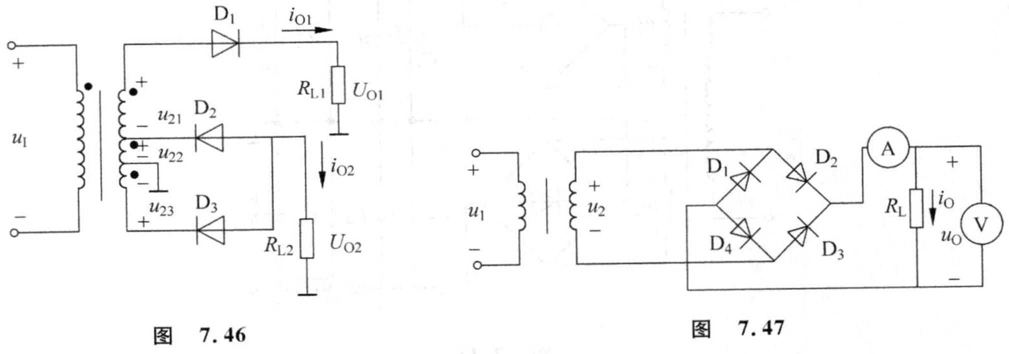

图 7.46

图 7.47

7.6 整流电路如图 7.48 所示,二极管为理想元件,已知直流电压表(V)的读数为 45V,负载电阻 $R_L=5\text{k}\Omega$,整流变压器的变比 $k=10$,要求:

(1) 说明电压表(V)的极性;

(2) 计算变压器原边电压有效值 U_1;

(3) 计算直流电流表(A)的读数。设电流表的内阻视为零,电压表的内阻视为无穷大。

7.7 电路如图 7.49(a)所示,已知 $u_2=\sqrt{2}U_2\sin\omega t$,从示波器上观察到 u_O 的波形如图 7.49(b)所示,要求:

(1) 写出图示电路的名称;

(2) 判断如图所示负载电压 u_O 的波形是否正确;

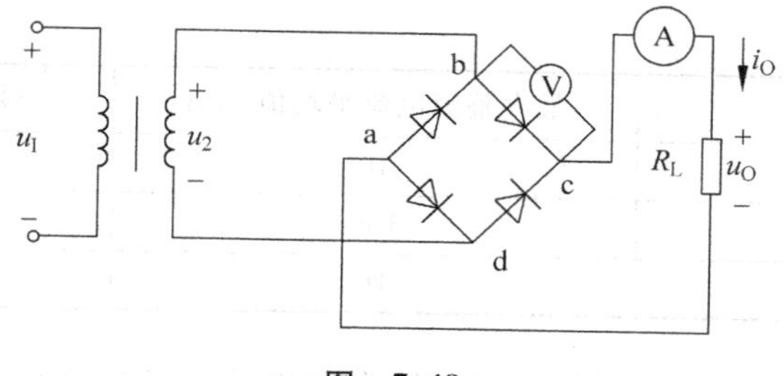

图　7.48

(3) 如果不正确,试分析故障的原因;

(4) 定性画出正确的 u_O 波形。

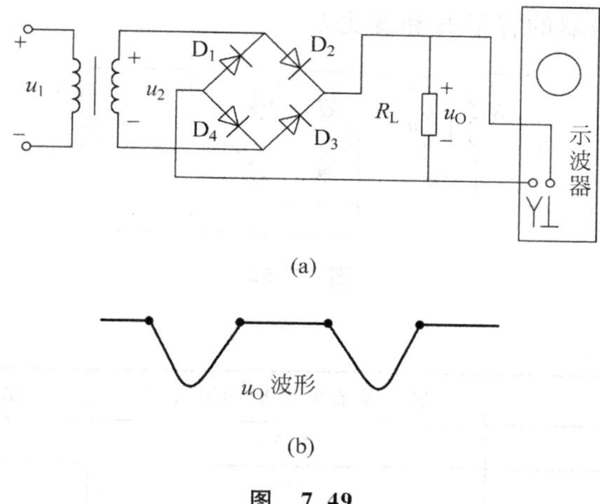

图　7.49

7.8　整流电路如图 7.50 所示,二极管为理想元件,u_{21}、u_{22} 均为正弦波,其有效值均为 20V。要求:

(1) 标出负载电阻 R_{L1}、R_{L2} 上的电压的实际极性;

(2) 分别定性画出 R_{L1}、R_{L2} 上电压 u_{O1} 和 u_{O2} 的波形图;

(3) 求 R_{L1}、R_{L2} 的电压平均值 U_{O1} 和 U_{O2}。

7.9　整流电路如图 7.51 所示,二极管为理想元件,变压器副边电压有效值 U_2 为 20V,负载电阻 $R_L = 1\text{k}\Omega$。试求:

(1) 负载电阻 R_L 上的电压平均值 U_O;

(2) 负载电阻 R_L 上的电流平均值 I_O;

(3) 在表 7.1 中列出的常用二极管中选用哪种型号比较合适。

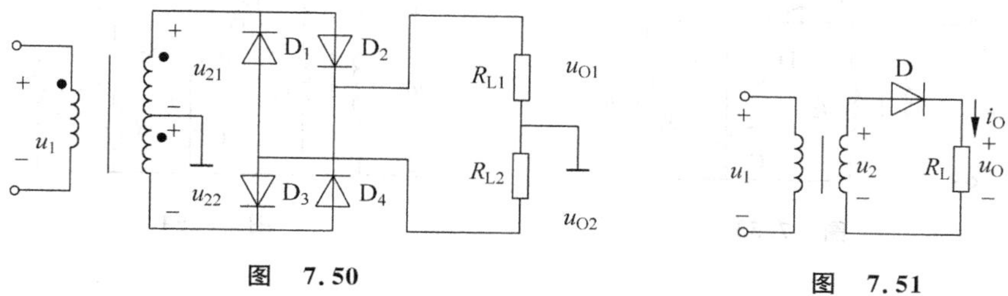

图　7.50

图　7.51

表 7.1

型　号	最大整流电流平均值/mA	最高反向峰值电压/V
2AP 1	16	20
2AP 10	100	25
2AB 4	16	50

7.10　整流电路如图 7.52 所示，二极管为理想元件且忽略变压器副绕组上的压降，变压器原边电压有效值 $U_1=220\text{V}$，负载电阻 $R_L=75\Omega$，负载两端的直流电压 $U_O=100\text{V}$。要求：

(1) 在表 7.2 中选出合适型号的二极管；

(2) 计算整流变压器的容量 S 和变比 k。

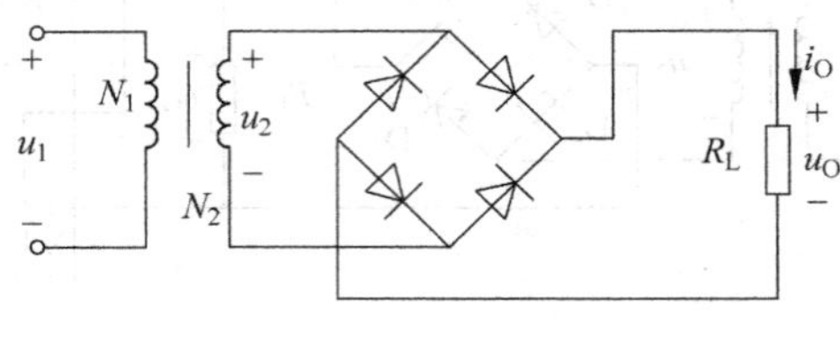

图　7.52

表 7.2

型　号	最大整流电流平均值/mA	最高反向峰值电压/N
2CZ11A	1000	100
2CZ12B	3000	100
2CZ11C	1000	300

7.11　电路如图 7.53 所示，已知变压器副边电压 $u_2=30\sqrt{2}\sin 314t\text{V}$，负载电阻 $R_L=50\Omega$，电容 $C=500\mu\text{F}$，二极管是理想气体，试求：当开关 S 断开和闭合时，输出电压平均值 U_O 及二极管所承受的最高反向电压 U_{DRM}。

7.12　电路如图 7.54 所示，已知变压器副边电压 $u_2=40\sqrt{2}\sin 314t\text{V}$，电容 C 足够大，设电压表内阻为无穷大二极管量理想元件，试求：

(1) 开关 S_1 闭合、S_2 断开，直流电压表(V)的读数；

(2) 开关 S_1 断开、S_2 闭合，直流电压表(V)的读数；

(3) 开关 S_1、S_2 均闭合，直流电压表(V)的读数，并定性画出 u_O 的波形图。

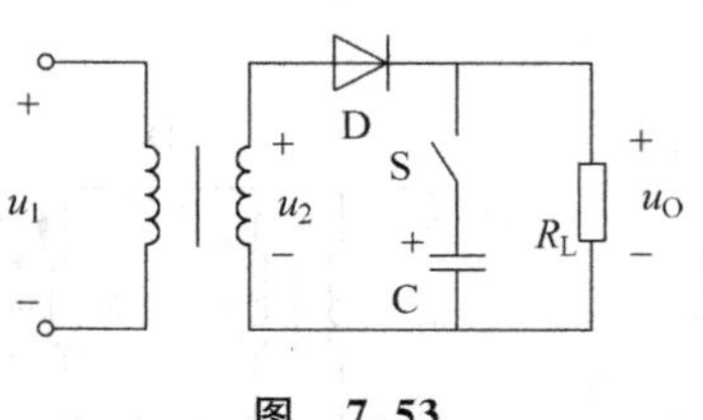

图　7.53

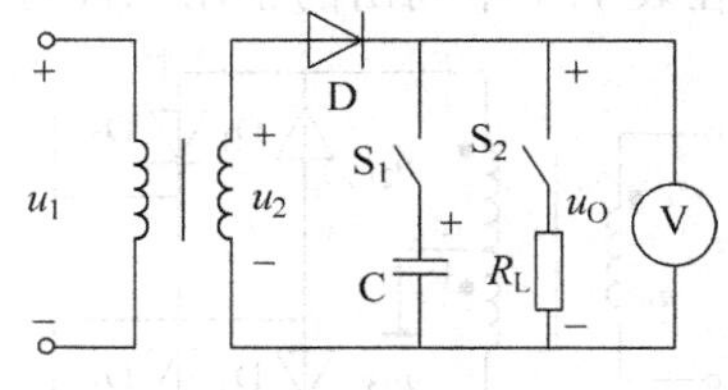

图　7.54

7.13 整流滤波电路如图 7.55 所示，二极管为理想元件，负载电阻 $R_L=400\Omega$，电容 $C=100\mu F$，变电器副边电压有效值 $U_2=20V$，用直流电压表(V)测 a、b 两点电压时，其读数为：(1)20V；(2)28V；(3)9V。试分析每个读数是在何种情况下出现的。设电压表(V)的内阻为无穷大。

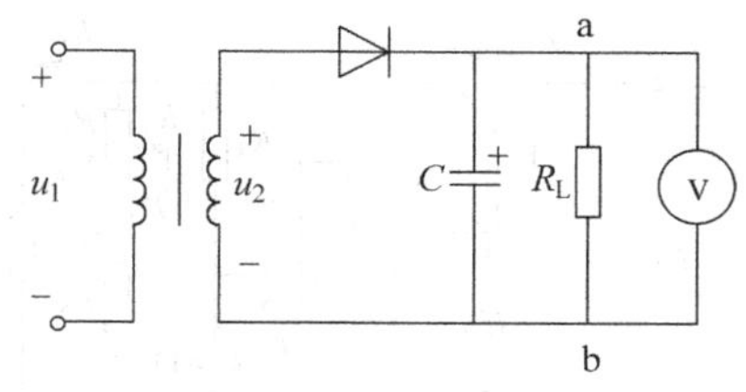

图 7.55

7.14 电路如图 7.56 所示，已知 $U_I=30V$，稳压管 D_Z(2CW18)的稳定电压 $U_Z=10V$，最小稳定电流 $I_{Zmin}=5mA$，最大稳定电流 $I_{Zmax}=20mA$，负载电阻 $R_L=2k\Omega$。

(1) 当 U_I 变化±10%时，求电阻 R 的取值范围；

(2) 求变压器变比 $k=6$ 时，变压器原边电压有效值 U_1。

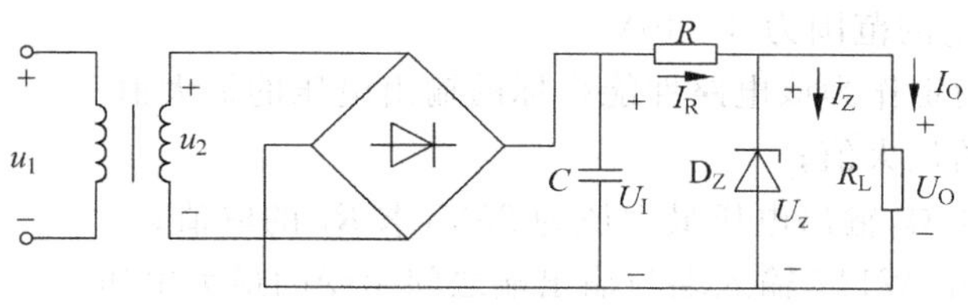

图 7.56

7.15 整流滤波电路如图 7.57 所示，变压器副边电压有效值 $U_2=10V$，负载电阻 $R_L=500\Omega$，电容 $C=1000\mu F$，当输出电压平均值 U_O 为：(1)14V；(2)12V；(3)10V；(4)9V；(5)4.5V 五种数据时，分析哪个是合理的，哪个出了故障，并指出原因。

7.17 在图 7.58 所示电路中，已知稳压管的稳定电压 $U_Z=6V$，$R_1=R_2=R_3=1k\Omega$，要求：

(1) 集成运放 A、三极管 T 和电阻 R_1、R_2、R_3 一起组成何种电路；

(2) 求输出电压 U_O 的可调范围。

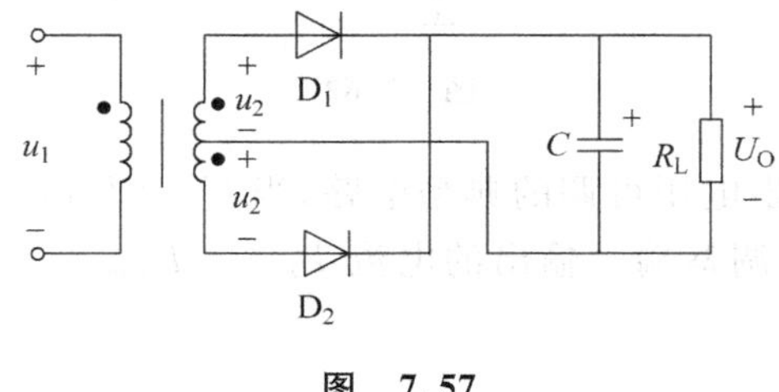

图 7.57

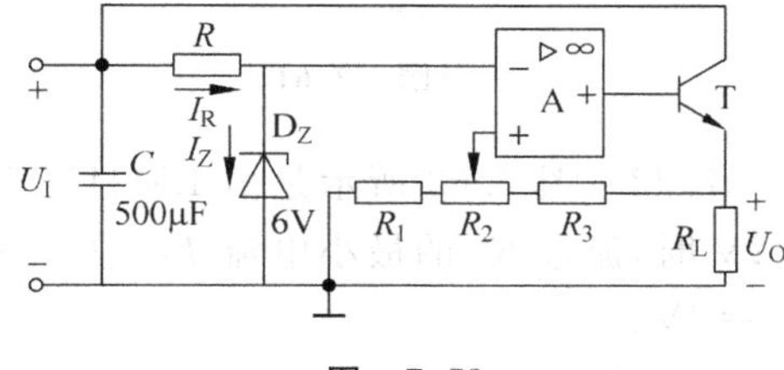

图 7.58

7.18 电路如图 7.59 所示，已知 $U_Z=6V$，$R_1=2k\Omega$，$R_2=1k\Omega$，$R_3=2k\Omega$，$U_I=30V$，T 的电流放大系数 $\beta=50$。试求：

(1) 电压输出范围；

(2) 当 $U_O=15V$，$R_L=150\Omega$ 时，调整管 T 的管耗和运算放大器的输出电流。

7.19 由三端稳压器构成的稳压电路如图 7.60 所示，已知输入电压 $U_I=18V$，$I_W=6mA$，三极管的 $\beta=150$，$U_{BE}=0.7V$。电阻 R_1 为可变电阻，其可调范围为 500Ω～2kΩ。求输出电压的可调范围。

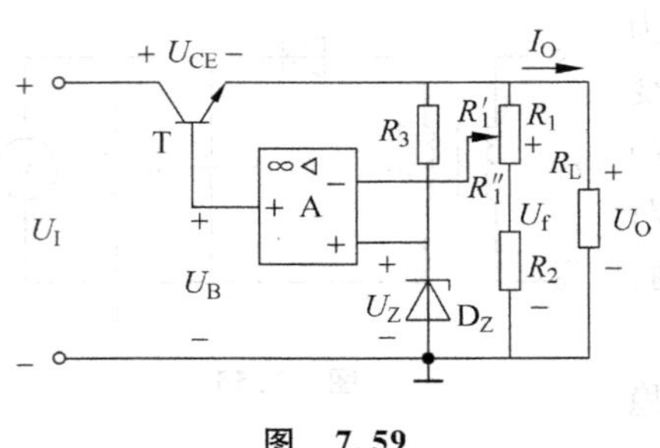

图 7.59

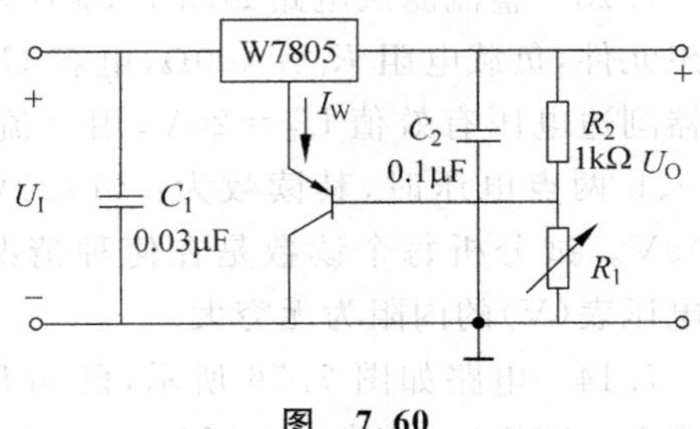

图 7.60

7.20 在图 7.61 所示电路中,试求输出电压 U_O 的可调范围是多大。

7.21 稳压电路如图 7.62 所示。已知输入电压 $U_I=35V$,波动范围为 $\pm10\%$;W117 调整端电流可忽略不计,输出电压为 1.25V,要求输出电流大于 5mA,输入端与输出端之间的电压 U_{12} 的范围为 3~40V。

(1) 根据 U_I 确定作为该电路性能指标的输出电压的最大值;

(2) 求解 R_1 的最大值;

(3) 若 $R_1=200\Omega$,输出电压最大值为 25V,求 R_1 的取值;

(4) 求该电路中 W117 输入端与输出端之间承受的最大电压。

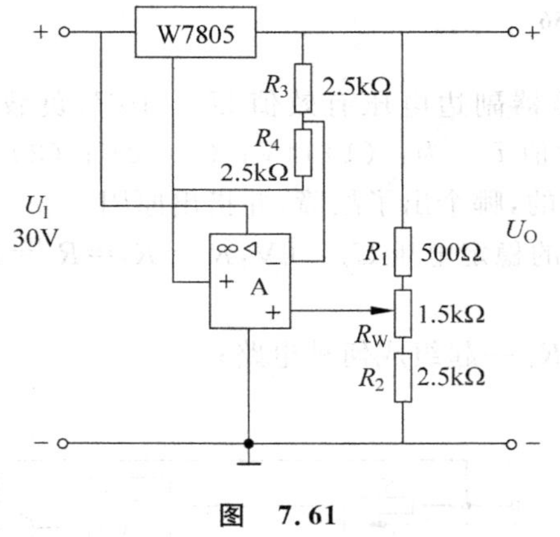

图 7.61

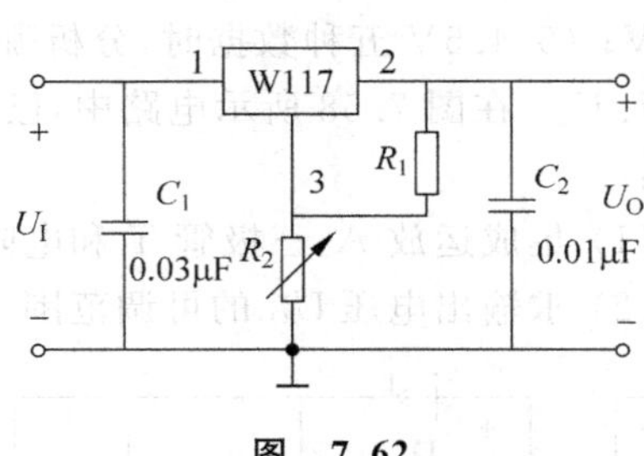

图 7.62

7.22 图 7.63 所示是由 LM317 组成的输出电压可调的典型电路,当 $U_{31}=U_{REF}=1.2V$ 时,流过 R_1 的最小电流 I_{Rmin} 为 5~10mA,调整端 1 输出的电流 $I_Q << I_{Rmin}$,$U_I-U_O=2V$。

(1) 求 R_1 的值;

(2) 当 $R_1=210\Omega$,$R_2=3k\Omega$ 时,求输出电压 U_O;

(3) 当 $U_O=37V$,$R_1=210\Omega$ 时,求 R_2 的值和电路的最小输入电压;

(4) 调节 R_2 从 0~6.2kΩ 时,求输出电压的调节范围。

7.23 试设计一直流稳压电源,输出电压为±15V,输出电流为 1A,要求:

(1) 画出电路图;

(2) 计算各元件参数;

(3) 选择集成稳压器、滤波电容器、整流二极管和变压器。

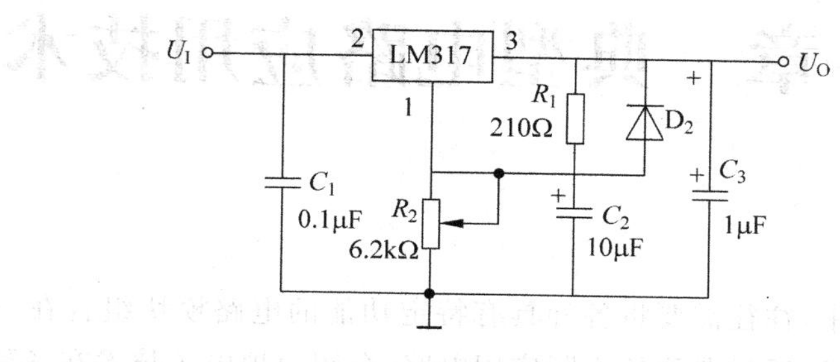

图 7.63

第8章 典型电路应用技术

在一个电子系统中,往往需要将各种具有特定功能的电路模块组合在一起。本章将从工程应用的角度出发,通过典型的实际应用电路,介绍模拟电子技术在各种不同电子系统或电子产品中的应用。

8.1 基本放大电路的应用

电子系统处理的信号往往幅度很小,一般为毫伏或微伏级,而且常常伴有噪声和干扰。为了满足系统对信号的要求,首先都要将信号放大。由前面介绍的内容可知,放大电路根据其结构组成不同,可分为分立元件放大电路和集成放大电路。而集成电路具有性能优良、工作可靠的优点,在工程设计中得到了越来越多的应用。

8.1.1 BA328 立体声前置放大电路

BA328 是属于单电源供电的优质双音频放大电路,外围引脚为 8 只。典型参数为:电源电压 6～18V,开环增益 80dB,输入电阻 150kΩ,输出噪声电压 1.2μV。输出电压 1.5V 时,失真度为 1%,功耗0.54W。图 8.1 所示为 BA328 在某音响中的磁头放大电路。图中,$HEAD_1$ 和 $HEAD_2$ 为立体声磁头的两个线圈,作用是将磁带上保存的信号剩磁转换为电信号。C_1、C_2 为左、右声道信号的耦合电容,将磁头的电信号耦合到 BA328 的 1 脚和 8 脚。C_3 和 C_4 为高频补偿电容,它与磁头电感组成谐振电路,用来提升放音时的高频成分。C_5 和 C_6 为输出耦合电容,将放大以后的信号输出。R_1、R_2、R_3、R_4、C_7 和 C_8 为负反馈频率补偿网络,利用 R_3、C_7 和 R_4、C_8 的并联,可以构成低频提升电路。当信号频率低时,C_7 和 C_8 的容抗较大,负反馈主要由 R_3 和 R_4 作用,反馈较弱,放大器的放大倍数大。而当信号频率高时,C_7 和 C_8 的容抗较小,它与 R_3 和 R_4 并联后使得反馈电抗变小,反馈较强,放大倍数变小,从而可以对低频部分信号进行提升。R_5、C_9 和 R_6、C_{10} 为反相输入端反馈网络。

8.1.2 LM324 红外检测电路

LM324 是四运放集成电路,它采用 14 脚双列直插塑料封装。它的内部包含 4 组形式完全相同的运算放大器,除电源共用外,4 组运放相互独立。它具有电源电压范围宽、静态功耗小、可单电源使用、价格低廉等优点,因此被广泛应用在各种电路中。其典型参数为:电压增益 100dB,单位增益带宽 1MHz,单电源工作范围 3～30V,输入失调电压 2mV(最大值 7mV),输入偏置电流 50～150nA,输入失调电流 5～50nA,输出电流 40mA。图 8.2 所示为 LM324 组成的红外检测电路。图中,P7510 为光电三极管,它将红

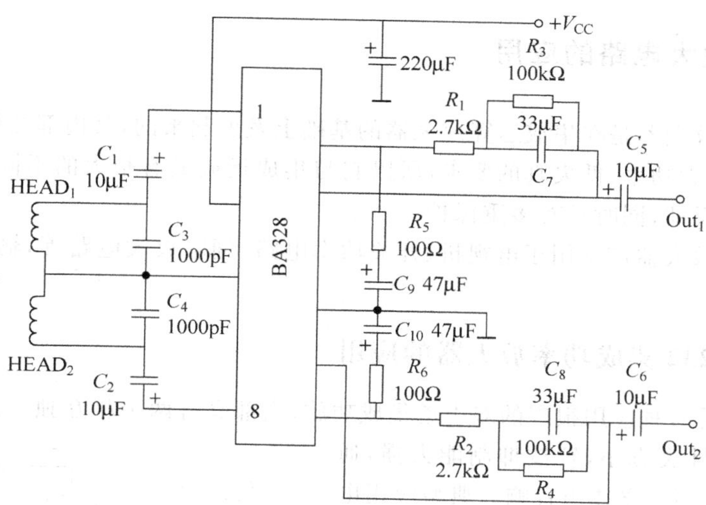

图 8.1 BA328 立体声应用电路

外信号转换为电信号。R_1 给光电管提供静态工作点，当有红外线照射到光电管时，光电管的电流增加，由于 R_1 中电流增加，使得输出电压减小，完成光/电转换。C_1 为信号耦合电容。A_1、A_2 组成反相比例运算放大器，将 C_1 送来的信号加以放大。A_1 的放大倍数为 $A_{u1}=-R_3/R_2=-100$，A_2 的放大倍数为 $A_{u2}=-\dfrac{R_5}{R_4}\dfrac{R_{w1}}{R''_{w1}}=-\dfrac{R_{w1}}{R''_{w1}}$。$A_3$ 组成电压比较器，R_{w2} 为比较器比较电平的设定电阻。A_4 组成电压跟随器，将 5V 电压变成 2.5V 后送到 A_1、A_2 的同相端，给 A_1、A_2 提供直流偏置。C_2、C_4 和 C_5 为滤波电容。

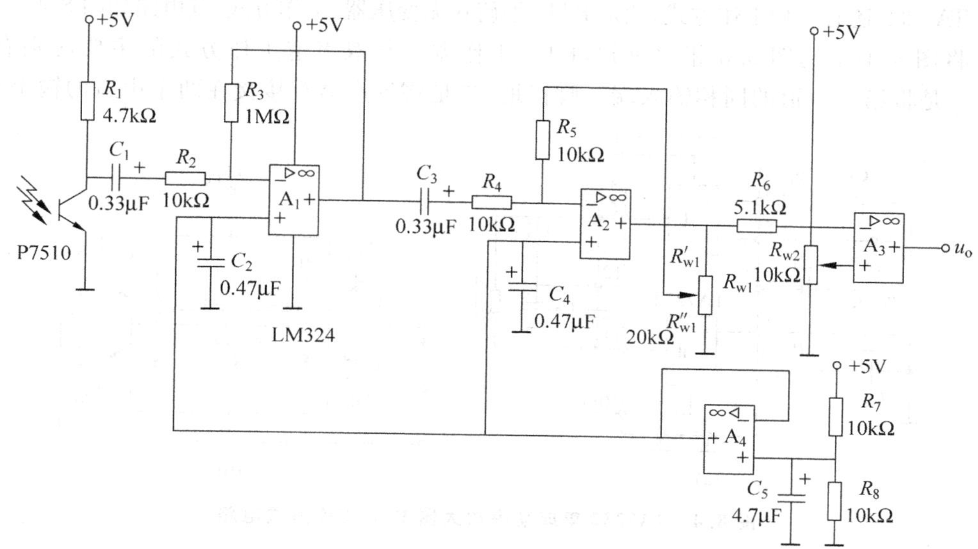

图 8.2 红外检测电路

8.2 功率放大电路的应用

集成功率放大器是在集成运算放大器的基础上发展起来的，其内部结构与运放相似。但由于其高效、大功率、低失真的要求，所以它与集成运放又有很大的不同。在电路内部多施加深度负反馈，同时具有多重保护。

集成功率放大器广泛用于电视机、开关功率电路、伺服放大电路等，输出功率从几百毫瓦到几十瓦。

8.2.1 TA7232 集成功率放大器的应用

TA7232 是一种应用很广的双声道集成功放，内部具有两个相互独立的功率放大器，其特点是非线性失真小，纹波抑制能力强，通道串音小，可应用于立体声音响。典型应用电路如图 8.3 所示。图中，集成电路 4 脚和 5 脚为通道 1 的反相输入端和同相输入端，2 脚为输出端，1 脚为自举端。8、9、11 脚为另一通道的输入与输出端，10 脚为自举端。12 脚为电源端，3、7 脚为接地端。在集成电路内部，已在输出与反相输入端接有反馈电阻，所以在使用时，只要在反相端接一个 RC 反馈网络。两条通道的同相端为信号输入端。输出端接有输出耦合电容，使放大器工作在 OTL 方式。

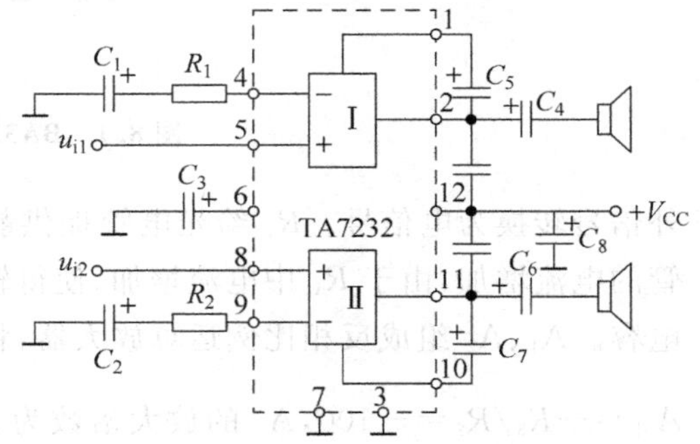

图 8.3 TA7232 集成功率放大器典型应用电路

TA7232 还有一种工作方式，就是 BTL(平衡式无变压器)工作方式，其电路如图 8.4 所示。将图 8.4(a)与图 8.3 相比可知，BTL 工作方式与双声道工作方式的主要区别有两点：一是将第二声道的同相输入端 8 脚接地，二是将扬声器直接接在两个声道的输出端。

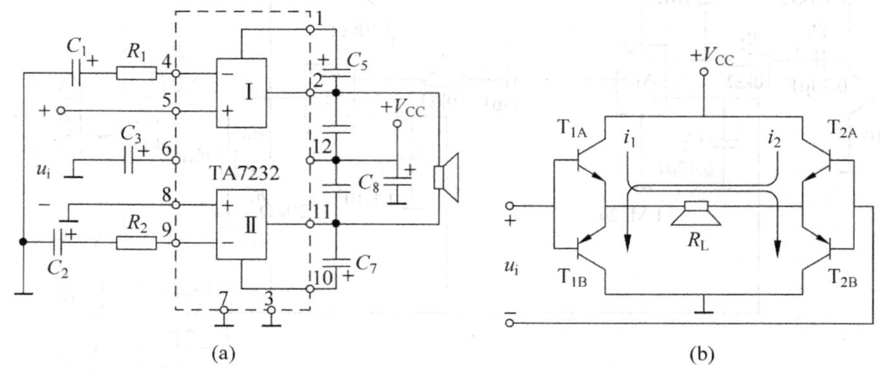

图 8.4 TA7232 集成功率放大器 BTL 工作方式电路

在图 8.4(b)所示电路中，T_{1A} 和 T_{1B} 表示第一声道输出级互补对称电路，T_{2A} 和 T_{2B} 表示第二声道级互补对称电路。由于负载 R_L 两端均未接地，而且两个声道同时向 R_L 提供交流功率，故称为平衡式工作方式。

应该指出，将一个双声道集成功放接成 BTL 方式时，只能作为一个声道使用。

8.2.2　TDA2030 集成功率放大器的应用

TDA2030 与性能类似的其他产品相比，具有引脚和外接元件少的优点。它的电气性能稳定、可靠，适应长时间连续工作，且芯片内部带有过载保护和热切断保护电路。该芯片适用于在高保真扩音装置中作音频功率放大器。其典型参数为：电源电压±6～±18V，静态电流小于 40mA，电源电压为 14V，负载为 4Ω，失真度小于 0.5%。信号频率为 1kHz 时，输出功率为 14W。输入阻抗为 140kΩ，带宽为 10Hz～140kHz。TDA2030 引脚排列如图 8.5 所示。

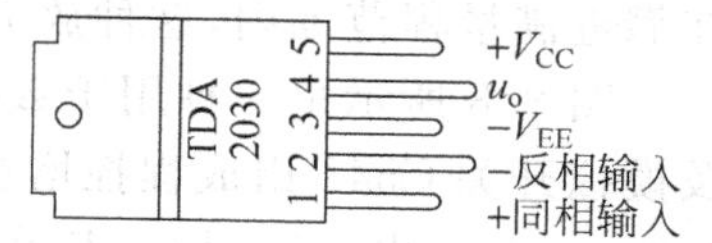

图 8.5　TDA2030 引脚排列图

TDA2030 在使用时可以接成 OCL 工作方式和 OTL 工作方式两种。

图 8.6 所示为 OCL 工作方式。图中，R_3、R_2 和 C_2 使 TDA2030 接成交流电压串联负反馈电路。闭环增益可由下式估算：

$$A_{uf} = 1 + \frac{R_3}{R_2}$$

C_2 一般取几十微法，本电路中取 22μF。C_3 和 C_5 为高频去耦滤波电容，滤除高频干扰。C_4 和 C_6 为低频去耦滤波电容，滤除电源低频干扰。R_4 和 C_7 组成阻容吸收网络，用以避免电感性负载产生过电压，击穿芯片内功率管，同时具有改善扬声器高频响应，消除自激振荡的功效。R_1 为芯片输入级偏置电阻，为输入端提供直流通路。

图 8.7 所示为 OTL 工作方式。图中，R_1 和 R_2 为双电源改单电源的直流偏置电阻。静态时，$i_+ = 0$，$i_{R3} = 0$，要满足 $U_+ = U_- = V_{CC}/2$，所以 R_1 和 R_2 的阻值相等。C_5 为交流旁路电容。R_3 为自举电阻，使电路的输入电阻不因 R_1 和 R_2 在交流通路中的并联而下降。其余电路元件的作用和 OCL 电路中的相似。

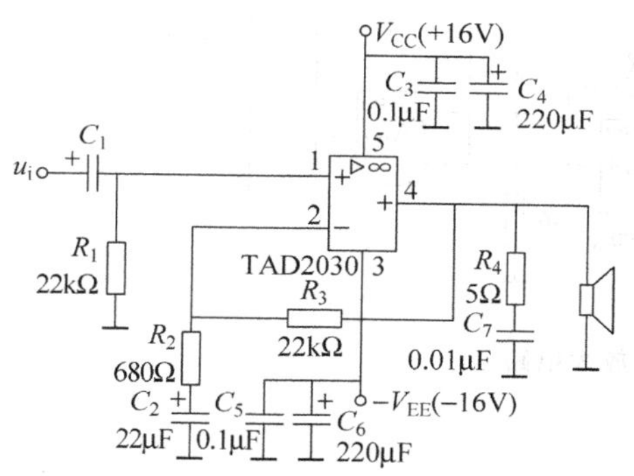

图 8.6　TDA2030 OCL 工作方式

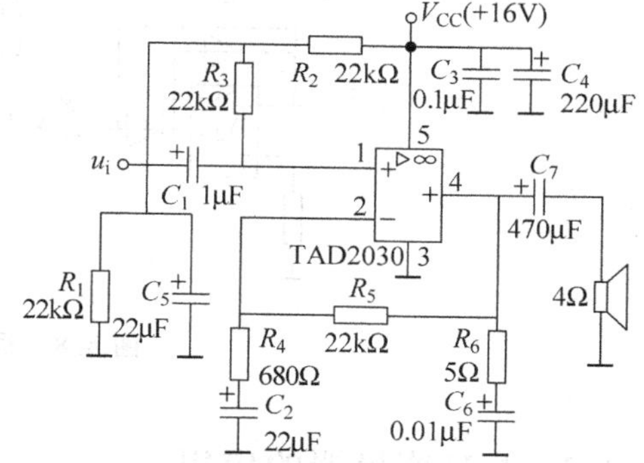

图 8.7　TDA2030 OTL 工作方式

8.3　放大电路的特殊应用

8.3.1　程控增益放大器

在各种类型的智能化电子仪器的数据采集和数据处理中，总要求系统处于线性范围内，并具有足够的精度，当从传感器或探测器取得的电信号变化范围很大时，采用固定增益的放大电路不能满足上述要求。例如,当信号较小时,为保证指示仪表的读数精度或模/数转换的精度,希望放大电路的增益足够高,使仪表读数接近满量程或模/数转换处于高位数据输出。但信号较大时,增益若很大,放大电路将出现过载而饱和。如果要保证大信号时,不出现饱和,则增益不能太大,但小信号时又不能保证精度。因此,当信号变化较大时,要求放大器的放大倍数能根据信号的大小自动调整,使放大电路的输出值始终保持在靠近满量程范围内,这种放大器称为程控增益放大器。

图 8.8 所示是一种用于数据采集系统的实用性电路。它由 4 个部分组成:运放 A_1 及模拟开关 C541 组成程控增益放大电路。其电压增益为 $A_u=(1+R_f/R_{rj})$,其中 $j=1,2,3,\cdots,8$,输出电压用 u_{o1} 表示;A_2 和 A_3 组成绝对值电路,输出电压用 u_{o2} 表示。根据图中所示电阻的大小关系,可得 $u_{o2}=|u_{o1}|$(读者可自行分析工作原理)。运放 $A_4\sim A_{11}$ 组成 8 个电压比较器,其中 $R_1\sim R_9$ 电阻链为电压比较器的基准分压电阻;8 个电压比较器的输出电压分别加到编码器(读者可参阅有关参考资料)的数据输入端,由编码器输出 3 位二进制代码控制模拟开关 C541。由此可见,放大电路输出电压 u_{o1} 的绝对值确定了编码器输出代码的状态,而编码器的输出代码反过来控制放大电路的增益,从而形成了根据输入信号的大小自动控制放大电路增益的闭环系统。

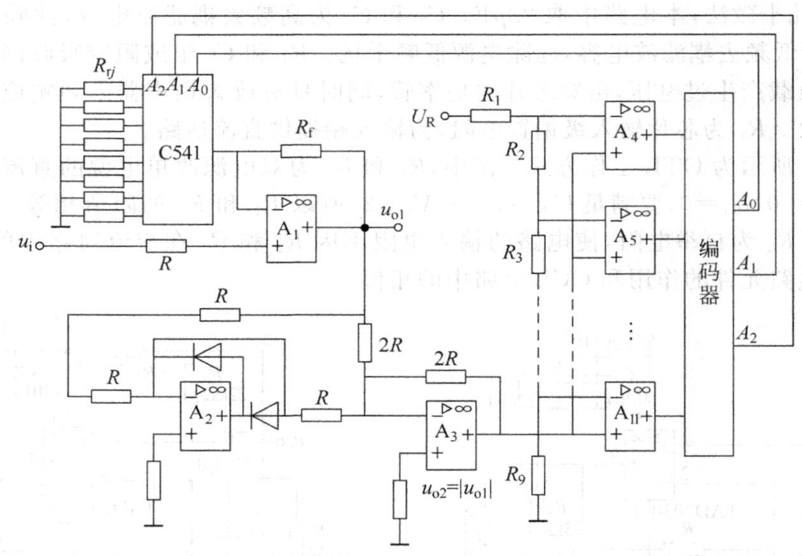

图 8.8　程控增益放大电路

8.3.2　I/U 变换器的应用

在工程实践中,U/I 和 I/U 变换器用于电缆远距离传送信号的系统中。另外,它还可用于诸如精密电压和电流的测量仪器以及微弱信号检测领域等。

这里以某记录仪中的 I/U 变换器为例介绍其基本原理,电路如图 8.9 所示。该电路的作用是将输入为 4~20mA 的电流变换为 −10~+10V 的输出电压,并且要求当输入电流为 12mA 时,输出电压为零。电路中,电阻 R_1 的作用是将 $I_i=4\sim20$mA 的输入电流转换为 $U_i=2\sim10$V 的输入电压(浮地)。运放 A_1 采用差动输入方式,由所给参数可知,$U_{o1}=-2\sim-10$V。运放 A_2 的作用是把单极性输入转换为双极性输入的加法运算,当

$I_i = 12\text{mA}$ 时，即 $U_{o1} = -6\text{V}$ 时，为保证输出电压 $U_o = 0$，应调节 R_W 使滑动端的电压为 $+6\text{V}$。R_{P1} 和 R_{P2} 分别用来调节 A_1 和 A_2 的电压放大倍数，由于要将 8V 的输入电压变化量放大为 20V 的输出电压变化量，所以总电压放大倍数应为 $A_u = 20/8 = 2.5$(图中，$A_{u1} = -1$，$A_{u2} = -2.5$)。

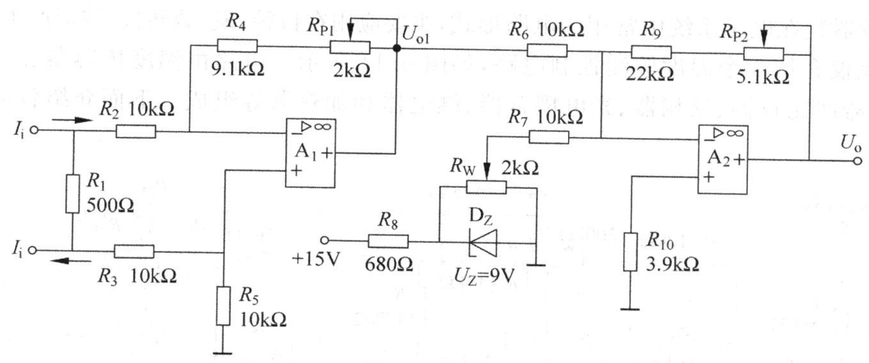

图 8.9 记录仪的 I/U 变换器

8.3.3 滤波器应用电路

图 8.10 所示是一个将滤波器应用于二路分频放音系统的电路。通常，大扬声器的低音效果好，而高音效果差。如果用一只大扬声器和一只小扬声器同时放音，就可得到比较好的效果。

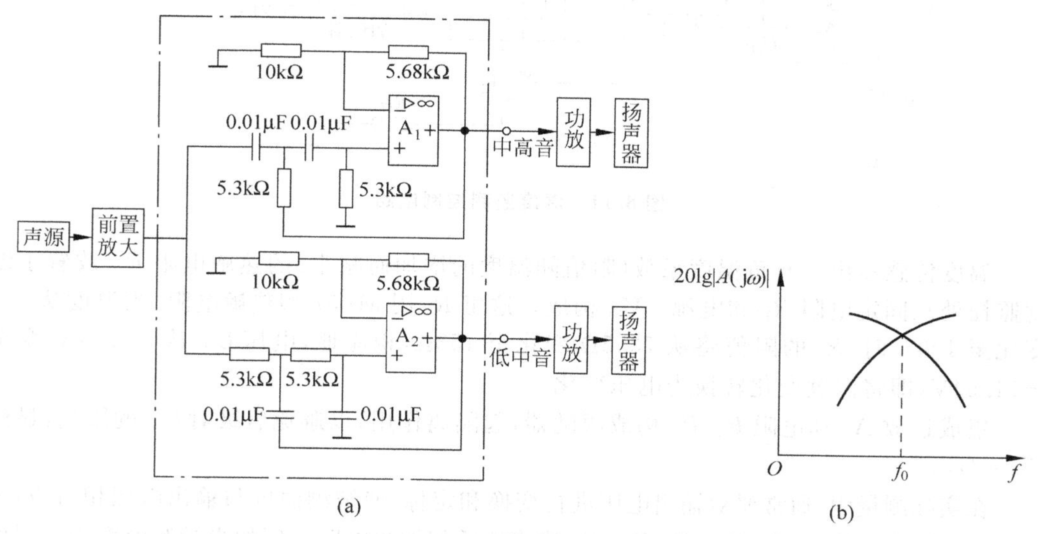

图 8.10 二路分频放音系统

由图 8.10(a)可见，来自唱机、收音机或其他声源的音频信号经前置放大后，送到二路分频电路进行分频。分频电路由一个二阶压控电压源高通滤波器和一个二阶压控电压源低通滤波器组成，用来将音频信号分成两个频段，其对数幅频特性的一部分如图 8.10 (b)所示。图中，f_0 为分频点，也是高通和低通滤波器的截止频率。根据所给参数不难得知：

$f_0=3\text{kHz}, Q=0.707, A_u=1.586$。滤波器的输出分别送到各自的功率放大器,最后由中高音扬声器和中低音扬声器放音。

8.3.4 比较器的应用

比较器是在电子系统中常用的电路形式,主要应用在报警、模/数转换、波形产生等方面。

在此仅介绍一个温度监测控制电路,如图 8.11 所示。电路由温度传感器、跟随器、加法电路、滞回比较器、反相器、光电耦合器、继电器和加热器等组成。下面介绍各部分的工作原理。

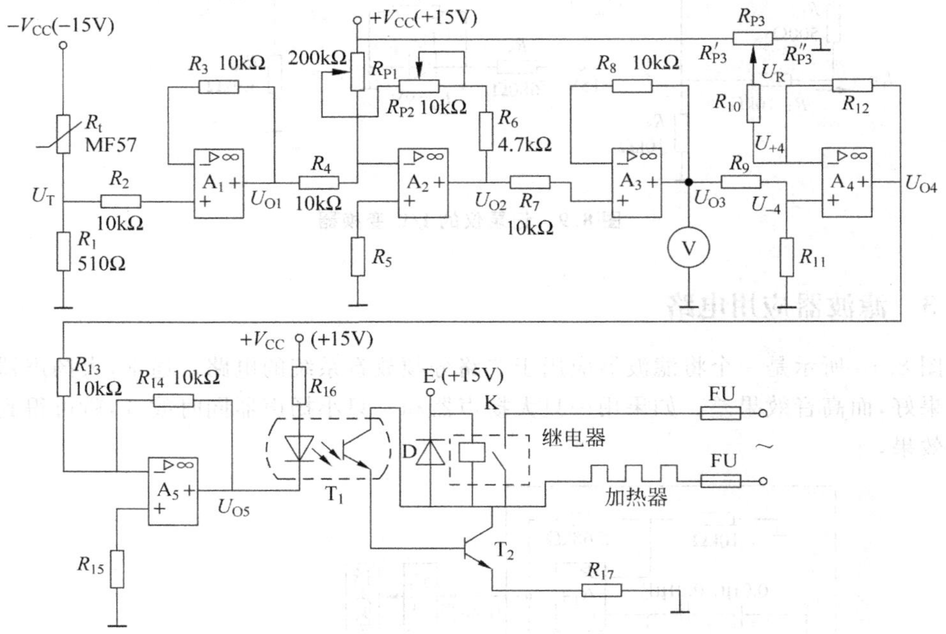

图 8.11 温度监测控制电路

温度传感器由具有负温度系数(阻值随温度的增加而减小)的热敏电阻 R_t(放置于温度监控处)、固定电阻 R_1 和电源 $-V_{CC}$ 构成。这里 R_t 用 MF57 型热敏电阻,当温度从 0℃ 变化至 100℃ 时,R_t 的阻值将从 7355Ω 变化至 153Ω,相应地,电压 U_T 从 -0.97V 变至 -11.54V,即将温度变化转换为电压变化。

集成运放 A_1 和电阻 R_2、R_3 构成跟随器,起隔离作用,以避免后级对 U_T 的影响,显然 $U_{O1}=U_T$。

在实际测量中,通常要对输出电压进行变换和定标,使被测温度与输出电压相对应,因此接入由集成运放 A_2 和 $R_4 \sim R_6$、R_{P1}、R_{P2} 构成的反相加法电路。例如当被测温度为下限值时,$U_{O1}=U_{O1L}\neq 0$,若要求此时的 $U_{O2}=U_{O2L}=0$,应使 R_{P2}、R_6 支路的电流为零,因此可得

$$\frac{U_{O1L}}{R_4}+\frac{V_{CC}}{R_{P1}}=0$$

即

$$R_{P1}=-\frac{V_{CC}}{U_{O1L}}R_4$$

上式确定了 R_{P1} 和 R_4 的阻值关系。图 8.11 中,被测温度的下限值为 0℃,$U_{O1L}=-0.97$V,则 R_{P1} 调至约 154.6kΩ 即可。而当被测温度为上限值时,$U_{O1}=U_{O1H}$,若要求此时的 $U_{O2}=U_{O2H}$,即输入电压变化量 $\Delta U_{O1}=U_{O1H}-U_{O1L}$,输出电压变化量 $\Delta U_{O2}=U_{O2H}-U_{O2L}=U_{O2H}$,因此要求电路的电压放大倍数为

$$A_f=\frac{\Delta U_{O2}}{\Delta U_{O1}}=\frac{U_{O2H}}{U_{O1H}-U_{O1L}}=-\frac{R_6+R_{P2}}{R_4}$$

上式表示,可根据被测温度范围所对应的传感器输出电压变化量和定标电压,确定反馈支路电阻(R_6+R_{P2})与 R_4 的阻值关系。图 8.11 中,被测温度上限值为 100℃,$U_{O1H}=-11.54$V,如要求此时 $U_{O2H}=10$V,则 $R_6-R_{P2}\approx 9.46$kΩ。

集成运放 A_3 和 R_7、R_8 构成跟随器,起隔离作用。显然 $U_{O3}=U_{O2}$,其电压表的读数按温度标定后即可直接指示被监测的温度。

集成运放 A_4 和 R_{10}、R_{12} 等构成滞回比较器,A_4 的反相输入端电压 $U_{-4}=\frac{R_{11}}{R_9+R_{11}}U_{O3}$,设 $R_P=R'_{P3}/\!/R''_{P3}$,可得同相输入端电压 $U_{+4}=\frac{R_{12}}{R_{10}+R_{12}}U_R=\frac{R_{10}+R_P}{R_{10}+R_P+R_{12}}U_{O4}$。$U_{-4}$ 与 U_{+4} 比较后,决定集成运放 A_4 的输出电平。图 8.11 中,U_R 可通过电位器 R_{P3} 来调节,从而调节 U_{+4},达到调节温度控制范围的目的。这里 $R_9\sim R_{12}$ 的阻值由控温要求确定。

集成运放 A_5 构成反相器。T_1 为光电耦合器,起耦合和隔离作用,它由发光二极管和光电三极管组成,当发光二极管导通发光时,光电三极管也导通。T_2 为功率三极管,光电三极管导通时 T_2 随之导通。K 为继电器,它主要由电磁系统(含静铁芯、动铁芯及线圈)和触点等组成。当继电器线圈通电时,动铁芯动作,带动触点闭合。D 为续流二极管,其作用是当 T_2 由导通变截止时,为 K 的线圈提供续流回路,以防线圈产生过电压。

综合上述各部分电路的功能,可概括整个电路的工作原理为:如被监控点的温度较低时,R_t 阻值较大,U_T、U_{O1} 的绝对值较小,U_{O2}、U_{O3} 亦较小,使 $U_{-4}<U_{+4}$,A_4 输出正饱和电压(这时 $U_{+4}=U_{+4H}$)。经 A_5 反相,输出 U_{O5} 为低电平,使 T_1 和 T_2 饱和导通,继电器 K 的线圈通电,其触点闭合,加热器通电加热,使被监控点的温度上升。随着温度的上升,R_t 减小,U_T、U_{O1} 的绝对值增大,U_{O2}、U_{O3} 亦增大。当温度上升至上限值(由 U_{+4H} 设定)时,使 $U_{-4}>U_{+4H}$,A_4 输出负饱和电压(此时 $U_{+4}=U_{+4L}<U_{+4H}$)。经 A_5 反相,U_{O5} 为高电平,T_1、T_2 截止,继电器 K 的线圈失电,触点断开,停止加热,使温度逐渐下降。随着温度的下降,U_{O2}、U_{O3}、U_{-4} 下降。当温度下降至下限值(由 U_{+4L} 决定)时,$U_{-4}<U_{+4L}$,A_4 输出正饱和,重新加热。

因此,该电路能直接监测温度,并能将监测点的温度自动控制在一定的范围内。

8.4 其他应用电路

8.4.1 镍镉电池充电器

图 8.12 所示为一个镍镉电池恒流充电电路。对镍镉电池充电时,要考虑充电时间和充电电流,并注意充电时电池的温升。一般镍镉电池正常的充电时间为 7 小时左右,并希望充电电流为恒定值,其大小由电池额定容量确定。图中,变压器 T_r 的二次电压 u_2 经

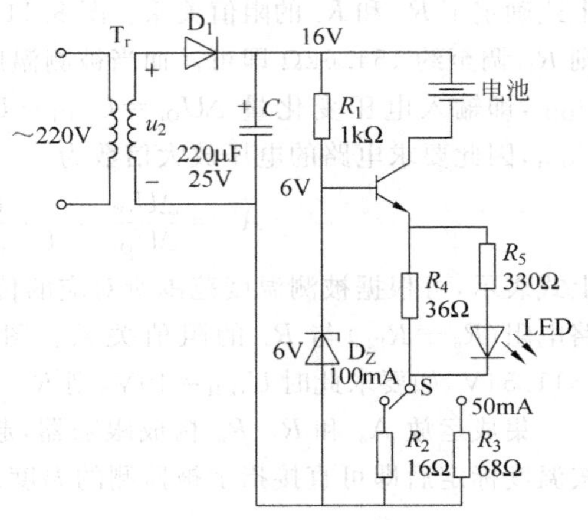

图 8.12 镍镉电池充电器

D_1 整流后得到脉动的半波整流电压,再利用电容器 C 的充、放电作用(即滤波作用),使脉动的半波电压变成较平滑的 16V 左右的直流充电电压。电阻 R_1 和稳压二极管 D_Z 组成稳压电路,使三极管的基极电位恒为 6V,三极管工作于恒流状态。调整电阻 R_2 和 R_3,使充电电流限制在 100mA 和 50mA 两种,由开关 S 转换。LED 是发光二极管,当两端加正向电压导通时发光,发光强度与通过的电流大小有关。LED 与 R_5 串联后接于 R_4 两端,由于 R_4 两端电压的大小反映了充电电流的大小,因此发光二极管 LED 发光的亮、暗即可指示 S 的状态。R_5 是 LED 的限流电阻,使流过 LED 的电流限制在一定的数值内。

此电路具有结构简单和充电电流接近恒定的特点。但由于它没有定时功能,因此在使用中必须注意充电时间和充电电池的电压。

8.4.2 频谱式电平指示器

在音响设备中,通常用二极管来指示信号的强度,这就是电平指示器。图 8.13 所示是某型号组合音响中的频谱式电平指示器电路。这是一个全发光式频谱电平指示器,共有 5 列、5 行,即对音频范围内的信号分成 5 个频率点和 5 级进行信号电平指示。但该机对每个频率的信号采用两列相同的 LED 进行电平指示,这样总的列数为 5×2=10。

在图 8.13 所示电路中,T_1~T_4 管是左、右声道信号放大管。T_5~T_9 5 只三极管构成 5 个有源带通滤波器。T_{10}~T_{19} 为 10 列 LED 的驱动管。电路的每一列分级指示为电阻自分压方式。每一列的各级电阻均为 2.7kΩ、820Ω、270Ω、120Ω 和 82Ω,图中仅标电阻编号,阻值均省略未标。

这一电路的工作原理主要说明下列几点:

(1) 左、右声道的音频信号分别由 R_1 和 C_1、R_2 和 C_2 加到 T_1、T_2 管基极。T_1 和 T_2 管接成共发射极电路。

(2) 两管放大后的信号分别加到 T_4 和 T_3 管的基极。T_4 和 T_3 接成射极输出器。T_4 和 T_3 两管输出的左、右声道信号分别通过 R_{15} 和 R_{16} 混合,获得 L+R(左声道+右声道)信号,这一信号再同时加到 T_5~T_9 各有源带通滤波器电路中。

(3) 从 T_5~T_9 管集电极取出的 5 个频率音频信号分别加到各自的 LED 驱动电路中。这里以 T_5 管输出信号为例,分析电路工作原理。

T_5 管集电极输出信号加到 D_{21}、C_{17} 和 T_{10} 发射结构成的倍压整流电路中,将这一频率的音频信号转换成相应的直流电平,并驱动 T_{10} 管的集电极回路中的 6 只电阻和与之并联的 5 只发光二极管。由于 R_{36} 的阻值最大,故在 R_{36} 上的电压降最大,其上并联的发光二极管首先发光指示。随着输入 T_{10} 基极的直流控制电压增大,T_{10} 管的集电极电流增大,R_{37} 等电阻上的压降增大,各电阻上并联的发光二极管依次发光指示。

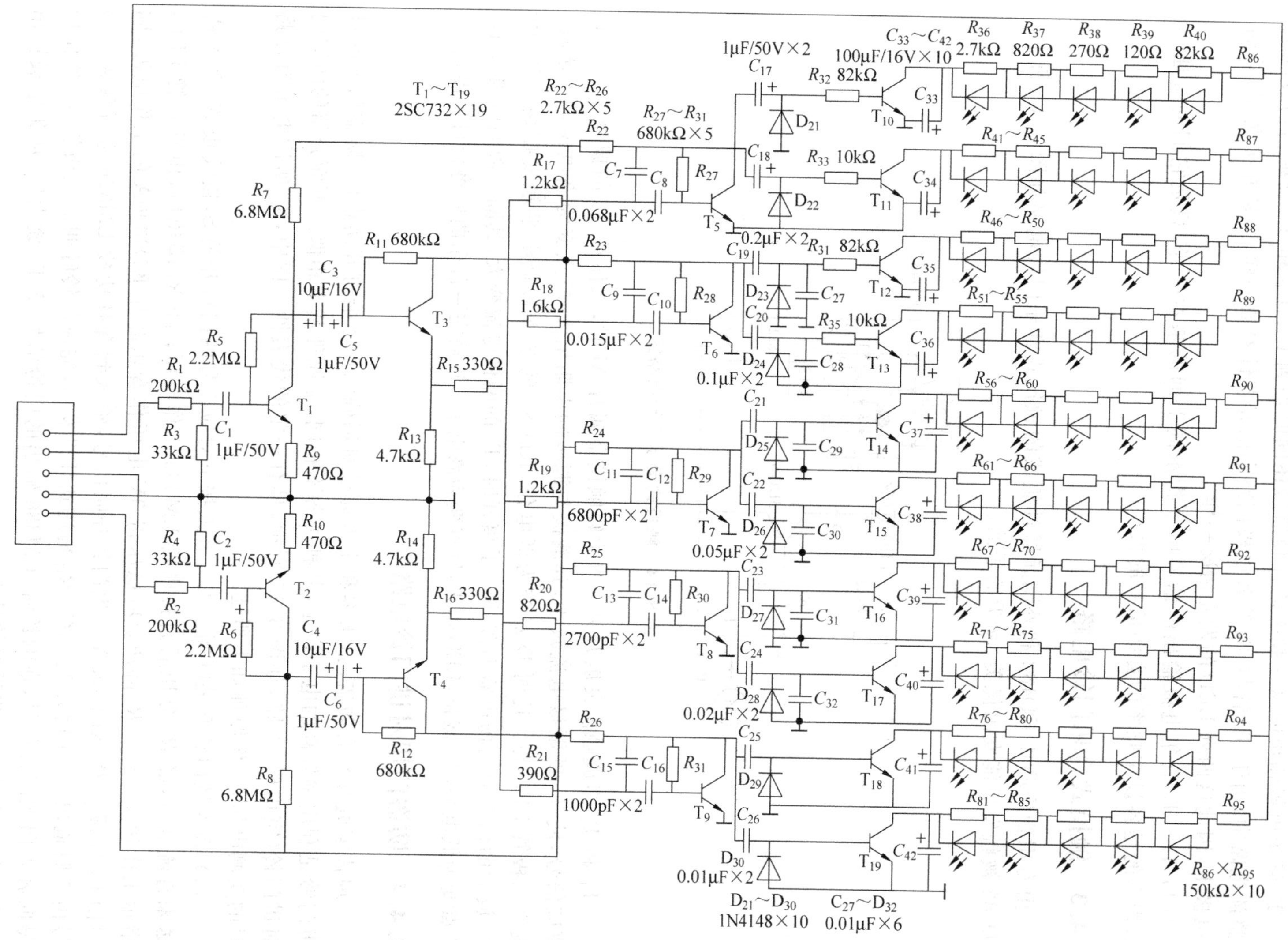

图 8.13　频谱式电平指示器

在图 8.13 所示电路中,C_{33}是平滑电容,使各 LED 指示的信号为平均电平。

T_5 管集电极输出的这一频率的音频信号还同时加到 D_{22}、C_{18}和 T_{11}发射结构成的倍压整流电路中,由于 T_{11}管与 T_{10}管各电极回路中的元器件参数一样,又是并接在 T_5 管的集电极上,因此这两列 LED 的发光情况一样。

(4) T_6～T_9 管集电极输出的信号电平指示同上面的基本一样,只是它们的带通不同,指示的是各设定频率的音频信号的大小。

8.4.3 触摸式音乐门铃电路

由专用音乐芯片 KD482 和外围元器件组成的触摸式音乐门铃电路如图 8.14 所示。KD482 被触发后能发出优美、动听的乐曲。

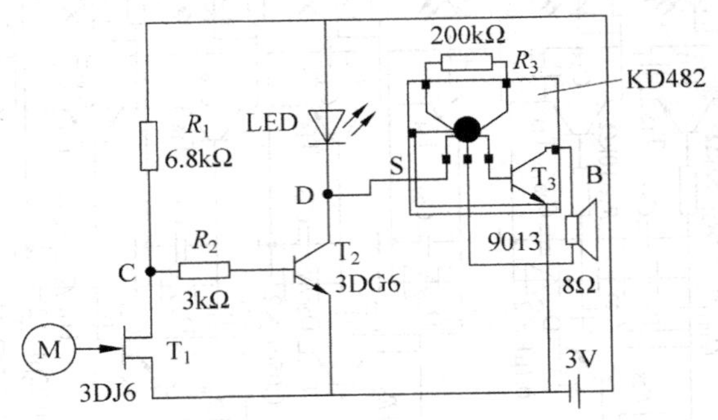

图 8.14 触摸式音乐门铃电路图

T_1 和 T_2 组成触摸灵敏开关。当手轻触摸金属片 M 时,人体给 T_1 的栅极注入一个感应信号,使 T_1 的漏极电流减小,其漏极与源极间电阻增大,C 点变为高电位,T_2 导通,发光二极管 LED 亮。这时 D 点变为低电位,KD482 的 S 端被低电平触发振荡工作,由 T_3 放大的信号驱动扬声器 B 发声。手离开时,T_1 的漏极电流变大,其漏—源间电阻减小,C 点变为低电平,T_2 截止,LED 熄灭,D 点变为高电平。B 播完一首乐曲后将会自动停止。

8.4.4 防盗门用对讲门铃电路

现代家庭都装有防盗门,来客和主人通过对话确认后才能打开防盗门,防盗门上的对讲门铃是利用率较高的电子设施,其种类各不相同,但原理基本相似。下面介绍的防盗门对讲门铃(室内机)电路,如图 8.15 所示,具有一定的代表性。图中,X_1 所注电压为开路时的实测电压,工作原理如下所述。

(1) 客人按门铃开关呼叫主人。客人按下对应房号的门铃开关 S,接线板 X_1 的 3 脚送来直流电压,经 R_n 分压后直接供给 LM386 工作电压;经 R_s 降压后,由发光管 LED_2 指示工作状态;又经 R_s 降压、D_{Z1} 稳压得 3V 电压作音乐芯片 KD9300A 的工作电源,同时由 C_8 完成触发,KD9300A 产生门铃呼叫信号,输入到音频功放 LM386 进行放大。信号由 5 脚输出,经压键开关 S、C_4、R_{P2} 输送到耳机发声,完成门铃呼叫。三极管 T_2 的作用是向客人回送门铃信号,在响铃时,LM386 输出的门铃信号经 T_2 放大后,从集电极输出至 X_1 的 4 脚,供客人监听振铃情况。

(2) 通话询问。主人听到客人的呼叫后,拿起听筒,压键开关 S 转换状态,话筒(B_2)

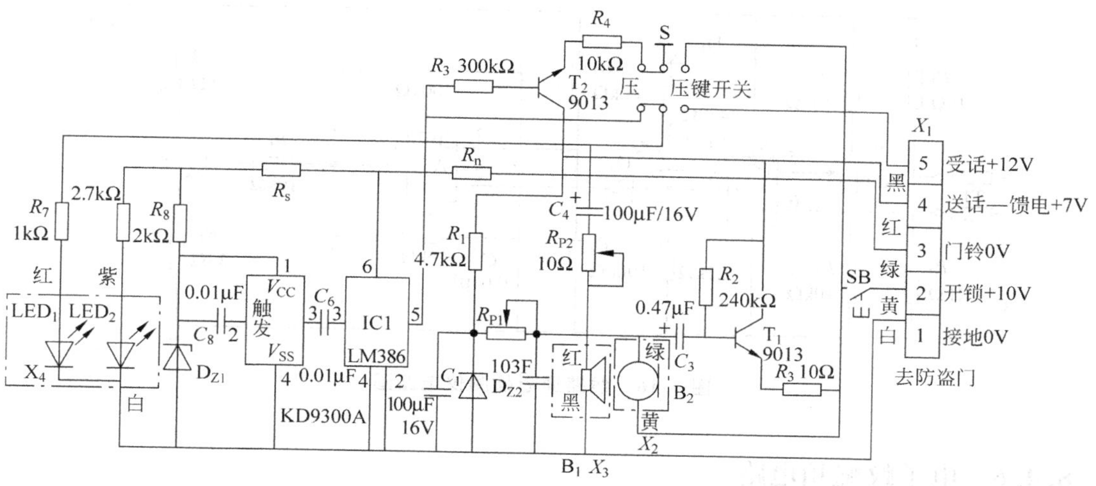

图 8.15　防盗门用对讲门铃电路图

负端和 T_1 的发射极接地，同时耳机电路通过压键开关 S 接 X_1 的 5 脚。X_1 的 4 脚在主机交、直流分离电路的作用下发挥两个作用，一是给话筒和话筒放大器供电，二是将话筒放大器输出的话音信号输送到主机（大门端），供门外客人听话。X_1 的 4 脚送来的直流电压经降压、C_1 滤波、D_{Z2} 稳压、R_{P1} 调整后供话筒电源。话筒产生的话音电流经 C_3 耦合、T_1 放大后，从集电极输出，再混合到与 X_1 的 4 脚相通的电路中，并送到主机电路。客人的答话通过 X_1 的 5 脚送来，通过耳机发声，完成通话动作。

（3）开锁。主人判明客人的身份后，按下开锁开关 SB，防盗门的电磁铁动作，门被打开。客人进门后，防盗门依靠弹簧的作用，再次将门关上。

（4）结束。主人放下听筒，压键开关压下，恢复收铃状态。

8.4.5　线路通断检测仪电路

线路通断检测仪电路如图 8.16 所示，A_1 和 A_2 为一只 TL062 型双运放集成电路，具有很高的输入阻抗。A_1 接成比较器，其同相输入端 5 脚接基准电压，该电压是由电位器 R_P 来确定的。被测线路电压则加到反相输入端 6 脚。比较器将被测电压降与固定基准电压相比较，然后通过其输出电平驱动发光二极管来显示。如果探头 TJ 所接的两点阻值在 10Ω 以下，即为导通状态时，LED 发光；相反，若阻值较大，则 LED 不发光，起通、断显示作用。

A_2 与外围元器件构成方波发生器。当 LED 发光，即 A_1 输出低电平时，振荡器起振产生音频方波，并经过三极管 T 放大驱动喇叭 B 发声。这样，测试者不仅能用眼睛观察 LED，也能靠耳朵听声判断所检测的线路是否接通。

调试时，将 TJ 短接，调节 R_P 使 LED 发光，然后松开 TJ，LED 应熄灭，至此就可以进行通、断测试了。

该检测仪不仅能通过灯的亮、灭，而且能利用声响来检测线路的通、断，是维修人员和电子爱好者的理想工具。

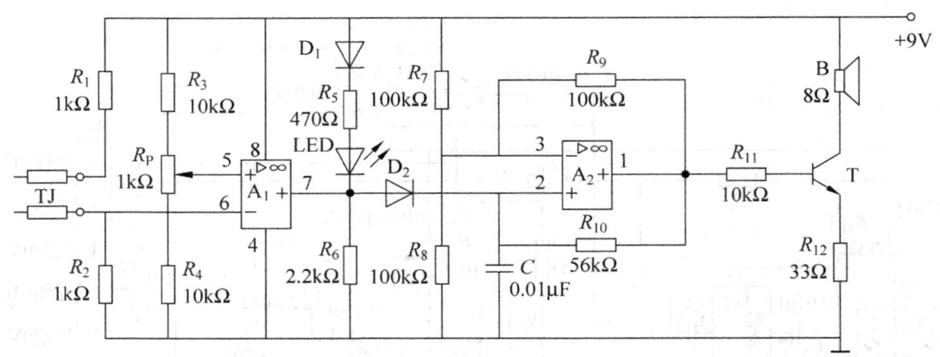

图 8.16　线路通断检测仪电路图

8.4.6　电子蚊蝇拍电路

传统蚊蝇拍使用时很不卫生，有些地方限制了它的使用。新式电子蚊蝇拍克服了传统蚊蝇拍的不足，使用起来更加方便、有效和卫生。使用时，对着蚊蝇一挥，即可将害虫杀死。

电路如图 8.17 所示。三极管 T 与变压器 T_r 的一次绕组 L_1、L_2 构成三点式振荡器，将 1.5V 的直流电变为交流电，由 T_r 升压，L_3 上得到交流电压，由 $D_1 \sim D_5$、$C_1 \sim C_5$ 构成的 5 倍压升压电路进一步升压为 1600V 的高压，经 A、B 送往放电网，由放电网上的高压电杀死蚊蝇。

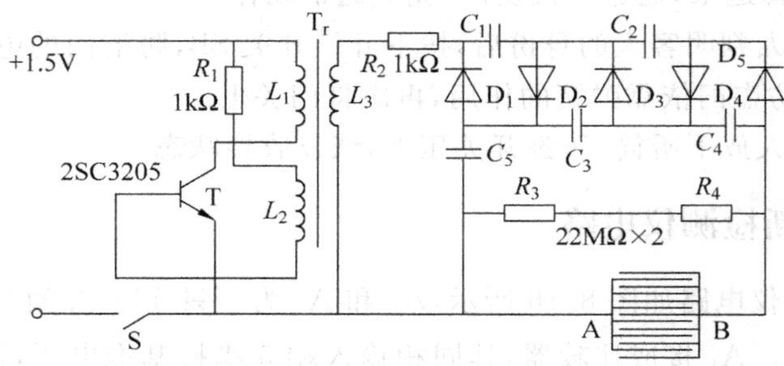

图 8.17　电子蚊蝇拍电路图

R_1 为三极管 T 的基极偏置电阻，T 选用 2SC3205，T_r 用 EE13 铁氧体磁芯，L_1 用 ϕ0.22mm 的漆包线绕 8 匝，L_2 用 ϕ0.22mm 的漆包线绕 22 匝，L_3 用 ϕ0.88mm 的漆包线绕 1200 匝，$D_1 \sim D_5$ 用 1N4007，$C_1 \sim C_5$ 用 0.47μF/630V 金属化纸介电容。放电网用 ϕ0.55mm 的裸铜线每隔 8mm 拉一条作为 A 极。再用相同的线，距已拉好的每条线 4mm 拉一条作为 B 极。为了避免因手误触网线而有触电感觉，A、B 两组线不要在同一平面上。

8.4.7　自动空气清新器电路

自动空气清新器根据检测到的空气自动起动，使电路产生负离子，达到净化空气的目的，其电路如图 8.18 所示。

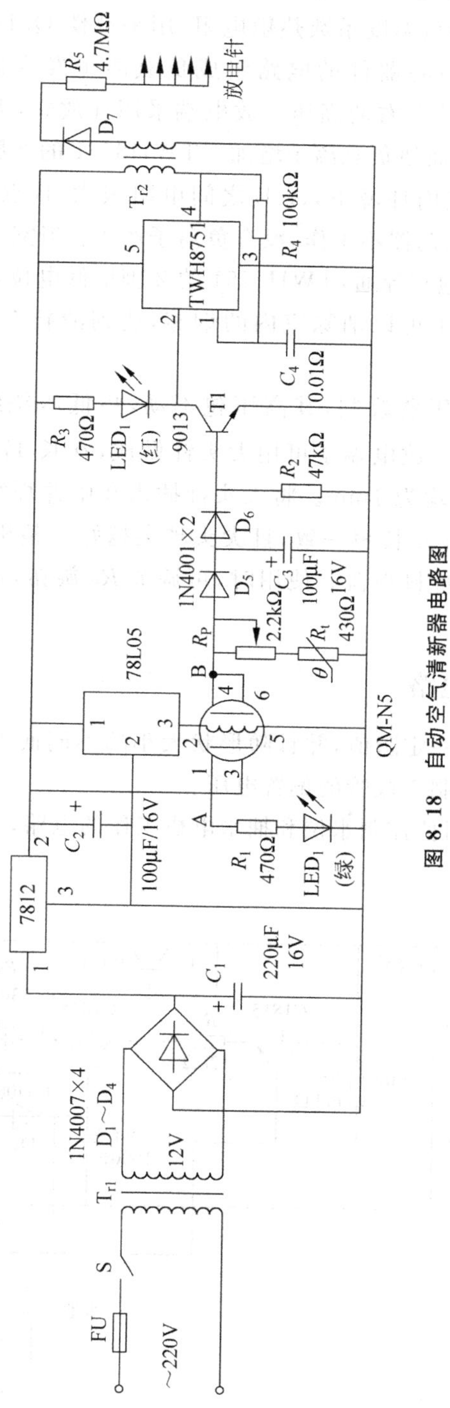

图 8.18 自动空气清新器电路图

该电路分为两部分，以 QM-N5 为中心元件的电路组成空气检测开关电路，它可以检测可燃气体。当室内的有害气体达到一定浓度时，由于 B 点电位升高，使 T_1 饱和导通，起到了检测开关的作用。R_t 为负温度系数热敏电阻，用来补偿 QM-N5 由于温度变化引起的偏差。以 TWH8751 为中心器件的电路组成负氧离子发生器，其振荡频率约为 1kHz，在 T_{r2} 二次侧可得到 5kV 左右的高压。放电端采用开放式，大大提高了负氧离子的浓度，减小了臭氧的浓度，从而使负氧离子增加。TWH8751 的 2 脚即同相输入端为高电位时，振荡器停振，在正常室内环境下，A、B 之间电阻很大，B 点电位很低，T_1 截止，TWH8751 的 2 脚为高电位，振荡器不工作，没有负离子产生；当室内的有害气体浓度超过了 R_P 设定的临界值时，T_1 饱和导通，TWH8751 的 2 脚呈低电位，振荡器起振，产生负氧离子。在一定程度上，负离子可以消除室内的烟雾，达到清新空气，利于身体健康的目的。

T_{r2} 可用电视机行输出变压器改制，其高压包不动，将低压绕组线圈全部拆除，用 $\phi=0.6$mm 漆包线重绕 45 匝。放电端子可用大头针做成，在长 170mm、宽 40mm 的敷铜板上钻 3 排眼，每排 16 个，均为 1mm。将大头针插入孔中并焊牢，要使焊点圆滑，不能有毛刺。挑选大头针时要注意长短一致，且尖头越尖越好。整机装入一个 180mm×110mm×80mm 的 ABS 工程塑料小盒。使用时，可调节 R_P 旋钮，以使整机有合适的灵敏度。

8.4.8 简易水位控制器电路

由于水是可以导电的，有一定阻值，并且随形状大小的不同而不同，因此可以把它看成是一个可变的电阻，用来控制三极管的偏置电压。

下面介绍一种利用水的阻值控制水位和抽水电机工作的电路，如图 8.19 所示。整个电路的工作过程如下所述。

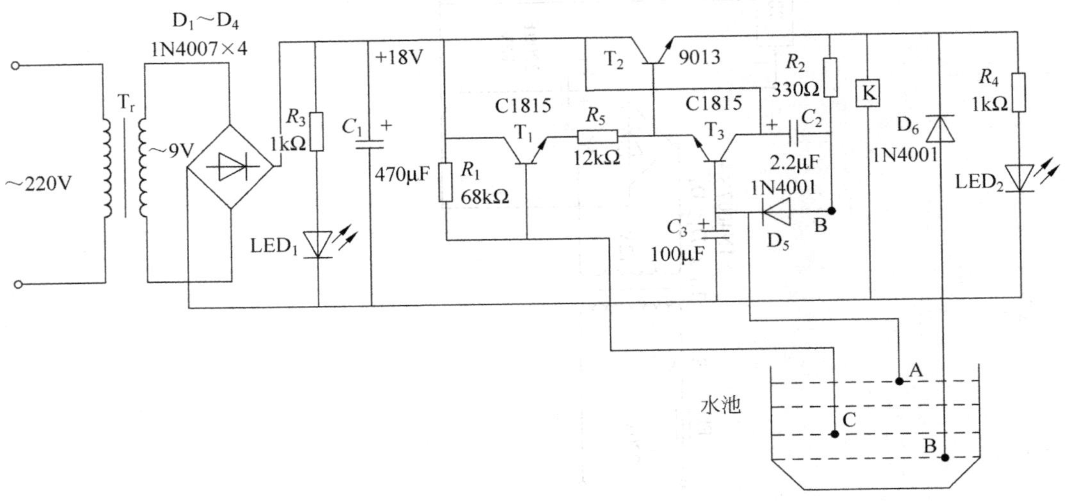

图 8.19 简易水位控制电路图

当水位低于 B、C 点时，T_1 加偏置电压而导通，T_2 工作，继电器 K 吸合，电机得电工作，水位增高。因 T_2 工作，T_3 通过 R_2、D_5 获得足够的正向偏置而导通，同时给 C_3 充电。当水位高于 B、C 点时，T_1 截止，基极电位下降，C_3 放电，T_3 继续工作，T_2 不能截止。当 A 点电位低于 B 点电位时，D_5 导通，C_2 放电，C_3 充电；当 A 点电位等于 B 点电位时，D_5 截止，C_2 充电，C_3 放电。当下一周期到来时，C_2、C_3、D_5 又重复上述动作，保持 T_3 继续工作。当水位处于 A 点时，C_3 通过水向地放电，A 点电位瞬间下降，T_3 因失电而截止，T_2 停止工作，整个电路处于等待状态。

当水位处于 A 点之下，B、C 点之上时，电路因无起动电压而同样处于等待状态。随着用水量的下降，当下降到 B、C 点以下时，又重复上面的过程。

8.4.9　太阳能热水器上水自控电路

太阳能热水器多为人工上水，为了防溢，必须有人守候，非常麻烦。图 8.20 所示电路具有自动上水功能，原理如下所述：

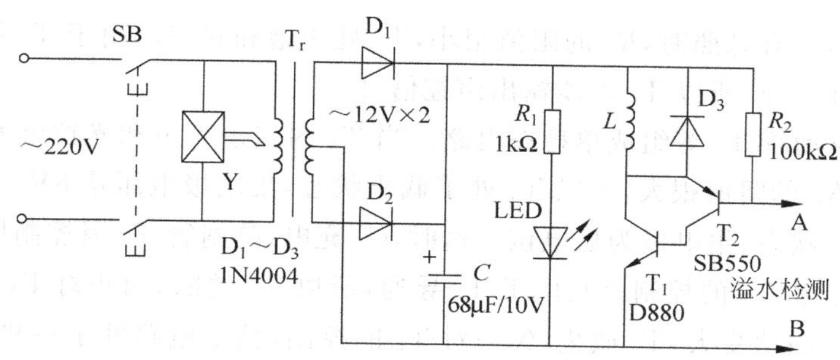

图 8.20　太阳能热水器上水自控电路图

Y 为进水电磁阀，L 与 SB 为继电器的线圈和交流电源开关。变压器 T_r 与 D_1、D_2 和 C 组成全波整流电路，为控制电路提供电源。T_1、T_2 组成复合管，既提高了功率，又增加了放大倍数。A、B 两端接双芯线用作电极，双芯线由溢水管伸入水箱的溢水口附近。需要上水时，按一下自锁开关 SB，Y 即通电上水，上水指示灯 LED 点亮，此时 T_1、T_2 均截止。当有水溢出时，A 点经水接 B 点，T_1、T_2 导通，线圈 L 通电，SB 解锁复位，整个电路自动断电，上水结束。这就避免了人工守候的麻烦。进水电磁阀与上水阀并接，以便停电时手动上水。

8.4.10　声、光控照明灯电路

图 8.21 所示为楼道照明节电开关电路。该电路由电源电路、控制电路和驱动电路等组成。

市电经照明灯 EL(40W)和整流桥 D_1～D_4 整流，获得的直流电压。一路直接加至驱动管 T_4 和晶闸管 T_5；另一路经电阻 R_{11}、电容 C_4 和稳压管 D_Z，将直流电压稳定在 8.2V，为三极管 T_1～T_3 等组成的声、光电路供电。

B 为压电陶瓷片，它与 T_1 等构成声控信号放大电路。R_g 为光敏电阻，它与 T_2 等构

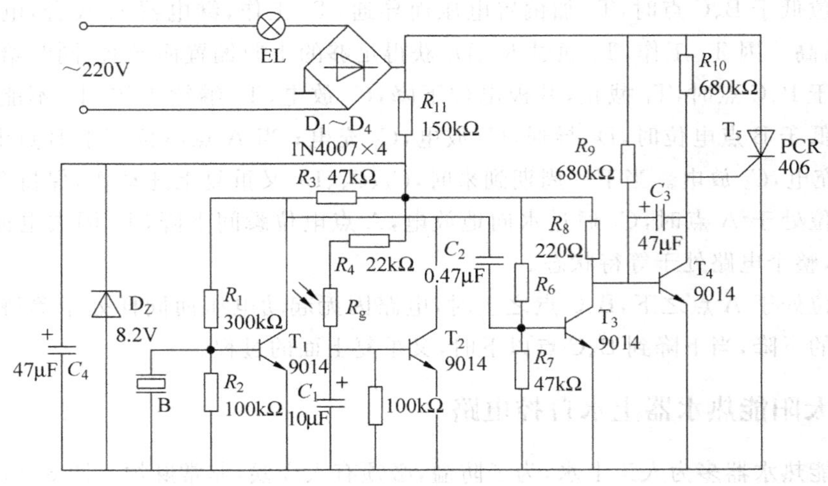

图 8.21　声、光控照明电路图

成光控电路。白天有光照时,R_g 的阻值很小,T_2 处于饱和状态。由于 T_2 的集电极与 T_1 的集电极连接在一起,所以 T_1 不能输出声控信号。

T_3、C_3 和驱动管 T_4 等组成单稳态电路。当 T_3 的基极无声和光控触发信号时,因为基极偏置电阻 R_6 的阻值很大,所以 T_3 处于截止状态,集电极电压达 8V。T_4 管在灯 EL 不亮时处于饱和状态,集电极为低电位。这时,C_3 充电,晶闸管 T_5 因控制极接地而关断。

白天,受 R_g 和 T_2 的控制以及由于 T_4 导通,所以 T_5 关断,白炽灯 EL 不会点燃;夜间,光敏电阻 R_g 阻值变大,T_2 截止,失去对 T_1 的控制,整个电路处于待机状态。此时如果压电陶瓷片 B 拾取到行人的击掌声或脚步声,就会立即输出电信号,经 T_1 放大再经 C_2 耦合,触发 T_3 单稳态电路翻转,T_3 产生一个负跳变信号,促使 T_4 管截止,T_5 经 R_{10} 获得高电平而导通,灯泡 EL 立即点亮。与此同时,整流电路输出的电压迅速下降,T_3 基极上的触发电压消失,T_3 集电极仍会保持低电位而使 T_5 维持导通。由于 C_3 在灯泡 EL 点亮后开始放电,因放电回路($R_9 \to R_{11} \to R_8$)的阻值较大,所以 C_3 放电很慢。当 C_3 两端的电压下降到一定值时,T_4 又进入导通状态,T_5 再次截止,灯 EL 熄灭,电路返回等待状态,直至下次被触发。

由以上分析可知,电路触发后,EL 点亮时间与 C_3 的容量有关。如果要延长灯亮时间,可适当加大 C_3 的容量。

8.4.11　自动路灯控制电路

自动路灯控制电路如图 8.22 所示。该电路在夜间路灯点亮和白天灯熄的临界点处采用了延时。电路中,市电经变压器 T_r 变压,桥式整流,三端 7812 稳压(这样可保证控制器的精度),经 C_2 滤波后供给控制电路。白天,R_g 光敏电阻在光照下内阻很小,T_1 饱和导通,T_2 截止,T_3 导通,T_4 截止,路灯不亮;黄昏时,R_g 光敏电阻内阻变大,使 T_1 截止,T_2 导通,T_3 截止,T_4 导通,继电器 K 吸合,EL 亮。总之,电路可在黄昏时自动接通路灯,黎明时自动关闭路灯,达到路灯开、关自动控制。

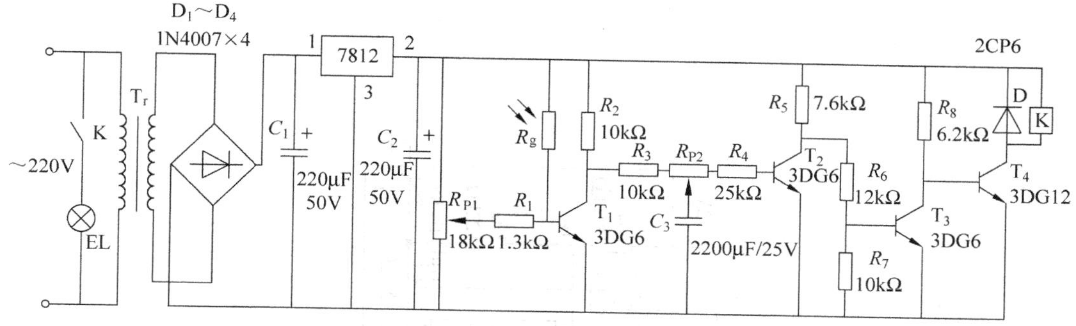

图 8.22　自动路灯控制电路图

本装置的调试比较简单，调节 R_{P1} 可使路灯在合适的光线下点亮和关闭，调节 R_{P2} 控制电解电容 C_3 放电延时，从而避免雷雨天对控制器的影响。如果负载功率大，则可以在 EL 处接入中间继电器带动交流接触器。继电器 K 用 JZC-23FDC12V，光敏电阻也可用光敏三极管 3DU 代替。

8.4.12　摩托车霹雳灯电路

摩托车霹雳灯电路如图 8.23 所示。电路中，运算放大器由 LM324 构成，其功能在 8.1.2 节中已经介绍。当打开夜行灯时，12V 电源接入电路。电路中主要点的电位设定为：$U_a=8.1$V，$U_b=7.4$V，$U_c=6.7$V，$U_d=5.8$V，$U_e=5.3$V，$U_f=4.6$，$U_g=3.0$V。接通瞬间，B 点电位由电阻分压得到，$U_B=8.3$V，由于电容 C 的端电压不能突变，这时 A 点电压 $U_A=0$，则运放 A_4 的输出电平约为 12V，此电压通过 R_{11} 对电容 C 进行充电，当 U_a 上升到大于 U_g 时，运放 B_4 的输出由低电平反转为高电平，但这时运放 B_3 的输出端仍为低电平，故发光二极管 LED_6 被点亮。这时，电容 C 继续在充电，当 U_a 上升到大于 U_f 时，运放 B_3 也反转为高电平，同时发光二极管 LED_5 被点亮。但由于 B_4、B_3 的输出端都为高电平，故发光二极管 LED_6 转为熄灭。以此类推，只需将所有发光二极管预先排列好，当电路正常工作时，就会给人霹雳之感。

8.4.13　超级广场效果的耳机放大器电路

超级广场效果的耳机放大器电路如图 8.24 所示。电路分为 3 个部分：由电阻电容组成的低频增强电路；利用功率放大器 TA7376 的反馈输入组成立体声反相合成电路；利用功率放大器 TA7376 组成头戴耳机的驱动电路。

从输入端 TA7376 之间的电阻电容起到增强低频特性的作用，因为加有电位器，低频部分的增强量可在 0～10 倍之间连续可调。

立体声反相合成电路由 TA7376 的 2 脚和 8 脚经直流耦合电容 C_3 和 C_4，以及电容 C_9 和电位器 R_{P2} 的连接而成。在此电路中，把立体声的广场效果成分中的高音部分左、右分别反相后合成，起到增强效果的作用。

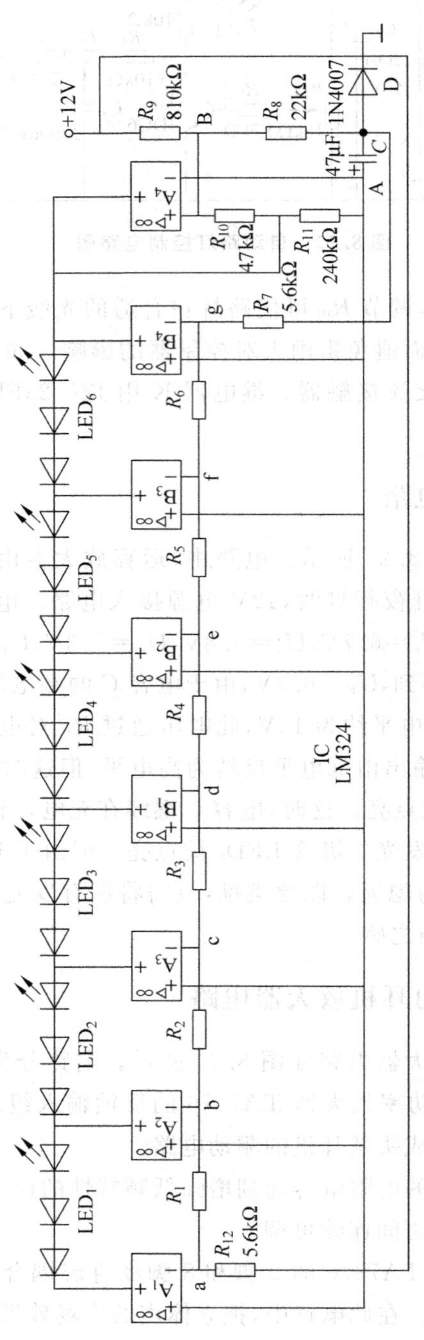

图 8.23 摩托车霹雳灯电路

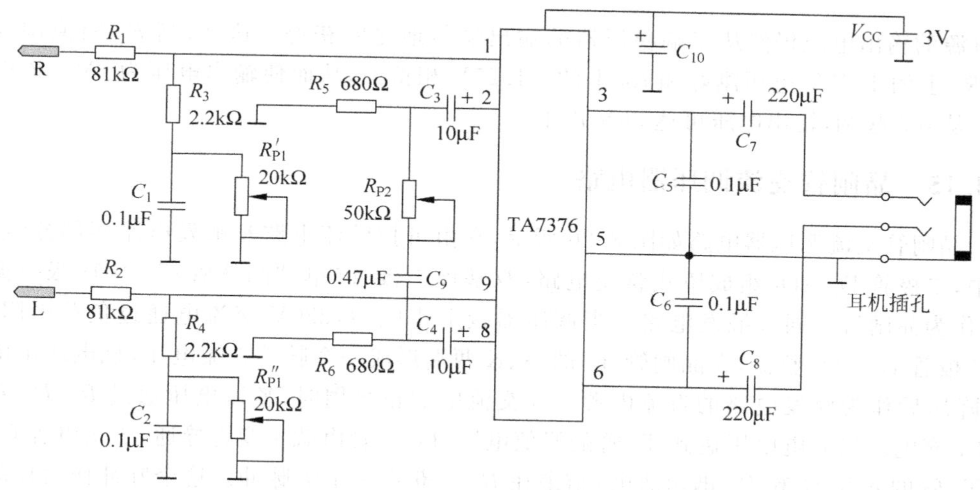

图 8.24　超级广场效果的耳机放大器电路图

用 TA7376 推动头戴式耳机。这种 TA7376 内藏两个通道，外接元器件少，可在低电压下工作。负载阻抗较低时，可重放出动人效果的低频声音。

电源若改用 5 号电池，用 4 只串联，电压为 6V，可直接驱动高输出的扬声器。若将两个 220μF 的电容增加到 1000μF 左右，可获得更好的效果。

所有元件没有特殊要求，电阻均为 1/8W。0.1μF 和 0.47μF 的电容用钽电容，其他的用电解电容。电位器中，20kΩ 为双联电位器，50kΩ 用带开关电位器。插头用立体声插头。

电路中，R_{P1}（R'_{P1} 和 R''_{P1}）为双联电位器，用于低音增强；R_{P2} 为带开关的电位器，用于调节混响效果。

8.4.14　从零起调的 W317 稳压器电路

用 W317 制作的稳压器，由于受集成块内电路构成的限制，其最低输出电压为 1.25V。而图 8.25 所示电路可以使电压从 0V 开始调整。

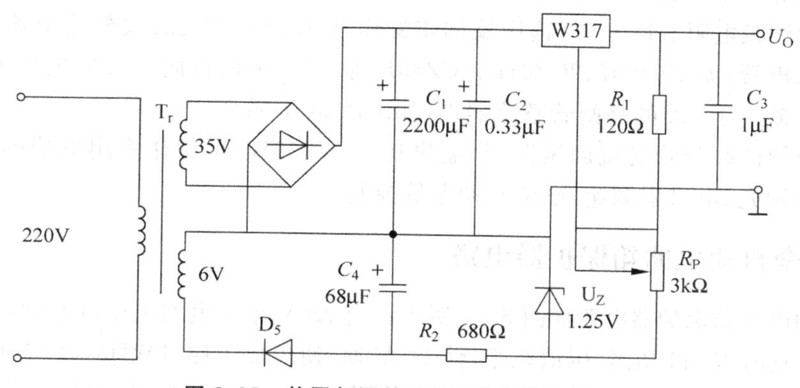

图 8.25　从零起调的 W317 稳压器电路图

该电路和 W317 基本应用电路的不同之处是增加了一组负压辅助电源。稳压管 U_Z 正极对地电压为 −1.25V。调压电位器 R_P 下端没有接在地端，而是接在稳压管正极。稳压电源的输出电压仍然从三端稳压器的输出端与地之间获得。这样,当 R_P 阻值调到零时,R_1 上的 1.25V 电压刚好和 R_P 上的−1.25V 相抵消,从而使输出电压为 0V。该电路可以从 0V 起调,输出电压可达 30V 以上。

8.4.15 晶闸管交流调压器电路

晶闸管交流调压器电路如图 8.26 所示,它由可控整流电路和触发电路两部分组成。其中,二极管 D_1~D_4 组成桥式整流电路,双基极二极管(单结晶体管)T_2 构成张弛振荡器,作为晶闸管的同步触发电路。当调压器接上市电后,220V 交流电通过负载电阻 R_L 经二极管 D_1~D_4 整流,在晶闸管 T_1 的 A、K 两端形成一个脉动直流电压,该电压由电阻 R_1 降压后作为触发电路的直流电源。在交流电的正半周时,整流电压通过 R_4、R_P 对电容 C_1 充电。当充电电压达到 T_2 管的峰值电压时,T_2 管由截止变为导通,于是电容 C_1 通过 T_2 管的 e、b_1 结和 R_2 迅速放电,结果在 R_2 上获得一个尖脉冲。这个脉冲作为控制信号送到晶闸管 T_1 的控制极,使晶闸管导通。晶闸管导通后的管压降很低,一般小于 1V,所以张弛振荡器停止工作。当交流电通过零点时,晶闸管自关断。当交流电在负半周时,电容 C_1 又重新充电,……如此周而复始,便可调整负载 R_L 的功率了。

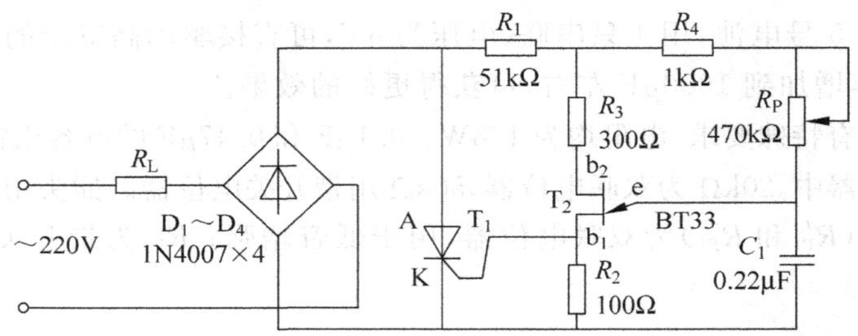

图 8.26 晶闸管交流调压器电路图

调压器的调节电位器选用阻值为 470kΩ 的 WH114-1 型合成碳膜电位器。这种电位器可以直接焊在电路板上,电阻除 R_1 要用功率为 1W 的金属膜电阻外,其余的都用功率为 1/8W 的碳膜电阻。D_1~D_4 选用反向击穿电压大于 300V、最大整流电流大于 0.3A 的硅整流二极管,如 1N4007、2CZ21B、2CZ83E 等。T_1 选用正向与反向电压大于 300V、额定平均电流大于 3A 的晶闸管整流器件,如国产 3CT 系列。

这里介绍的晶闸管交流调压器,其输出功率达 150W,可用作家用电器的调压装置,进行照明灯调光、电风扇调速、电熨斗调温等控制。

8.4.16 全自动电冰箱保护器电路

全自动电冰箱保护器电路如图 8.27 所示。当 220V 市电电网电压过低时,可能损坏电冰箱电机。这时 R_1 和 R_{P1} 分压值减小,使 D_5 导通,使集成电路 TWH8751 导通。接着,使 D_7 截止,随之双向晶闸管 T_2 关断,从而切断电冰箱电源。调节 R_{P1} 可设定欠压保护值。

当电网电压过高时,有可能使电冰箱的电机过热烧毁。这时,R_2 和 R_{P2} 的分压值增高,使三极管 T_1 导通,随之 D_6 导通。接着,TWH8751 导通,使 D_7 截止,晶闸管 T_2 关断。调节 R_{P2} 可设定过压保护值。

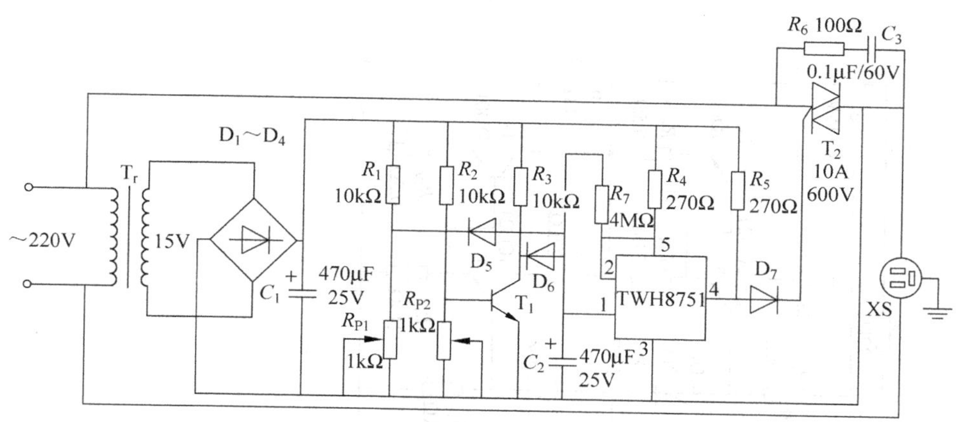

图 8.27　全自动冰箱保护器电路图

R_7 和 C_2 构成了断电延时起动电路。当电路断电后又立即通电时，C_2 两端的电压不能突变，使 TWH8751 的 2 脚保持低电平而导通，从而使 D_7 截止，T_2 截止，保护了冰箱压缩机。延时时间由 R_7 及 C_2 的数值决定，按图中数值，延时时间约为 6min。

习题

8.1　图 8.28 所示为 DA-16 型晶体管毫伏表电路。试分析其电路功能。

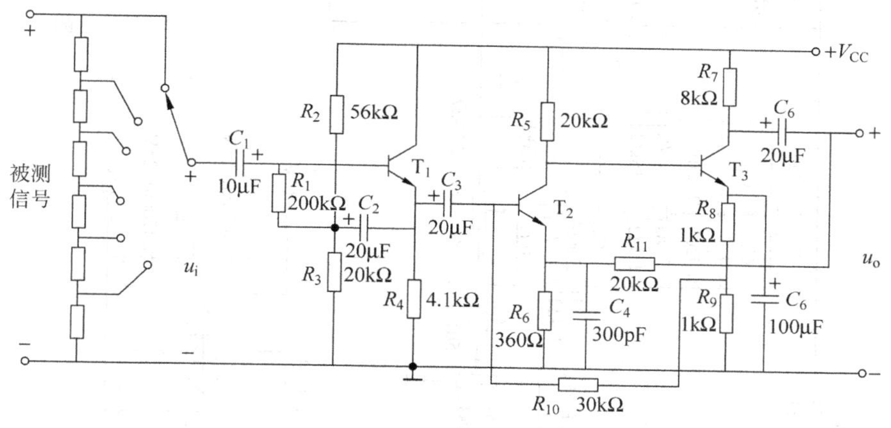

图　8.28

8.2　图 8.29 所示为某功率放大器电路原理图。试分析电路各部分的作用和电路原理。

8.3　图 8.30 所示电路为某称重电路。试分析其电路功能。

8.4　图 8.31 所示为用 TDA2822 制作的优质助听器电路。试分析电路各部分作用。

8.5　图 8.32 所示为性能优良的简易自动安全充电器电路。图中 HL 为用于指示的氖泡，A 为相线与零线判定端。试分析其原理。

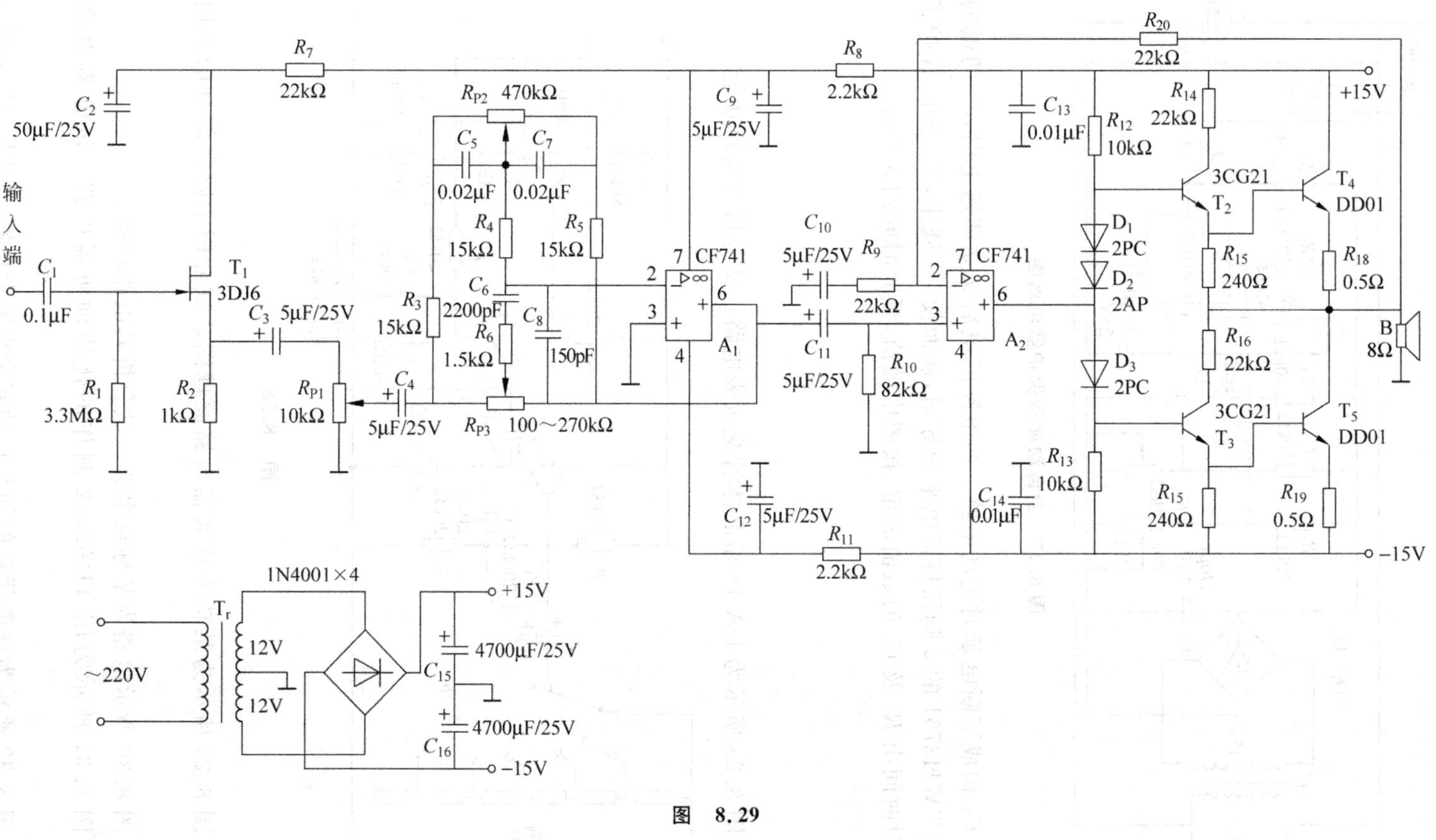
输入端
C_1 0.1μF
R_1 3.3MΩ
C_2 50μF/25V
R_2 1kΩ
T_1 3DJ6
C_3 5μF/25V
R_7 22kΩ
R_{P1} 10kΩ
C_4 5μF/25V
R_3 15kΩ
R_{P2} 470kΩ
C_5 0.02μF
C_7 0.02μF
R_4 15kΩ
R_5 15kΩ
C_6 2200pF
R_6 1.5kΩ
C_8 150pF
R_{P3} 100～270kΩ
CF741
A_1
C_9 5μF/25V
R_8 2.2kΩ
C_{10} 5μF/25V
C_{11} 5μF/25V
R_9 22kΩ
R_{10} 82kΩ
C_{12} 5μF/25V
R_{11} 2.2kΩ
CF741
A_2
C_{13} 0.01μF
C_{14} 0.01μF
R_{12} 10kΩ
R_{13} 10kΩ
R_{20} 22kΩ
D_1 2PC
D_2 2AP
D_3 2PC
R_{14} 22kΩ
3CG21 T_2
3CG21 T_3
R_{15} 240Ω
R_{16} 22kΩ
R_{15} 240Ω
T_4 DD01
T_5 DD01
R_{18} 0.5Ω
R_{19} 0.5Ω
B 8Ω
+15V
−15V
T_r
～220V
12V
12V
1N4001×4
C_{15} 4700μF/25V
C_{16} 4700μF/25V
+15V
−15V

图 8.29

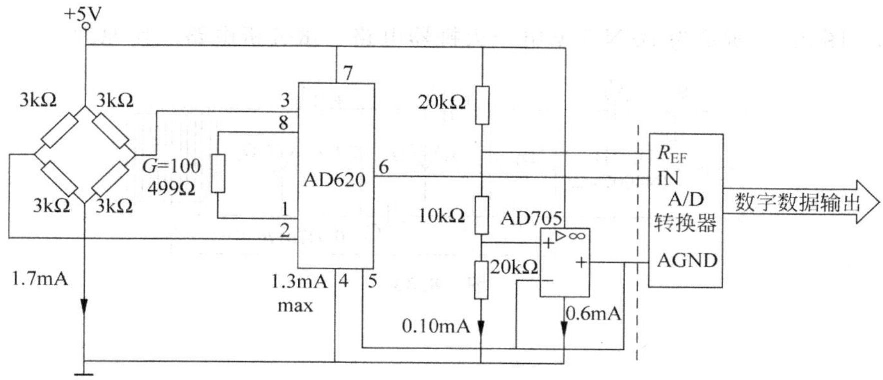

图 8.30

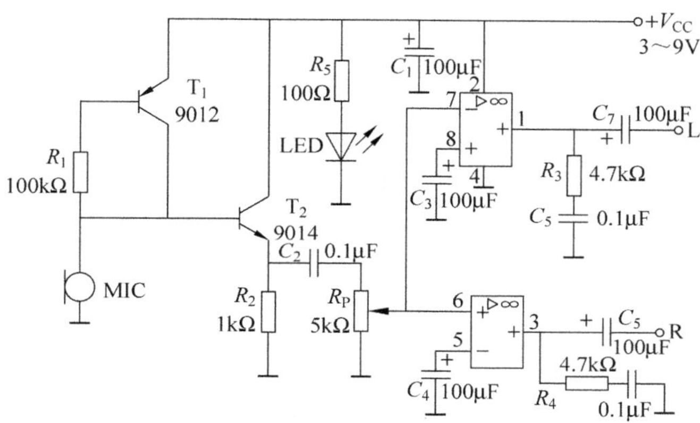

图 8.31

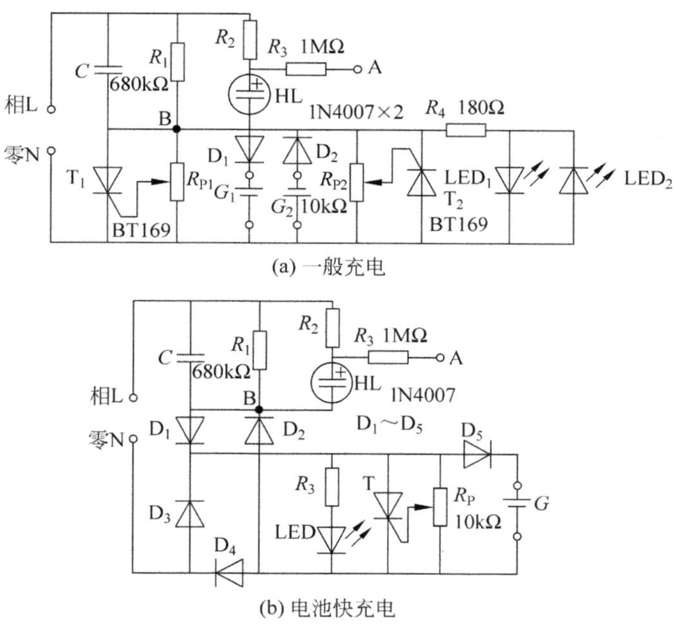

图 8.32

8.6　图 8.33 所示为 BZN-5 型电子灭蝇器电路。试分析电路工作原理。

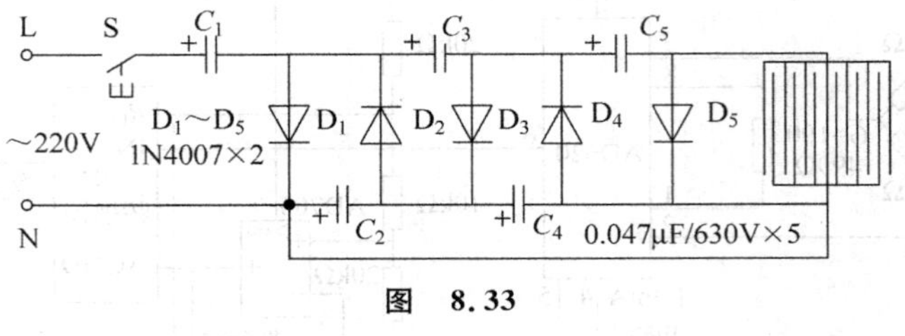

图　8.33

第9章　模拟电路设计举例

无论是民用的还是工程应用的电子产品，大多数是由模拟电路或模/数混合电路组合而成的。模拟装置(设备)一般是由低频电子线路或高频电子线路组合而成的模拟电子系统，如音频功率放大器、模拟电子测量仪器、调频接收机等。虽然它们的性能、用途各不相同，但其电路组成部分都由基本单元电路组成，电路的基本结构具有共同的特点。一般来说，模拟装置(设备)都由传感器件、信号放大和变换电路以及驱动、执行机构三部分组成，结构框图如图9.1所示。

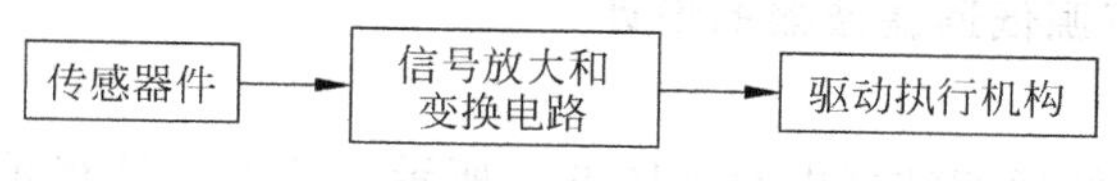

图9.1　模拟装置结构框图

传感器电路部分主要是将非电信号转换为电信号。信号放大、变换电路则是对得到的微弱电信号进行放大和变换，再传送到相应的驱动、执行机构。其基本的功能电路有放大器、振荡器、整流器及各种波形产生、变换电路等。驱动、执行机构可输出足够的能量，并根据课题或工程要求，将电能转换成其他形式的能量，完成所需的功能。

对于模拟电子电路的设计方法，从整个系统设计的角度来说，应先根据任务要求，在经过可行性的分析、研究后，拿出系统的总体设计方案，画出总体设计结构框图。

在确定总体方案后，根据设计的技术要求，选择合适的功能单元电路，然后确定所需要的具体元器件(型号及参数)。

最后再将元器件及单元电路组合起来，设计出完整的系统电路。随着科技的进步，集成电路正在迅速发展，线性集成电路(如集成运算放大器)日渐增多，采用模拟线性集成电路组建电路已趋广泛。这方面的训练对于初学的设计者来说十分重要。

9.1　有源滤波器的设计

9.1.1　设计任务与要求

(1) 设计一个有源二阶低通滤波器，已知条件和设计要求如下：

截止频率　$f_H=5Hz$；

通带增益　$A_{up}=1$；

品质因数　$Q=0.707$。

(2) 设计一个有源二阶高通滤波器，已知条件和设计要求如下：

截止频率　$f_H=100Hz$；

通带增益　$A_{up}=10$；

品质因数　$Q=0.707$。

9.1.2 电路基本原理

有源滤波器是运算放大器和阻容元件组成的一种选频网络,用于传输有用频段的信号,抑制或衰减无用频段的信号。滤波器的阶数越高,其性能就越逼近理想滤波器特性。高阶滤波器可以由若干个一阶或二阶滤波电路级联组成。因此,一阶和二阶滤波器的设计可作为滤波器的设计基础。滤波器的设计任务,就是根据所要求的指标,确定电路形式;列写电路传递函数,计算电路中各元件参数;分析和检查元件参数的误差项,进行复算,看是否满足设计指标。若满足,可以进行实验定案;若不满足,要重新设计,直至达到设计指标为止。实际设计常常是计算和实验交叉进行,也可以利用计算机完成。

9.1.3 设计过程指导

1. 二阶压控电压源低通滤波器的设计

(1) 电路分析

二阶压控电压源低通滤波器电路如图 9.2 所示。该电路具有元件少,增益稳定,频率范围宽等优点。电路中 C_1、C_2、R_1、R_2 构成反馈网络,运算放大器接成电压跟随器形式,在通频带内增益等于1。

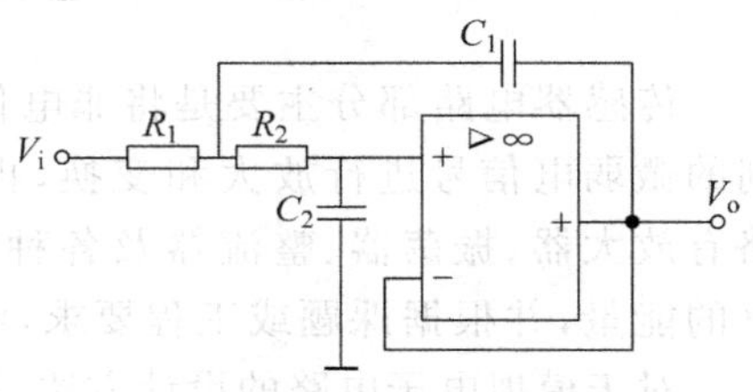

图 9.2 二阶压控电压源低通滤波器原理图

(2) 电路传递函数和特性分析

可以证明,二阶低通滤波器的传递函数由式(9.1)决定。

$$A_u(s)=\frac{A_{up}}{1+\frac{1}{Q}\frac{s}{\omega_0}+\left(\frac{s}{\omega_0}\right)^2} \tag{9.1}$$

式中,A_{up}为通带增益,表示滤波器在通带内的放大能力,图 9.2 所示滤波器 $A_{up}=1$,ω_0 为截止角频率,表示滤波器的通带与阻带的分界频率;Q 为品质因数,是一个选择性因子,其值的大小决定幅频特性曲线的形状。

将 $s=j\omega$,$A_{up}=1$ 代入式(9.1)中,整理后得式(9.2)。

$$A_u(j\omega)=\frac{1}{\left(1-\frac{\omega^2}{\omega_0^2}\right)}+j\frac{\omega}{Q\omega_0} \tag{9.2}$$

由式(9.2)可写出滤波器幅频特性和相频特性表达式(9.3)和式(9.4)。

$$|A_u|=\frac{1}{\sqrt{\left(1-\frac{\omega^2}{\omega_0^2}\right)^2+\left(\frac{\omega}{Q\omega_0}\right)^2}} \tag{9.3}$$

$$\varphi(\omega)=-\arctan\left[\frac{\frac{\omega}{Q\omega_0}}{1-\frac{\omega^2}{\omega_0^2}}\right] \tag{9.4}$$

由式(9.3)可知,在阻带内幅频特性曲线以 $-40\text{dB}/10$ 倍频程的斜率衰减,当 $\omega=\omega_0$ 时由式(9.3)可得

$$A_u(\omega_0)=Q$$

由此可见，保持 ω_0 不变，改变 Q 值将影响滤波器在截止频率附近幅频特性的形状，$Q=\frac{1}{\sqrt{2}}$时，特性曲线最平坦，此时 $|A_u(\omega_0)|=0.707A_{up}$。如果 $Q>\frac{1}{\sqrt{2}}$，则使得频率特性曲线在截止频率处产生凸峰，此时幅频特性下降到 $0.707A_{up}$ 处的频率就大于 f_0，如果 $Q<\frac{1}{\sqrt{2}}$，则幅频特性下降到 $0.707A_{up}$ 处的频率就小于 f_0。上述分析说明，二阶低通滤波器的各项性能指标主要由 Q 和 ω_0 决定。

可以证明，图 9.2 所示电路的 ω_0 和 Q 值分别由下式决定：

$$\omega_0=\frac{1}{\sqrt{R_1R_2C_1C_2}} \tag{9.5}$$

$$\frac{1}{Q}=\sqrt{\frac{R_1C_1}{R_2C_2}}+\sqrt{\frac{R_1C_2}{R_2C_1}} \tag{9.6}$$

若取 $R_1=R_2=R$，则式(9.5)和式(9.6)为：

$$\omega_0=\frac{1}{R\sqrt{C_1C_2}} \tag{9.7}$$

$$\frac{1}{Q}=2\sqrt{\frac{C_2}{C_1}} \tag{9.8}$$

(3) 设计方法

① 选择电路。选择电路的原则应该力求结构简单，调整方便，容易满足指标要求。例如，选择二阶压控电压源低通滤波电路如图 9.2 所示。

② 根据已知条件确定电路元件参数。例如，已知 $Q=\frac{1}{\sqrt{2}}$，截止频率为 f_0。先确定 R 的值，然后根据已知条件由式(9.7)和式(9.8)求出 C_1 和 C_2。

$$C_1=\frac{2Q}{\omega_0R} \tag{9.9}$$

$$C_2=\frac{1}{2}Q\omega_0R \tag{9.10}$$

③ 集成运算放大器的选取原则

- 如图 9.2 所示，滤波信号是从运算放大器的同相端输入的。所以应该选用共模输入范围较大的运算放大器。
- 运算放大器的增益带宽积应满足 $A_{od}f_{BW}\geqslant A_{uf}f_0$。在实际设计时，一般取 $A_{od}f_{BW}\geqslant 100A_{uf}$。

2. 二阶压控电压源高通滤波器的设计

(1) 电路分析

二阶压控电压源高通滤波器电路如图 9.3 所示。

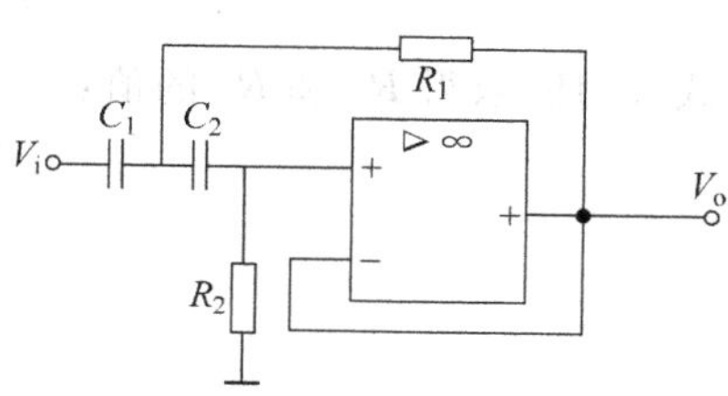

图 9.3 二阶压控电压源高通滤波器电路原理图

从电路图看，高通滤波器与低通滤波器电路形式变化不大，只是把两者电阻与电容元件的位置调换一下，因此该电路的分析方法与设计步骤与前述低通滤波器电路基本相同。电路中 C_1、C_2、R_1、R_2 构成反馈网络，运算放大器接成跟随器形式，其闭环增益等于1。

(2) 电路传递函数和特性分析

二阶高通滤波器的传递函数由下式决定:

$$A_u(s)=\frac{A_{up}}{1+\frac{1}{Q}\frac{\omega_0}{s}+\left(\frac{\omega_0}{s}\right)^2} \tag{9.11}$$

将 $s=j\omega, A_{up}=1$ 代入式(9.11)整理后得:

$$A_u(j\omega)=\frac{1}{\left(1-\frac{\omega_0^2}{\omega^2}\right)-j\frac{\omega_0}{Q\omega}} \tag{9.12}$$

由式(9.12)写出二阶高通滤波器幅频特性和相频特性表达式。

$$|A_u|=\frac{1}{\sqrt{\left(1-\frac{\omega_0^2}{\omega^2}\right)^2+\left(\frac{\omega_0}{Q\omega}\right)^2}} \tag{9.13}$$

$$\varphi(\omega)=\arctan\left[\frac{\frac{\omega_0}{Q\omega}}{1-\frac{\omega_0^2}{\omega^2}}\right] \tag{9.14}$$

由式(9.13)可知,幅频特性曲线在阻带内以-40dB/10倍频程的斜率衰减。

图9.3所示电路的 ω_0 与 Q 值分别由下式表示。

$$\omega_0=\frac{1}{\sqrt{R_1R_2C_1C_2}} \tag{9.15}$$

$$\frac{1}{Q}=\sqrt{\frac{R_1C_1}{R_2C_2}}+\sqrt{\frac{R_1C_2}{R_2C_1}} \tag{9.16}$$

当 $C_1=C_2=C$ 时,式(9.15)、式(9.16)表示如下:

$$\omega_0=\frac{1}{C\sqrt{R_1R_2}} \tag{9.17}$$

$$\frac{1}{Q}=2\sqrt{\frac{R_1}{R_2}} \tag{9.18}$$

(3) 设计方法

① 选择电路如图9.3所示。

② 确定电容 C 值。选择 $Q=\frac{1}{\sqrt{2}}$,再根据所要求的特征角频率 $\omega_0=2\pi f_0$,由式(9.17)和式(9.18)求得 R_1 和 R_2 的值:

$$R_1=\frac{1}{2Q\omega_0C} \tag{9.19}$$

$$R_2=\frac{2Q}{\omega_0C} \tag{9.20}$$

注意,如果求得的 R_1、R_2 值太大或太小,说明 C 值确定得不合适,可重新选择 C 值,计算 R_1 和 R_2。

③ 运算放大器的选择。除了满足低通滤波器的几点要求外，还应注意由于集成运算放大器频带宽度的限制。高通滤波器的通带截止频率 f_H 不可能是无穷大，而是一个有限值，它取决于运算放大器的增益带宽积 $A_{od}f_{BW}=A_{up}f_H$。因此，要得到通带范围很宽的高通滤波器，必须选用宽带运算放大器。

9.1.4　实验与调试

1．二阶压控电压源低通滤波器的组装与调试

(1) 定性检查电路是否具备低通特性

组装电路，接通电源，输入端接地，调零，消振。在输入端加入固定幅值的正弦电压信号，改变信号的频率，用示波器或毫伏表粗略观察 U_o 的变化，检验电路是否具备低通特性，若不具备，应排除电路存在的故障。若已具备低通特性，可继续调试其他指标。

(2) 调整特征频率

在特征频率附近调信号频率，使输出电压 $U_o=0.707U_i$。此时，如果频率低于 f_0，应适当减小 R_1 和 R_2；反之，则可在 C_1、C_2 上并以小容量电容，或在 R_1、R_2 上串低值电阻。注意，若保证 Q 值不变，C_1 和 C_2 必须同步调整，直至达到设计指标为止。

(3) 测绘幅频特性曲线

在输入端加入正弦电压信号 U_i，信号的幅值应保证输出电压在整个频带内不失真。信号的幅值确定后，应先用示波器在整个频带内粗略地检测一下，然后再调节信号发生器，改变输入信号的频率。测得相应频率时的输出电压值，即改变一次信号频率，测记一次 U_o 值，根据实验值做出幅频特性曲线。

2．二阶压控电压源高通滤波器的组装与调试

(1) 组装调试方法同低通滤波器，若保证 Q 值不变，应注意 R_1 和 R_2 同步调节，保证比值不变。

(2) 测绘幅频特性曲线。可采用扫频仪测量。

9.2　差分放大电路

差分放大电路是模拟集成电路中最基本的单元电路。它除了对差模信号具有一定的放大能力之外，更重要的是能够减小放大器的零点漂移，抑制共模信号。广泛应用于多级放大电路的输入级，提高差分放大电路的共模抑制比是设计时应当考虑的主要问题。

9.2.1　设计任务与要求

设计一个由集成运算放大器组成的差分放大电路，要求该电路满足下列技术指标：

差模电压增益 $A_{vd}=50$；

差模输入电阻 $R_{id}>20\text{k}\Omega$；

共模抑制比 $K_{CMR}>200$；

通频带 BW＞30kHz。

已知条件如下：

信号源内阻 $R_S=10\text{k}\Omega$；

负载电阻 $R_L=\infty$；

共模电压输入范围 $V_{icm}\leqslant\pm9\text{V}$；

电源电压 $V_{CC}=+15\text{V}$(或 $+12\text{V}$)；

$V_{EE}=-15\text{V}$(或 -12V)。

要求：

① 根据设计要求和已知条件确定电路方案，计算并选取放大电路的各元件参数。

② 静态测试：调零和消除自激振荡。

③ 测量放大电路的主要性能指标：差模电压增益 A_{Vd}，共模电压增益 A_{VC}，差模输入电阻 R_{id} 与通频带 BW，并与理论计算值进行比较。

9.2.2 电路基本原理与设计指导

1. 单运放差分放大电路

(1) 电路工作原理

单运放差分放大电路如图 9.4 所示。根据运放原理，在理想条件下，输出电压与输入电压的关系式为

$$v_o=\left(1+\frac{R_f}{R_1}\right)\left(\frac{R_3}{R_2+R_3}\right)\cdot v_{i2}-\frac{R_f}{R_1}\cdot v_{i1} \tag{9.21}$$

当 $\dfrac{R_f}{R_1}=\dfrac{R_3}{R_2}$ 时

$$v_o=\frac{R_f}{R_1}(v_{i2}-v_{i1}) \tag{9.22}$$

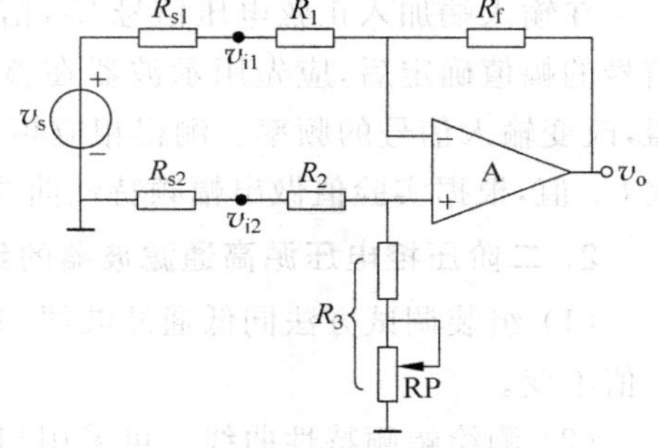

图 9.4 单运放差分放大电路

理想运算放大器，共模输出电压等于零。但在实际中，由于电阻存在误差，特别是很难控制两个输入端的信号源内阻 R_{S1} 和 R_{S2}，使共模抑制作用受到损害，因此实际应用中，通常可根据需要在 R_3 回路中增加用于失配调节的可变电阻 R_P。其次这种电路的输入电阻 R_{id} 不够高，因为欲提高 R_{id}，则必须加大 R_1，而 R_1 大，会使失调误差和漂移误差增大。再次这种电路的电压增益也不可能很高，因为欲要求有较高的闭环增益，则要减小 R_1 和 R_2，但这样势必会降低输入电阻；或者是增大 R_f，但 R_f 若过大(如大于 $1\text{M}\Omega$)，选配精度和稳定性又难以保证，而且寄生电容影响大，频带变窄。

(2) 参数确定与元件选择

设计差分放大电路时，应根据设计要求和已知条件选择集成运算放大器和确定外电路的元件参数。

① 确定电阻 R_1、R_2、R_3、R_f。

选取 R_1，由式(9.22)求出反馈电阻 R_f，即

$$R_f=A_{vd}\cdot R_1$$

电阻 R_2、R_3 可由平衡条件 $\dfrac{R_3}{R_2}=\dfrac{R_f}{R_1}$ 确定。

② 选择集成运算放大器。

选用集成运算放大器时，首先要查阅产品手册，分析所选用的集成运放的性能指标能否满足设计要求。对一般性的设计，可以选用 LM741 型通用型运放，但若用于弱信号的测量电路，最好选用低漂移型运算放大器。

值得注意的是，这种差分放大电路的共模电压范围只能限在 $\pm 10V$ 以内，否则电路不能正常工作。

③ 选择电阻元件。

电阻的选配原则应注意电阻的精度，要求 R_1 与 R_2、R_3 与 R_f 的选配精度应尽可能高，最好选用高精度电阻，但这种电阻价格较贵，或改为选用误差 1%的金属膜电阻。

2. **双运放差分放大电路**

1）电路工作原理

图 9.5 是两个同相放大电路的简单串联组合电路，也称同相串联差分放大电路。差分输入信号从两个放大器的同相端输入。可以有效地消除两输入端的共模分量，获得很高的共模抑制比和极高的输入电阻，因此这种电路常用作高输入电阻的仪用放大电路。该放大电路的输出电压（不考虑可调电阻 R_P）为

$$v_o = \left(1 - \frac{R_2R_4}{R_1R_3}\right)v_{ic} + \frac{1}{2}\left(1 + \frac{2R_4}{R_3} + \frac{R_2R_4}{R_1R_3}\right)v_{id} \tag{9.23}$$

显然，若满足 $\frac{R_4}{R_3} = \frac{R_1}{R_2}$ 的匹配条件，上式第一项为 0，即共模输出电压 U_{OC} 等于零，闭环差模电压增益为

$$A_{vd} = 1 + \left(\frac{R_1}{R_2}\right) \tag{9.24}$$

可见这个电路有较高的差模增益且能提供有效的共模抑制能力。并联在 A_1 反馈回路中的可调电阻 R_P 能调节增益而不影响共模抑制比。

2）参数确定与元件选择

① 确定电阻 $R_1 \sim R_4$。

图 9.5 中外电路电阻 $R_1 \sim R_4$ 可由匹配条件 $\frac{R_4}{R_3} = \frac{R_1}{R_2}$、式（9.24）和设计已知条件确定。

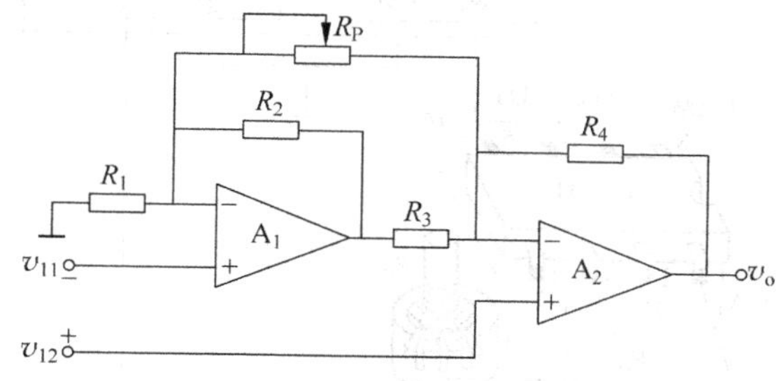

图 9.5 双运放差分放大电路

例如：已知 $A_{vd} = 101$，要求确定电阻 $R_1 \sim R_4$ 的阻值。

选定 $R_1 = R_4 = 100\text{k}\Omega$，则：

$$R_2 = R_3 = \frac{(A_{vd} - 1)}{R_1} = 1\text{k}\Omega$$

R_P 通常可选 30～50kΩ 的可调电阻。

② 选择集成运算放大器和电阻元件。

如前所述,电阻的匹配精度对于良好的共模抑制能力是十分重要的。集成运算放大器 A_1、A_2 除了应具有良好的共模抑制特性外,还应使输入特性尽可能一致。

3. 三运放差分放大电路

此设计也可采用如图 9.6 所示的三运放差分放大电路,该电路具有更高的输入电阻和共模抑制比,请自行分析电路工作原理并确定电路参数。

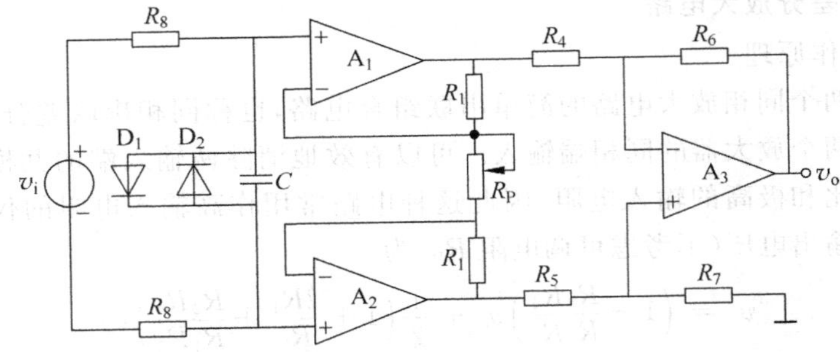

图 9.6 三运放差分放大电路

9.2.3 实验与调试

根据已知条件和设计要求,选定电路方案(如选图 9.5 为参考电路),计算和选取元件参数,并在实验电路板上组装所设计的电路,检查无误后接通电源,进行下列调试。

1. 静态调试

调零和消除自激振荡。调零电位器的接法如图 9.7 所示。

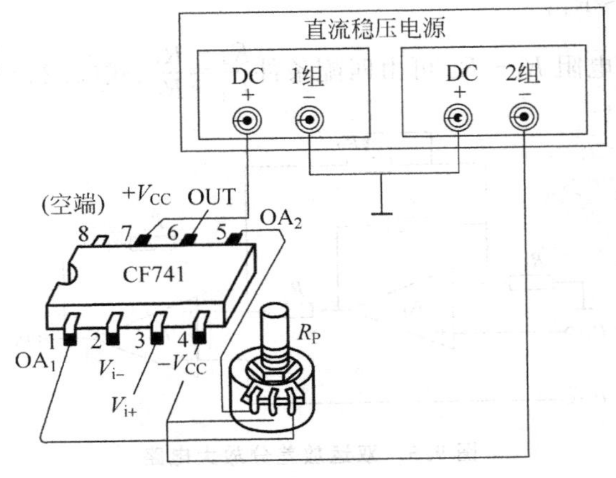

图 9.7 调零电位器的接法

2．测量放大电路的主要性能指标

(1) 测量差模电压增益 A_{vd}。

在两输入端加差模输入电压 V_{id}，输入 500Hz、200mV(有效值)的正弦信号，测量输出电压 V_{od}，观测与记录输出电压与输入电压的波形(幅值与相位关系)，算出差模电压增益，并与理论值比较。

(2) 测量共模电压增益 A_{vc}。

将两输入端并接，加共模输入电压 V_{ic}，输入 500Hz、有效值为 1V 的正弦信号。测量输出电压 V_{oc}，算出 A_{vc}。

(3) 算出共模抑制比 K_{CMR}，分析是否满足设计要求。

(4) 测量幅频响应：用逐点法测量；具体测量方法如下：在保持输入信号电压 V_{id} 一定的条件下(如令 $V_{id}=20$mV 不变)，改变输入信号的频率，先测出中频区的输出电压 V_o，然后升高或降低信号频率直至输出电压下降到中频区输出电压 V_o 的 0.707 倍为止，该频率即为上限(f_H)或下限(f_L)截止频率。

用描点法作出幅频响应曲线，从曲线上求出上限截止频率 f_H，下限截止频率 f_L；而通频带 $BW=f_H-f_L$。

(5) 测量差模输入电阻 R_{id}。

如图 9.5 所示集成运放组成的放大电路，其输入电阻往往比测量仪器的输入电阻高。输入电阻为高阻时的测量电路如图 9.8 所示。

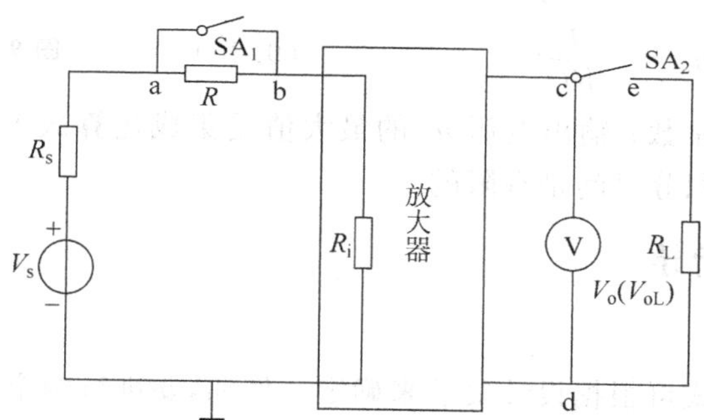

图 9.8　输入电阻为高阻时的测量电路

由于毫伏表的内阻与放大器的输入电阻 R_{id} 大致处于同一个数量级，不能直接在输入端测量，因而在放大器输入回路串一已知电阻 R，其大小与 R_{id} 数量级相当。显然，R 的接入将引起放大器输出电压 V_o 的变化，设用毫伏表在放大器输出端测出 SA_1 闭合、SA_2 断开时为 V_{o1}，而 SA_1、SA_2 断开时为 V_{o2}，则

$$R_i=\frac{V_{o2}}{V_{o1}-V_{o2}}R$$

(6) 测量输出电阻。

测量输出电阻 R_o 仍可采用图 9.8 所示的电路(图中 SA_1 闭合，短接 R)。分别测出负载 R_L 断开时放大器输出电压 V_o 和负载电阻 R_L 接入时的输出电压 V_{oL}，则输出电阻为

$$R_o=\left(\frac{V_o}{V_{oL}}-1\right)R_L$$

9.3 积分运算电路

9.3.1 设计任务与要求

(1) 设计一个将方波转换成三角波的反相积分电路，输入方波电压的幅值为 4V，周期 1ms。要求积分器输入电阻大于 10kΩ，集成运算放大器采用 CF741。

(2) 组装调整所设计的积分电路，观察积分电路的积分漂移，对该电路调零或将积分漂移调至最小。

9.3.2 电路基本原理

基本积分电路如图 9.9 所示。若所用集成运算放大器是理想放大器，则输出电压与输入电压的积分关系成比例，表达式为

$$u_o = -\frac{1}{RC}\int u_i(t)\,dt \tag{9.25}$$

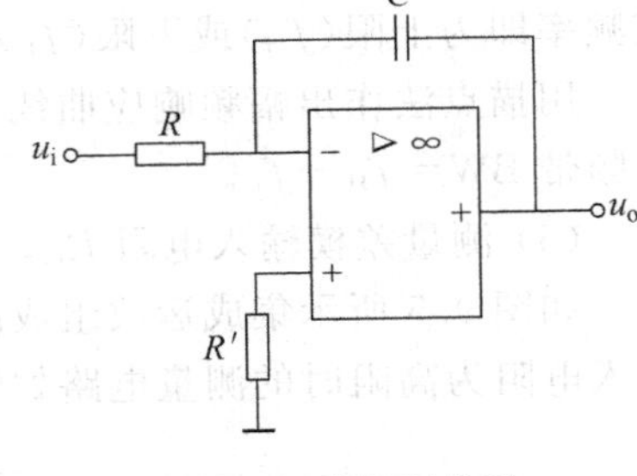

图 9.9 反相积分器

若 u_i 选用阶跃信号，在 $t \geqslant 0$ 时，输出电压 u_o 的表达式为

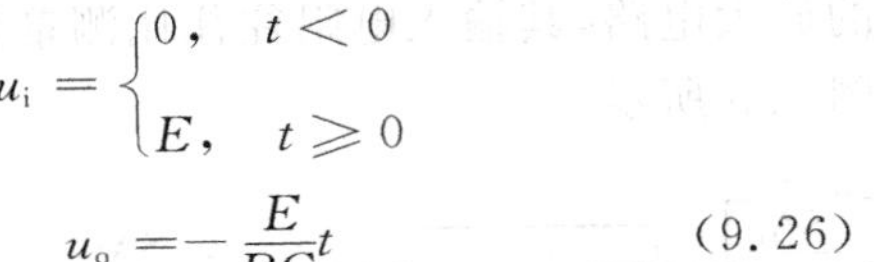

$$u_i = \begin{cases} 0, & t < 0 \\ E, & t \geqslant 0 \end{cases}$$

$$u_o = -\frac{E}{RC}t \tag{9.26}$$

式中，RC 为积分时间常数；输出电压 u_o 的最大值受集成运算放大器的最大输出电压和输出电流限制，因此，积分时间是有限的。

9.3.3 设计过程指导

1. 选择电路形式

积分器的电路形式可根据设计要求来确定。例如，要进行两个信号的求和积分运算，应选用求和积分电路。如用于一般的波形变换和产生斜波电压，则可选择反相积分电路。本设计可选择图 9.10 所示电路。

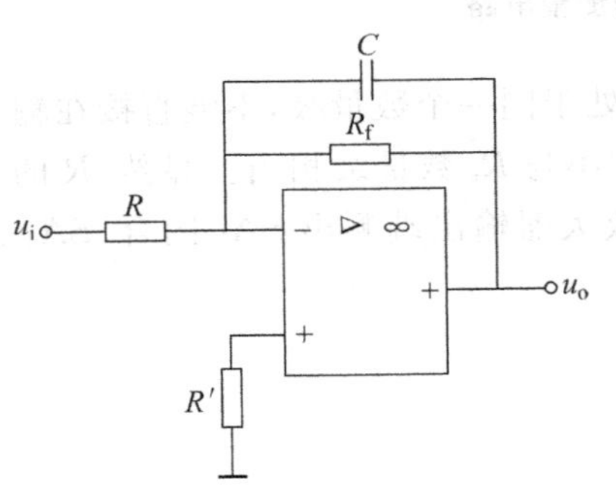

图 9.10 积分电路

2. 电路组件参数的选择

在反相积分放大器中，R 和 C 的数值决定积分电路的时间常数，由于集成运算放大器最大输出电压 U_{omax} 的限制，选择 R、C 参数时其值必须满足下式

$$RC \geqslant \frac{1}{U_{omax}}\int_0^t u_i\,dt$$

对于阶跃信号，R、C 值则要满足下式

$$RC \geqslant \frac{E}{U_{omax}}t \tag{9.27}$$

这样可以避免 R、C 值过大或过小给积分器输出电压造成的影响，积分器的输出响应如图 9.11 所示。R、C 值过大，在一定的积分时间内，输出电压将很低；R、C 值太小，积分器

在达不到积分时间要求时就饱和，这种现象如图 9.12 所示。

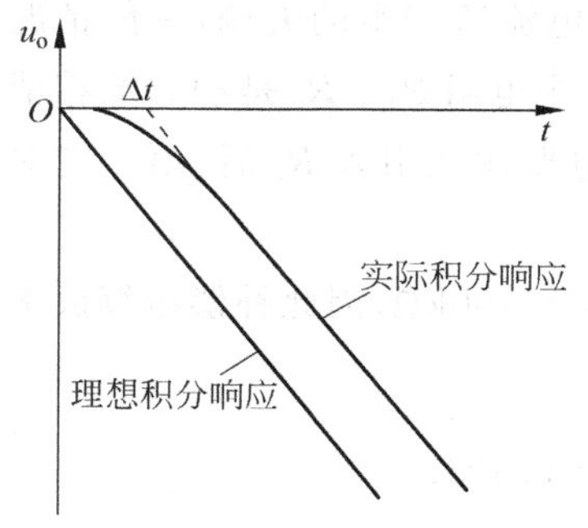

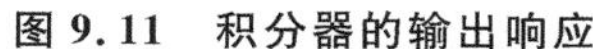
图 9.11　积分器的输出响应

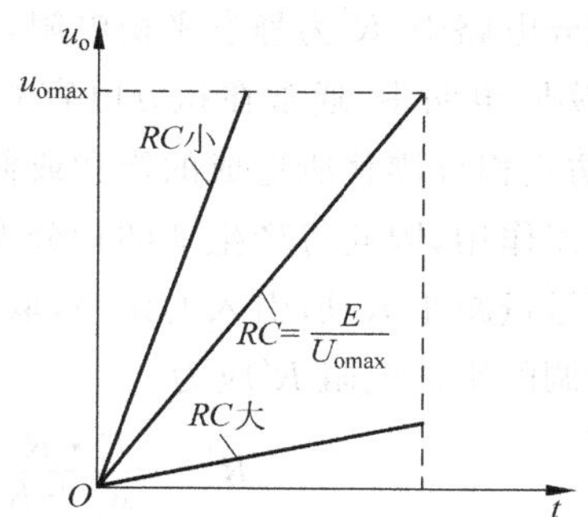

图 9.12　*RC* 积分常数对积分器输出波形的影响

对于正弦波信号 $u_o = E\sin\omega t$，则积分器输出电压的表达式为

$$u_o = -\frac{1}{RC}\int E\sin\omega t\,dt = \frac{E}{RC\omega}\cos\omega t$$

因为 $\cos\omega t$ 的最大值为 1，所以要求

$$\frac{E}{RC\omega} \leqslant U_{omax}$$

即

$$RC \geqslant \frac{E}{U_{omax}\omega} \tag{9.28}$$

由式(9.28)得出结论：当输入电压为正弦波信号时，R、C 值不仅受集成运算放大器最大输出电压 U_{omax} 的限制，而且与信号的频率有关。当 U_{omax} 一定时，对于一定幅值的正弦信号，频率越低 RC 值就应越大。

(1) 确定积分器时间常数

用积分电路将方波转换成三角波，就是对方波的每半个周期分别进行不同方向的积分运算。在正半周，积分器的输入相当于正极性的阶跃信号；反之，则为负极性的阶跃信号。积分时间均为 $T/2$。如果所用运放的 $U_{omax} = \pm 10\text{V}$，按照式(9.27)积分时间常数 RC 为

$$RC \geqslant \frac{E}{U_{omax}}t = \frac{4\text{V}}{10\text{V}} \times \frac{1}{2}\text{ms} = 0.2\text{ms}$$

取 $RC = 0.5\text{ms}$。

(2) 确定积分电容 C 值

因为反相积分器的输入电阻 $R_{if} = R$，所以往往希望 R 取值大一些。但是加大 R 后，势必要减小 C 值，加剧积分漂移。若 C 值取得过大，又会带来漏电和体积等方面的问题。因此，一般选 R 满足输入电阻要求的条件下，尽量加大 C 值。但是一般情况下积分电容的值均不宜超过 $1\mu\text{F}$。

为满足输入电阻 $R_{if} \geqslant 10\text{k}\Omega$，取电阻 $R = 10\text{k}\Omega$，则积分电容为

$$C = \frac{0.5}{R}\text{ms} = \frac{0.5\times 10^{-3}\text{s}}{10\times 10^{3}\Omega} = 0.05\mu\text{F}$$

(3) R'和R_f电阻值的确定

在积分电路中,R'为静态平衡电阻,用以补偿偏置电流所产生的失调,一般情况下选$R'=R$。实际电路中,通常在积分电容C的两端并联一个电阻R_f。R_f是积分漂移泄放电阻,用以防止积分漂移所造成的饱和或截止现象。但也要注意引入R_f后,由于它对积分电容的分流作用,因此将产生新的积分误差。

为了尽量减小R_f所引入的误差,取$R_f>10R$,则$R_f=100\text{k}\Omega$,因此补偿运算放大器偏置电流失调的平衡电阻R'应为

$$R'=\frac{R\cdot R_f}{R_f+R}=\frac{10\times 100}{100+10}=9.1\text{k}\Omega$$

3. 集成运算放大器的选择

在误差分析中可以得出选择集成运算放大器的结论,即尽量选择增益带宽积比较高的运算放大器。本例按设计要求采用CF741集成运算放大器。

9.3.4 实验与调试

在实验台或面包板上搭接电路,搭接完成后进行调试。调试内容主要是调整积分漂移。具体的调整方法是将电路的输入端接地,然后在积分电容两端接入开关或短路线,将其短路,使积分器迅速复零。此时,可调整调零电位器,使输出电压为零。然后,断开开关或去掉短路线,用电压表监测积分器的输出电压,再次调整调零电位器使输出电压为零。但应注意,此时,由于积分零漂的影响,很难调整使$u_o=0$。但是,若注意观察积分器输出端积分漂移的变化情况,如电位器滑向一方向时,输出漂移加快,而反向调节时则减慢。反复仔细调整调零电位器(有时也配合调整R')可使积分器漂移值最小。

9.4 水温控制器的设计

9.4.1 设计任务与要求

(1) 测温和控温范围:室温~80℃(实时控制);

(2) 控温精度:±1℃;

(3) 控温通道输出为双向晶闸管或继电器,一组转换接点为市电220V,10A。

9.4.2 电路基本原理

温度控制器的基本组成框图如图9.13所示。本电路由温度传感器、K-℃变换、温度设置、数字显示和输出功率级等部件组成。温度传感器的作用是把温度信号转换成电流或电压信号,K-℃变换器将绝对温度K转换成摄氏温度℃。信号经放大和刻度定标0.1V/℃后由三位半数字电压表直接显示温度值,并同时送入比较器与预先设定的固定电压(对应控制温度点)进行比较,由比较器输出电平高低变化来控制执行机构(如继电器)工作,实现温度自动控制。

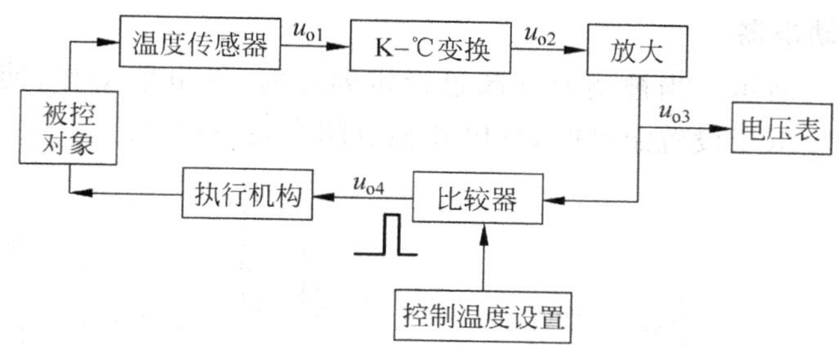

图 9.13 温度控制器原理框图

9.4.3 设计过程指导

1. 温度传感器

建议采用 AD590 集成温度传感器进行温度-电流转换，它是一种电流型二端器件，其内部已作修正，具有良好的互换性和线性。有消除电源波动的特性。输出阻抗达 10MΩ，转换当量为 1μA/K。器件采用 B-1 型金属壳封装。

温度-电压变换电路如图 9.14 所示。由图可得

$$u_{o1} = (1\mu A/K) \times R = R \times 10^{-6}/K$$

如 $R=10k\Omega$，则 $u_{o1}=10mV/K$。

2. K－℃变换器

因为 AD590 的温控电流值是对应绝对温度 K，而在温控中需要采用℃，由运放组成的加法器可实现这一转换，参考电路如图 9.15 所示。

元件参数的确定和 $-U_R$ 选取的指导思想是：0℃(即 273K)时，$u_{o2}=0V$。

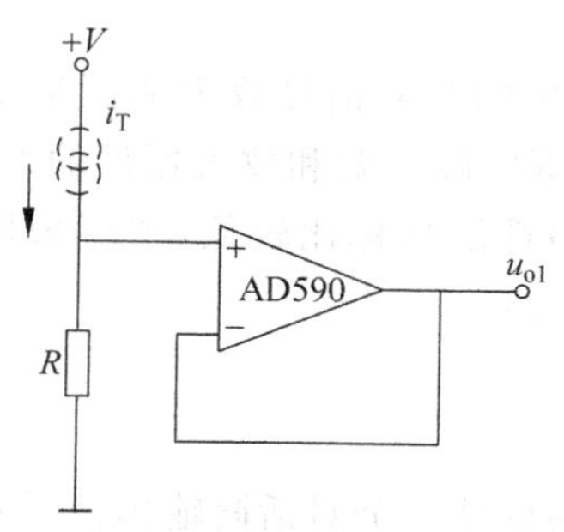

图 9.14 温度-电压变换电路

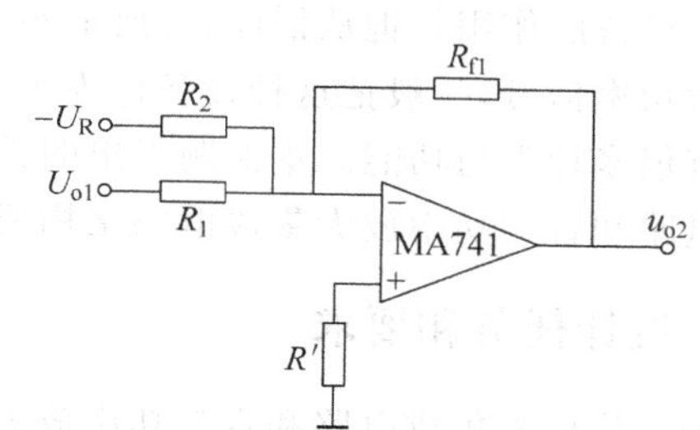

图 9.15 K－℃变换器

3. 放大器

设计一个反相比例放大器，使其输出 u_{o3} 满足 100mV/℃。用数字电压表可实现温度显示。

4. 比较器

由电压比较器组成，如图 9.16 所示。U_{REF} 为控制温度设定电压(对应控制温度)，R_{f2} 用于改善比较器的迟滞特性，决定控温精度。有时为使控制精度提高，往往在输出端加稳压电路。

5．继电器驱动电器

电路如图 9.17 所示。当被测温度超过设定温度时，继电器动作，使触点断开；停止加热，反之被测温度低于设置温度时，继电器触点闭合，进行加热。

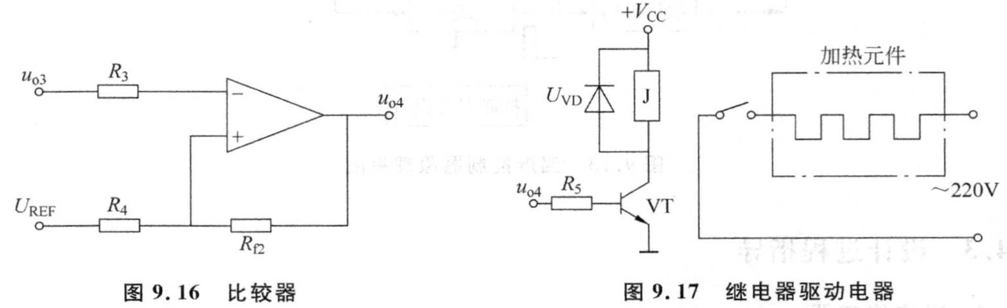

图 9.16　比较器　　　　图 9.17　继电器驱动电器

9.4.4　实验与调试

用温度计测传感器处的温度 T(℃)，如 $T=27$℃(300K)。若取 $R=10\text{k}\Omega$，则 $u_{o1}=3\text{V}$，调整 U_R 的值使 $u_{o2}=-270\text{mV}$，若放大器的放大倍数为-10倍，则 U_{o3} 应为 2.7V。测比较器的比较电压 u_{REF} 值，使其等于所要控制的温度乘以 0.1V，如设定温度为 50℃，则 u_{REF} 值为 5V。比较器的输出可接 LED 指示。把温度传感器加热(可用电吹风吹)在温度小于设定值前 LED 应一直处于点亮状态，反之，则熄灭。

如果控温精度不良或过于灵敏造成继电器在被控点抖动，则可改变电阻如 R_{f2} 值。

9.5　扩音机电路的设计

扩声设备的作用是把从话筒、录放卡座、CD 机送出的微弱信号放大成能推动扬声器发声的大功率信号，一般把这种设备称为扩音机。根据实际需要和放大器件的不同，扩音机电路有很多种类与功能。本课题提出的扩音机电路性能指标比较低，主要采用运算放大集成电路和音频功率放大集成电路来构成扩音机电路。

9.5.1　设计任务和要求

采用运算放大集成电路和音频功率放大集成电路设计一个对话筒输出信号具有放大能力的扩音机电路。其要求如下：

(1) 最大输出功率 8W。

(2) 负载阻抗为 8Ω。

(3) 在通频带内、满功率下非线性失真系数不大于 3%。

(4) 具有音调控制功能，即用两只电位器分别调节高音和低音。当输入信号为 1kHz 时，输出为 0dB；当输入信号为 100Hz 正弦波时，调节低音电位器可以使输出功率变化 ±12dB；当输入信号为 10kHz 正弦波时，调节高音电位器也可以使输出功率变化 ±12dB。

(5) 输出功率的大小连续可调，即用电位器可调节音量的大小。

(6) 频率响应：当高、低音调电位器处于不提升也不衰减的位置时，-3dB的频带范围是80Hz～6kHz，即BW＝6kHz。

(7) 输入信号源为话筒输入，输入灵敏度不大于20mV。

(8) 输入阻抗不小于50kΩ。

(9) 输入端短路时，噪声输出电压的有效值不超过10mV，直流输出电压不超过50mV，静态电源电流不超过100mA。

9.5.2 电路基本原理

扩音机电路实际上是一个典型的多级放大器。其原理如图9.18所示。前置放大主要完成对小信号的放大，一般要求输入阻抗高，输出阻抗低，频带宽，噪声要小；音调控制主要实现对输入信号高、低音的提升和衰减；功率放大器决定了整机的输出功率、非线性失真系数等指标，要求效率高、失真尽可能小、输出功率大。设计时首先根据技术指标要求，对整机电路做出适当安排，确定各级的增益分配，然后对各级电路进行具体的设计。

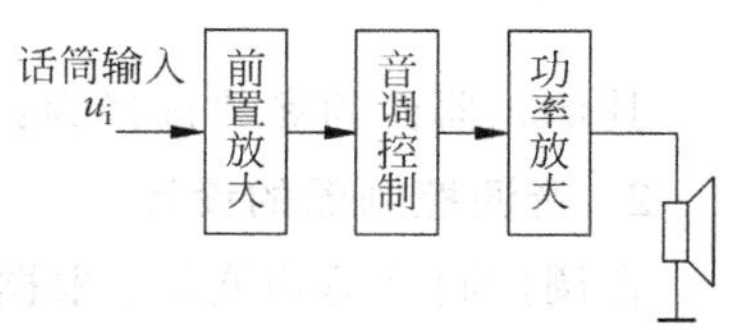

图9.18 扩音机电路原理框图

因为 $P_{omax}=8$W，所以此时的输出电压 $U_o=\sqrt{P_{omax}R_L}=8$V。要使输入为5mV的信号放大到输出的8V，所需的总放大倍数为

$$A_u=\frac{u_o}{u_i}=\frac{8000}{5}=1600$$

扩音机中各级增益的分配为：前置级电压放大倍数为80；音调控制中频电压放大倍数为1；功率放大级电压放大倍数为20。

9.5.3 设计过程指导

1. 前置放大器的设计

由于话筒提供的信号非常微弱，一般在音调控制器前面加一个前置放大器。该前置放大器的下限频率要小于音调控制器的低音转折频率，上限频率要大于音调控制器的高音转折频率。考虑到设计电路对频率响应及零输入(即输入端短路)时的噪声、电流、电压的要求，前置放大器选用集成运算放大器LF353。LF353是一种双路运算放大器，属于高输入阻抗低噪声集成器件。其输入阻抗达到 10^4MΩ，输入偏置电流仅为 50×10^{-12}A，单位增益频率为4MHz，转换速率为13V/μs，用做音频前置放大器十分理想。LF353的外引线如图9.19所示。

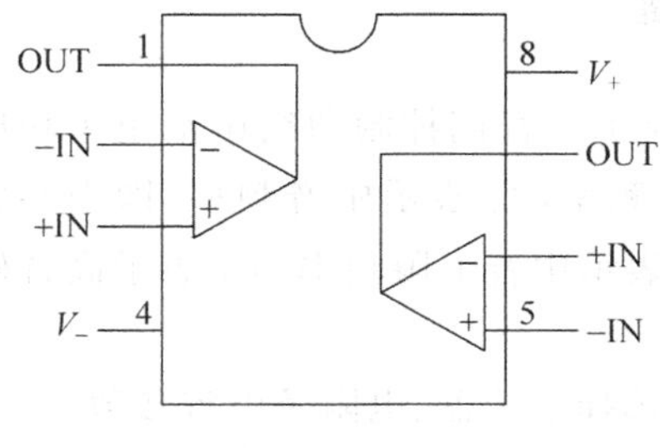

图9.19 LF353的外引线图

前置放大电路由LF353组成的两级放大电路如图9.20所示。第1级放大电路的 $A_{u1}=10$，即 $1+R_3/R_2=10$，取 $R_2=10$kΩ，$R_3=100$kΩ。取 $A_{u2}=10$(考虑增益余量)，同样 $R_5=10$kΩ，$R_6=100$kΩ。电阻 R_1，R_4 为放大电路偏置电阻，取 $R_1=R_4=100$kΩ。耦合电容 C_1 与 C_2 取10μF，C_4 与 C_{11} 取100μF，以保证扩声电路的低频响应。

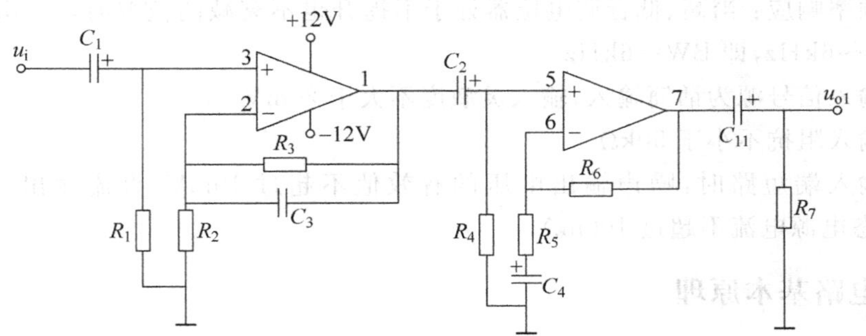

图 9.20　前置放大电路

其他元器件的参数选择为：$C_3=100\text{pF}$，$R_7=22\text{k}\Omega$。电路电源电压为$\pm 12\text{V}$。

2. 音调控制器的设计

音调控制器的功能是：根据需要按一定的规律控制、调节音响放大器的频率响应，更好地满足人耳的听觉特性。一般音调控制器只对低音和高音信号的增益进行提升或衰减，而中音信号的增益不变。音调控制器的电路结构有多种形式，常用的典型电路结构如图 9.21 所示。

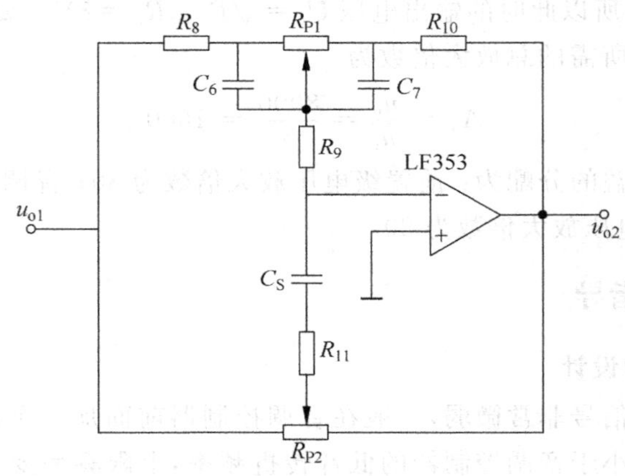

图 9.21　音调控制器电路

该电路的音调控制曲线(即频率响应)如图 9.22 所示。音调控制曲线中给出了相应的转折频率：f_{L1}表示低音转折频率，f_{L2}表示中音下限频率，f_0表示中音频率(即中心频率)，要求电路对此频率信号没有衰减和提升作用，f_{H1}表示中音上限频率，f_{H2}表示高音转折频率。

音调控制器的设计主要是根据转折频率的不同来选择电位器、电阻及电容参数。

(1) 低频工作时元器件参数的计算

音调控制器工作在低音频时(即 $f<f_L$)，由于电容 $C_5\leqslant C_6=C_7$，故在低频时 C_5 可看成开路，音调控制电路此时可简化为图 9.23 所示电路。图 9.23(a)所示为电位器 R_{P1} 中间抽头处在最左端，对应于低频提升最大的情况。图 9.23(b)所示为电位器 R_{P1} 中间抽头处在最右端，对应于低频衰减最大的情况。下面分别进行讨论。

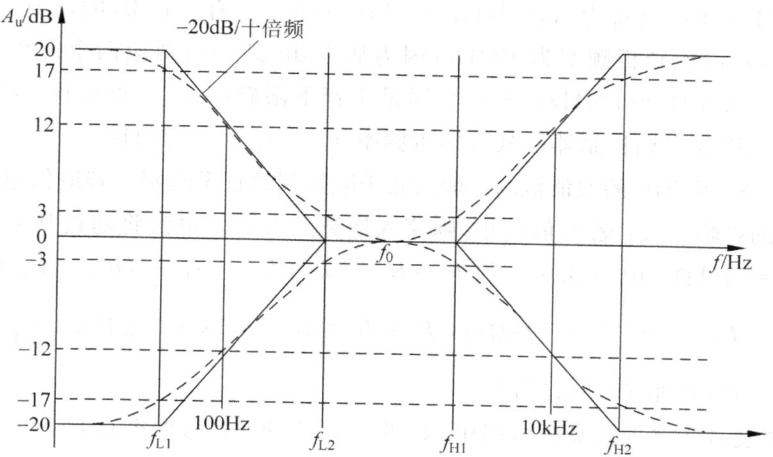

图 9.22　音调控制器频率响应曲线

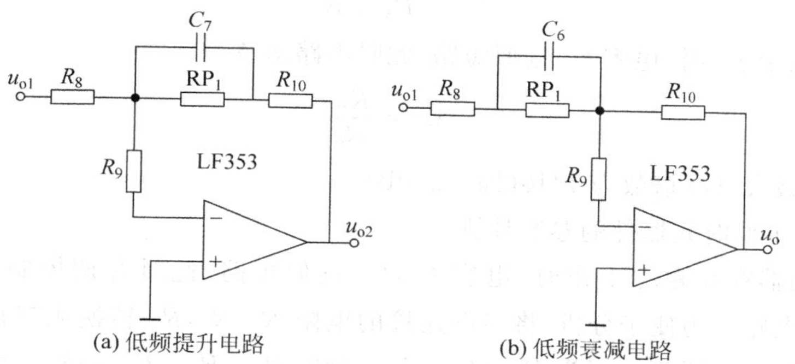

图 9.23　音调控制电路在低频段时的简化等效电路

① 低频提升。由图 9.23(a)可求出低频提升电路的频率响应函数为

$$\dot{A}(\mathrm{j}\omega)=\frac{\dot{U}_o}{\dot{U}_i}=-\frac{R_{10}+R_{RP1}}{R_8}\cdot\frac{1+\dfrac{\mathrm{j}\omega}{\omega_{L2}}}{1+\dfrac{\mathrm{j}\omega}{\omega_{L1}}}$$

式中，$\omega_{L1}=\dfrac{1}{C_7R_{RP1}}$，$\omega_{L2}=\dfrac{(R_{RP1}+R_{10})}{(C_7R_{RP1}R_{10})}$。

当频率 f 远远小于 f_{L1} 时，电容 C_7 近似开路，此时的增益为

$$A_L=\frac{R_{RP1}+R_{10}}{R_8}$$

当频率升高时，C_7 的容抗减小，当频率 f 远远大于 f_{L2} 时，C_7 近似短路，此时的增益为

$$A_O=\frac{R_{10}}{R_8}$$

在 $f_{L1}<f<f_{L2}$ 的频率范围内，电压增益减率为 -20dB/10 倍频，即 -6dB/倍频(若 40Hz 对应的增益是 20dB，则 2×40Hz=80Hz 时所对应的增益是 14dB)。

本设计要求中频增益为 $A_O=1$(0dB),且在 100Hz 处有 ±12dB 的调节范围。故当增益为 0dB 时,对应的转折频率为 400Hz(因为从 12dB 到 0dB 对应两个倍频程,所以对应频率是 2×2×100Hz=400Hz),该频率即是中音下限频率 $f_{L2}=400\text{Hz}$。最大提升增益一般取 10 倍,因此音调控制器的低音转折频率 $f_{L1}=f_{L2}/10=40\text{Hz}$。

电阻 R_8,R_{10} 及 RP_1 的取值范围一般为几千欧姆到数百千欧姆。若取值过大,则运算放大器漏电流的影响变大;若取值过小,则流入运算放大器的电流将超过其最大输出能力。这里取 $R_{RP1}=470\text{k}\Omega$。由于 $A_O=1$,故 $R_8=R_{10}$。又因为 $\omega_{L2}/\omega_{L1}=(R_{RP1}+R_{10})/R_{10}=10$,所以 $R_8=R_{10}=R_{RP1}/(10-1)\approx52\text{k}\Omega$,取 $R_9=R_8=R_{10}=51\text{k}\Omega$。电容 $C_7=\dfrac{1}{(2\pi f_{L1}R_{RP1})}$求得:$C_7\approx0.0085\mu\text{F}$,取 $C_7=0.01\mu\text{F}$。

② 低频衰减。在低频衰减电路中,如图 9.23(b)所示,若取电容 $C_6=C_7$,则当工作频率 f 远小于 f_{L1} 时,电容 C_6 近似开路,此时电路增益

$$A_L=\frac{R_{10}}{R_8+R_{RP1}}$$

当频率 f 远大于 f_{L2} 时,电容 C_6 近似短路,此时电路增益

$$A_O=\frac{R_{10}}{R_8}$$

可见,低频端最大衰减倍数为 1/10(即−20dB)。

(2) 高频工作时元器件的参数计算

音调控制器在高频端工作时,电容 C_6,C_7 近似短路,此时音调控制电路可简化成图 9.24 所示电路。为便于分析,将星形连接的电阻 R_8,R_9,R_{10} 转换成三角形连接,转换后的电路如图 9.25 所示。因为 $R_8=R_9=R_{10}$,所以 $R_a=R_b=R_c=3R_8$。由于 R_c 跨接在电路的输入端和输出端之间,对控制电路无影响,故可将它忽略不计。

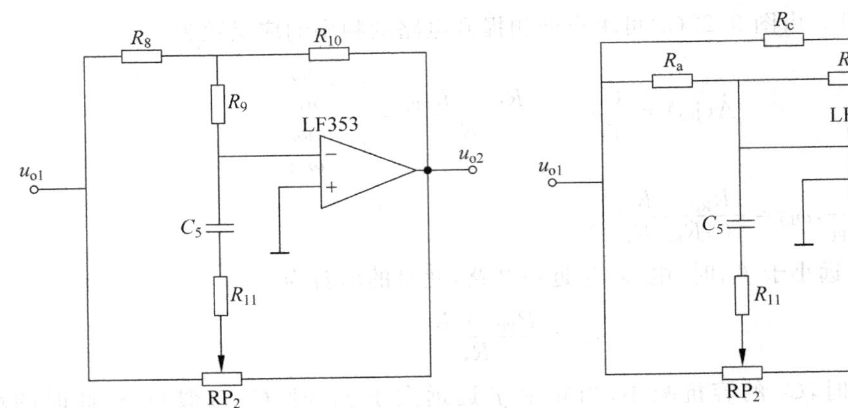

图 9.24 音调控制电路在高频段时的简化等效电路

图 9.25 音调控制电路高频段简化电路的等效变换电路

当 RP_2 中间抽头处于最左端时,此时高频提升最大,等效电路如图 9.26(a)所示。当 RP_2 中间抽头处于最右端时,此时高频段衰减最大,等效电路如图 9.26(b)所示。

① 高频提升。由图 9.26(a)可知，该电路是一个典型的高通滤波器，其增益函数为

$$\dot{A}(\mathrm{j}\omega)=\frac{\dot{U}_{\mathrm{o}}}{\dot{U}_{\mathrm{i}}}=-\frac{R_{\mathrm{b}}}{R_{\mathrm{a}}}\cdot\frac{1+\frac{\mathrm{j}\omega}{\omega_{\mathrm{H1}}}}{1+\frac{\mathrm{j}\omega}{\omega_{\mathrm{H2}}}}$$

其中，$\omega_{\mathrm{H1}}=\frac{1}{(R_{\mathrm{a}}+R_{11})C_5}$，$\omega_{\mathrm{H2}}=\frac{1}{R_{11}C_5}$。

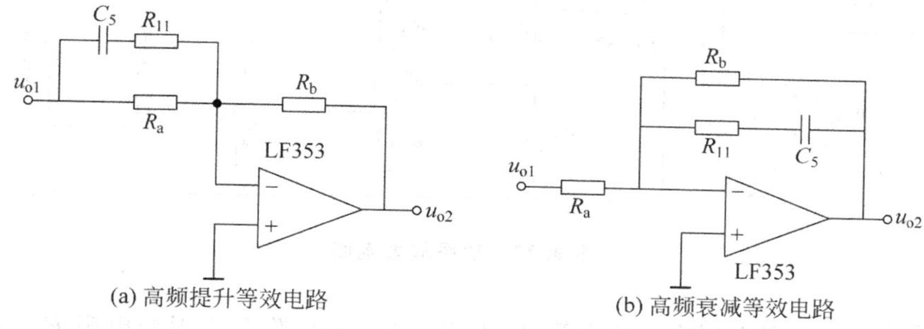

图 9.26　音调控制器的高频等效电路

当 f 远小于 f_{H1} 时，电容 C_5 可近似开路，此时的增益为

$$A_{\mathrm{O}}=\frac{R_{\mathrm{b}}}{R_{\mathrm{a}}}=1(\text{中频增益})$$

当 f 远大于 f_{H2} 时，电容 C_5 近似为短路，此时的电压增益为

$$A_{\mathrm{H}}=\frac{R_{\mathrm{b}}(R_{11}+R_{\mathrm{a}})}{R_{11}\cdot R_{\mathrm{a}}}$$

当 $f_{\mathrm{H1}}\leqslant f\leqslant f_{\mathrm{H2}}$ 时，电压增益按 20dB/10 倍频的斜率增加。

由于设计任务中要求中频增益 $A_{\mathrm{O}}=1$，在 10kHz 处有 ±12dB 的调节范围，所以求得 $f_{\mathrm{H1}}=2.5\mathrm{kHz}$。又因为 $\omega_{\mathrm{H1}}/\omega_{\mathrm{H2}}=(R_{11}+R_{\mathrm{a}})/R_{11}=A_{\mathrm{H}}$，高频最大提升量 A_{H} 一般也取 10 倍，所以 $f_{\mathrm{H2}}=A_{\mathrm{H}}\cdot f_{\mathrm{H1}}=25\mathrm{kHz}$。由 $(R_{11}+R_{\mathrm{a}})/R_{11}=A_{\mathrm{H}}$ 得：$R_{11}=R_{\mathrm{a}}/(A_{\mathrm{H}}-1)=17\mathrm{k}\Omega$，取 $R_{11}=18\mathrm{k}\Omega$。由 $\omega_{\mathrm{H2}}=\frac{1}{R_{11}C_5}$ 得：$C_5=1/(2\pi f_{\mathrm{H2}}R_{11})=354\mathrm{pF}$，取 $C_5=330\mathrm{pF}$。高音调节电位器的阻值与 RP_1 相同，取 $R_{\mathrm{RP2}}=470\mathrm{k}\Omega$。

② 高频衰减。在高频衰减等效电路中，由于 $R_{\mathrm{a}}=R_{\mathrm{b}}$，其余元器件值也相同，所以高频衰减的转折频率与高频提升的转折频率相同。高频最大衰减为 1/10(即 −20dB)。

3. 功率输出级的设计

功率输出级电路结构有许多种形式，选择由分立元器件组成的功率放大器或单片集成功率放大器均可。这里选用集成运算放大器组成的典型 OCL 功率放大器，其电路如图 9.27 所示。其中由运算放大器组成输入电压放大驱动级，由晶体管 T_1，T_2，T_3，T_4 组成的复合管为功率输出级。三极管 T_1 与 T_2 都为 NPN 管，仍组成 NPN 型的复合管。T_3 与 T_4 为不同类型的晶体管，所组成的复合管导电极性由第 1 只管决定，为 PNP 型复合管。

(1) 确定电源电压 V_{CC}

功率放大器的设计要求是最大输出功率 $P_{\mathrm{Omax}}=8\mathrm{W}$。由式 $P_{\mathrm{Omax}}=\frac{1}{2}\cdot\frac{U_{\mathrm{Om}}^2}{R_{\mathrm{L}}}$ 可得：

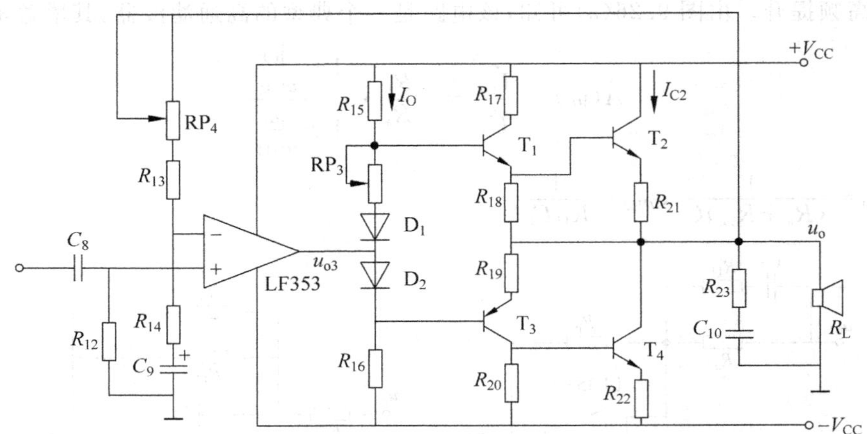

图 9.27　功率放大电路

$u_{Om}=\sqrt{2P_{Omax}R_L}$。考虑到输出功率管 T_2 与 T_4 的饱和压降和发射极电阻 R_{21} 与 R_{22} 的压降,电源电压常取:$V_{CC}=(1.2\sim1.5)U_{Om}$。将已知参数带入上式,电源电压选取±12V。

(2) 功率输出级设计

① 输出晶体管的选择。输出功率管 T_2 与 T_4 选择同类型的 NPN 型大功率管。其承受的最大反向电压为 $U_{CEmax}=2V_{CC}$。每只晶体管的最大集电极电流为 $I_{Cmax}=\dfrac{V_{CC}}{R_L}\approx$ 1.5A;每只晶体管的最大集电极功耗为:$P_{Cmax}=0.2P_{Omax}=1.6W$。所以,在选择功率三极管时,除应使两管的 β 值尽量对称外,其极限参数还应满足系列关系:$V_{(BR)CEO}>2V_{CC}$,$I_{CM}>I_{Cmax}$,$P_{CM}>P_{Cmax}$。根据上式关系,选择功率三极管为 3DD01。

② 复合管的选择。T_1 与 T_3 分别和 T_2 与 T_4 组成复合管,它们承受的最大电压均为 $2V_{CC}$,考虑到 R_{18} 与 R_{20} 的分流作用和晶体管的损耗,晶体管 T_1 与 T_3 的集电极功耗为:$P_{Cmax}\approx(1.1\sim1.5)\dfrac{P_{C2max}}{\beta_2}$,而实际选择 T_1,T_3 的参数时要大于其最大值。另外,为了复合出互补类型的三极管,一定要使 T_1,T_3 互补,且要求尽可能对称性好。T_1 可选用 9013,T_3 选用 9015。

③ 电阻 $R_{17}\sim R_{22}$ 的估算。R_{18} 与 R_{20} 用来减小复合管的穿透电流,其值太小会影响复合管的稳定性,太大又会影响输出功率,一般取 $R_{18}=R_{20}=(5\sim10)r_{i2}$。$r_{i2}$ 为 T_2 管的输入端等效电阻,其大小可用公式 $r_{i2}=r_{be2}+(1+\beta_2)R_{21}$ 来计算,大功率管的 r_{be} 约为 10Ω,β 为 20 倍。

输出功率管的发射极电阻 R_{21} 与 R_{22} 起到电流负反馈作用,使电路的工作更加稳定,从而减少非线性失真。一般取 $R_{21}=R_{22}=(0.05\sim0.1)R_L$。

由于 T_1 与 T_3 管的类型不同,接法也不一样,因此两只管子的输入阻抗不一样,这样加到 T_1 与 T_3 管基极输入端的信号将不对称。为此,增加 R_{17} 与 R_{19} 作为平衡电阻,使两只管子的输入阻抗相等。一般选择 $R_{17}=R_{19}=\dfrac{R_{18}r_{i2}}{R_{18}+r_{i2}}$。

根据以上条件,选择电路元器件值为

$$R_{21}=R_{22}=1\Omega,\quad R_{18}=R_{20}=270\Omega,\quad R_{17}=R_{19}=30\Omega$$

④ 确定静态偏置电路。为了克服交越失真，由 R_{15}、R_{16}，RP_3 和二极管 D_1，D_2 共同组成两对复合管的偏置电路，使输出级工作于甲乙类状态。R_{15} 与 R_{16} 的阻值要根据输出级输出信号的幅度和前级运算放大器的最大允许输出电流来考虑。静态时功率放大器的输出端对地的电位应为 0(T_1 与 T_3 应处于微导通状态)，即 $u_o=0V$。运算放大器的输出电位 $u_{o3}\approx 0V$，若取电流 $I_o=1mA$，$R_{RP3}=0$(RP_3 用于调整复合管的微导通状态，其调节范围不能太大，可采用 1kΩ 左右的精密电位器，其初始位置应调在零阻值，当调整输出级静态工作电流或者输出波形的交越失真时再逐渐增大阻值)，则

$$I_o\approx\frac{V_{CC}-U_D}{R_{15}+R_{RP3}}=\frac{V_{CC}-U_D}{R_{15}}=\frac{12-0.7}{R_{15}}$$

所以 $R_{15}=11.3k\Omega$，取 $R_{15}=11k\Omega$。为了保证对称，电阻 $R_{16}=11k\Omega$。取 $R_{RP3}=1k\Omega$，电路中的 D_1 与 D_2 选为 1N4148。

⑤ 反馈电阻 R_{13} 与 R_{14} 的确定。在这里，运算放大器选用 LF353，功率放大器的电压增益可表示为：$A_u=1+\frac{R_{13}+R_{RP4}}{R_{14}}=20$，取 $R_{14}=1k\Omega$，则 $R_{13}+R_{RP4}=19k\Omega$。为了使功率放大器增益可调，取 $R_{13}=15k\Omega$，$R_{RP4}=4.7k\Omega$。电阻 R_{12} 是运算放大器的偏置电阻，电容 C_8 是输入耦合电容，其容量大小决定了扩声电路的下限频率。取 $R_{12}=100k\Omega$，$C_8=100\mu F$。并联在扬声器两端的 R_{23} 与 C_{10} 消振网络，可以改善扬声器的高频响应。这里取 $R_{23}=27\Omega$，$C_{10}=0.1\mu F$。一般取 $C_9=4.7\mu F$。

扩声电路总体原理如图 9.28 所示。

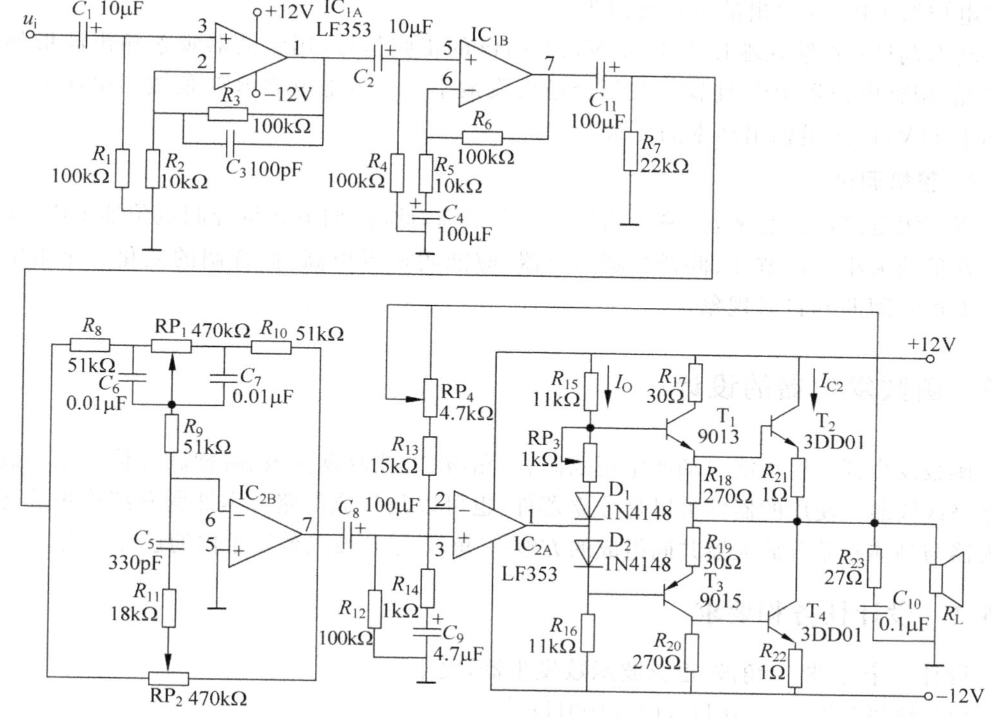

图 9.28　扩声电路总体原理图

9.5.4 实验与调试

按图 9.28 所示设计 PCB 电路,并在面包板上搭建,在调试前,先仔细选用并测试元件,并对元件位置进行合理布局,留好测试端口。

1. 前置级的调试

当无输入交流信号时,用万用表分别测量 LF353 的输出电位,正常时应在 0V 附近。若输出端直流电位为电源电压值时,则可能运算放大器已坏或工作在开环状态。

输入端加入 $u_i=5\text{mV}$,$f=1000\text{Hz}$ 的交流信号,用示波器观察有无输出波形。如有自激振荡,应首先消除(如通过在电源对地端并接滤波电容等措施)。当工作正常后,用交流毫伏表测量放大器的输出,并求其电压放大倍数。

输入信号幅值保持不变,改变其频率,测量幅频特性,并画出幅频特性曲线。

2. 音调控制器的调试

静态测试同上。

动态调试:用低频信号发生器在音调控制器输入端输入 400mV 的正弦信号,保持幅度值不变。将低音控制电位器调到最大提升,同时将高音控制电位器调到最大衰减,分别测量其幅频特性曲线;然后将两个电位器的位置调到相反状态,重新测试其幅频特性曲线。若不符合要求,应检查电路的连接、元器件值、输入输出耦合电容是否正确、完好。

3. 功率放大器的调试

静态调试:首先将输入电容 C_8 输入端对地短路,然后接通电源,用万用表测试 U_o,调节电位器 RP_3,使输出的电位近似为零。

动态调试:在输入端接入 400mV,1000Hz 的正弦信号,用示波器观察输出波形的失真情况,调整电位器 RP_3 使输出波形交越失真最小。调节电位器 RP_4 使输出电压的峰值不小于 11V,以满足输出功率的要求。

4. 整机调试

将三级电路连接起来,在输入端连接一个话筒,此时,调节音量控制电位器 RP_4,应能改变音量的大小。调节高、低音控制电位器,应能明显听出高、低音调的变化。敲击电路板应无声音间断和自激现象。

9.6 函数发生器的设计

函数发生器一般指能自动产生正弦波、三角波、方波及锯齿波、阶梯波等信号电压波形的电路或仪器。使用的器件可以是分立器件,也可以是集成电路。本课题介绍由集成运算放大器与晶体管差分放大器共同组成的方波-三角波-正弦波函数发生器的设计方法。

9.6.1 设计任务和要求

设计一个方波-三角波-正弦波函数发生器,要求:

(1) 频率范围:1~10Hz,10~100Hz。

(2) 输出电压:方波 $U_{P\text{-}P}\leqslant 24\text{V}$;三角波 $U_{P\text{-}P}=8\text{V}$;正弦波 $U_{P\text{-}P}>1\text{V}$。

(3) 波形特性：方波 $t_r < 100\mu s$；三角波非线性失真系数 $\gamma_{\triangle} < 2\%$；正弦波非线性失真系数 $\gamma_{\sim} < 5\%$。

9.6.2　电路基本原理

产生正弦波、三角波、方波的电路方案有多种，这里介绍一种能够先产生方波-三角波，再将三角波变换成正弦波的电路设计方法，其电路框图如图 9.29 所示。

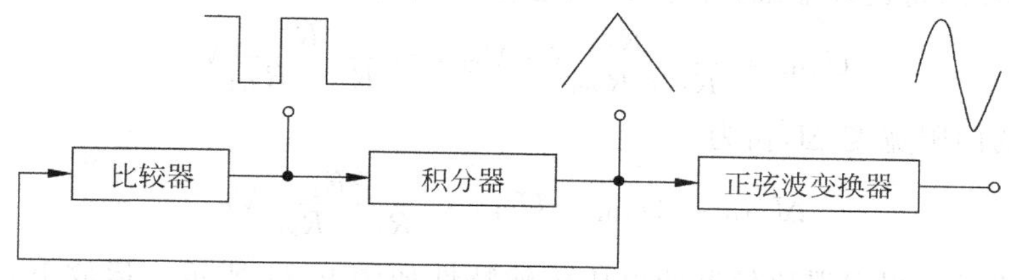

图 9.29　函数发生器组成框图

比较器、积分电路和反馈网络(含有电容元器件)组成振荡器，其中比较器产生的方波通过积分电路变换成了三角波，电容的充、放电时间决定了三角波的频率。最后利用差分放大器传输特性曲线的非线性特点将三角波转换为正弦波。

9.6.3　设计过程指导

1. 方波-三角波产生电路的设计

如图 9.30 所示电路能自动产生方波-三角波信号。其中运算放大器 IC_1 与 R_1、R_2 及 R_3、RP_1 组成一个迟滞比较器，C_1 为翻转加速电容。迟滞比较器的 U_i(被比信号)取自积分器的输出，通过 R_1 接运放的同相输入端，R_1 称为平衡电阻；迟滞比较器的 U_R(参考信号)接地，通过 R_2 接运放的反相输入端。迟滞比较器输出的 U_{o1} 高电平等于正电源电压 $+V_{CC}$，低电平等于负电源电压 $-V_{EE}$($|+V_{CC}| = |-V_{EE}|$)。当 $U_+ \leqslant U_-$ 时，输出 U_{o1} 从高电平 $+V_{CC}$ 翻转到低电平 $-V_{EE}$；当 $U_+ \geqslant U_-$ 时，输出 U_{o1} 从低电平 $-V_{EE}$ 跳到高电平 $+V_{CC}$。

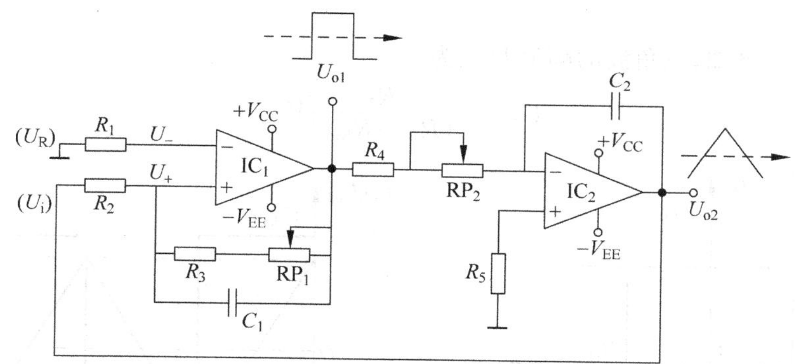

图 9.30　方波-三角波产生电路

若 $U_{o1} = +V_{CC}$，根据电路叠加原理可得

$$U_+ = \frac{R_2}{R_2 + R_3 + R_{RP1}}(+V_{CC}) + \frac{R_3 + R_{RP1}}{R_2 + R_3 + R_{RP1}} U_i$$

将上式整理,因 $U_R=0$,则比较器翻转的下门限电压 U_{TH2} 为

$$U_{TH2}=\frac{-R_2}{R_3+R_{RP1}}(+V_{CC})=\frac{-R_2}{R_3+R_{RP1}}V_{CC}$$

若 $U_{o1}=-V_{EE}$,根据电路叠加原理可得

$$U_+=\frac{R_2}{R_2+R_3+R_{RP1}}(-V_{EE})+\frac{R_3+R_{RP1}}{R_2+R_3+R_{RP1}}U_i$$

将上式整理,得比较器翻转的上门限电位 U_{TH1} 为

$$U_{TH1}=\frac{-R_2}{R_3+R_{RP1}}(-V_{EE})=\frac{R_2}{R_3+R_{RP1}}V_{CC}$$

比较器的门限宽度 ΔU_{TH} 为

$$\Delta U_{TH}=U_{TH1}-U_{TH2}=\frac{2R_2}{R_3+R_{RP1}}V_{CC}$$

由以上式子可得迟滞比较器的电压传输特性如图 9.31 所示。运放 IC_2 与 R_4、RP_2、C_2 及 R_5 组成反相积分器,其输入是前级输出的方波信号 U_{o1},从而可得积分器的输出 U_{o2} 为

$$U_{o2}=\frac{-1}{(R_4+R_{RP2})C_2}\int U_{o1}\,\mathrm{d}t$$

当 $U_{o1}=+V_{CC}$ 时,电容 C_2 被充电,电容电压 U_{C2} 上升

$$U_{o2}=\frac{V_{CC}}{(R_4+R_{RP2})C_2}t$$

即 U_{o2} 线性下降。当 U_{o2}(即 U_i)下降到 $U_{o2}=U_{TH2}$ 时,比较器 IC_1 的输出 U_{o1} 状态发生翻转,即 U_{o1} 由高电平 $+V_{CC}$ 变为低电平 $-V_{EE}$,于是电容 C_2 放电,电容电压 U_{C2} 下降,而

$$U_{o2}=\frac{(-V_{EE})}{(R_4+R_{RP2})C_2}t=\frac{V_{CC}}{(R_4+R_{RP2})C_2}t$$

即 U_{o2} 线性上升。当 U_{o2}(即 U_i)上升到 $U_{o2}=U_{TH1}$ 时,比较器 IC_1 的输出 U_{o1} 状态又发生翻转,即 U_{o1} 由低电平 $-V_{EE}$ 变为高电平 $+V_{CC}$,电容 C_2 又被充电,周而复始,振荡不停。

U_{o1} 输出是方波,U_{o2} 输出是一个上升速率与下降速率相等的三角波,其波形关系如图 9.32 所示。

由图 9.32 可知,三角波的幅值 U_{o2m} 为

$$U_{o2}=\frac{R_2}{(R_3+R_{RP1})}V_{CC}$$

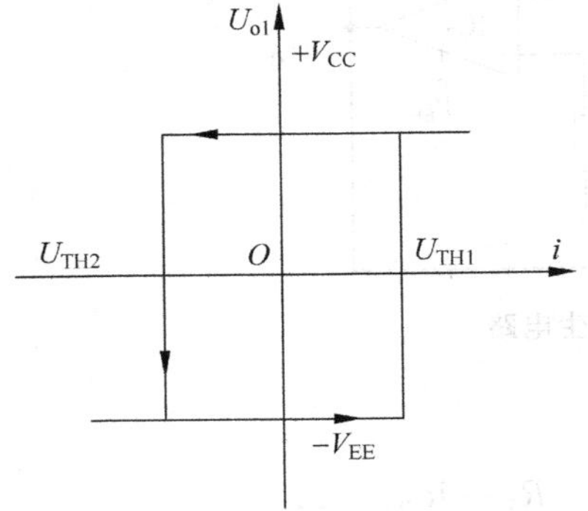

图 9.31　比较器传输特性

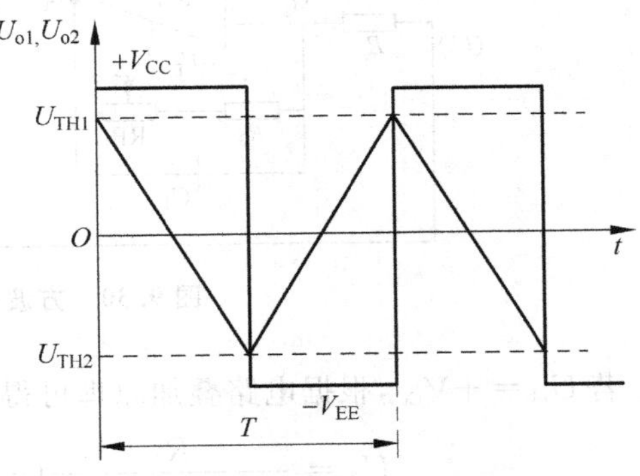

图 9.32　三角波与方波的关系

U_{o2}的下降时间为 $t_1=(U_{TH2}-U_{TH1})\dfrac{dU_{o2}}{dt}$,而

$$\frac{dU_{o2}}{dt}=-\frac{V_{CC}}{(R_4+R_{RP2})C_2}$$

U_{o2}的上升时间为 $t_2=(U_{TH1}-U_{TH2})\dfrac{dU_{o2}}{dt}$,而

$$\frac{dU_{o2}}{dt}=\frac{V_{CC}}{(R_4+R_{RP2})C_2}$$

把 U_{TH1} 和 U_{TH2} 的值代入,得三角波的周期(方波的周期与其相同)为

$$T=t_1+t_2=\frac{4(R_4+R_{RP2})R_2C_2}{R_3+R_{RP1}}$$

从而可知方波-三角波的频率为

$$f=\frac{R_3+R_{RP1}}{4(R_4+R_{RP2})R_2C_2}$$

由 f 和 U_{o2m} 的表达式可以得出以下结论:

(1) 使用电位器 RP_2 调整方波-三角波的输出频率时,不会影响输出波形的幅度。若要求输出信号频率范围较宽,可用 C_2 改变频率的范围,用 RP_2 实现频率微调。

(2) 方波的输出幅度应等于电源电压 V_{CC},三角波的输出幅度不超过电源电压 V_{CC}。电位器 RP_1 可实现幅度微调,但会影响方波-三角波的频率。

实际设计中,IC_1 和 IC_2 可选择双运算放大集成电路 LM747(也可以选其他合适的运放),采用双电源供电,$+V_{CC}=12V$,$-V_{EE}=-12V$。

比较器与积分器的元器件参数计算如下:

由式 $U_{o2m}=\dfrac{R_2}{R_3+R_{RP1}}V_{CC}$ 得

$$\frac{R_2}{R_3+R_{RP2}}=\frac{U_{o2m}}{V_{CC}}=\frac{4}{12}=\frac{1}{3}$$

取 $R_2=10k\Omega$,则 $R_3+R_{RP1}=30k\Omega$,选择 $R_3=20k\Omega$,RP_1 为 $27k\Omega$ 的电位器。

取平衡电阻 $R_{RP1}=\dfrac{R_2\cdot(R_3+R_{RP1})}{R_2+R_3+R_{RP1}}\approx 10k\Omega$

由式 $f=\dfrac{R_3+R_{RP1}}{4R_2(R_4+R_{RP2})C_2}$ 得

$$R_4+R_{RP2}=\frac{R_3+R_{RP1}}{4fR_2C_2}$$

当 $1Hz\leqslant f\leqslant 10Hz$ 时,取 $C_2=10\mu F$,则 $R_4+R_{RP2}=(75\sim 7.5)k\Omega$,选择 $R_4=4.7k\Omega$,RP_2 为 $100k\Omega$ 的电位器。当 $10Hz\leqslant f\leqslant 100Hz$ 时,取 $C_2=1\mu F$ 以实现频率波段的转换(实际电路当中需要用波段开关进行转换),R_4 及 RP_2 的取值不变。平衡电阻 $R_5=10k\Omega$。

C_1 为加速电容,选择电容值为 100pF 的瓷片电容。

2. 三角波-正弦波变换电路的设计

在本设计指导方案中,三角波-正弦波的变换电路主要由差分放大器来完成。差分放大器工作点稳定,输入阻抗高,抗干扰能力较强,可以有效地抑制零点漂移。利用差分放大器可将低频率的三角波变换成正弦波。这里选择的差分放大电路形式如图 9.33 所示。波形变换利用的是差分放大器传输特性曲线的非线性。分析表明,传输特性曲线的表达式为

$$I_{C1}=\alpha I_{E1}=\frac{\alpha I_o}{1+e^{-U_{id}/U_T}}$$

$$I_{C2}=\alpha I_{E21}=\frac{\alpha I_o}{1+e^{-U_{id}/U_T}}$$

式中 $\alpha=I_C/I_E\approx1$；I_o 为差分放大器的恒定电流；U_T 为温度的电压当量，当室温为 25℃时 $U_T\approx26\text{mA}$。

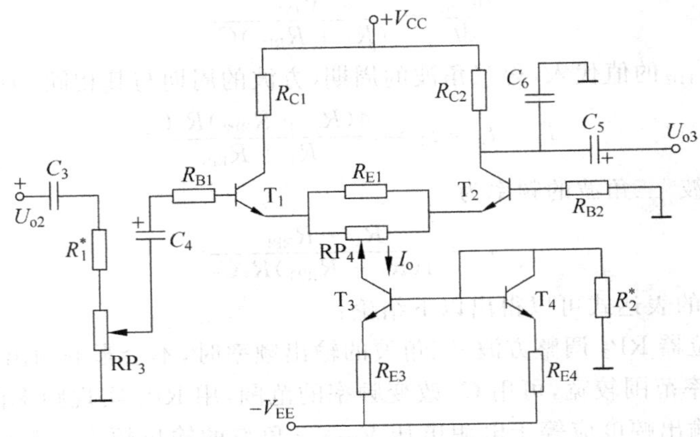

图 9.33　三角波-正弦波变换电路

根据理论分析，如果差分电路的差模输入 U_{id} 为三角波，则 I_{C1} 与 I_{C2} 的波形近似为正弦波。因此，单端输出电压 U_{o3} 也近似于正弦波，从而实现了三角波-正弦波的变换。图 9.34 是差分电路实现三角波-正弦波转换的原理图，由图 9.34 可知，差动放大电路传输特性曲线的线性区越窄，其输出波形越接近于正弦波。在图 9.34 所示的电路中，电阻 R_1^* 与电位器 RP_3 用于调节输入三角波的幅度，RP_4 用于调节电路的对称性，R_{E1} 可以减小差动放大器传输特性的线性区。电容 C_3，C_4，C_5 为隔直电容，C_6 为滤波电容，以滤除谐波分量，改善输出波形。

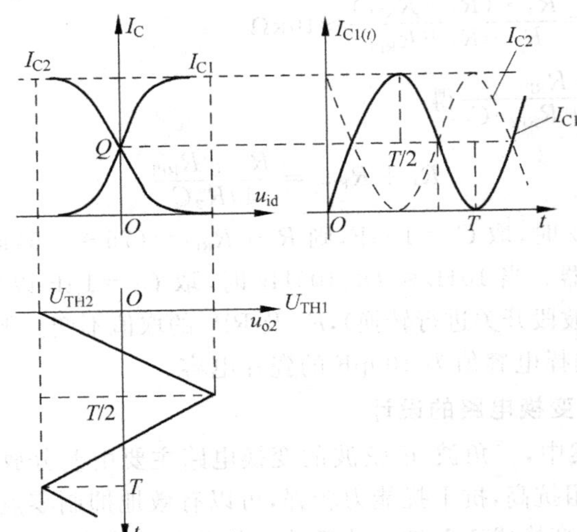

图 9.34　差分电路实现三角波-正弦波转换的原理

差分放大电路采用单端输入-单端输出的电路形式，4 只晶体管选用集成电路差分对管 BG319 或双三极管 S3DG6 等。电路中晶体管 $\beta_1=\beta_2=\beta_3=\beta_4=60$。电源电压同上，取 $+V_{CC}=12V$，$-V_{CC}=-12V$。

三角波-正弦波变换电路的参数如下：

三角波经电容 C_3 和分压电路 R_1^*、RP_3 给差分电路输入差模电压 U_{id}。一般情况下，差模电压 $U_{id}<26mA$，因三角波幅值为 8V，故取 $R_1^*=47k\Omega$、$R_{RP3}=470\Omega$。因三角波频率不太高，所以隔直电容 C_3、C_4、C_5 要取得大一些，这里取 $C_3=C_4=C_5=470\mu F$。滤波电容 C_6 视输出的波形而定，若含高次谐波成分较多，C_6 可取得较小，一般为几十皮法至几百皮法。$R_{E1}=100\Omega$ 与 $R_{RP4}=100\Omega$ 相并联，以减小差分放大器的线性区。差分放大电路的静态工作点主要由恒流源 I_o 决定，故一般先设定 I_o。I_o 取值不能太大，I_o 越小，恒流源越恒定，温漂越小，放大器的输入阻抗越高。但 I_o 也不能太小，一般为几毫安左右。这里取差动放大的恒流源电流 $I_o=1mA$，则 $I_{C1}=I_{C2}=0.5mA$，从而可求得晶体管的输入电阻

$$r_{be}=300\Omega+(1+\beta)\frac{26(mV)}{I_o/2}\approx 3.4k\Omega$$

为保证差分放大电路有足够大的输入电阻 r_i，取 $r_i>20k\Omega$，根据 $r_i=2(r_{be}+R_{B1})$ 得 $R_{B1}>6.6k\Omega$，故取 $R_{B1}=R_{B2}=6.8k\Omega$。因为要求输出的正弦波峰峰值大于 1V，所以应使差动放大电路的电压放大倍数 $A_u\geqslant 40$。根据 A_u 的表达式

$$A_u=\left|\frac{-\beta R_L'}{2(R_{B1}+r_{be})}\right|$$

可求得电阻 R_L'，进行选取 $R_{C1}=R_{C2}=15k\Omega$。

对于恒流源电路，其静态工作点及元器件参数计算如下：

$$I_{R_2^*}=I_o=-\frac{-V_{EE}+0.7}{R_2^*+R_E}\Rightarrow R_2^*+R_E=11.3k\Omega$$

发射极电阻一般取几千欧姆，这里选择 $R_{E3}=R_{E4}=2k\Omega$，所以 $R_2^*=9.3k\Omega$。R_2^* 在实际当中可用一个 10kΩ 的电位器和一个 4.7kΩ 的电阻来代替。

函数发生器电路如图 9.35 所示。

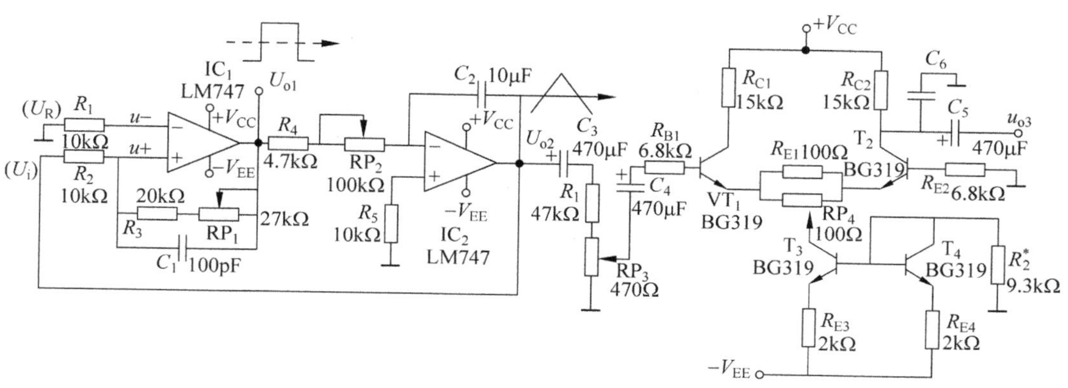

图 9.35 函数发生器电路图

9.6.4 实验与调试

1. 方波-三角波发生器的装调

由于比较器 IC_1 与积分器 IC_2 组成正反馈闭环电路,同时输出方波与三角波,所以这两个单元电路可以同时安装。安装完后,只要接线正确,就可以通电观测与调试。通电后,用示波器观察 U_{o1} 与 U_{o2},如果电路没有产生相应的波形,说明电路没有起振。可以调节 RP_1 与 RP_2 的大小使电路振荡(也可在安装时按照设计参考值事先把 RP_1 与 RP_2 置于合适的阻值)。电路振荡后,用示波器测试波形的幅值,会发现方波的幅值很容易达到设计要求;微调 RP_1,使三角波的输出幅度也能满足设计要求。调节 RP_2,观察波形输出频率在对应波段内连续可变的情况。

2. 三角波-正弦波变换电路的调试

经电容 C_4 输入差模信号电压 $U_{id}=30mV$、$f=100Hz$ 的正弦波(此信号由低频信号发生器提供)。用示波器观察差分电路集电极输出电压的波形,调节 RP_4 及电阻 R_2^*,使传输特性曲线对称。再逐渐增大 U_{id},直到传输特性曲线形状如图 9.34 所示,记下此时对应的 U_{id}(即要调整到的 U_{id}值)。移去信号源,再将 C_4 左端接地,测量差分放大器的静态工作点 I_o,U_{C1},U_{C2},U_{C3},U_{C4}。

将 RP_3 与 C_4 连接,调节 RP_3 使三角波的输出幅度经 RP_3 后输出电压等于 U_{id}值,这时 U_{o3}的输出波形应接近正弦波,调整 C_6 大小可改善输出波形。如果 U_{o3}的波形出现较严重的失真,则应调整和修改电路参数。如果产生钟形失真,是由于传输特性曲线的线性区太宽所致,应减小 R_{E1};如果产生半波圆顶或平顶失真,是由于工作点 Q 偏上或偏下所致,这时传输特性曲线对称性差,应调整电阻 R_2^*;如果产生非线性失真,是因为三角波的线性受运放性能的影响而变差,可在输出端加滤波网络改善输出波形。

第10章 Multisim 11在模拟电子电路中的应用

引言 计算机和信息技术的发展以及人们对电子系统设计的新需求，推动了电子线路设计方法和手段的进步。传统的设计手段逐步被EDA所取代，它代表着现代电子系统设计的潮流。EDA技术的发展和推广极大地推动了电子工业的发展。本章主要结合实例分析，阐述了Multisim 11的基本操作方法、各种仿真设计功能和部分高级功能。其实例涉及模拟电子各知识点，并且紧紧围绕实例，向读者介绍了如何利用Multisim 11进行电路设计与仿真的方法，并对其极具特点的功能进行了详细、深入的说明。

10.1 Multisim 11简介

在电子电路设计的初级阶段，电子工程师为了验证电路的功能，往往是焊接一块试验板或在面包板上搭接电路，然后通过测试仪器进行分析和判断。这种方法耗资、耗时、耗力，而且受到硬件设备的制约，测量精度差。随着计算机技术的飞速发展，计算机辅助分析和仿真技术得到了较为广泛的应用。

10.1.1 Multisim 11的功能特点

Multisim 11是一个虚拟实验室，为使用者造就了一个集成的试验环境，它采用图形化的输入方式，只需进行简单的拖放和连接操作，便可完成电路的搭建与分析。作为一个专业应用软件，它具有下述特点。

1. 丰富的元件和测试仪器

Multisim 11提供了数千种电路元件，包括基本独立元件(电阻、电容、三极管等)、集成电路(74及40系列芯片、DA及AD、集成运放等)、源器件(各种独立源、受控源、时钟信号等)、基本显示器件(伏特表、电流表、数码管等)和其他元器件(继电器、电磁铁、直流电机等)，还可以根据需要扩充或新建已有的元器件库，大大方便了使用者。软件中的各元器件参数可调，并提供了理想值，这为分析电路的实际值与理论值的差异提供了依据。Multisim 11的测试仪器包括数字万用表、函数发生器、多踪示波器、扫频仪、频率计、逻辑分析仪等，很难设想，实际购置这些仪器设备所需的巨额投资。

2. 动态可视化效果

Multisim 11的元器件采用与实物一致的外形，使用者即便是第一次使用，也能方便地找到所需的元器件。对于测试仪器，其测量结果的显示也与实际设备一致，能实时检测系统的运行。另外，它的数码管能够发光，熔断丝可以烧断，蜂鸣器能够发声，电阻器能够通过键盘随时改变阻值，形象地表征了电路的动态特性，体现了其“软件即仪器”的本质特性。

3. 多种分析功能

作为虚拟的电子工作台，Multisim 11 提供了详细的电路分析手段，不仅可以完成电路的瞬态分析、稳态分析、时域和频域分析、器件的线性和非线性分析、电路的噪声分析和失真分析等常规电路分析，还提供了离散傅里叶分析、电路零极点分析、交直流灵敏度分析和电路容差分析等共计 27 种电路分析方法，以帮助设计人员分析电路的性能。此外，它还可以对被仿真电路中的元件设置各种故障，如开路、短路和不同程度的漏电等，从而观察到在不同故障情况条件下的电路工作状态。

4. 兼容性好

Multisim 11 的器件模型和分析方法都是建立在 SPICE(Simulation Program with Integrated Circuit Emphasis)仿真程序的基础上，因此它与 SPICE 输出的 PCB 文件兼容，这样，利用 Multisim 11 一个软件，便可完成从电路的设计、分析，直至印刷电路板格式文件输出等全部设计工作，大大加快了产品的开发速度，提高了设计人员的工作效率。

10.1.2 Multisim 11 用户界面

打开 Multisim 11 用户界面，如图 10.1 所示。Multisim 11 用户界面主要由菜单栏(Menu Bar)、标准工具栏(Standard Toolbar)、使用的元件列表(In Use List)、仿真开关(Simulation Switch)、图形注释工具栏(Graphic Annotation Toolbar)、项目栏(Project Bar)、元件工具栏(Component Toolbar)、虚拟工具栏(Virtual Toolbar)、电路窗口(Circuit Windows)、仪表工具栏(Instruments Toolbar)、电路标签(Circuit Tab)、状态栏(Status Bar)和电路元件属性视窗(Spreadsheet View)等组成。

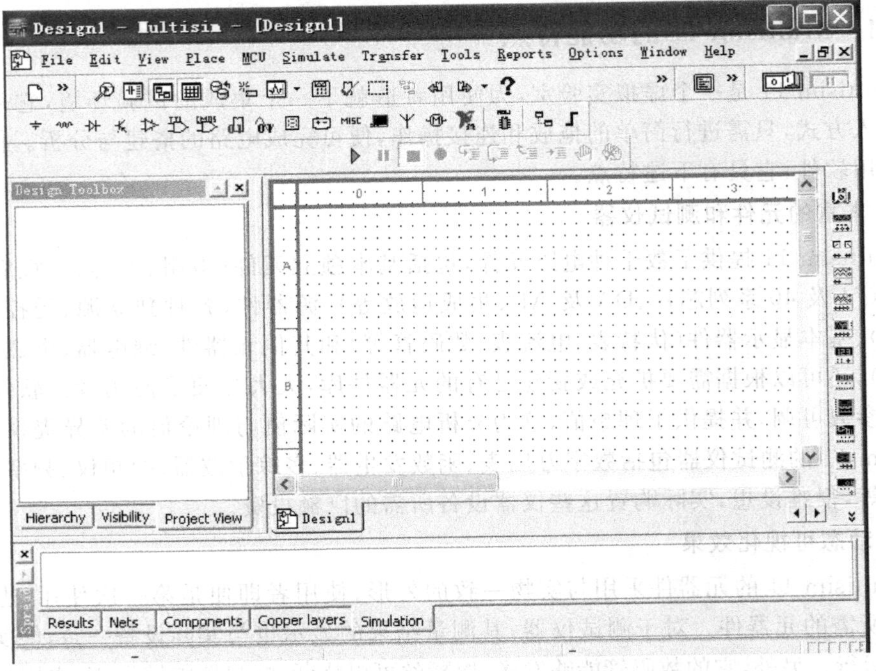

图 10.1 Multisim 11 用户界面

10.1.3 基于 Multisim 软件的仿真实验

在模拟电路教学中，以前的电子实验都在实验室完成。而电子实验室建设大多采用硬件仿真器配目标实验板方式，不仅需采购大量的硬件设备，而且设备维护的工作量非常巨大，并且很多实验不能做，且实验效率较低。采用基于 Multisim 软件仿真实验，只需配置有限的硬件设备——计算机，就很好地解决了资金和设备维护问题；大量的模拟电子实验在计算机上完成，仿真工作是在软件环境中实现，大大增强了实验室向学生开放的便利性。

10.2 分立元件放大电路

放大电路是电子系统基本的单元电路，通常由有源器件、信号源、负载和耦合电路构成。根据有源器件的不同，分立元件放大电路可分为三极管(BJT)放大电路及场效应管(FET)放大电路。本节以共射极放大电路为例进行讨论。

共发射极放大电路既有电压增益，又有电流增益，是一种广泛应用的放大电路，常用作各种放大电路中的主放大级，其电路如图 10.2 所示。它是一种电阻分压式单管放大电路，其偏置电路采用由 R_3、R_4、R_2 组成的分压电路。在发射极中接有电阻 R_5、R_6，以稳定放大电路的静态工作点。当放大电路输入信号 U_i 后，在输出端便可输出一个与 U_i 相位相反、幅度增大的输出信号 U_o，从而实现了放大电压的功能。

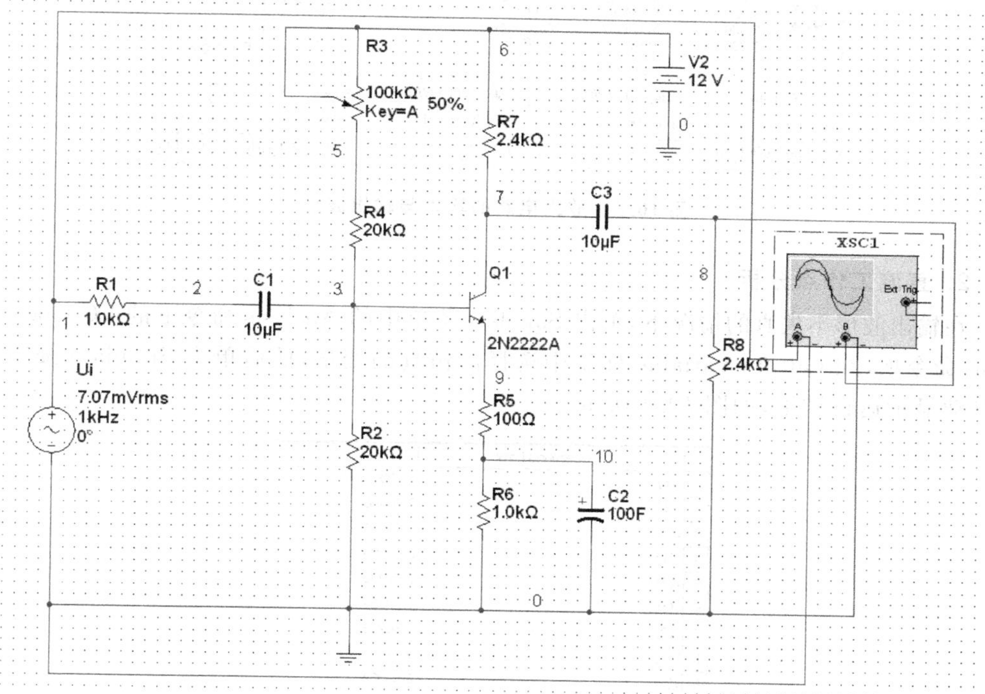

图 10.2 共发射极放大电路

10.2.1 放大电路静态工作点的分析

放大电路的静态工作点直接影响放大电路的动态范围，进而影响放大电路的电流、电压增益和输入/输出电阻等参数指标，故设计一个放大电路，首先要设计合适的工作点。在 Multisim 11 用户界面中，创建如图 10.2 所示的电路，其性能指标的仿真如下所述。

1. 输入/输出波形

三极管 T 从部件中调用晶体三极管 2N2222A，信号源设置为 10mV(pk)/1kHz，调整变阻器 R_3，通过示波器观察，使放大电路输入与输出波形不失真，如图 10.3 所示。为观察方便，将 B 通道输出波形下移 1 格，A 通道输入波形上移 1 格。

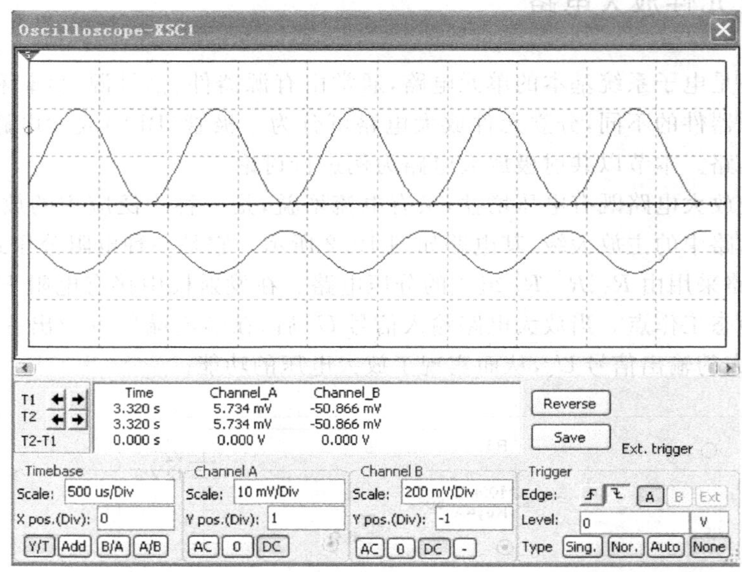

图 10.3 放大电路的输入与输出波形

2. 直流工作点分析

在输出波形不失真的情况下，单击 Simulate 菜单中的 Analysis 命令下的 DC Operating Point 命令项，在 Output variable 标签中选择需仿真的变量，然后单击 Simulate 按钮，系统自动显示运行结果，如图 10.4 所示。

	DC Operating Point	
1	V(6)	12.00000
2	V(8)	0.00000
3	V(2)	0.00000
4	V(1)	0.00000
5	V(7)	7.95096
6	V(10)	1.69759
7	V(9)	1.86735
8	V(5)	5.21681
9	V(3)	2.50354

图 10.4 放大电路的静态工作点分析

3. **电路直流扫描**

通过直流扫描分析可以观察电源电压对发射极的影响。在 Output variable 标签中选择需仿真的结点 8 和电源电压变化范围，然后单击 Simulate 按钮，系统自动显示运行结果，如图 10.5 所示。

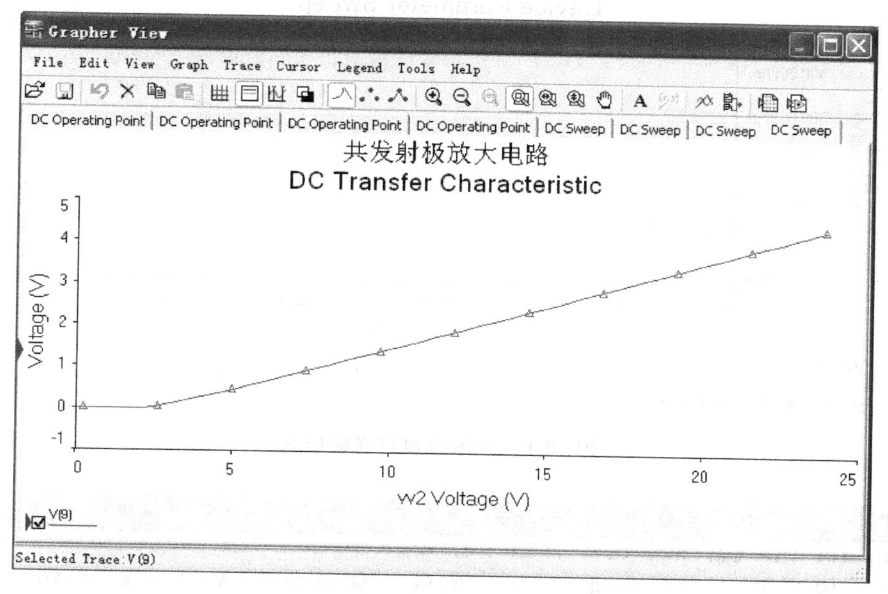

图 10.5 放大电路的直流扫描分析

4. **直流参数扫描**

为选择合适的偏置电阻 R_b 值，可以采用直流参数扫描的方法。首先选择工作点电压 U_{ceq} 对电阻 R_b 扫描。对图 10.2 所示的电路，单击 Simulate 菜单中的 Analysis 命令下的 Parameter Sweep 命令项，可设 R_3 值在 9～200kΩ 变化，单击 More 设置 Analysis to 为 DC Operating Point，观察结点 9(发射极结点)和结点 7(集电极结点)随 R_3 的变化情况。当 R_3 从约 19kΩ 变至约 80kΩ 时，U_{CE}($U_{CE}=U_7-U_5$)相差较小，此时三极管处于放大状态。扫描数据如图 10.6 所示。

10.2.2 放大电路的动态分析

1. **放大电路的交流分析**

单击 Simulate 菜单中的 Analysis 命令下的 AC Analysis 命令，弹出 AC Analysis 对话框，在其 Output variables 标签中选定结点 8 进行仿真。然后在 Frequency Parameters 标签中设置起始频率(FSTART)为 10Hz，扫描终点频率(FSTOP)为 10GHz，扫描方式(Sweep type)为十倍程(Decade)扫描。单击 Simulate 按钮，幅频特性和相频特性仿真分析结果如图 10.7 所示。

单击菜单栏中的 按钮，可显示游标和相应位置的读数。从图 10.7 中可以看出，电路稳频时的增益 $A_u=8.94$，上限频率为 f_H 为 3.9638MHz，下限频率 f_L 为 15.6611Hz，通频带 B_W 约为 15.6611MHz。

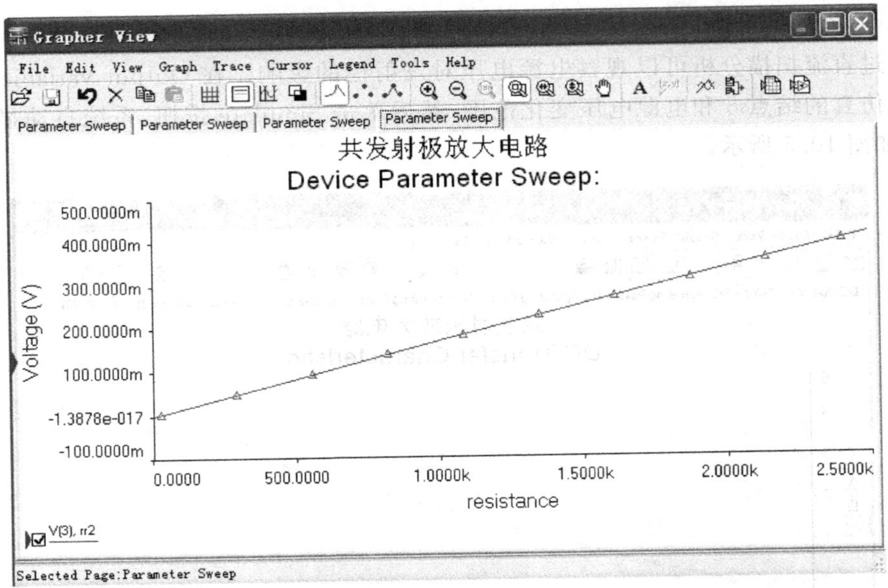

图 10.6 直流参数扫描数据图

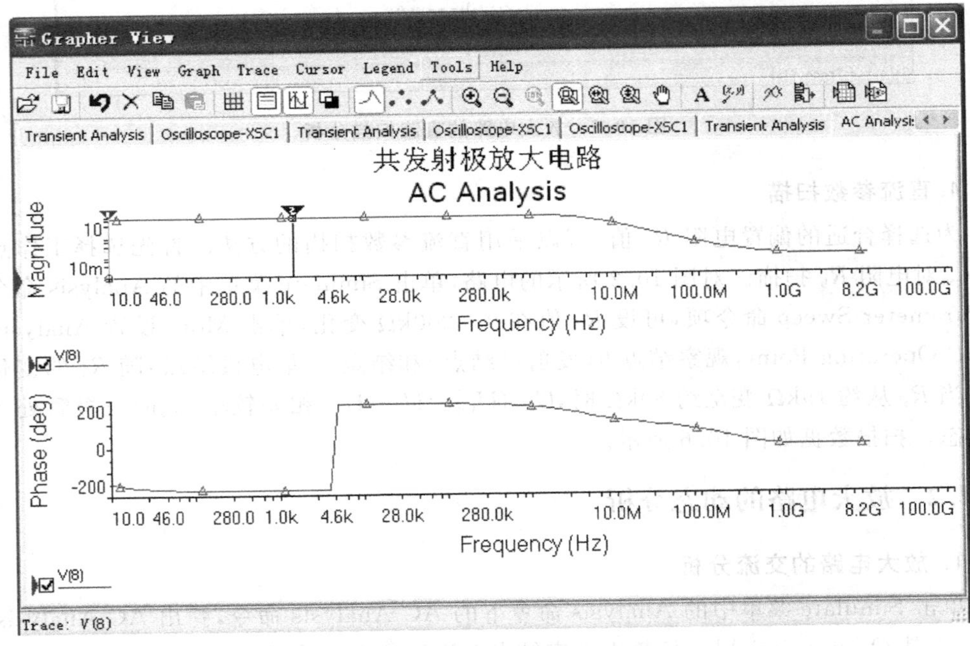

图 10.7 放大电路的交流分析结果

2. 放大电路的瞬态分析

单击 Simulate 菜单中的 Analysis 命令下的 Transient Analysis 命令，弹出 Transient Analysis 对话框，在其 Output variables 标签中选定结点 1(输入结点)和结点 8(输出结点)进行仿真。在 Start time 和 End time 分别选择 0s 和 0.001s，单击 Simulate 按钮，仿真分析结果如图 10.8 所示。

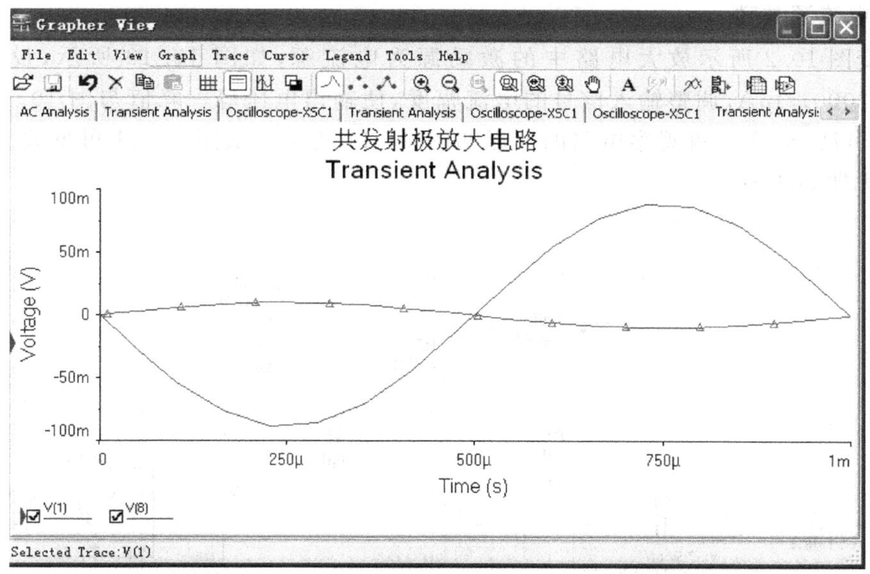

图 10.8 放大电路的瞬态分析

10.2.3 电压源和电流源激励下的放大电路的输入与输出情况

1. 电压源激励

图 10.2 所示放大电路的激励源是电压源，输入端加 $u_s=10\cos(2000\pi t)$mV 的正弦信号，输出波形无明显失真，输出电压幅度为 89.4mV。若增大输入信号幅度为 500mV，输入与输出波形如图 10.9 所示，可明显看出，波形上秃下尖，产生非线性失真。输出电压幅度的正半周为 2.37V，负半周却有 3.81V。

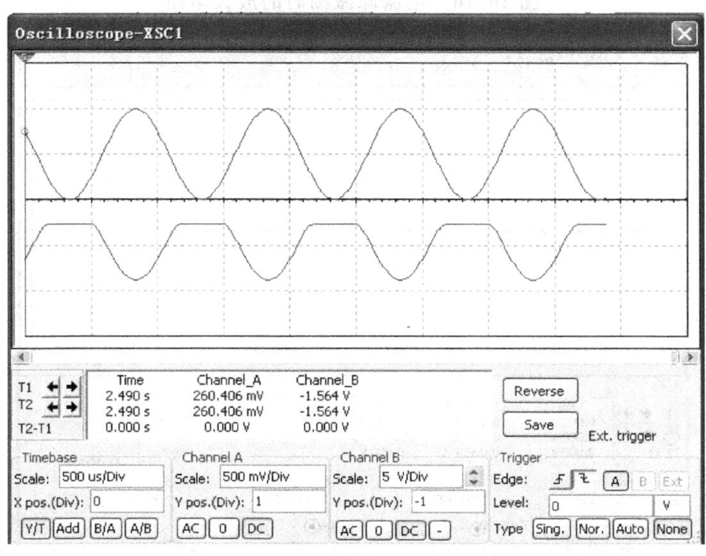

图 10.9 放大电路的输出失真的波形图

2. 电流源激励

改变图10.2所示放大电路中的激励源为电流源,如图10.10所示,设 $i_s(t)=1.2\cos(2000\pi t)\mu A$,调整输入信号的电流幅度,使输出电压峰—峰值与图10.3所示相同,约为178.8mV。再观察电路的波形如图10.11所示。从图10.11可见放大电路输出波形无明显失真。

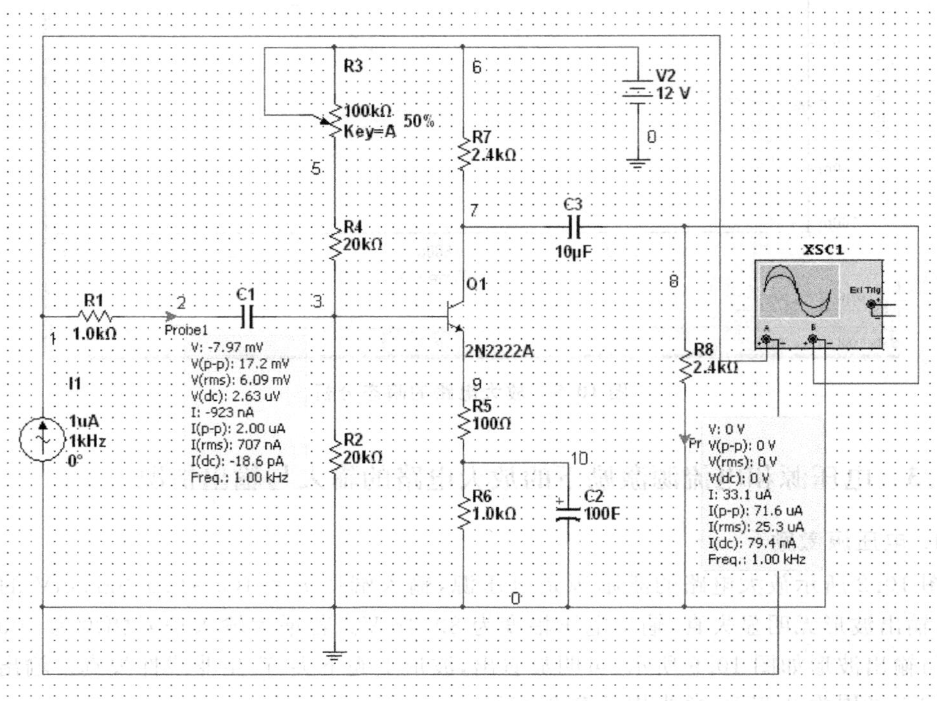

图10.10 电流源激励时的放大电路

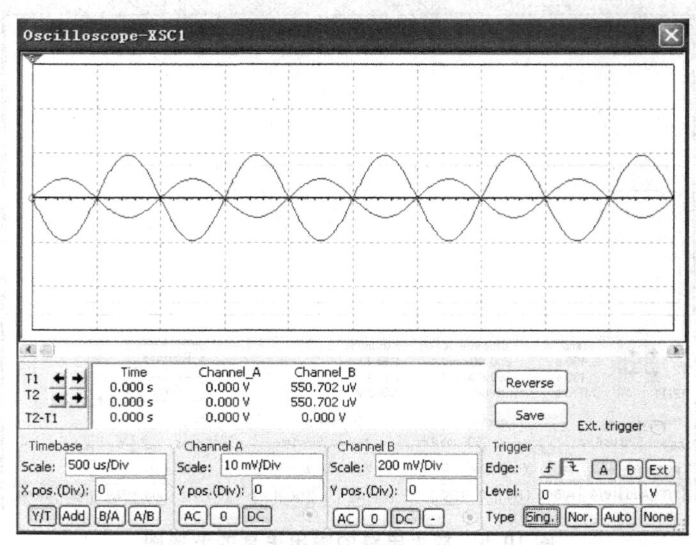

图10.11 电流源激励时放大电路输出电压波形

10.2.4 放大电路的指标测量

1. 放大倍数 A_u 的测量

Multisim 11 仿真软件提供的瞬态分析(Transient Analysis)是一种非线性时域分析方法。利用瞬态分析结果,可以方便地仿真出电路的输入/输出波形,测出输入/输出波形的峰值。利用公式

$$A_u = \frac{U_o}{U_i} \tag{10.1}$$

可方便地算出放大电路的增益。

首先在 Multisim 11 电路窗口中创建如图 10.2 所示的电路,单击 Simulate 菜单中的 Analysis 命令下的 Transient Analysis 命令。在弹出的瞬态对话框中设置起始时间(Start time)为 0,终止时间(End time)为 0.001s,在 Output Variables 标签页中选择输入结点 1 和输出结点 8 为分析结点。单击 Simulate 按钮,利用示波器测出不失真的输出、输入仿真结果,再利用指针读取输入、输出信号波形峰值,代入式(10.1)。

2. 输入电阻 R_i 和输出电阻 R_o 的测量

电路如图 10.12 所示,在输入/输出端分别接入交流模式电流表,测量 I_i、I_o、U_i、U_{o1}(R_8 接入时的输出电压)和 U_{o2}(R_8 开路时的输出电压)。

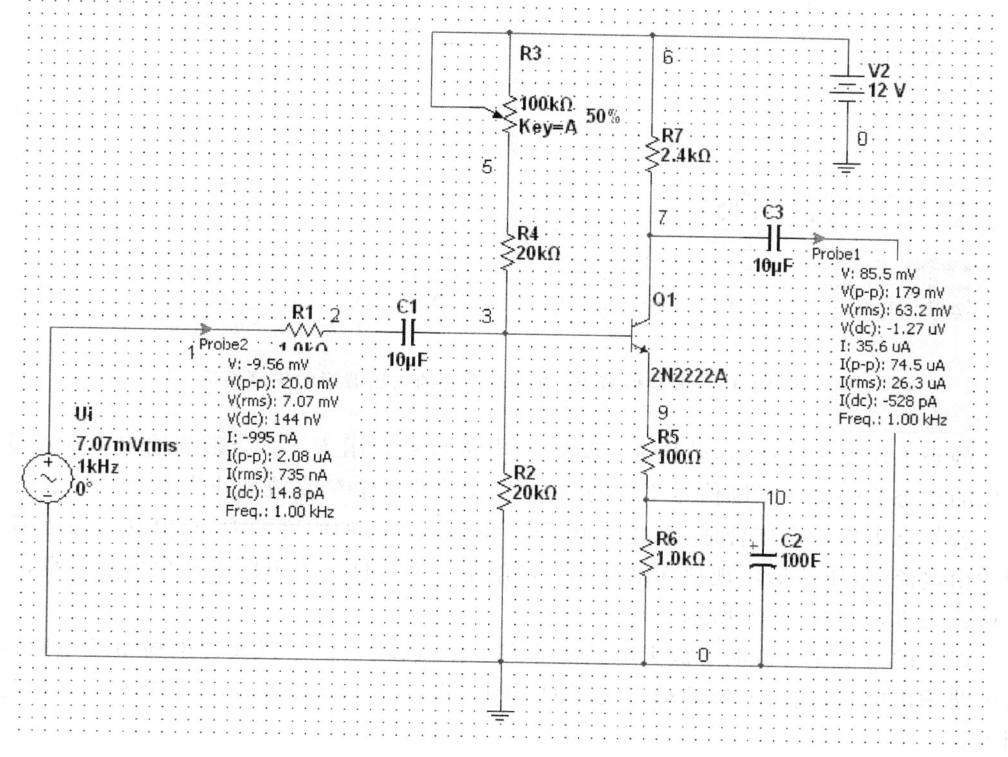

图 10.12 输入电阻 R_i 和输出电阻 R_o 的测量

从图 10.12 可知,输入交流电流的有效值 I_i 为 0.735μA,输入交流电压的有效值 U_i 为 7.071mV,所以 $R_i = U_i / I_i = 9619\Omega$。输出电压 U_{o1} 的有效值为 0.063V,输出电压 U_{o2} 的有效值为 0.127V,可计算出 $R_o = (U_{o2}/U_{o1} - 1) R_8 = 2.438\text{k}\Omega$。

10.2.5 组件参数对放大电路性能的影响

下面讨论静态工作点对放大性能的影响。

假定 R_7、R_1 不变,输入信号从 0 开始增大,使输出信号足够大但不失真。工作点偏高,输出将产生饱和失真;工作点偏低,则产生截止失真。一般来说,静态工作点 Q 应选在交流负载线的中部,这时可获得最大的不失真输出,即可得到最大的动态工作范围。

增大 R_3 或减小 R_2,工作点升高,但交流负载线不变,动态范围不变;增大 V_{CC},交流负载线向右平移,动态范围增大,同样会提升工作点;增大 R_c,交流负载线的斜率绝对值减小,动态范围减小,同时降低工作点。反之则相反。

对图 10.2 所示的放大电路来说,在输入信号幅度适当时,调整偏置电阻 R_{b2} 时,输出波形的失真情况如图 10.13(a)和图 10.13(b)所示。

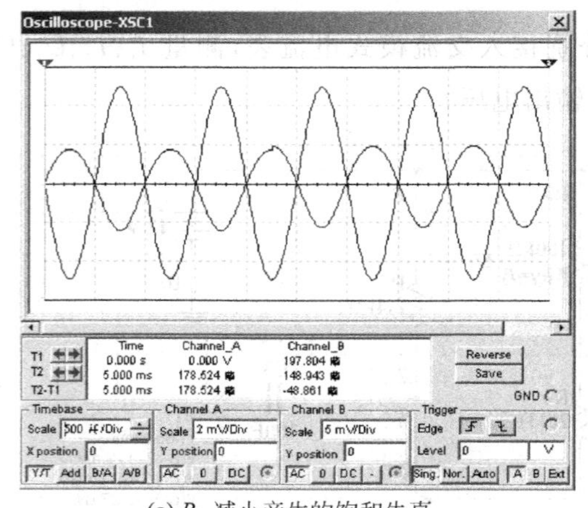

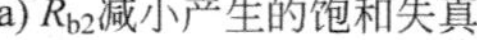
(a) R_{b2}减小产生的饱和失真

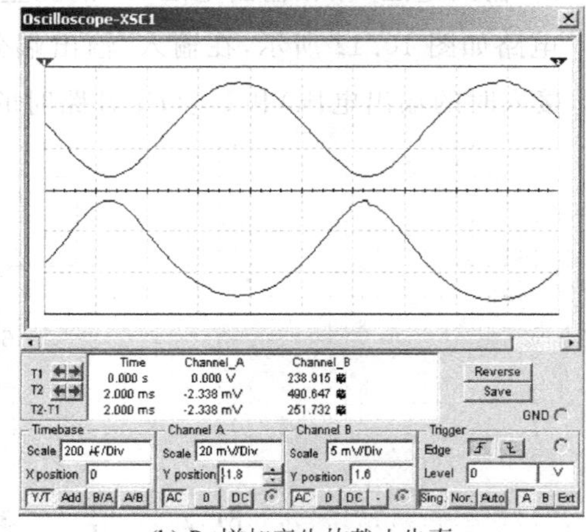

(b) R_{b2}增加产生的截止失真

图 10.13 调整偏置 R_{b2} 电阻时产生的输出波形的失真情况

静态工作点决定以后,若增大或减小集电极负载电阻 R_c,都会影响输出电流或输出电压的动态范围。在激励信号不变的情况下,会产生饱和失真或截止失真。

若静态工作点设置合适,负载电阻不变,但输入信号的幅度增大,超出其动态范围,会使输出电流、电压波形出现顶部削平和底部削平失真。即放大电路既产生饱和失真,又产生截止失真,如图 10.14 所示。

以上的讨论充分说明了放大电路的静态工作点、输入信号以及集电极负载电阻对放大电路输出电流、电压波形的动态范围的影响。设计一个放大电路,首先要充分考虑这些因素。

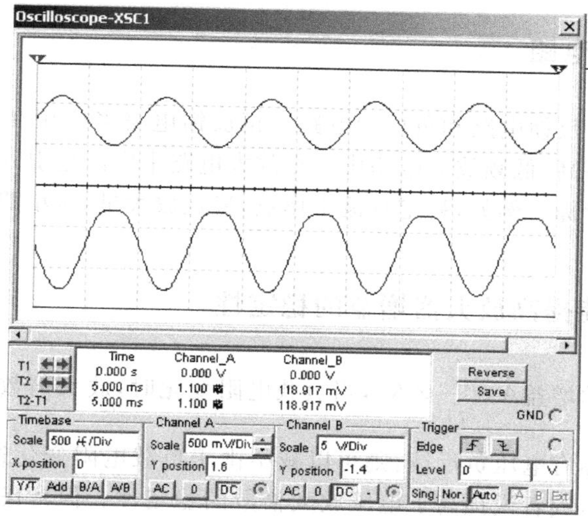

图 10.14 输入信号的幅度过大引起失真

10.2.6 三极管故障对放大电路的影响

利用 Multisim 11 仿真软件可以虚拟仿真三极管的各种故障现象。为观察方便并与输入波形形成对比，将 B 通道输出波形下移 1.2 格，A 通道输入波形上移 1.2 格。对于图 10.2 所示的放大电路，若设置三极管的 B、E 极开路，则放大电路的输入/输出波形如图 10.15 所示，输出信号电压为零，与理论分析吻合。

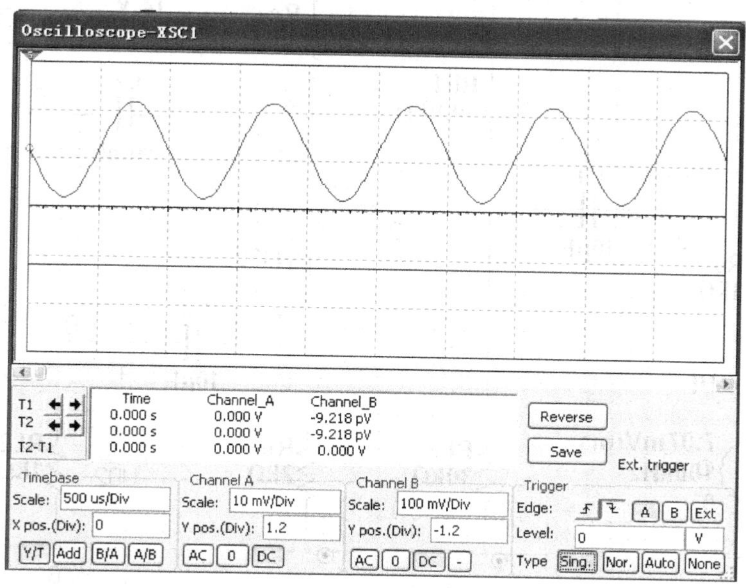

图 10.15 三极管 B、E 极开路时电路的输入与输出波形

10.3 反馈放大电路

反馈电路分为正反馈电路和负反馈电路。正反馈电路多应用在电子振荡电路,而负反馈电路多应用在各高、低频放大电路中。在放大电路中广泛地引入负反馈,主要是用来提高放大器的质量指标。例如,稳定直流工作点,稳定放大量,减小非线性失真,扩展放大器的通频带等。

10.3.1 负反馈能提高放大器增益的稳定性

一般放大电路的增益$\dot{A}=\dfrac{\dot{U}_o}{\dot{U}_i}\propto R_L$,当负载电阻变化时,放大倍数也会发生变化,造成不稳定的情况。若加有电压负反馈,则可以减小由于负载电阻变化造成的输出电压的变化,即稳定输出电压,或者说提高了电压放大倍数的稳定性。但考虑到内阻为有限值时,电压负反馈增加了由于负载变化而造成的输出电流的变化,即电流放大倍数更加不稳定。同样,电流负反馈可以减小由于负载变化造成输出电流的变化,即提高了电流放大倍数的稳定性,但却加剧了由于负载变化而造成输出电压的变化。下面在 Multisim 11 平台上对图 10.16 所示的电路进行分析,通过分析两个负载电阻 R_{L1} 和 R_{L2} 分别接于集电极对地和发射极对地的电路来说明以上论述。

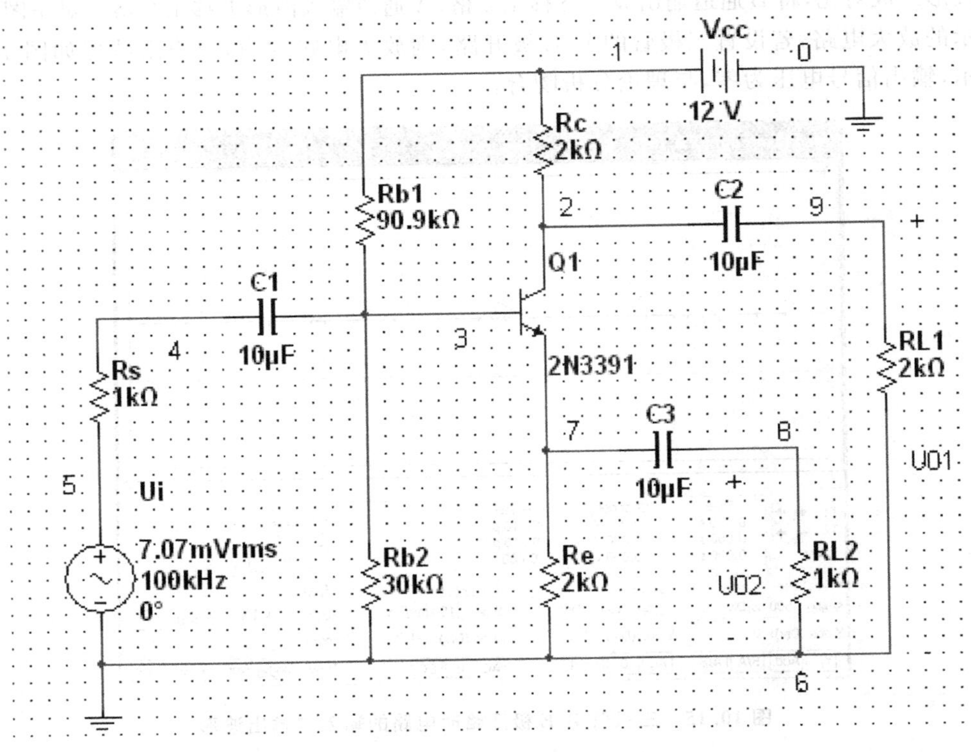

图 10.16 单级负反馈放大电路

对于图 10.16 所示的单级负反馈放大电路，若从晶体管 T 的集电极输出，输出电压为 U_{o1}，此时电路中发射极对地的总阻抗所引入的反馈是电流串联负反馈；若从晶体管 T 的发射极输出，输出电压为 U_{o2}，则该反馈为电压串联负反馈。当 R_c 与 R_e 相等，$R_{L1}=R_{L2}$ 时，$U_{o1}\approx U_{o2}$。但是负载电阻 R_{L1} 和 R_{L2} 单独变化时，U_{o1} 和 U_{o2} 的变化及其变化量是不同的。这是因为对于同一个负反馈，对 U_{o1} 是电流负反馈，而对 U_{o2} 是电压负反馈。下面利用 Multisim 11 仿真软件进行计算机仿真分析。

(1) 若 $R_{c1}=R_{L1}=2\text{k}\Omega$，$R_e=R_{L2}=2\text{k}\Omega$，加入 $U_i=10\text{mV}$、频率为 10kHz 的信号，对该电路进行交流分析的结果如图 10.17 所示。

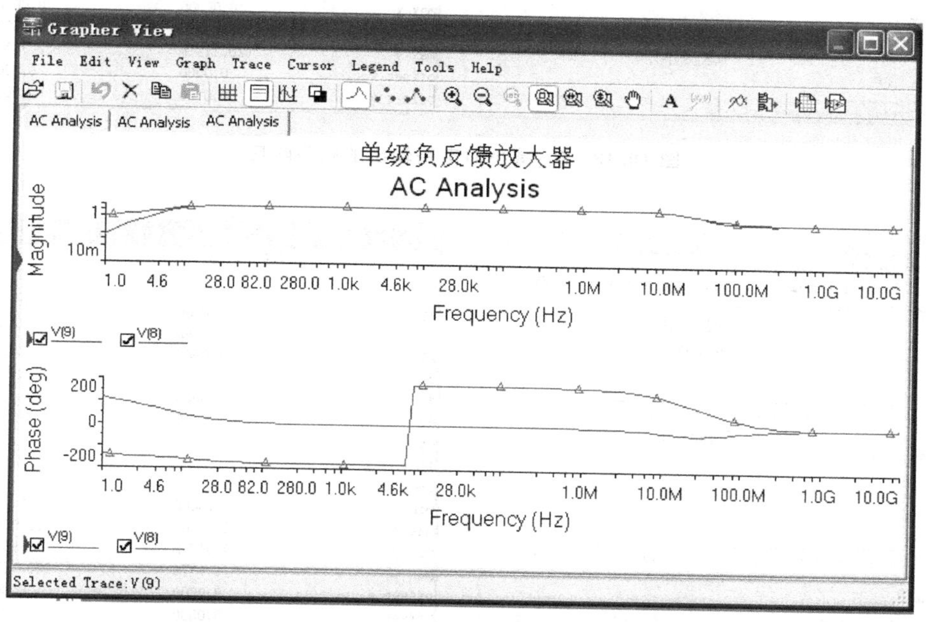

图 10.17 负反馈放大电路的频率响应

单击按钮，可测得放大器的两个输出端的中频响应增益分别为 930 和 933，则中频输出电压 U_{o1} 和 U_{o2} 分别为

$$U_{o1}=930.11\text{mV},\quad U_{o2}=932.5\text{mV}$$

可见，$U_{o1}\approx U_{o2}$。

(2) 若 $R_c=R_e=2\text{k}\Omega$，$R_{L1}=1\text{k}\Omega$（减小 R_{L1}），$R_{L2}=2\text{k}\Omega$，对负反馈放大器进行频率响应分析。以 U_{o1} 为输出的频率响应发生较大变化，而以 U_{o2} 为输出的频率响应几乎不变，结果如图 10.18 所示。

由分析结果可得

$$U_{o1}=620.22\text{mV},\quad U_{o2}=932.72\text{mV}$$

可见，负载电阻减小，输出电压 U_{o1} 明显减小，但 U_{o2} 未见变化，这是因为反馈对 U_{o1} 是电流负反馈，而对 U_{o2} 是电压负反馈。

(3) 若 $R_c=R_e=2\text{k}\Omega$，$R_{L2}=1\text{k}\Omega$（减小 R_{L2}），$R_{L1}=2\text{k}\Omega$，对电路进行动态分析，结果如图 10.19 所示。

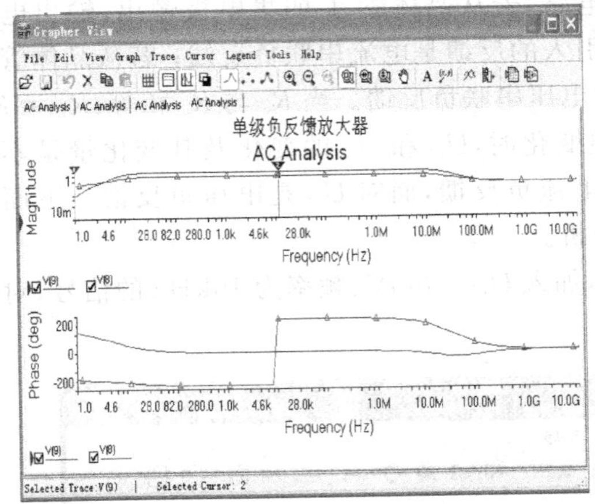

Cursor

	V(9)	V(8)
x1	1.0000	1.0000
y1	263.4141m	96.5632m
x2	12.8502k	12.8502k
y2	620.2191m	932.7228m
dx	12.8492k	12.8492k
dy	356.8050m	836.1596m
dy/dx	27.7686μ	65.0747μ
1/dx	77.8257μ	77.8257μ
1/dy	2.8027	1.1959
min x	1.0000	1.0000
max x	10.0000G	10.0000G
min y	263.4141m	96.5632m
max y	620.2191m	932.7228m
offset x	0.0000	0.0000
offset y	0.0000	0.0000

图 10.18 R_{L1}减小时电路输出的频率响应

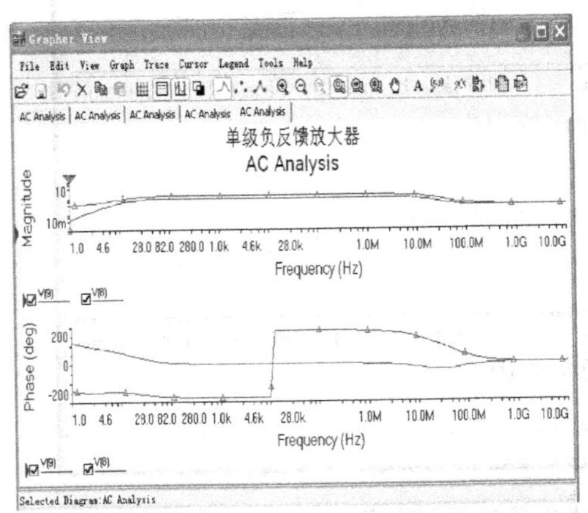

Cursor

	V(9)	V(8)
x1	1.0000	1.0000
y1	392.2194m	48.5634m
x2	1.0000	1.0000
y2	392.2194m	48.5634m
dx	0.0000	0.0000
dy	0.0000	0.0000
dy/dx		
1/dx		
1/dy		
min x	1.0000	1.0000
max x	10.0000G	10.0000G
min y	279.9153m	48.5634m
max y	1.3776	920.7874m
offset x	0.0000	0.0000
offset y	0.0000	0.0000

图 10.19 R_{L2}减小时电路输出的频率响应

由分析结果可得

$$U_{o1}=1.3776\text{V},\quad U_{o2}=920.7874\text{mV}$$

可见，对U_{o2}来说，负载电阻减小，输出电压减小，但因为有电压负反馈，所以减小的量并不大。但是集电极电流增大较大，使U_{o1}增大的量较大，这是电流负反馈减小所致。

此例说明，当负载变化时，电压负反馈虽然提高了电压放大倍数的稳定性，却使电流放大倍数的稳定性降低；电流负反馈的情况与此相反。

10.3.2 负反馈能扩展放大器的通频带

负反馈能扩展放大器的通频带是因为电路引入负反馈后，当放大倍数随频率的升高而减小的同时，负反馈使其向相反的方向变化，变化的结果使通频带变宽。

在 Multisim 11 电路窗口中创建如图 10.20 所示的电流串联负反馈放大电路，当开关 J_1 闭合时，电路处于无反馈状态，此时对电路进行交流分析，得到放大器的电压放大倍数 $A(\omega)$的幅频特性如图 10.21 所示。

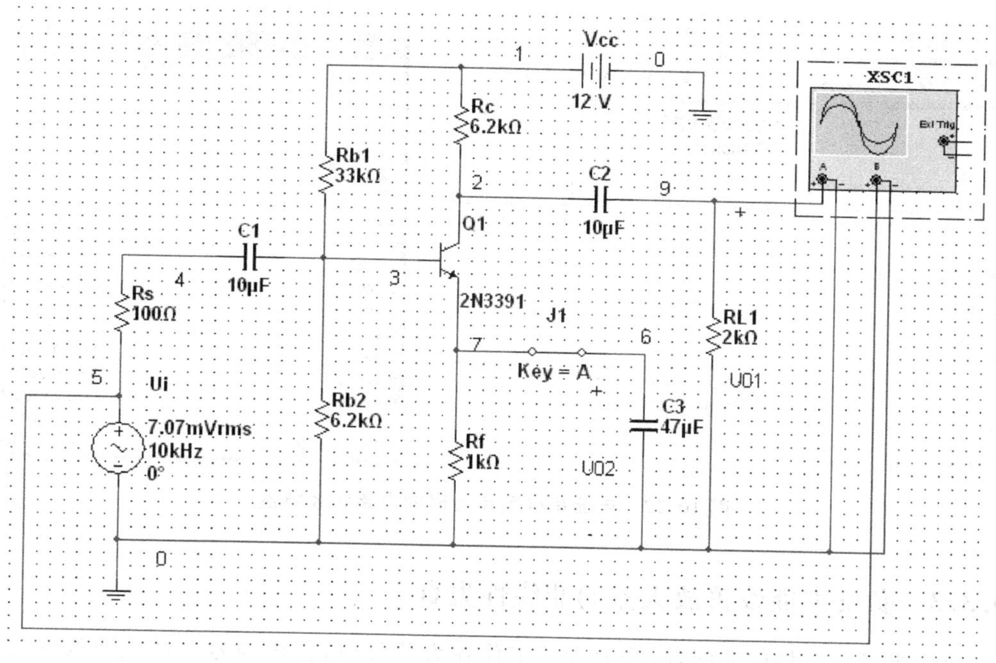

图 10.20 电流串联负反馈放大电路

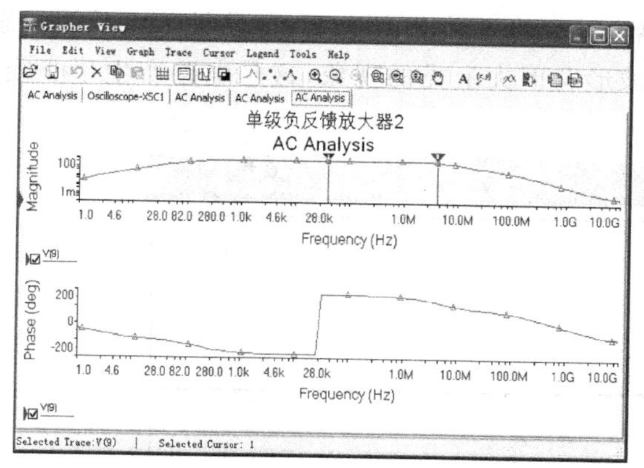

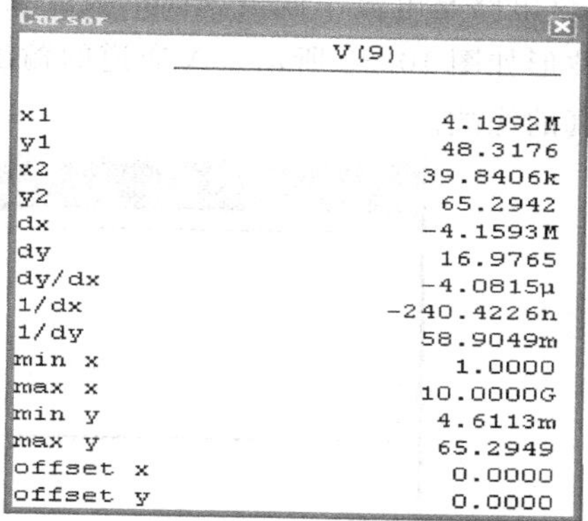

图 10.21 未加电流串联负反馈时的电路幅频特性

由图 10.21 可读出其中频增益 $A(\mathrm{M})$ 约为 65.2942，上截止频率 f_{H} 约为 4.1992MHz。

当开关 J_1 打开时，重复上面的分析，再观察放大器有电流串联负反馈时，放大器的电压放大倍数 $A(\omega)$ 的幅频特性曲线，如图 10.22 所示。

由图 10.22 可读出，幅频增益 $A_{\mathrm{f}}(\mathrm{M})$ 约为 1.4455，上截止频率 f_{H} 约为 51.2746MHz。由此可见，放大器加负反馈后，电压放大倍数的上截止频率均提高了，但它们的中频增益均降低了。所以，负反馈法提高放大器的上截止频率是以牺牲中频增益为代价的。

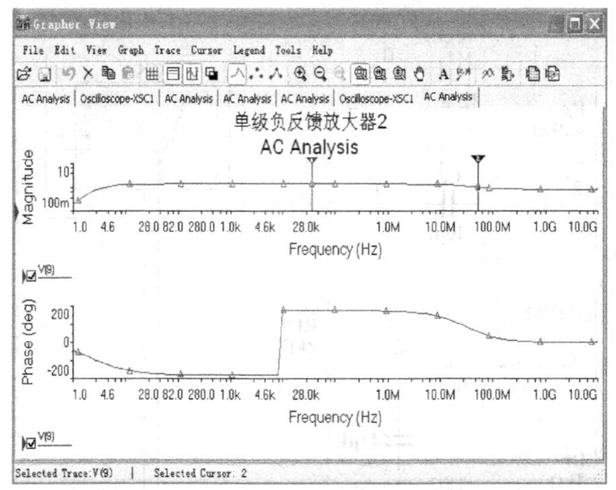

图 10.22　电流串联负反馈时的电路幅频特性

10.3.3　负反馈能改善放大器的非线性失真

由于半导体器件的非线性，当放大器工作在大信号时，输出信号会产生非线性失真。引入负反馈可以改善放大器的非线性失真。

通过 Multisim 11 仿真软件提供的示波器观察图 10.20 所示电路的输入和输出波形，该电路是电流串联负反馈单级放大器电路。当开关 J_1 闭合时，电路处于无反馈状态，其波形如图 10.23 所示。A 通道的输出波形有下尖上秃的现象，这是电路产生了非线性失真的缘故。

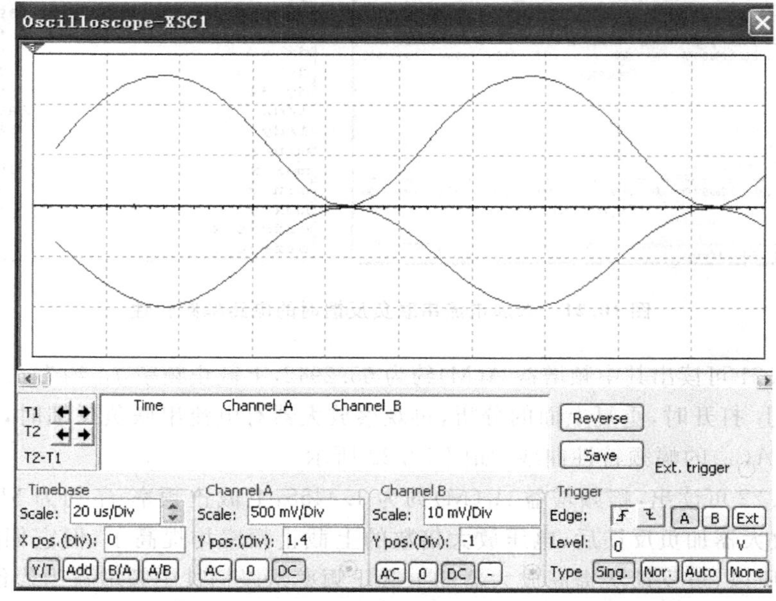

图 10.23　无反馈时输入和输出电压波形

单击 Simulate 菜单中的 Analysis 项下的 Fourier Analysis 命令，进行傅里叶分析，可以测量电路的非线性失真。该电路此时的非线性失真系数 γ(THD)=8.19%。

打开开关 J_1，此时电路变为电流串联负反馈放大器，重复上述测试。放大器的直流工作点不变，但要调整信号源大小，使其输出电压的幅度与未引入反馈时相同，观察此时输入和输出电压波形如图 10.24 所示。由图 10.24 中 A 通道的输出波形可见，波形的非线性失真减小。

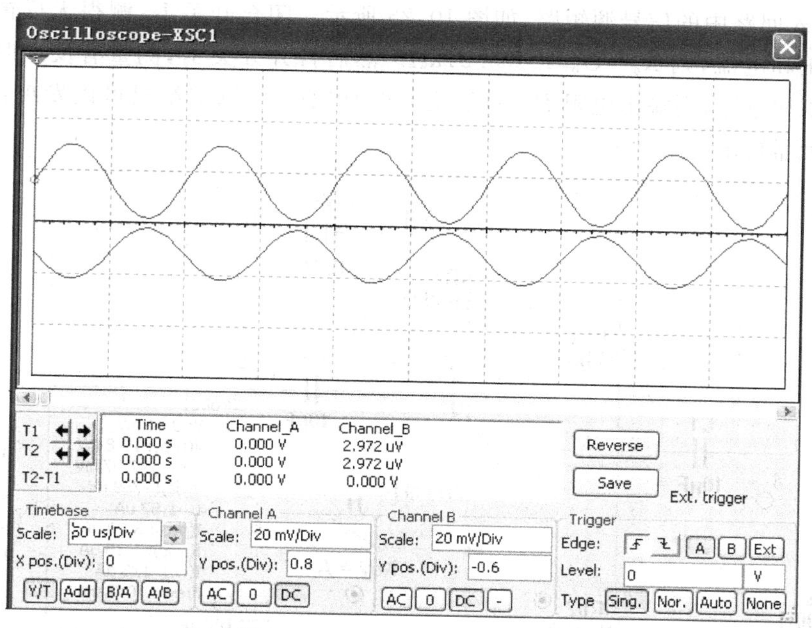

图 10.24 有反馈时输入和输出电压波形

此时，非线性失真系数 γ(THD)=6.30%。由此说明，引入负反馈使放大器输出波形的非线性失真系数变小了。

10.3.4 负反馈能提高放大器的信噪比

负反馈对原输入信号的信噪比无改善作用，加负反馈是为了增大放大器的内部噪声源以前的放大量创造条件，从而提高输出端信噪比，相对于放大器内部噪声起抑制作用，但对放大器输入噪声无任何改善。

结论是有反馈时电路的噪声系数小于无反馈时电路的噪声系数，即有反馈时，电路对噪声的抑制能力更强。

10.3.5 负反馈对放大器的输入、输出电阻的影响

串联负反馈（不论是电压负反馈，还是电流负反馈）使输入电阻增加；并联负反馈（不论是电压负反馈，还是电流负反馈）使输入电阻减小；电压负反馈（不论输入端是串联，还是并联）使输出电阻减小；电流负反馈（不论输入端是串联，还是并联）使输出电

阻增大。

在图 10.20 所示电路的输入回路中分别接入电压表和电流表(设置为交流 AC),闭合开关 J_1,测得电流串联负反馈放大电路在没有反馈时的输入电阻为 $R_i=U_i/I_i=3.15\text{k}\Omega$。然后打开开关 J_1,测得电流串联负反馈放大电路在有反馈时的输入电阻为 $R_{if}=U_i/I_i=5.13\text{k}\Omega$。由测试结果可以发现:串联负反馈使输入电阻增加。

断开负载,在输出端接入一个 10mV/10kHz 的正弦信号源,同时在输出端接入电流表,且使输入回路中的信号源短路,如图 10.25 所示。闭合开关 J_1,测得无反馈时输出回路中的电压和电流,则 $R_o=U_o/I_o=5.21\text{k}\Omega$。然后打开开关 J_1,测量有反馈时的输出回路中的电压和电流,则输出电阻 $R_{of}=U_o/I_o=6.19\text{k}\Omega$。由测试结果可以发现:电流负反馈将使放大器输出电阻增大。

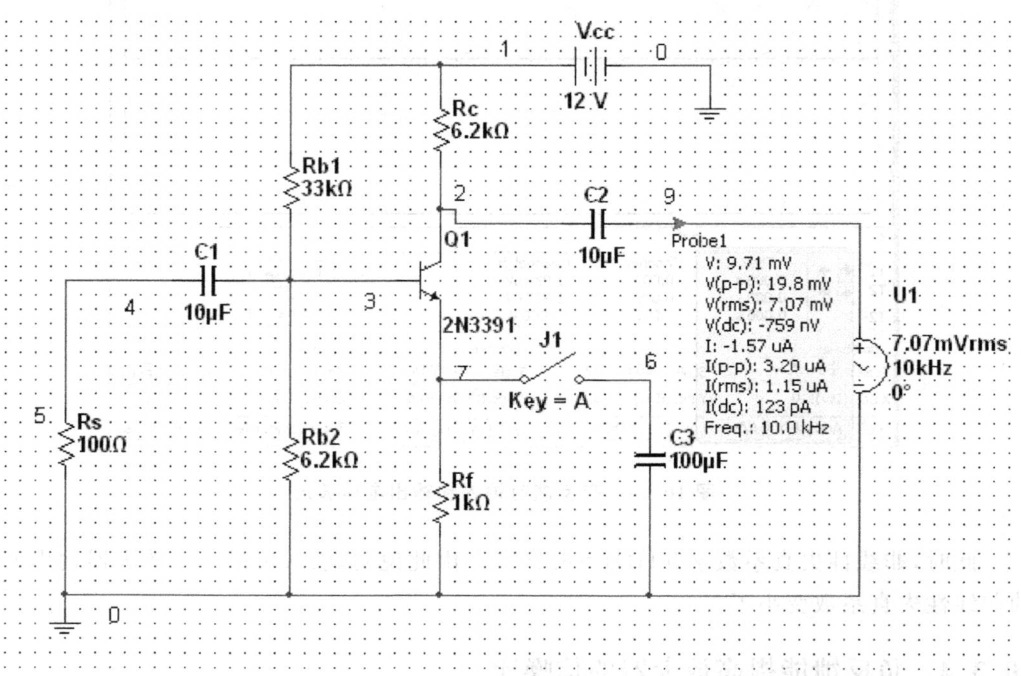

图 10.25　输出电阻的测试

10.4　信号运算电路

当集成运算放大器的外部接不同的线性或非线性元器件,组成负反馈电路时,就可以实现各种特定的函数关系。比例运算电路是最基本的运算电路,结构上可分为反相比例运算电路和同相比例运算电路。在此基础上可演变成其他的线性或非线性运算电路,如加、减法电路,微分、积分电路。

10.4.1 反相比例运算电路

反相比例电路如图 10.26 所示，输出电压 U_o 与输入电压 U_i 的关系为

$$U_o = -\frac{R_f}{R_1}U_i$$

为了减小输入级偏置电流引起的运算误差，在同相端应接入平衡电阻 $R=R_1 /\!/ R_f$。

在 Multisim 11 电路窗口中创建如图 10.26 所示的电路，输入幅度为 2V 的方波信号。当 $R_1=1\text{k}\Omega, R_f=2\text{k}\Omega$ 时，电路输入与输出波形如图 10.27 所示。

理论分析表明，反相比例电路的输出 $U_o=-\frac{R_f}{R_1}U_i=-2U_i$。由此可见，理论分析与仿真分析结果相同。

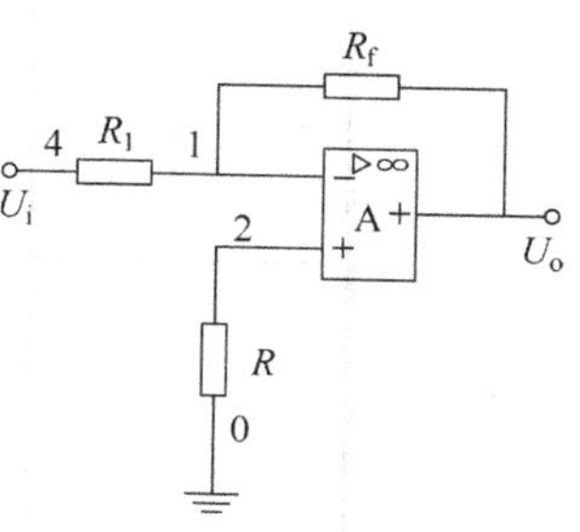

图 10.26 反相比例电路

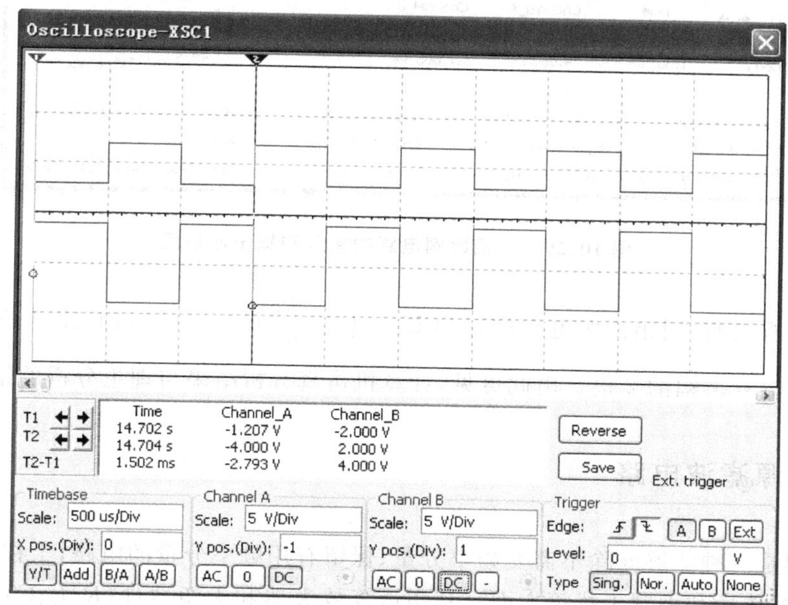

图 10.27 反相比例电路的输入与输出波形图

10.4.2 同相比例运算电路

同相比例电路如图 10.28 所示，其中 R 为平衡电阻。

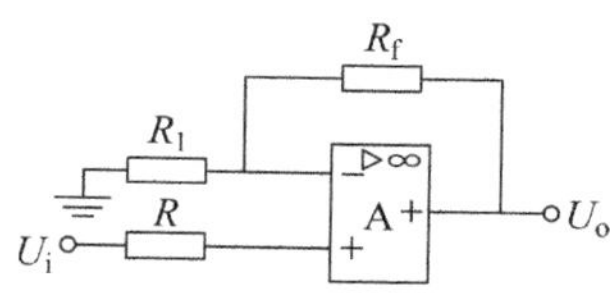

图 10.28 同相比例电路

与反相比例电路分析相似，利用理想运算放大器的“虚短”和“虚断”特性，可得同相比例电路的输出电压 U_o 与输入电压 U_i 的关系为

$$U_o = \left(1+\frac{R_f}{R_1}\right)U_i$$

同理,在 Multisim 11 电路窗口中创建如图 10.28 所示的电路,输入幅度为 2V 方波信号。当 $R_1=R_f=1\text{k}\Omega$ 时,电路的输入与输出波形如图 10.29 所示。

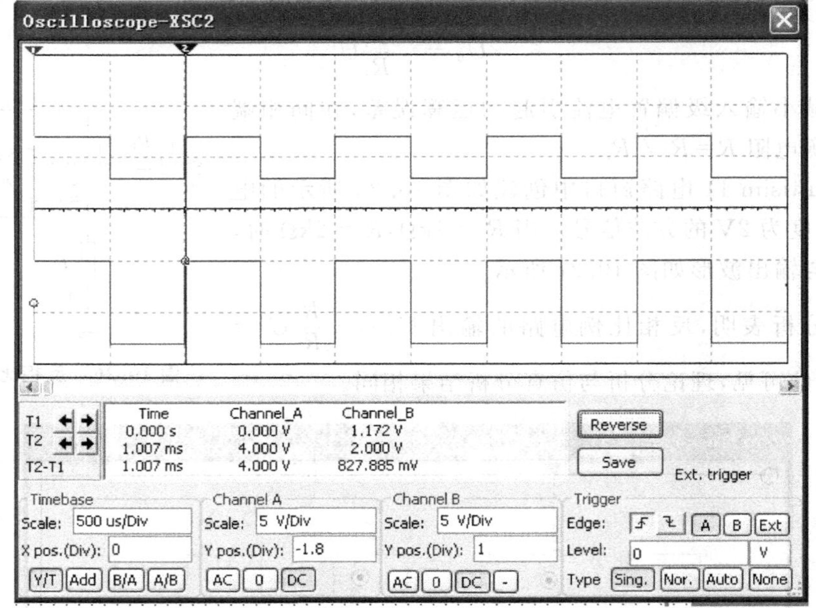

图 10.29　同相比例电路的输入和输出波形图

理论分析表明,同相比例电路的输出 $U_o=\left(1+\frac{R_f}{R_1}\right)U_i=2U_i$,故输出与输入同相,且输出振幅是输入振幅的 2 倍。由此可见,计算机仿真分析结果与理论分析的结论相符。

10.5　有源滤波电路

滤波器是一种能够滤除不需要频率分量、保留有用频率分量的电路,工程上常用于信号处理、数据传送和抑制干扰等方面。利用运算放大器和无源器件(R、L、C)构成有源滤波器,具有一定的电压放大和输出缓冲作用。按滤除频率分量的范围来分,有源滤波器可分为低通滤波器、高通滤波器、带通滤波器和带阻滤波器。

用 Multisim 11 仿真软件中的交流分析,可以方便地求得滤波器的频率响应曲线。根据频率响应曲线,调整和确定滤波器电路的元件参数,很容易获得所需的滤波特性,同时省去繁琐的计算,充分体现计算机仿真技术的优越性。

10.5.1　低通滤波器

1. 一阶有源低通滤波器

图 10.30 所示为一阶有源低通滤波器。电路的截止频率为

$$f_n = \frac{1}{2\pi R_1 C_1} = \frac{1}{2\pi \times 10 \times 10^3 \times 1000 \times 10^{12}} = 15.92\text{kHz}$$

在“交流分析”对话框中合理设置参数，启动仿真后，一阶有源低通滤波电路的幅频响应和相频响应如图 10.31 所示。由幅频特性指针 2 处读取该低通滤波器的截止频率 f_n=16.17kHz，与理论计算值基本相符。

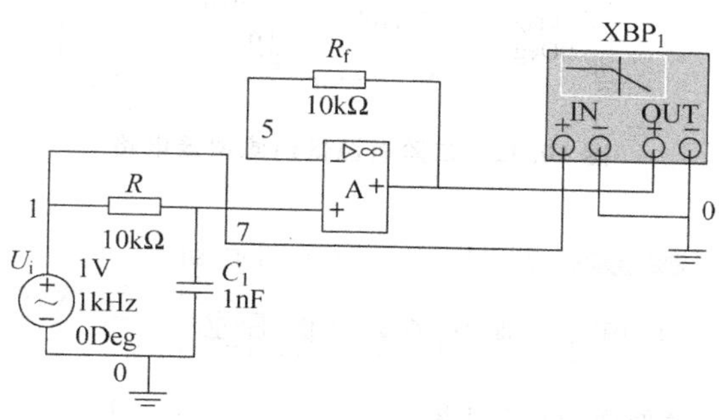

图 10.30 一阶有源低通滤波器

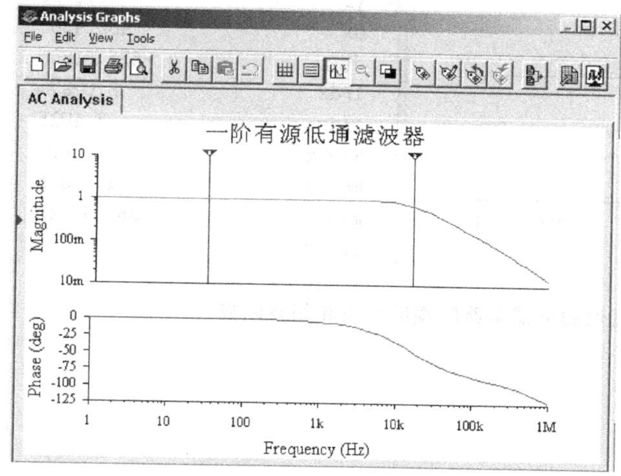

AC Analysis

	$4
x1	30.1870
y1	1.0000
x2	15.9626k
y2	706.1831m
dx	15.9324k
dy	-293.8201m
1/dx	62.7651m
1/dy	-3.4034
min x	1.0000
max x	1.0000M
min y	13.2289m
max y	1.0000

图 10.31 一阶有源低通滤波电路的幅频响应和相频响应

2. 二阶有源低通滤波器

二阶有源低通滤频器电路如图 10.32所示。电路的截止频率为

$$f_n = \frac{1}{2\pi RC} = \frac{1}{2\pi \times 6.8 \times 10^3 \times 47 \times 10^9} = 498\text{Hz} \quad (C = C_1 = C_2, R = R_1 = R_2)$$

在“交流分析”对话框中合理设置参数，启动仿真后，二阶有源低通滤波电路的幅频响应和相频响应如图 10.33 所示。由幅频特性指针 2 处读取该低通滤波器的截止频率 f_n=500.5Hz，与理论计算值基本相符。

当输入信号电压频率高于截止频率时，二阶滤波器的频率响应下降速率明显高于一阶滤波器(下降速率由 20dB/十倍频程增加到 40dB/十倍频程)。

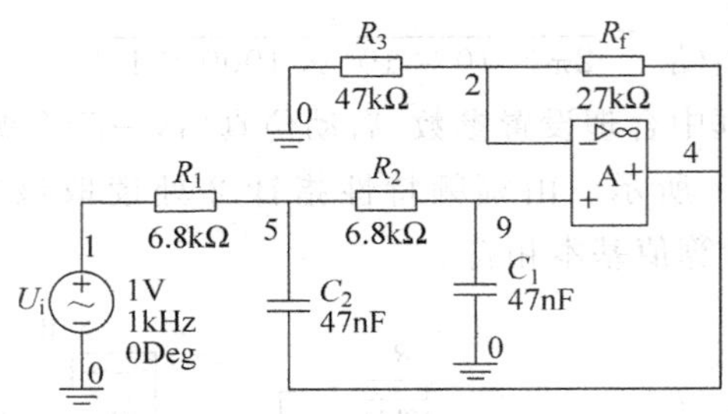

图 10.32　二阶有源低通滤波器电路

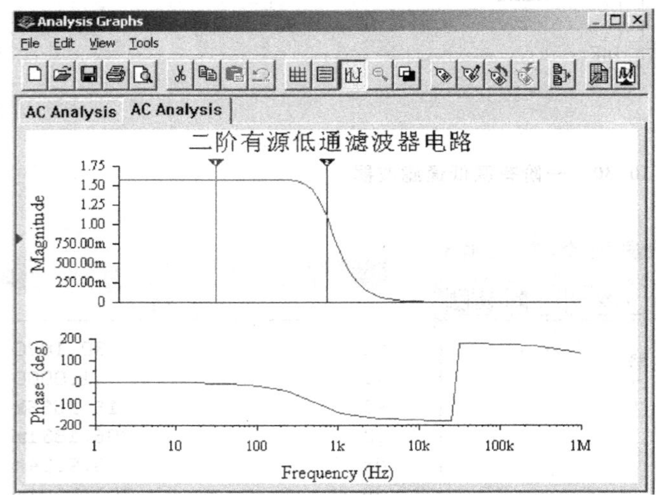

图 10.33　二阶有源低通滤波器电路的幅频响应和相频响应

10.5.2　高通滤波器

1. 一阶有源高通滤波器

将低通滤波器中元件 R、C 的位置互换后,电路变为高通滤波器。一阶有源高通滤波器如图 10.34 所示,截止频率为

$$f_n = \frac{1}{2\pi RC} = \frac{1}{2\pi \times 20 \times 10^3 \times 1 \times 10^{-9}} = 7.96\text{kHz}$$

在"交流分析"对话框中合理设置参数,启动仿真后,一阶有源高通滤波器电路的幅频响应和相频响应如图 10.35 所示。由幅频特性指针 1 处读取该低通滤波器的截止频率 $f_n = 7.95\text{kHz}$,与理论计算值基本相符。

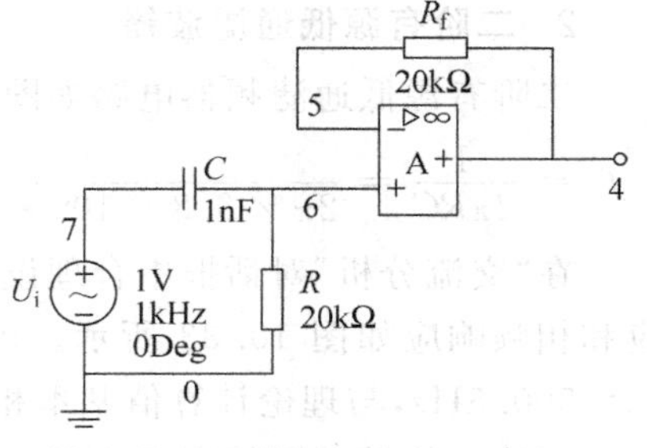

图 10.34　一阶有源高通滤波器电路

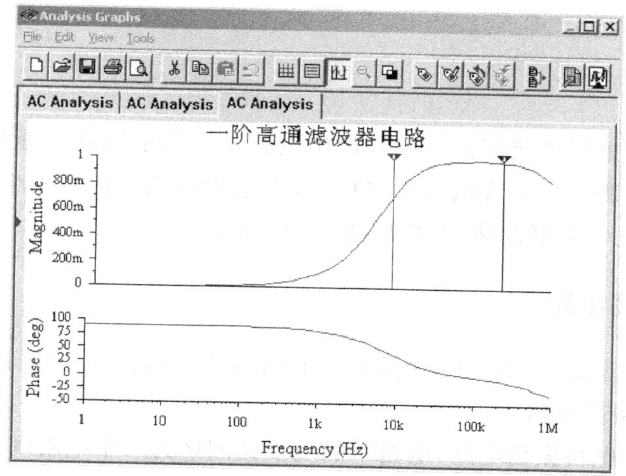

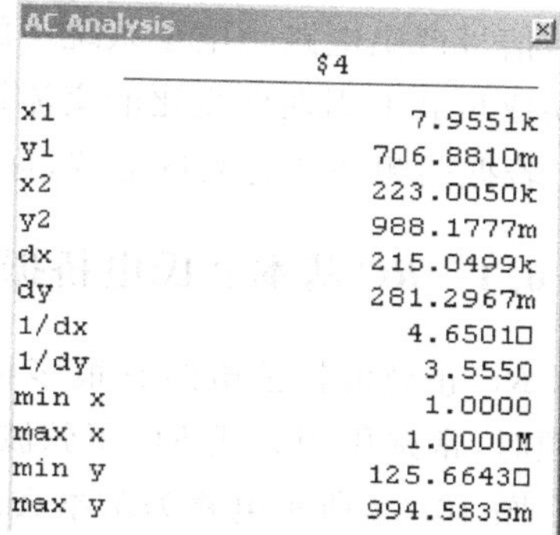

图 10.35 一阶有源高通滤波器电路的幅频响应和相频响应

2. 二阶有源高通滤波器

二阶有源高通滤波器如图 10.36 所示，截止频率为

$$f_{\mathrm{n}} = \frac{1}{2\pi RC} = 1\mathrm{kHz}, \quad C = C_1 = C_2, \quad R = R_1 = R_2$$

利用 Multisim 11 仿真软件对该电路进行交流分析，其幅频响应如图 10.37 所示。由幅度特性指针读取电路的截止频率 $f_{\mathrm{n}}=1\mathrm{kHz}$，与理论计算值基本相符。

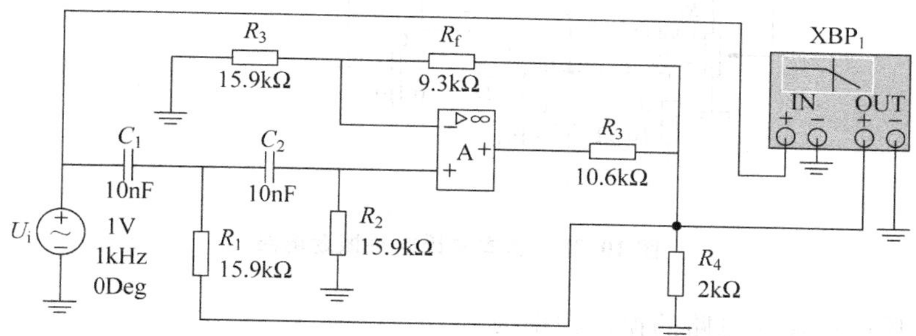

图 10.36 二阶有源高通滤波器电路

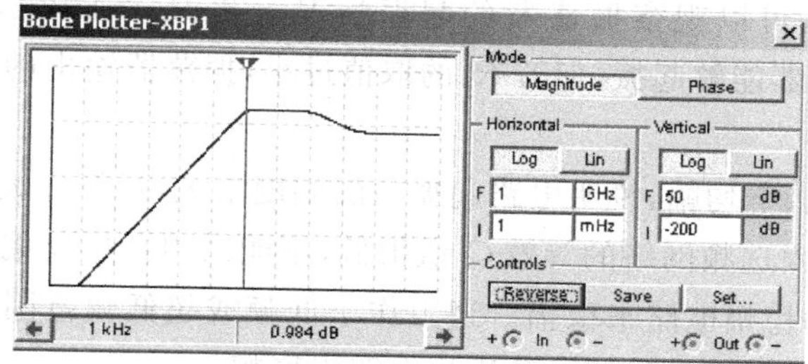

图 10.37 二阶有源高通滤波器的幅频响应和相频响应

10.6 正弦波信号产生电路

信号产生电路是电子系统中的重要组成部分。信号产生电路从直流电源获取能量，转换成负载上周期性变化的交流振荡信号。若振荡频率单一，则它为正弦波信号发生电路；若振荡频率含有大量谐波，称之为多谐振荡，如矩形波、三角波等。

10.6.1 *RC*基本文氏电桥振荡电路

*RC*正弦波振荡电路有很多种形式，其中文氏电桥振荡电路最为常用。当工作于超低频时，常选用积分式*RC*正弦波振荡电路。

图10.38所示电路为基本文氏电桥振荡电路，电路中的负反馈网络为一个电阻网络，正反馈网络为*RC*选频网络。其中，正反馈系数$F=\dfrac{1}{1+\dfrac{R_2}{R_1}+\dfrac{C_1}{C_2}}=\dfrac{1}{3}$，闭环放大倍数$A=1+\dfrac{R_{f2}}{R_{f1}}$。为了满足起振条件$AF\geqslant 1$，取$R_{f2}=100\text{k}\Omega$，则$R_{f1}\leqslant 50\text{k}\Omega$。

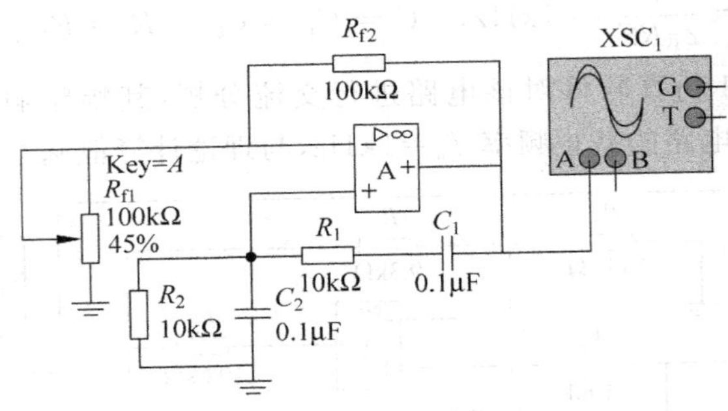

图10.38 基本文氏电桥振荡电路

基本文氏电桥振荡电路的振荡频率为

$$f_0=\frac{1}{2\pi\sqrt{R_1C_1R_2C_2}}=159\text{Hz}$$

调整R_{f1}的大小，可以观察振荡器的起振情况。若$R_{f1}>50\text{k}\Omega$，电路很难起振；若$R_{f1}<50\text{k}\Omega$，尽管振荡器能够起振，但若R_{f1}的取值过小，振荡器输出的不是正弦波信号，而是方波信号。

由于输出波形上、下均幅，说明电路起振后随幅度增大，运算放大器进入强非线性区。*RC*正弦波振荡电路因选频网络的等效Q值很低，不能采用自生反偏压稳幅，只能采用热惰性非线元件或自动稳幅电路来稳幅。当工作于低频或超低频范围时，难以找到具有足够惰性的非线性元件，则必须使用自动稳幅电路来稳幅。

图 10.39 所示的电路是基本文氏电桥振荡器的改进电路，它是用场效应管稳幅的文氏电桥振荡器。振荡电路的稳幅过程是：若输出幅度增大，当输出电压大于稳压管的击穿电压时，检波后加在场效应管上的栅压负值增大，漏源等效电阻增大，负反馈加强，环路增益下降，输出幅度降低，从而达到稳幅的目的。

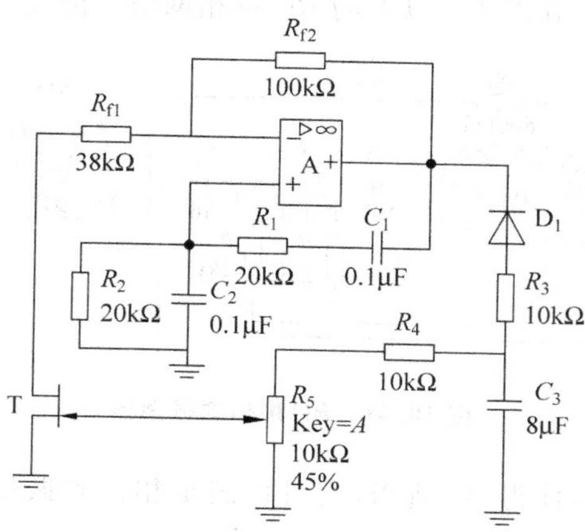

图 10.39　改进的文氏电桥振荡器

对图 10.39 所示场效应管稳幅的文氏电桥振荡器进行瞬态分析，振荡波形如图 10.40 所示。可见，振荡器输出的波形基本上是正弦波。

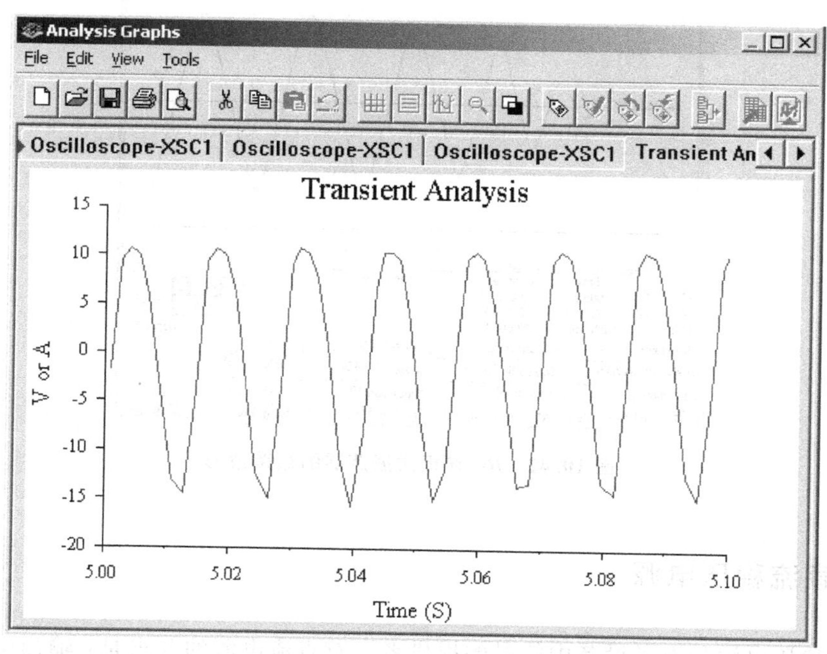

图 10.40　用场效应管稳幅的文氏电桥振荡器的振荡波形

10.6.2 RC 移相式振荡器

RC 移相式振荡器如图 10.41 所示。该电路是由反相放大器和 3 节 RC 移相网络组成,要满足振荡相位条件,要求 RC 移相网络完成 180°相移。由于 1 节 RC 移相网络的相移极限为 90°,因此采用 3 节或 3 节以上的 RC 移相网络才能实现 180°相移。

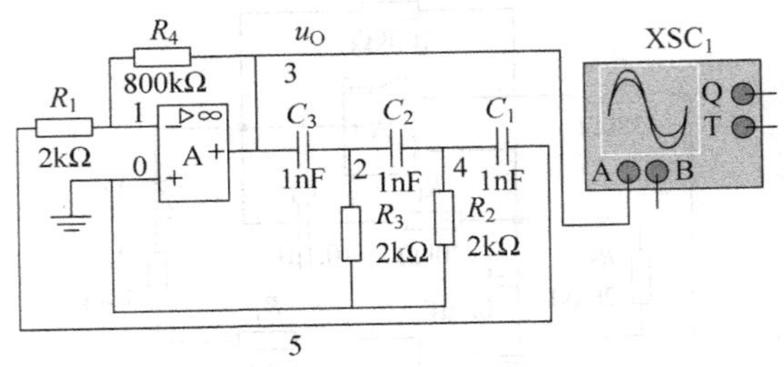

图 10.41 RC 移相式振荡器

只要适当调节 R_4 值,使得 A_u 适当,就可以满足相位和振幅条件,产生正弦振荡,其振荡频率 $f_0 \approx \frac{1}{2\pi\sqrt{6}RC}(R=R_1=R_2=R_3, C=C_1=C_2=C_3)$。振荡波形如图 10.42 所示。

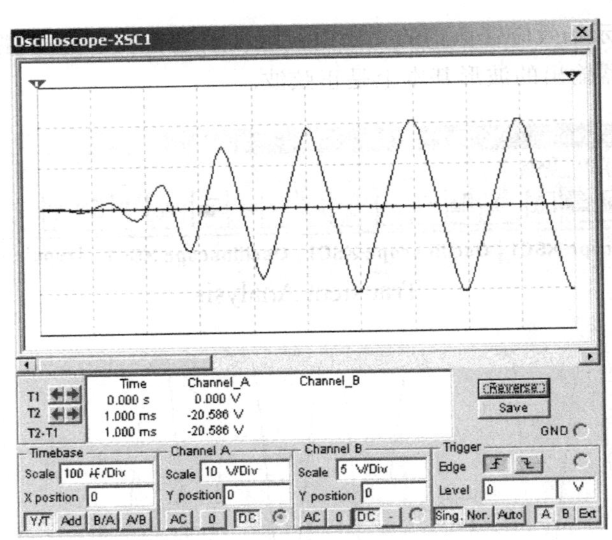

图 10.42 RC 移相式振荡器的振荡波形

10.7 直流稳压电源

直流稳压电源是电子设备中能量的提供者。对直流电源的要求是:输出电压的幅值稳定、平滑,变换效率高,负载能力强,温度稳定性好。

10.7.1 线性稳压电源

图 10.43 所示的电路为线性稳压电源。220V/50Hz 交流电经过降压、整流、滤波和稳压 4 个环节变换成稳定的直流电压。

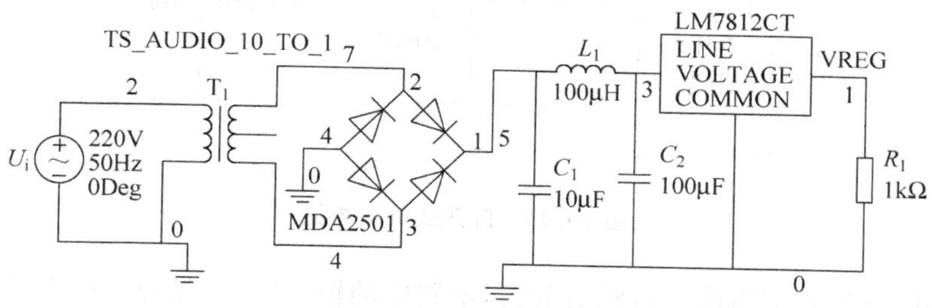

图 10.43 线性稳压电源

对图 10.43 所示的电路进行瞬时分析，电阻 R_L 两端的波形如图 10.44 所示。可见，电路输出接近直流。

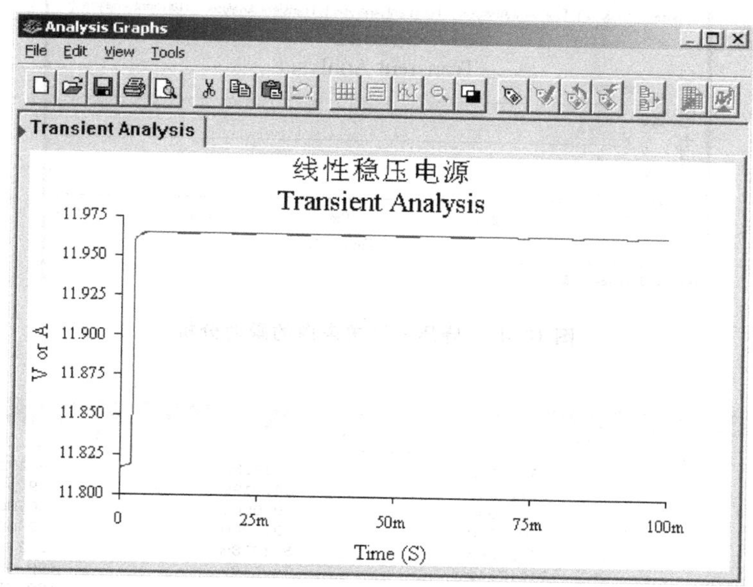

图 10.44 经稳压管稳压后输出信号的波形

10.7.2 降压式开关电源

图 10.45 所示的电路为降压式开关电源。

220V/50Hz 交流电经过整流、滤波和 DC/DC 转换等环节变换成稳定的直流电压。其中，BUCK 是一种求均电路，用于模拟 DC/DC 转换器的求均特性。电路的输出电压 $U_o = U_i \times k$，式中 k 是转换电路的开关占空比，k 在 0～1 之间取值。

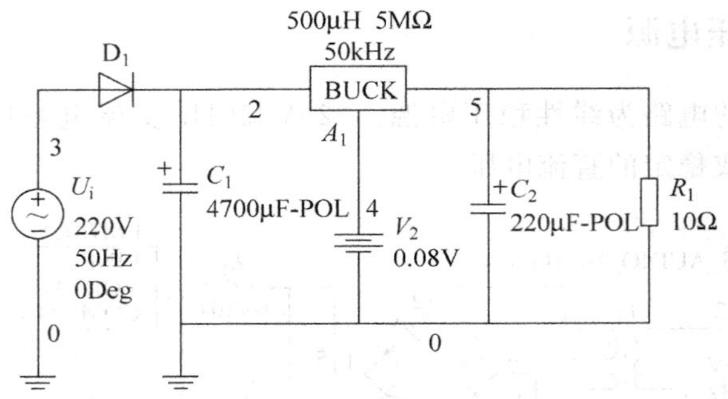

图 10.45 降压式开关电路

对图 10.45 所示的电路进行瞬时分析，电路中的输入电压(结点 3)、整流滤波后的电压(结点 2)和输出电压(结点 5)的波形图如图 10.46 所示。结点数据如图 10.47 所示。

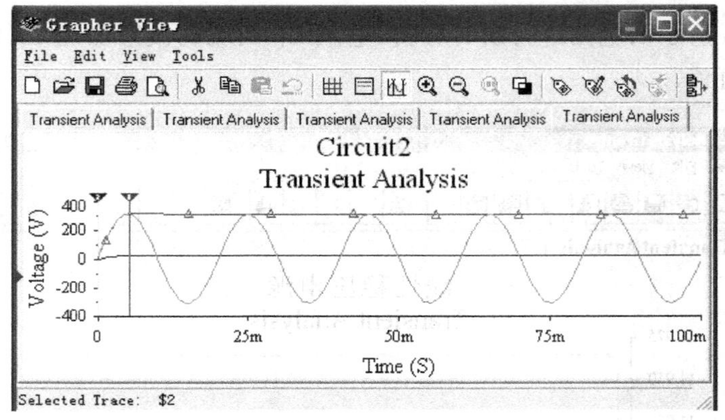

图 10.46 降压式开关电源的瞬时分析

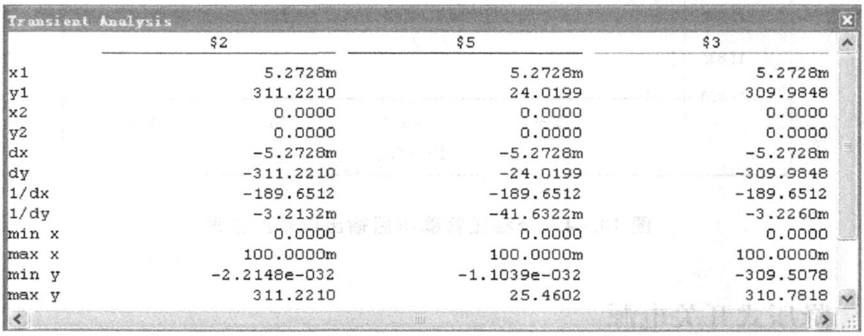

Transient Analysis

	$2	$5	$3
x1	5.2728m	5.2728m	5.2728m
y1	311.2210	24.0199	309.9848
x2	0.0000	0.0000	0.0000
y2	0.0000	0.0000	0.0000
dx	-5.2728m	-5.2728m	-5.2728m
dy	-311.2210	-24.0199	-309.9848
1/dx	-189.6512	-189.6512	-189.6512
1/dy	-3.2132m	-41.6322m	-3.2260m
min x	0.0000	0.0000	0.0000
max x	100.0000m	100.0000m	100.0000m
min y	-2.2148e-032	-1.1039e-032	-309.5078
max y	311.2210	25.4602	310.7818

图 10.47 降压式开关电源的结点电压

10.7.3 升压式 DC/DC 转换器

图 10.48 所示电路为升压式 DC/DC 开关电源。调用 Multisim 11 中的 BOOST 器

件，BOOST 是一种求均电路，用于模拟 DC/DC 转换器的求均特性，使 5V 直流电压经过 DC/DC 转换后得到 15.583V 直流电压。它不仅能模拟电源转换中的小信号和大信号特性，而且能模拟开关电源的瞬态响应。电路的输出电压 $U_o=U_i/(1-k)$，式中 k 是转换电路的开关占空比，k 在 0～1 之间取值。

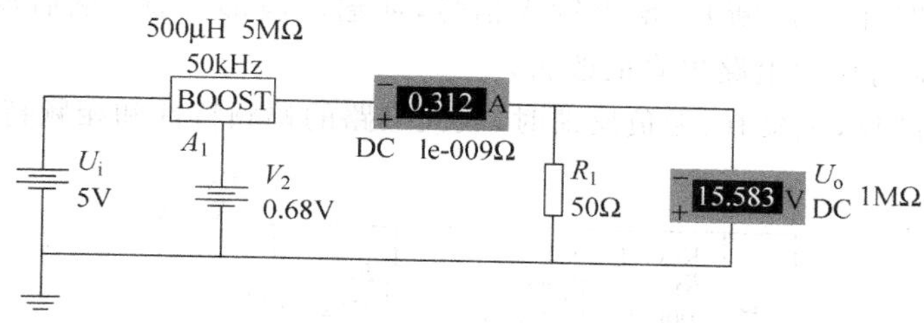

图 10.48　升压式 DC/DC 转换器

习题

10.1　在 Multisim 11 电路窗口中创建如图 10.49 所示的三极管放大电路，设 $V_{CC}=12V$，$R_1=3k\Omega$，$R_2=240k\Omega$，三极管选择 2N2222A。要求：

(1) 用万用表测量静态工作点；

(2) 用示波器观察输入与输出波形。

10.2　在 Multisim 11 仿真软件中创建如图 10.50 所示的分压式偏置电路，调节合适的静态工作点，使输出波形最大不失真。要求：

(1) 测出三极管各极静态工作电压；

(2) 测出输入、输出电阻；

(3) 改变 R_4 的大小，观察静态工作点的变化，并用示波器观察输出波形是否失真。

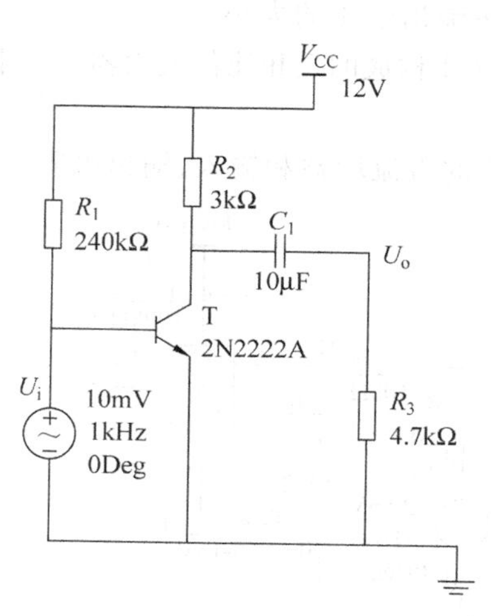

图　10.49

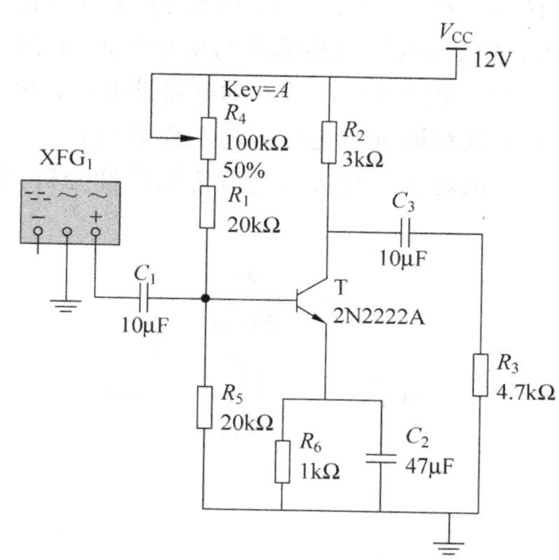

图　10.50

10.3 (1)对图 10.50 所示的电路,用示波器观察接上负载和负载开路时对输出波形的影响;(2)学会使用波特图仪在电路中的连接;(3)测量放大电路的幅频特性和相频特性。

10.4 两级负反馈放大电路如图 10.51 所示。要求:

(1) 反馈支路开关 J_1 断开,增大输入信号,使输出波形失真;然后反馈支路开关 J_1 闭合,观察负反馈对放大电路失真的改善;

(2) 接波特图仪,观察有、无负反馈时,放大电路的幅频特性和相频特性。

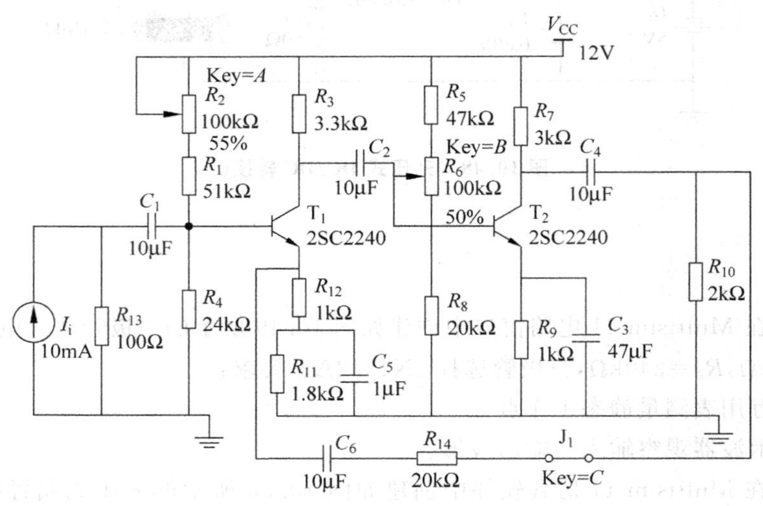

图 10.51

10.5 如图 10.52 所示的反相比例运算电路中,设 $R_1=10\text{k}\Omega$,$R_f=500\text{k}\Omega$。问 R 的阻值应为多大?若输入信号为 10mV,用万用表测量输出信号的大小。

10.6 在 Multisim 11 电路窗口中设计一个同相比例运算电路。若输入信号为 10mV,试用示波器观察输入与输出波形的相位,并测量输出电压的大小。

10.7 如图 10.53 所示的电路是由运算放大器 μA741 构成的反相比例放大器。要求:

(1) 试对该电路进行直流工作分析;

(2) 试对该电路进行直流传输特性分析,并求电路的直流增益和输入、输出电阻;

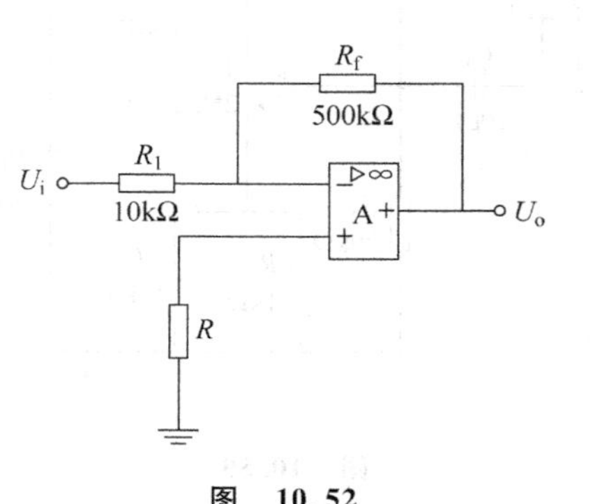

图 10.52

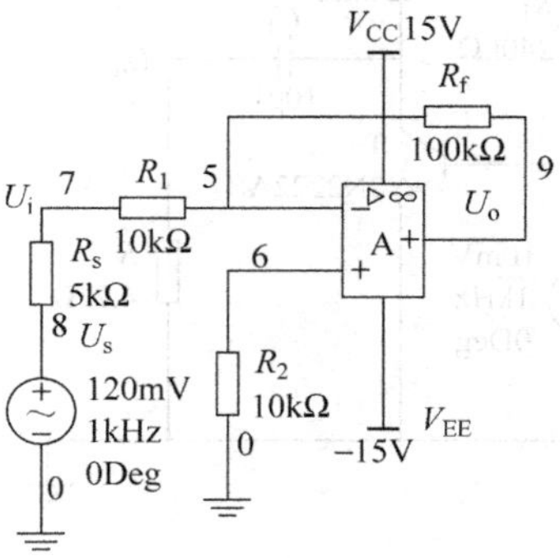

图 10.53

(3) 若输入信号是振幅为0.1V、频率为10kHz的正弦波，对电路进行瞬态分析，观察输出波形；

(4) 将输入信号的振幅增大为1.8V，重复上面的分析，观察输出波形的变化，并作解释；

(5) 若输入信号是振幅为2.5V、频率为1kHz的正弦波，再对电路进行瞬态分析，观察输出波形的变化。

10.8 将图10.53所示放大器改为同相比例放大电路，且要求放大倍数不变，画出改动后的电路，并重复上题的分析。

10.9 电路如图题10.54所示，已知$U_{i1}=1V$，$U_{i2}=2V$，$U_{i3}=14V$，$U_{i4}=14V$，$R_1=R_2=10k\Omega$，$R_3=R_4=R_f=5k\Omega$。试仿真U_o的大小。

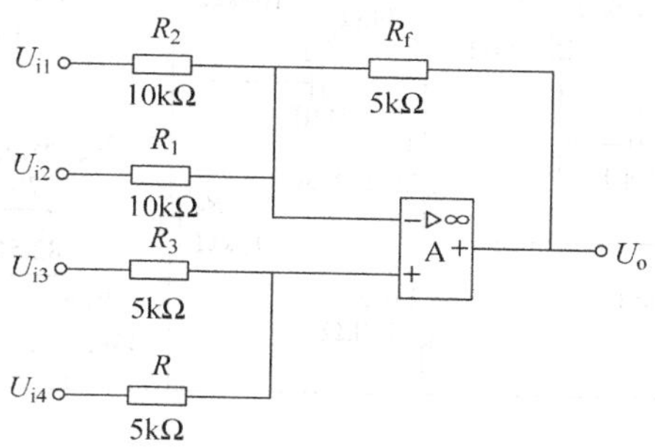

图 10.54

10.10 设计一个反相比例运算电路，要求输入电阻为50kΩ，放大倍数为50，且电阻的阻值不得大于300kΩ，对设计好的电路进行直流传输特性分析，以验证是否达到指标要求。

10.11 在Multisim 11电路窗口中创建如图10.55所示的微分运算电路，试用示波器观察输入与输出信号的波形。若改变电容的大小，观察输入与输出波形的变化情况。

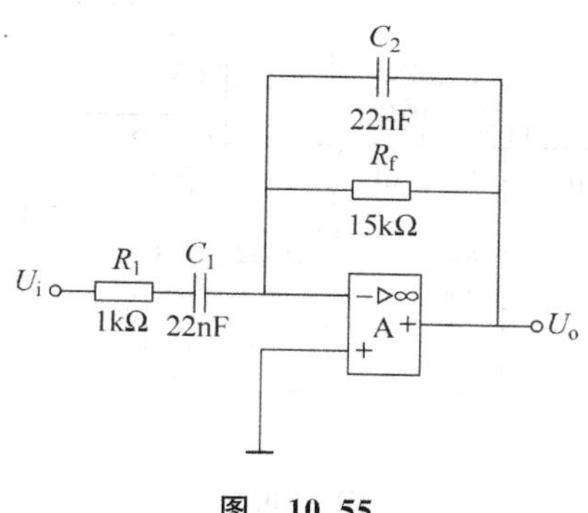

图 10.55

10.12 在Multisim 11电路窗口中设计一个有源低通滤波器，要求10kHz以下的频率能通过。试用波特图仪仿真电路的幅频特性。

10.13 在Multisim 11电路窗口中设计一个有源高通滤波器，要求1kHz以上的频率能通过。试用波特图仪仿真电路的幅频特性。

10.14 在 Multisim 11 电路窗口中设计一个二阶有源低通滤波器电路,要求 10kHz 以下的频率能通过。试用波特图仪仿真电路的幅频特性。

10.15 在 Multisim 11 电路窗口中创建一个双 T 带阻滤波器电路。试用波特图仪仿真电路所通过的频率范围。

10.16 在 Multisim 11 仿真平台上设计一个如图 10.56 所示的 RC 串/并联选频网络振荡器,调节 R_6 使电路起振,测出起振时电阻 R_6 的大小,并用示波器测出其振荡频率。改变正反馈支路 RC 的大小,再测出其振荡频率。

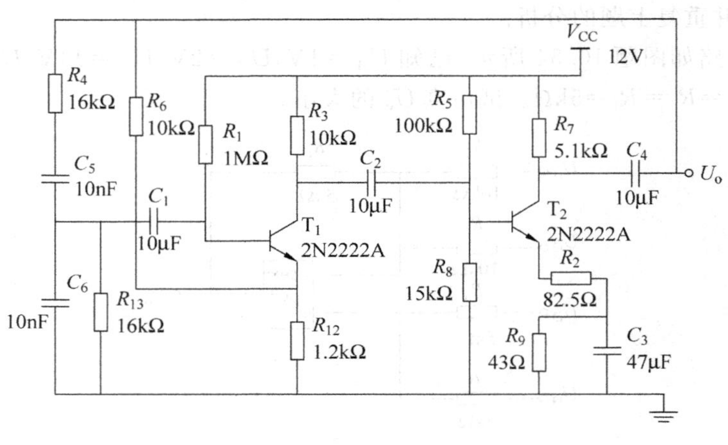

图 10.56

10.17 分析图 10.57 所示高通滤波器的频率特性,改变电阻和电容值,观察频率特性变化,并对其输入输出电阻进行测量。

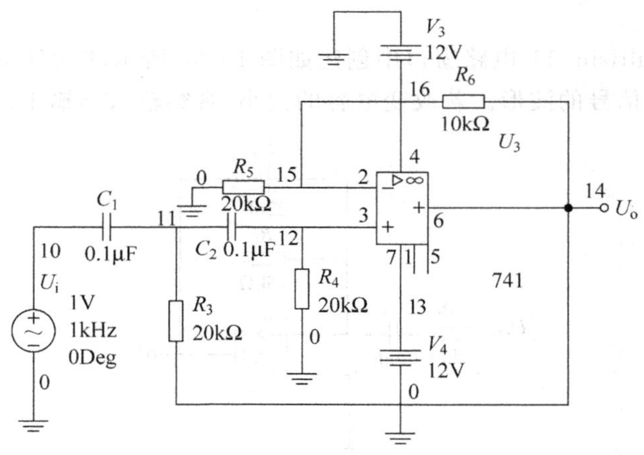

图 10.57

参考文献

1 华成英.模拟电子技术基本教程[M].北京：清华大学出版社，2006.

2 康华光.电子技术基础，模拟部分[M].第4版.北京：高等教育出版社，1999.

3 童诗白.模拟电子技术基础[M].第2版.北京：高等教育出版社，1988.

4 沈尚贤.电子技术导论，下册[M].第4版.北京：高等教育出版社，1986.

5 邓汉馨，郑家龙.模拟电子技术基本教程[M].北京：高等教育出版社，1986.

6 王远.模拟电子技术[M]，第4版.北京：机械工业出版社，1994.

7 衣承斌，刘京南.模拟集成电子技术基础[M].南京：东南大学出版社，1994.

8 黄智伟.全国大学生电子设计竞赛电路设计[M].北京：北京航空航天大学出版社，2006.

9 高有堂，翟天嵩，朱清慧.电子设计与实战指导[M].北京：电子工业出版社，2007.

10 全国大学生电子设计竞赛组委会.全国大学生电子设计竞赛获奖作品选编(2005)[M].北京：北京理工大学出版社，2007.

11 王彦朋.大学生电子设计与应用[M].北京：中国电力出版社，2007.

12 陈永真，等.全国大学生电子设计竞赛试题精解选[M].北京：电子工业出版社，2007.

13 周惠潮，孙晓峰.常用电子器件及典型应用[M].北京：电子工业出版社，2007.

14 高占祥.全国大学生电子设计竞赛培训系列教程，模拟电子线路设计[M].北京：电子工业出版社，2007.

15 黄永定.电子线路实验与课程设计[M].北京：机械工业出版社，2005.

16 Donald A. Neamen.电子电路分析与设计.半导体器件及其基本应用[M].3版.王宏宝，等译.北京：清华大学出版社，2009.

17 郝晓剑，杨述平，张连红.仪器电路设计与应用[M].北京：电子工业出版社，2007.

18 胡圣尧，关静.模拟电路应用设计[M].北京：科学出版社，2009.